国家示范性高职院校建设项目成果
高等职业教育教学改革系列规划教材

工程案例化西门子 S7-300/400 PLC 编程技术及应用

陈贵银　祝　福　主编

余峰浩　主审

電子工業出版社
Publishing House of Electronics Industry
北京 • BEIJING

内 容 简 介

本书以西门子 S7-300/400 PLC 机型为例，以工程应用为目的，以编程指令应用为主线，借助大量典型案例讲解 PLC 编程方法和技巧；通过分析工艺控制要求，进行硬件配置和软件编程，系统调试与实施，由浅入深、循序渐进地讲解相关知识、训练技能，提升学生综合编程技术应用能力。

本书将西门子 S7-300/400 PLC 相关内容整合成 6 个模块，每个模块又分成若干个任务，共有 15 个任务，每个任务又细分成若干个子任务来实施。模块 1 为初步认识 PLC；模块 2 为 S7-300/400 硬件认识与硬、软件的安装；模块 3 为 S7-300/400 指令程序设计及调试；模块 4 为 S7-300/400 结构化程序设计及调试；模块 5 为 S7-300/400 顺序控制编程与 S7 Graph 应用；模块 6 为 S7-300/400 在模拟量闭环控制中的程序设计及调试。每个任务均包含任务目标、任务描述、知识准备、任务实施、技能训练、巩固练习等内容。

本书可作为高职高专院校电气自动化、生产过程自动化、机电一体化、机械制造及自动化等专业的 PLC 课程教材，也可供从事 PLC 应用系统设计、调试和维护的工程技术人员自学或作为培训教材使用。

图书在版编目（CIP）数据

工程案例化西门子 S7-300/400 PLC 编程技术及应用/陈贵银，祝福主编. —北京：电子工业出版社，2018.6
ISBN 978-7-121-34368-1

Ⅰ. ①工… Ⅱ. ①陈… ②祝… Ⅲ. ①PLC 技术－程序设计－高等学校－教材 Ⅳ. ①TM571.61

中国版本图书馆 CIP 数据核字（2018）第 122937 号

策划编辑：王艳萍
责任编辑：王艳萍
印　　刷：北京七彩京通数码快印有限公司
装　　订：北京七彩京通数码快印有限公司
出版发行：电子工业出版社
　　　　　北京市海淀区万寿路 173 信箱　邮编 100036
开　　本：787×1 092　1/16　印张：17.5　字数：448 千字
版　　次：2018 年 6 月第 1 版
印　　次：2023 年 8 月第 4 次印刷
定　　价：42.00 元

凡所购买电子工业出版社图书有缺损问题，请向购买书店调换。若书店售缺，请与本社发行部联系，联系及邮购电话：（010）88254888，88258888。

质量投诉请发邮件至 zlts@phei.com.cn，盗版侵权举报请发邮件至 dbqq@phei.com.cn。

本书咨询联系方式：wangyp@phei.com.cn，（010）88254574。

前　言

随着工业自动化技术的飞速发展，PLC 应用领域大大拓展，PLC 已成为自动化行业核心应用技术。西门子 S7-300/400 PLC 是目前市场占有率极高的大中型 PLC，在工业上应用广泛。S7-300/400 PLC 价格昂贵，实物较少，但可以在计算机上用仿真软件 S7-PLCSIM 做仿真实验，模拟 S7-300/400 硬件的运行和执行用户程序，仿真实验和实际做硬件实验时观察到的现象几乎一样。

本书以西门子 S7-300/400 PLC 机型为例，以工程应用为目的，以编程指令应用为主线，借助大量典型案例讲解 PLC 编程方法和技巧；通过分析工艺控制要求，进行硬件配置和软件编程，系统调试与实施，由浅入深、循序渐进地讲解相关知识、训练技能，提升学生综合编程技术应用能力。

本书将西门子 S7-300/400 PLC 相关内容整合成 6 个模块，每个模块又分成若干个任务，共有 15 个任务，每个任务又细分成若干个子任务来实施。模块 1 为初步认识 PLC；模块 2 为 S7-300/400 硬件认识与硬、软件的安装；模块 3 为 S7-300/400 指令程序设计及调试；模块 4 为 S7-300/400 结构化程序设计及调试；模块 5 为 S7-300/400 顺序控制编程与 S7 Graph 应用；模块 6 为 S7-300/400 在模拟量闭环控制中的程序设计及调试。每个任务均包含任务目标、任务描述、知识准备、任务实施、技能训练、巩固练习等内容。

本书强调通过实际操作来学习。本书的主体包括 33 个子任务、10 个技能训练，都能实训和仿真。西门子 S7-300/400 PLC 应用的主要知识点都包含在这些子任务中。通过软件操作和仿真实验，读者能轻松地掌握编程软件和仿真软件的操作方法和有关的知识点，并且会留下难忘的印象。进行全部实训后，读者就能较全面地掌握西门子 S7-300/400 PLC 的编程使用方法。

本书的内容是根据实际的课堂教学进行设计的。每个任务均通过子任务来实施，所有的子任务均配有适量的巩固练习，读者可以在完成子任务的实训要求操作后，做类似的或进一步的操作和练习，以巩固所学的知识。同时每个任务均配有综合实操技能训练，以考核知识点的掌握情况。

本书可作为高职高专院校电气自动化、生产过程自动化、机电一体化、机械制造及自动化等专业的 PLC 课程教材，也可供从事 PLC 应用系统设计、调试和维护的工程技术人员自学或作为培训教材使用。

本书由武汉船舶职业技术学院陈贵银、祝福担任主编，余峰浩担任主审，模块 1 由祝福编写，模块 2～6 由陈贵银编写，张宏瑞参加了部分程序的调试工作。在此向关心和支持本书编写工作的人士表示衷心的感谢。

为便于教材使用，本书还配有电子教学课件、中文试用版的 STEP 7 V5.5 SP2、PLCSIM V5.4 SP5、S7 Graph 及相关的中文用户手册。请有此需要的教师登录华信教育资源网（www.hxedu.com.cn）免费注册后进行下载，如果有问题请在网站留言或与电子工业出版社联系（E-mail：wangyp@phei.com.cn）。由于编者水平有限，不妥之处在所难免，真诚希望广大读者批评指正。

编　者

目　　录

模块 1　初步认识 PLC

任务目标

1．了解 PLC 的产生与未来的发展；
2．掌握 PLC 的结构及特点；
3．掌握购买 PLC 的性能指标；
4．理解 PLC 的工作原理，能区分 PLC 与继电接触器控制的工作原理的差异；
5．认识西门子 S7 家族产品。

任务描述

通过了解 PLC 的产生与发展，比较 PLC 与继电接触器控制的优缺点；通过学习 PLC 的组成结构，比较 PLC 与单片机的区别；通过电动机启—保—停 PLC 控制任务，理解 PLC 工作原理的核心内容；通过认识西门子 S7 家族产品，理解 PLC 未来的发展方向。

知识准备

1．PLC 的产生

传统的继电接触器控制系统具有结构简单、价格低廉、容易操作、技术难度较小等优点，被长期广泛地使用在工业控制的各种领域中。这种系统存在着如下缺点：

（1）继电器接点间、接点与线圈间存在着大量的连接导线，因而使控制功能单一，更改困难。

（2）大量的继电器元器件需集中安装在控制柜内，因而使设备体积庞大，不易搬运。

（3）继电器接点的接触不良、导线的连接不牢等会导致设备故障的大量存在，且查找、排除故障困难，使系统的可靠性降低。

（4）继电器动作时固有的电磁时间，使系统的动作速度较慢。

因此继电接触器控制系统越来越不能满足现代化生产的控制要求，特别是当产品更新换代时，生产加工线的改变，迫使人们对旧的继电接触器控制系统进行改造，为此所带来的经济损失是相当可观的。

20 世纪 60 年代末期，美国汽车制造业竞争十分激烈，为了适应市场从少品种大批量生产向多品种小批量生产的转变，尽可能减少转变过程中控制系统的设计制造时间，减少经济成本，1968 年美国通用汽车公司（General Motors，GM）公开招标，要求用新的控制装置取代生产线上的继电接触器控制系统，其具体要求如下：

（1）程序编制、修改简单，采用工程技术语言。

（2）系统组成简单、维护方便。

（3）可靠性高于继电接触器控制系统。

（4）与继电接触器控制系统相比，体积小、能耗低。

（5）购买、安装成本可与继电器控制柜相竞争。

（6）能与中央数据收集处理系统进行数据交换，以便监视系统运行状态及运行情况。

（7）采用市电输入（美国标准系列电压值 AC 115V），可接受现场的按钮、行程开关信号。

（8）采用市电输出（美国标准系列电压值 AC 115V），具有驱动电磁阀、交流接触器、小功率电动机的能力。

（9）能以最小的变动及在最短的停机时间内，从系统的最小配置扩展到系统的最大配置。

（10）程序可存储，存储器容量至少能扩展到 4000B。

1969 年美国数字设备公司根据上述要求，首先研制出了世界上第一台可编程序控制器 PDP-14，用于通用汽车公司的生产线，取得了令人满意的效果。由于这种新型工业控制装置可以通过编程改变控制方案，且专门用于逻辑控制，所以人们称这种新的工业控制装置为可编程序逻辑控制器（Programmable Logic Controller，PLC）。

2. PLC 的发展

PLC 的出现引起了世界各国的普遍重视，日本日立公司从美国引进了 PLC 技术并加以消化后，于 1971 年试制成功了日本第一台 PLC；1973 年德国西门子公司独立研制成功了欧洲第一台 PLC；我国从 1974 年开始研制 PLC 产品，1977 年开始工业应用。

PLC 从产生到现在，已发展到第四代产品。其过程基本可分为：

第一代 PLC（1969～1972 年）：大多用 1 位机开发，用磁芯存储器存储，只具有单一的逻辑控制功能，机种单一，没有形成系列化。

第二代 PLC（1973～1975 年）：采用了 8 位微处理器及半导体存储器，增加了数字运算、传送、比较等功能，能实现模拟量的控制，开始具备自诊断功能，初步形成系列化。

第三代 PLC（1976～1983 年）：随着高性能微处理器及位片式 CPU 在 PLC 中大量的使用，PLC 的处理速度大大提高，从而促使它向多功能及联网通信方向发展，增加了多种特殊功能，如浮点数的运算、三角函数、表处理、脉宽调制输出等，自诊断功能及容错技术发展迅速。

第四代 PLC（1983 年～现在）：不仅全面使用 16 位、32 位高性能微处理器，高性能位片式微处理器，精简指令系统 CPU（Reduced Instruction Set Computer，RISC）等高级 CPU，而且在一台 PLC 中配置多个微处理器，进行多通道处理，同时生产了大量内含微处理器的智能模块，使得第四代 PLC 产品成为具有逻辑控制功能、过程控制功能、运动控制功能、数据处理功能、联网通信功能的真正名副其实的多功能控制器。

正是由于 PLC 具有多种功能，并集三电（电控装置、电仪装置、电气传动控制装置）于一体，使得 PLC 在工厂中备受欢迎，用量高居首位，成为现代工业自动化的三大支柱（PLC、机器人、CAD/CAM）之一。

随着 PLC 的发展，其功能已经远远超出了逻辑控制的范围，因而“PLC”已不能描述其多功能的特点。1980 年，国际电气制造业协会（NEMA）给它起了一个新的名称，叫

“Programmable Controller”，简称PC。由于PC这一缩写在我国早已成为个人计算机（Personal Computer）的代名词，为避免造成名词术语混乱，因此在我国仍沿用PLC表示可编程序控制器。

从20世纪70年代初开始，在不到50年的时间里，PLC发展成了一个巨大的产业，据不完全统计，现在世界上生产PLC的厂家有200多家，生产大约400多个品种的PLC产品。其中在美国注册的厂商超过100家，生产大约200多个品种的PLC；日本有70家左右的PLC厂商，生产200多个品种；欧洲注册的厂家有十几个，生产几十个品种的PLC。

目前生产PLC的厂家较多，但能配套生产，且大、中、小、微型PLC均能生产的不算太多。较有影响的，在中国市场占有较大份额的公司有：

（1）德国西门子公司：它有S5系列的产品，如S5-95U、100U、115U、135U及155U。135U、155U为大型机，控制点数可达6000多点，模拟量可达300多路，现在基本上退出了市场。后来又推出S7系列机，有S7-200（小型）、S7-1200、S7-300（中型）、S7-1500及S7-400机（大型）。性能比S5有很大提高，目前市面上应用较多。

（2）日本三菱公司：其小型机F1前期在国内用得很多，后又推出FX_2型机，性能有很大提高。它的中、大型机为A系列，如AIS、AZC、A3A等。

（3）日本OMRON（欧姆龙）公司：它有CPM2A/2C、CQM1系列，内置RS-232C接口和实时时钟，并具有软PID功能，CQM1H是CQM1的升级产品。中型机有C200H、C200HS、C200HX、C200HG、C200HE、CS1系列。C200H是前些年畅销的高性能中型机，配置齐全的I/O模块和高功能模块，具有较强的通信和网络功能。大型机有C1000H、C2000H、CV（CV500/CV1000/CV2000/CVM1）等。C1000H、C2000H可单机或双机热备运行，安装带电插拔模块，C2000H可在线更换I/O模块；CV系列中除CVM1外，均可采用结构化编程，易读、易调试，并具有更强大的通信功能。OMRON公司PLC在中、小、微方面更具特长，在中国及世界市场，都占有相当的份额。

（4）美国莫迪康公司（施耐德）。小型机M238和西门子S7-200性能接近，编程平台是SoMachine；M258，中型PLC，和西门子S7-300性能接近，但结构有所差异，编程平台是SoMachine；M340，Premium中型PLC，和西门子S7-300性能接近，编程平台是Unitry；Quantumn，大型PLC，和西门子S7-400性能接近，编程平台是Unitry。

（5）美国GE公司、日本FANAC合资的GE-FANAC机型。有90-20系列小型机，型号为211；90-30系列中型机，其型号有344、331、323、321多种；90-70系列大型机，点数可达24000点，另外还可有8000路的模拟量，它可以用软设定代替硬设定，结构化编程，有多种编程语言，它有914、781/782、771/772、731/732等多种型号。

我国的PLC研制、生产和应用也发展很快，尤其在应用方面更为突出。在20世纪70年代末和80年代初，我国随国外成套设备、专用设备引进了不少国外的PLC。此后，在传统设备改造和新设备设计中，PLC的应用逐年增多，并取得显著的经济效益，PLC在我国的应用越来越广泛，对提高我国工业自动化水平起到了巨大的作用。

任务1.1 PLC的基础知识

PLC是以微处理器为核心的计算机控制系统，虽然各厂家产品种类繁多，功能和指令系统存在差异，但其组成和基本工作原理大同小异。

1.1.1 PLC 的组成

由于 PLC 的核心是微处理器，因此它的组成也就同计算机有些相似，由硬件系统和软件系统组成。

1. PLC 的硬件系统

PLC 的硬件系统主要由中央处理单元、输入/输出接口、I/O 扩展接口、编程器接口、编程器和电源等几个部分组成，如图 1-1-1 所示。

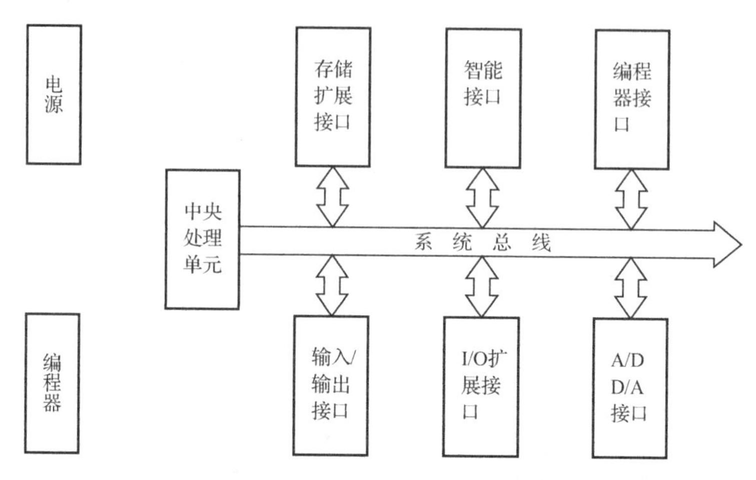

图 1-1-1　PLC 的硬件系统

1）中央处理单元

PLC 的中央处理单元主要由微处理器 CPU、存储器 ROM/RAM 和微处理器 I/O 接口组成。

（1）微处理器 CPU。CPU 作为整个 PLC 的核心起着总指挥的作用，是 PLC 的运算和控制中心。它的主要任务是：

① 诊断 PLC 电源、内部电路的工作状态及编制程序中的语法错误。

② 用扫描方式采集由现场输入装置送来的状态或数据，并存入输入映像寄存器或数据寄存器中。

③ 在运行状态时，按用户程序存储器中存放的先后顺序逐条读取指令，经编译解释后，按指令规定的任务完成各种运算和操作，根据运算结果存储相应数据，并更新有关标志位的状态和输出映像寄存器的内容。

④ 将存于数据寄存器中的数据处理结果和输出映像寄存器的内容送至输出电路。

⑤ 按照 PLC 中系统程序所赋予的功能接收并存储从编程器输入的用户程序和数据，响应各种外部设备（如编程器、打印机、上位计算机、图形监控系统和条码判读器等）的工作请求。

（2）存储器 ROM/RAM。存储器是具有记忆功能的半导体电路，用来存放系统程序、用户程序、逻辑变量和其他一些信息。在 PLC 中使用的存储器有两种类型，它们分别是只读存储器 ROM 和随机存储器 RAM，现简述如下：

只读存储器 ROM（又称系统程序存储器），用以存放系统程序（包括系统管理程序、监控程序、模块化应用功能子程序及对用户程序做编译处理的编译解释程序等）。系统程序根据

PLC功能的不同而不同，生产厂家在PLC出厂前已将其固化在只读存储器ROM或PROM中，用户不能更改随机存储器。

随机存储器RAM（又称用户存储器），包括用户程序存储区及工作数据存储区。RAM是可读可写存储器，读出时，RAM中的内容不被破坏；写入时，刚写入的信息就会消除原来的信息。RAM中一般存放以下内容：用户程序存储区主要存放用户已编制好或正在调试的应用程序；数据存储区则包括存储各输入端状态采样结果和各输出端状态运算结果的输入/输出映像寄存器区（或称输入/输出状态寄存器区）、定时器/计数器的设定值和现行值存储区、各种内部编程元件（内部辅助继电器、计数器、定时器等）状态及特殊标志位存储区、存放暂存数据和中间运算结果的数据寄存器区等。

不同型号的PLC存储器的容量是不同的，在技术说明书中，一般都给出与用户编程和使用有关的指标，如输入、输出继电器的数量；内辅继电器数量；定时器和计数器的数量；允许用户程序的最大长度（一般给出允许的最多指令字）等。这些指标都间接地反映了RAM的容量，而ROM的容量与PLC的功能强弱有关。

（3）微处理器I/O接口。它一般由数据输入寄存器、选通电路和中断请求逻辑电路构成，负责微处理器及存储器与外部设备的信息交换。

2）输入/输出接口

这是PLC与被控设备相连接的接口电路。用户设备需输入PLC的各种控制信号，如限位开关、操作按钮、选择开关、行程开关及其他一些传感器输出的开关量或模拟量（要通过模数变换进入机内）等，通过输入接口电路将这些信号转换成中央处理单元能够接收和处理的信号。输出接口电路将中央处理单元送出的弱电控制信号转换成现场需要的强电信号输出，以驱动电磁阀、接触器等被控设备的执行元件。

（1）输入接口电路。**输入接口通过PLC的输入端子接收现场输入设备（如限位开关、操作按钮、光电开关和温度开关等）的控制信号，并将这些信号转换成中央处理单元CPU所能接收和处理的数字信号**。输入接口电路通常有两类，**一类为直流输入型**，如图1-1-2（a）所示；**另一类是交流输入型**，如图1-1-2（b）所示。从图中可以看到，不论是直流输入电路还是交流输入电路，输入信号最后都是通过光耦合器件传送给内部电路的，采用光耦合电路与现场输入信号相连是为防止现场的强电干扰进入PLC。光耦合电路的关键器件是光耦合器，一般由发光二极管和光敏晶体管组成。光耦合器的信号传感原理：在光耦合器的输入端加上变化的电信号，发光二极管就产生与输入信号变化规律相同的光信号。光敏晶体管在光信号的照射下导通，导通程度与光信号的强弱有关。在光耦合器的线性工作区，输出信号与输入信号有线性关系。光耦合器的抗干扰性能：由于输入和输出端是靠光信号耦合的，在电气上是完全隔离的，因此输出端的信号不会反馈到输入端，也不会产生地线干扰或其他串扰。由于发光二极管的正向阻抗值较低，而外界干扰源的内阻一般较高，根据分压原理可知，干扰源能馈送到输入端的干扰噪声很小。正是由于PLC在现场信号的输入环节采用了光耦合，才增强了抗干扰能力。

（2）输出接口电路。**输出接口将经中央处理单元CPU处理过的输出数字信号（1或0）传送给输出端的电路元件，以控制其接通或断开，从而驱动接触器、电磁阀、指示灯等输出设备获得或失去工作所需的电压或电流。**

为适应不同类型的输出设备负载，**PLC的输出接口类型有继电器输出型、双向晶闸管输出型和晶体管输出型3种**，分别如图1-1-3、图1-1-4和图1-1-5所示。其中**继电器输出型**为

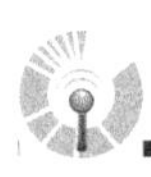

有触点输出方式，可用于接通或断开开关频率较低的**直流负载或交流负载回路**，这种方式存在继电器触点的电气寿命和机械寿命问题；双向晶闸管输出型和晶体管输出型皆为无触点输出方式，开关动作快、寿命长，可用于接通或断开开关频率较高的负载回路，其中**双向晶闸管输出型只用于带交流电源负载，晶体管输出型则只用于带直流电源负载**。

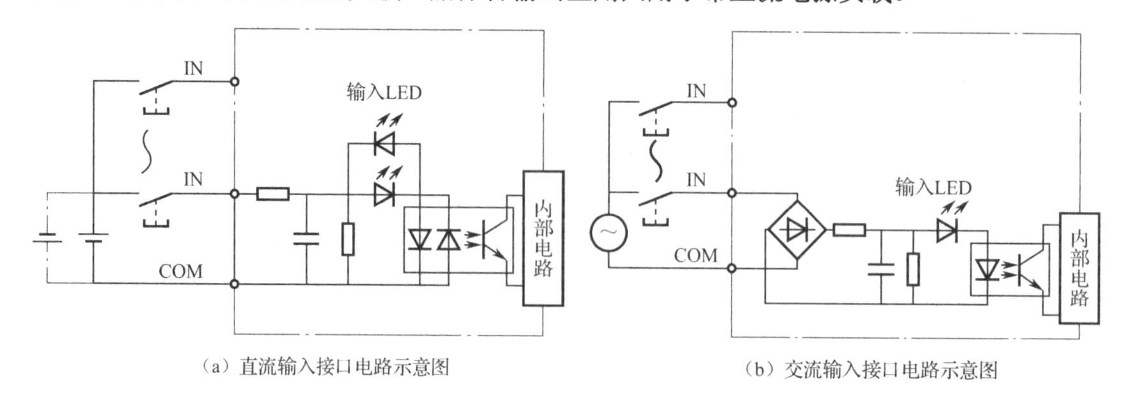

（a）直流输入接口电路示意图　　（b）交流输入接口电路示意图

图 1-1-2　输入接口电路示意图

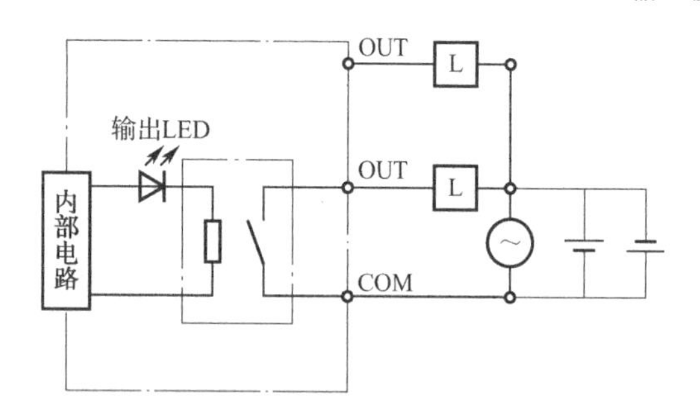

图 1-1-3　继电器输出接口电路示意图

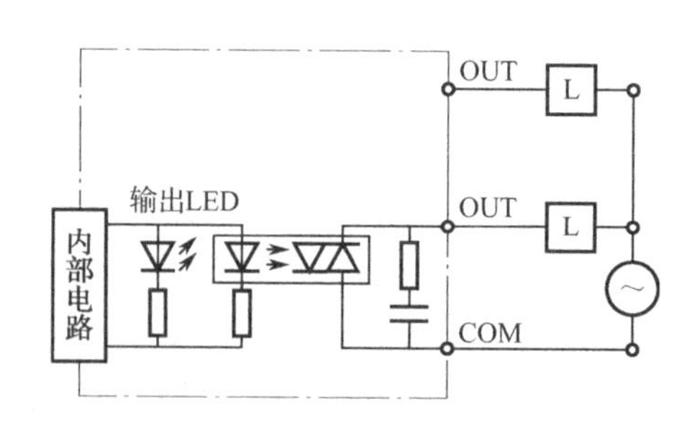

图 1-1-4　双向晶闸管输出接口电路示意图

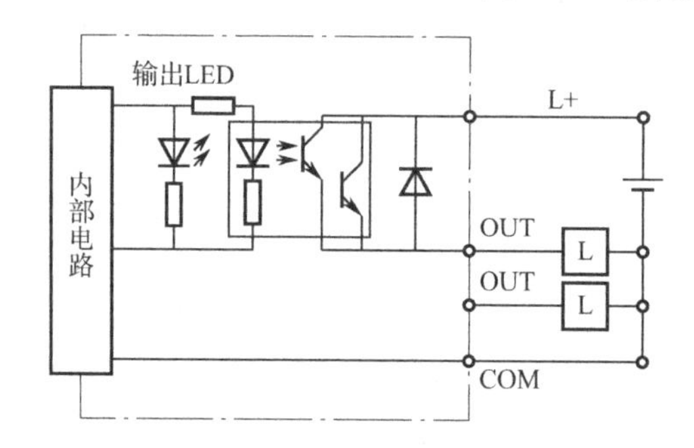

图 1-1-5　晶体管输出接口电路示意图

从 3 种类型的输出电路可以看出，继电器、双向晶闸管和晶体管作为输出端的开关元件受 PLC 的输出指令控制，完成接通或断开与相应输出端相连的负载回路的任务，它们并不向负载提供工作电源。

负载工作电源的类型、电压等级和极性应该根据负载要求及 PLC 输出接口电路的技术性能指标确定。

（3）I/O 扩展接口。小型的 PLC 输入/输出接口都是与中央处理单元 CPU 制造在一起的，为了满足被控设备输入/输出点数较多的要求，常需要扩展数字量输入/输出模块；如 A/D、

D/A 转换模块等；I/O 扩展接口就是为连接各种扩展模块而设计的。

3）通信接口

用于 PLC 与计算机、PLC、变频器和触摸屏等智能设备之间的连接，以实现 PLC 与智能设备之间的数据传送。

4）编程器

编辑、调试和监视，还可以通过其键盘去调用和显示 PLC 的一些内部状态和系统参数，它经过编程器接口与中央处理器单元联系，完成人机对话操作。目前一般由个人手提电脑完成人机对话操作。

目前许多 PLC 产品都有自己的个人计算机 PLC 编程软件系统，如用于西门子 S7-200 系列 PLC 的编程软件 STEP 7-Micro/WIN SP2、松下电工 FP 系列 PLC 的编程软件 FPWIN GR 和 OMRON 公司 C 系列 PLC 的编程软件 CX-Programmer 等。

5）电源

电源部件将交流电源转换成供 PLC 的中央处理器、存储器等电子电路工作所需要的直流电源，使 PLC 能正常工作，PLC 内部电路使用的电源是整机的能源供给中心，它的好坏直接影响 PLC 的功能和可靠性，由于开关电源有输入电压范围宽、体积小、重量轻、效率高、抗干扰性能好等优点，因此目前大部分 PLC 均采用**开关式稳压电源供电，同时还向各种扩展模块提供 24V 直流电源。**

2. PLC 的软件系统

PLC 由硬件系统组成，由软件系统支持，硬件和软件共同构成了 PLC 系统。PLC 的软件系统可分为系统程序和用户程序两大部分。

（1）系统程序。系统程序是用来控制和完成 PLC 各种功能的程序，这些程序是由 PLC 制造厂家用相应 CPU 的指令系统编写的，并固化到 ROM 中。它包括系统管理程序、用户指令解释程序和供系统调用的标准程序模块等。

系统管理程序的主要功能是运行时序分配管理、存储空间分配管理和系统自检等；用户指令解释程序将用户编制的应用程序翻译成机器指令供 CPU 执行；标准程序模块具有独立的功能，使系统只需调用输入、输出和特殊运算等程序模块即可完成相应的具体工作。

系统程序的改进可使 PLC 的性能在不改变硬件的情况下得到很大的改善，所以 PLC 制造厂商对此极为重视，不断地升级和完善产品的系统程序。

（2）用户程序。用户程序是用户根据工程现场的生产过程和工艺要求、使用 PLC 生产厂家提供的专门编程语言而自行编制的应用程序。它包括开关量逻辑控制程序、模拟量运算控制程序、闭环控制程序和工作站初始化程序等。

开关量逻辑控制程序是 PLC 用户程序中最重要的一部分，是将 PLC 用于开关量逻辑控制的软件，一般采用 PLC 生产厂商提供的如梯形图、语句表等编程语言编制。模拟量运算控制和闭环控制程序是中大型 PLC 系统的高级应用程序，通常采用 PLC 厂商提供的相应程序模块及主机的汇编语言或高级语言编制。工作站初始化程序是用户为 PLC 系统网络进行数据交换和信息管理而编制的初始化程序，在 PLC 厂商提供的通信程序的基础上进行参数设定，一般采用高级语言实现。

1.1.2 PLC 的基本工作原理

PLC 虽具有微机的许多特点，但它的工作方式却与微机有很大不同。微机一般采用等待式，有键按下或 I/O 动作则转入相应的子程序，无键按下则继续扫描。而 PLC 的工作方式有两个显著特点：**一个是周期性循环扫描，一个是信号集中批处理。**

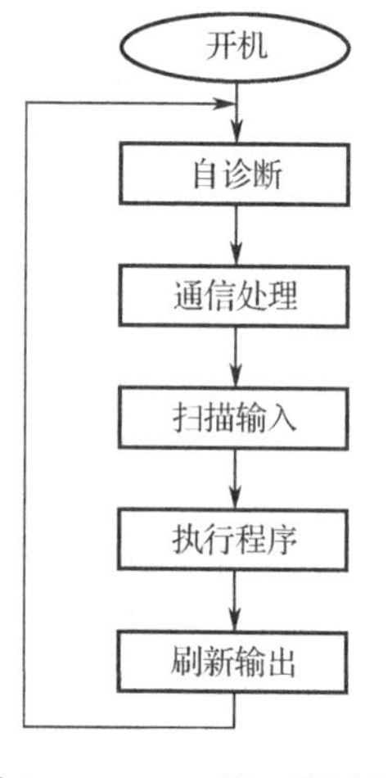

图 1-1-6 PLC 的工作过程示意图

PLC 采用循环扫描工作方式，在 PLC 中，用户程序按先后顺序存放，如：CPU 从第一条指令开始执行程序，遇到结束符后又返回第一条。如此周而复始不断循环。这种工作方式是在系统软件控制下，顺次扫描各输入点的状态，按用户程序进行运算处理，然后顺序向输出点发出相应的控制信号。整个工作过程可分为 5 个阶段：**自诊断，通信处理，扫描输入，执行程序，刷新输出**，其工作过程示意图如图 1-1-6 所示。

（1）每次扫描用户程序之前，都先执行故障自诊断程序。自诊断内容包括 I/O 部分、存储器、CPU 等，若发现异常停机，则显示出错；若自诊断正常，则继续向下扫描。

（2）PLC 检查是否有与编程器、计算机等的通信请求，若有则进行相应处理，如接收由编程器送来的程序、命令和各种数据，并把要显示的状态、数据、出错信息等发送给编程器进行显示。如果有与计算机等的通信请求，也在这段时间完成数据的接收和发送任务。

（3）PLC 的中央处理器对各个输入端进行扫描，将所有输入端的状态送到输入映像寄存器。

（4）中央处理器（CPU）将逐条执行用户指令程序，即按程序要求对数据进行逻辑、算术运算，再将正确的结果送到输出状态寄存器中。

（5）当所有的指令执行完毕时，集中把输出映像寄存器的状态通过输出部件转换成被控设备所能接受的电压或电流信号，以驱动被控设备。

PLC 这 5 个阶段的工作过程，称为一个扫描周期，完成一个扫描周期后，又重新执行上述过程，扫描周而复始地进行。在不考虑第二个因素（通信处理）时，扫描周期 T 的大小为

T=（读入一点时间×输入点数）+（运算速度×程序步数）+（输出一点时间×输出点数）+故障诊断时间

显然扫描周期主要取决于程序的长短（通常以 1000 条指令为单位计算），一般**小型机每秒钟可扫描数十次以上**，大型机就更快，这对于工业设备通常没有什么影响。但对控制时间要求较严格、响应速度要求快的系统，就应该精确地计算响应时间，细心编排程序，合理安排指令的顺序，以尽可能减少扫描周期造成的响应延时等不良影响。

PLC 与继电接触器控制的重要区别之一就是工作方式不同。继电接触器是按“并行”方式工作的，也就是说是按同时执行的方式工作的，只要形成电流通路，就可能有几个电器同时动作。而 PLC 是以反复扫描的方式工作的，循环地连续逐条执行程序，任一时刻它只能执行一条指令，这就是说 PLC 是以“串行”方式工作的。这种串行工作方式可以避免继电接触器控制的触点竞争和时序失配问题。

总之，**采用循环扫描的工作方式也是 PLC 区别于微机的最大特点**，使用者应特别注意。

下面我们用异步电动机的启—保—停电路的实例来说明 PLC 的工作原理。

图 1-1-7 是异步电动机的启—保—停接触器主电路、控制电路及工作波形图，工作原理就不详细叙述了。其中，SB1 为启动按钮，SB2 为停止按钮，FR 为热继电器的动合触点。KM 为控制电动机转动的线圈。

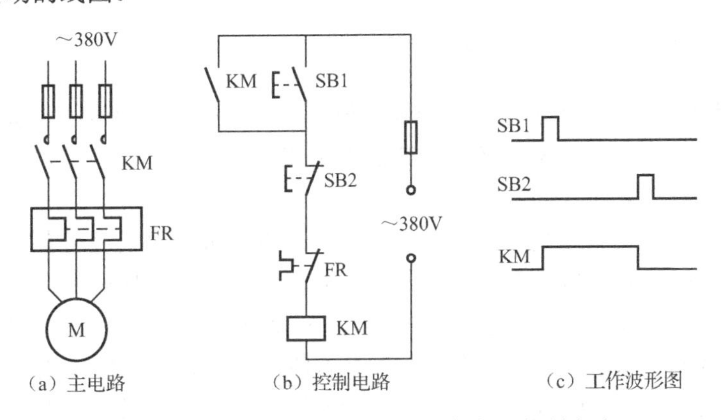

图 1-1-7　异步电动机启—保—停接触器控制电路

图 1-1-8 是异步电动机启—保—停 PLC 控制电路。其中主电路保持接线不变，控制电路用 PLC 的控制电路取代。

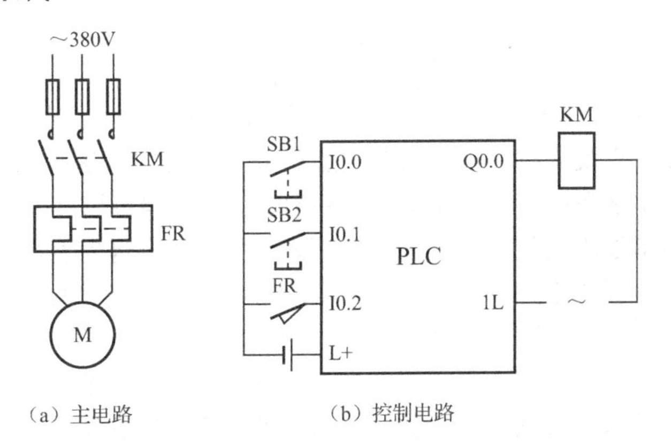

图 1-1-8　异步电动机启—保—停 PLC 控制电路

图 1-1-9 是异步电动机启—保—停 PLC 控制等效电路图。

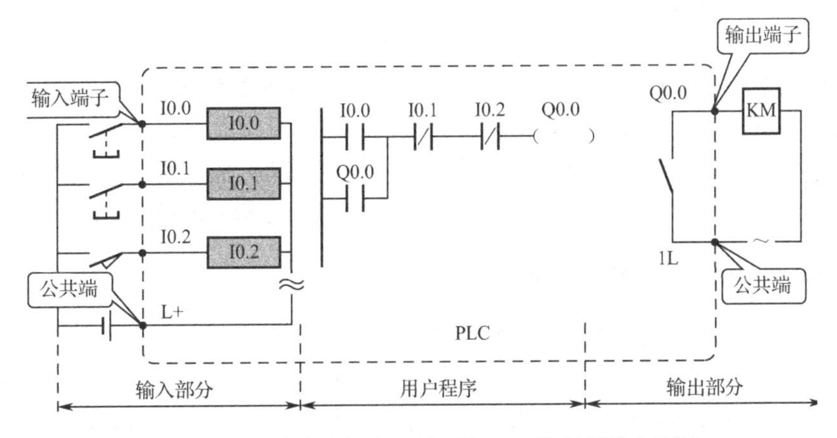

图 1-1-9　异步电动机启—保—停 PLC 控制等效电路图

PLC 的工作流程即扫描过程主要有“输入采样”、“执行用户程序”和“输出刷新”三个阶段。这三个阶段是 PLC 工作过程的中心内容，理解透 PLC 工作过程的这三个阶段是学习好 PLC 的基础。下面就详细分析这三个阶段：

1. 输入采样扫描阶段（输入部分）

在 PLC 的存储器中，设置了一片区域来存放输入信号和输出信号的状态，分别称为输入过程映像寄存器和输出过程映像寄存器。CPU 以字节（8 位）为单位来读写输入/输出过程映像寄存器。

这是第一个集中批处理过程，在这个阶段，PLC 首先按顺序扫描所有输入端子，并将各输入状态存入对应的输入映像寄存器中。此时，输入映像存储器被刷新，在当前的扫描周期内，用户程序依据的输入信号的状态（ON 或 OFF），均从输入映像寄存器中去读取，而不管此时外部输入信号的状态是否变化。在此程序执行阶段和接下来的输出刷新阶段，输入映像寄存器与外界隔离，即使此时外部输入信号的状态发生变化，也只能在下一个扫描周期的输入采样阶段去读取。一般来说，输入信号的宽度要大于一个扫描周期，否则很可能造成信号的丢失。如当 SB1 按钮按下后，外部输入信号 I0.0 为 ON 状态（1 状态），输入映像寄存器中的位寄存器 I0.0 中的结果为 1。

2. 执行用户程序的扫描阶段（用户程序）

PLC 的用户程序由若干条指令组成，指令在存储器中按照顺序排列。在 RUN 工作模式的程序执行阶段，在没有跳转指令时，CPU 从第一条指令开始，逐条顺序地执行用户程序。在执行指令时，从 I/O 映像寄存器或别的位元件的映像寄存器读取其 ON/OFF 状态，并根据指令的要求执行相应的逻辑运算，运算的结果写入到相应的映像寄存器中。因此，除了输入过程映像寄存器属于只读的之外，各映像寄存器的内容随着程序的执行而变化。

这是第二个集中批处理过程，在此阶段 PLC 的工作过程是这样的：CPU 对用户程序按顺序进行扫描，如果程序用梯形图表示，则**按先上再下，从左至右的顺序进行扫描，每扫描到一条指令，所需要的输入信息的状态就要从输入映像寄存器中去读取，而不是直接使用现场的即时输入信息**。因为第一个批处理过程（取输入信号状态）已经结束，“大门”已经关闭，现场即时信号此刻是进不来的。对于其他信息，则是从 PLC 的元件映像寄存器中读取，在这个过程顺序扫描中，每次运算的中间结果都立即写入元件映像寄存器中，这样该元素的状态马上就可以被后面将要扫描到的指令所利用，所以在编程时指令的先后位置将决定最后的输出结果。**对输出继电器的扫描结果，也不是马上用来驱动外部负载，**而是将其结果写入元件映像寄存器中的输出映像寄存器中，同样该元素的状态也马上就可以被后面将要扫描到的指令所利用，待整个用户程序扫描阶段结束后，进入输出刷新扫描阶段时，成批将输出信号状态送出去。本例 SB1 闭合时，程序运行结果使输出映像寄存器 Q0.0 写为 1。

3. 输出刷新扫描阶段（输出部分）

CPU 执行完用户程序后，将输出过程映像寄存器的 ON/OFF（如 Q0.0 的 1 状态）传送到输出模块并锁存起来，梯形图中某一输出位的线圈“得电”时，对应的输出映像寄存器为 1 状态。信号经输出模块隔离和功率放大后，继电器型输出模块中对应的硬件继电器（确实存在的物理器件）的线圈如 KM 得电，它对应的主电路中的常开触点闭合，使外部负载如工作

台通电工作。到此，一个周期扫描过程中的三个主要过程就结束了，CPU 又进入了下一个扫描周期。

这是第三个集中批处理过程，用时极短。在本周期内，用户程序全部扫描后，就已经定好了某一输出位的状态，进入这段的第一步时，信号状态已送到输出映像寄存器中，也就是说输出映像寄存器的数据取决于输出指令的执行结果。然后再把此数据推到锁存器中锁存，最后一步就是锁存器的数据再送到输出端子上去。**在一个周期中锁存器中的数据是不会变的。**

1.1.3 PLC 的性能指标、特点及分类

1. PLC 的性能指标

1）I/O 总点数

I/O 总点数是衡量 PLC 接入信号和可输出信号的数量。PLC 的输入/输出有开关量和模拟量两种。其中开关量用最大 I/O 点数表示，模拟量用最大 I/O 通道数表示。

2）存储器容量

存储器容量是衡量可存储用户应用程序多少的指标，通常以字或千字为单位。**约定 16 位二进制数为一个字（即两个 8 位的字节），1024 个字为 1 千字。**PLC 中通常以字为单位来存储指令和数据，一般的逻辑操作指令每条占 1 个字，定时器、计数器、移位操作等指令占 2 个字，而数据操作指令占 2～4 个字。有些 PLC 的用户程序存储器容量用编程的步数来表示，每条语句占一步长。

3）编程语言

编程语言是 PLC 厂家为用户设计的用于实现各种控制功能的编程工具，它有多种形式，常见的是梯形图编程语言及语句表编程语言，还有逻辑图编程语言、布尔代数编程语言等，它的功能强否主要取决于该机型指令系统的功能。一般来讲，指令的种类和数量越多，功能越强。

4）扫描时间

扫描时间是指执行 1000 条指令所需要的时间。**一般为 10ms 左右，小型机可能大于 40ms。**

5）内部寄存器的种类和数量

内部寄存器的种类和数量是衡量 PLC 硬件功能的一个指标。它主要用于存放变量的状态、中间结果和数据等，还提供大量的辅助寄存器如定时器/计数器、移位寄存器和状态寄存器等，以方便用户编程使用。

6）通信能力

通信能力是指 PLC 与 PLC、PLC 与计算机之间的数据传送及交换能力，它是工厂自动化的必备基础。目前生产的可编程序控制器不论是小型机还是中大型机，都配有一至两个，甚至多个通信端口。

7）智能模块

智能模块是指具有自己的 CPU 和系统的模块。它作为 PLC 中央处理单元的下位机，不参与 PLC 的循环处理过程，但接受 PLC 的指挥，可独立完成某些特殊的操作。如常见的位置控制模块、温度控制模块、PID 控制模块和模糊控制模块等。

2. PLC 的特点

PLC 是一种工业控制系统，在结构、性能、功能及编程手段等方面有独到的特点。

在构成上，具有模块结构特点。其基本的控制输入、输出和特殊功能处理模块等均可按积木式组合，有利于维护，并且使功能扩充很方便。其体积小，重量轻，结构紧凑，便于安装。

在性能上，可靠性高。PLC 的平均无故障时间一般可达 3～5 万小时，通过良好的整机结构设计、元器件选择、抗干扰技术的使用、先进电源技术的采用，以及监控、故障诊断、冗余等技术的采用，同时配以严格的制造工艺，使 PLC 在工业环境中能够可靠地工作。

在功能上，可进行开关逻辑控制、闭环过程控制、位置控制、数据采集及监控、多 PLC 分布式控制等功能，适用于机械、冶金、化工、轻工、服务和汽车等行业的工程领域，通用性强。

在编程手段上，直观、简单、方便，易于各行业工程技术人员掌握。编程语言可有多种形式，可针对不同的应用场合，供不同的开发和应用人员选择使用。其中最常用的是从继电器原理图引申出来的梯形图语言。另一种是顺序功能图语言，特别适合于描述顺序控制问题。第三种是模仿过程流程的功能块语言。每种语言都适合一定的应用领域。语言编辑及编译处理由 PLC 专用编程器或基于通用个人计算机的 PC 编程系统完成。编程语言的多样化使 PLC 的使用更方便。

3. PLC 的分类

1）根据其外形和安装结构分类

（1）单元式结构（整体式）。单元式结构的特点是结构非常紧凑。它把 PLC 的 3 大组成部分都装在一个金属或塑料外壳之中，即将所有的电路都装入一个模块内，构成一个整体。这样，**体积小，成本低，安装方便**。为了达到输入/输出点数灵活配置及易于扩展的目的，某一系列的产品通常都由不同点数的基本单元和扩展单元构成。其中的某些单元为全输入或全输出型。单元的品种越丰富，其配置就越灵活。西门子的 S7-200 系列 PLC、三菱的 F1、F2 系列 PLC、欧姆龙的 CPMIA、CPM2A 系列 PLC 就属于这种形式。它们都属于小型可编程序控制器。必须指出，小型可编程序控制器结构的最新发展也开始吸收模块式结构的特点。各种不同点数的可编程序控制器都做成同宽、同高、不同长度的模块，几个模块装起来后就成了一个整齐的长方体结构。

单元式的可编程序控制器可以直接装入机床或电控柜中。现在，可编程序控制器还有许多专用的特殊功能单元。在小型可编程序控制器中，也可以根据需要配置各种特殊功能单元。例如，西门子 S7-200 系列产品就可配置热电阻、热电偶、模拟量输入/输出模块等。三菱 F1、F2 系列产品就可配置模拟量 I/O 单元、高速计数单元、位置控制单元、凸轮控制单元、数据输入/输出单元等。大多数单元都是通过主单元的扩展口与可编程序控制器主机相连的。有部分特殊功能单元通过可编程序控制器的编程器接口相连接。还有的通过主机上并联的适配器接入，不影响原系统的扩展。

小型可编程序控制器主要是指输入/输出点数较少的系统，而小型系统都是采用这种单元式结构的形式。S7-200 系列 PLC 的最大输入/输出点数为 64/64 点。为了构成点数较多的系统，还可采用点对点通信方式，将两台机器连接起来，构成总点数多一倍的系统。

S7-200 系列 PLC 属于典型的单元式结构，它由基本单元、扩展单元（扩展模块）及特殊适 配器等构成，仅用基本单元或将上述各种产品组合起来使用均可。不管用何种基本单元与扩展单元或扩展模块组合，均可使所控制的输入/输出点数达 128 个。

（2）模块式结构。模块式可编程序控制器采用搭积木的方式组成系统，在一个机架上插

上 CPU、电源、I/O 模块及特殊功能模块，构成一个总 I/O 点数很多的大规模综合控制系统。这种结构形式的特点是 CPU 为独立的模块，输入、输出也是独立的模块，因此配置很灵活，可以根据不同的系统规模选用不同档次的 CPU 及各种 I/O 模块、功能模块。其模块尺寸统一、安装整齐，对于 I/O 点数很多的系统选型、安装调试、扩展、维修等都非常方便。目前大型系统多采用这种形式，如 S7-300、S7-400 系列 PLC 等。这种结构形式的可编程序控制器除了各种模块以外，还需要用机架（主机架、扩展机架）将各模块连成整体；有多块机架时，则还要用电缆将各机架连在一起。

（3）叠装式。以上两种结构各有特色。前者结构紧凑，安装方便，体积小巧，易于与机床、电控柜连成一体，但由于其点数有搭配关系，加之各单元尺寸大小不一致，因此不易安装整齐。后者点数配置灵活，又易于构成较多点数的大系统，但尺寸较大，难以与小型设备相连。为此，有些公司开发出叠装式结构的 PLC，它的结构也是各种单元、CPU 自成独立的模块，但安装不用机架，仅用电缆进行单元间连接，且各单元可以一层层地叠装。这样，既达到了配置灵活的目的，又可以做得体积小巧。

2）按点数、功能分类

按照 I/O 点数的多少，可将 PLC 分为超小（微）、小、中、大、超大五种类型，如表 1-1-1 所示。

表 1-1-1　按 I/O 点数分类

分　类	超小型	小型	中型	大型	超大型
I/O 点数	64 点以下	64～128 点	128～512 点	512～8192 点	8192 点以上

按功能分类可分为低档机、中档机、高档机，如表 1-1-2 所示。

表 1-1-2　按功能分类

分　类	主 要 功 能	应 用 场 合
低档机	具有逻辑运算、定时、计数、移位、自诊断、监控等基本功能，有的还具备 AI/AO、数据传送、运算、通信等功能	开关量控制、顺序控制、定时/计数控制、少量模拟量控制等
中档机	除上述低档机的功能外，还有数制转换、子程序调用、通信联网功能，有的还具备中断控制、PID 回路控制等功能	过程控制、位置控制等
高档机	除上述中档机的功能外，还有较强的数据处理功能、模拟量调节、函数运算、监控、智能控制、通信联网功能等	大规模过程控制系统，构成分布式控制系统，实现全局自动化网络

1.1.4　PLC 的应用领域

PLC 的应用范围极其广阔，经过近 40 年的发展，目前 PLC 已经广泛应用于冶金、石油、化工、建材、电力、矿山、机械制造、汽车、交通运输、轻纺和环保等各行各业。几乎可以说，凡是有控制系统存在的地方就有 PLC。

1. 逻辑量控制

这是 PLC 最基本的应用领域，可用 PLC 取代传统的继电器控制系统，实现逻辑控制和顺序控制。在单机控制、多机群控和自动生产线控制方面都有很多成功的应用实例，如机床电气控制、起重机、带运输机和包装机械的控制、注塑机的控制、电梯的控制、饮料灌装生产线、家用电器（电视机、冰箱、洗衣机等）自动装配线的控制及汽车、化工、造纸、轧钢自动生产线的控制等。

2. 模拟量控制

目前，很多 PLC 都具有模拟量处理功能，通过模拟量 I/O 模块可对温度、压力、速度、流量等连续变化的模拟量进行控制，而且编程和使用都很方便。大、中型的 PLC 还具有 PID 闭环控制功能，运用 PID 子程序或使用专用的智能 PID 模块，可以实现对模拟量的闭环过程控制。随着 PLC 规模的扩大，控制的回路已从几个增加到几十个甚至上百个，可以组成较复杂的闭环控制系统。PLC 的模拟量控制功能已广泛应用于工业生产各个行业，如自动焊机控制、锅炉运行控制、连轧机的速度和位置控制等都是典型的闭环过程控制的应用场合。

3. 运动控制

运动控制是指 PLC 对直线运动或圆周运动的控制，也称为位置控制，早期 PLC 通过开关量 I/O 模块与位置传感器和执行机构的连接来实现这一功能，现在一般都使用专用的运动控制模块来完成。目前，PLC 的运动控制功能广泛应用在金属切削机床、电梯、机器人等各种机械设备上，典型的如 PLC 和计算机数控装置（CNC）组合成一体，构成先进的数控机床。

4. 数据处理

现代 PLC 都具有不同程度的数据处理功能，能够完成数学运算（函数运算、矩阵运算和逻辑运算）、数据的移位、比较、传递及数值的转换和查表等操作，对数据进行采集、分析和处理。数据处理通常用在大、中型控制系统中，如柔性制造系统、机器人的控制系统等。

5. 通信联网

通信联网是指 PLC 与 PLC 之间、PLC 与上位计算机或其他智能设备间的通信，利用 PLC 和计算机的 RS-232 或 RS-422 接口、PLC 的专用通信模块，用双绞线和同轴电缆或光缆将它们连成网络，可实现相互间的信息交换，构成“集中管理、分散控制”的多级分布式控制系统，建立工厂的自动化网络。

巩 固 练 习

1．填空题。

（1）可编程控制器主要由________、________、________和________组成。

（2）继电器线圈断电时，其常开触点________，常闭触点________。

（3）外部输入电路接通时，对应的输入映像寄存器为________状态，梯形图中对应的常开触点________，常闭触点________。

（4）若梯形图中输出 Q 的线圈断电，对应的输出映像寄存器为________状态，在修改输出阶段后，继电器型输出模块中对应的硬件的线圈________，其常开触点________，常闭触点________，外部负载________。

2．什么是可编程序控制器？它有哪些主要特点？

3．简述PLC的发展过程。

4．简述PLC的组成。

5．简述PLC的工作原理。

6．在一个扫描周期中，如果在程序执行期间输入状态发生变化，则输入映像寄存器的状态是否也随之改变？为什么？

7．PLC的控制功能可从哪几方面进行描述？

8．PLC如何分类？

9．PLC主要有哪些性能指标及特点？

任务1.2　认识西门子S7家族产品

德国的西门子公司是欧洲最大的电子和电气设备制造商，生产的SIMATIC可编程序控制器在欧洲处于领先地位。最新的SIMATIC产品为SIMATIC S7、M7和C7等几大系列。SIMATIC S7系列产品分为通用逻辑模块(LOGO!)、微型PLC(S7-200系列)、中等性能系列PLC(S7-300系列）和高性能系列PLC（S7-400系列）4个产品系列，近几年，西门子公司推出了S7-1200/1500，从产品性能上看，S7-1200相当于高端S7-200和低端S7-300，S7-1500相当于中高端的S7-300、S7-400。西门子S7家族产品价格与CPU性能趋势（PLC的I/O点数、运算速度、存储容量及网络功能）如图1-2-1所示。

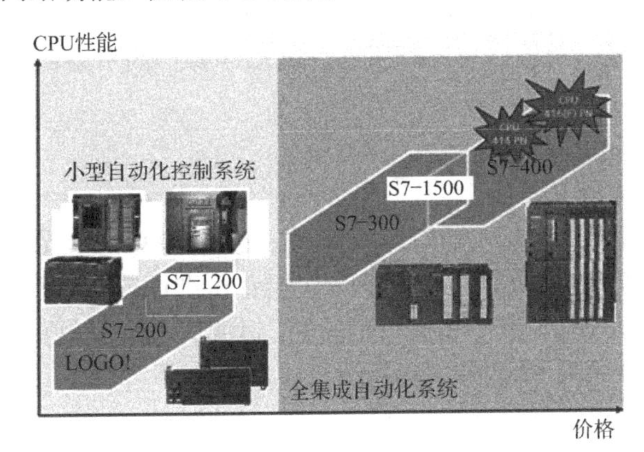

图1-2-1　西门子S7家族产品价格与CPU性能趋势

1.2.1　LOGO!简介

LOGO!是西门子公司研制的通用逻辑模块，如图1-2-2所示。

LOGO!集成有：控制功能；带背景光的操作和显示面板；电源；用于扩展模块的接口；用于程序模块（插卡）的接口和PC电缆；预组态的标准功能，例如接通/断开延时继电器、脉冲继电器和软键；定时器；数字量和模拟量标志；数字量/模拟量输入和输出，取决于设备的类型。还提供无操作面板和显示单元的特殊型号，可用于小型机械设备、电气装置、控制柜及安装工程等一系列应用。

LOGO!能做什么？一般来说可在家庭和安装工程中使用(例如用于楼梯照明、室外照明、遮阳蓬、百叶窗、商店橱窗照明等)，亦可在开关柜和机电设备中使用（例如门控制系统、空调系统或雨水泵等)。LOGO!还能用于暖房或温室等专用控制系统，用于控制操作信号，以及通过连接一个通信模块（如 AS-i）用于机器或过程的分布式就地控制。

图 1-2-2　LOGO!外形图

目前的 LOGO!基本型有 2 个电压等级：

（1）等级 1（≤24V）：例如 12V DC，24V DC，24V AC；

（2）等级 2（>24V）：例如 115～240V AC/DC。

类型也只有两种：

（1）带显示：8 个输入和 4 个输出；

（2）无显示（“LOGO! Pure”）：8 个输入和 4 个输出。

LOGO!使用的是“Soft Comfort 轻松软件”，可以用来完成所有的工作，生成并且测试控制程序，模拟所有的功能，一般配有文献手册。LOGO!操作简单易懂，只需要在 PC 之中进行拖和拽。

1.2.2　S7-200 简介

从 CPU 模块的功能来看，SIMATIC S7-200 系列微型 PLC 发展至今大致经历了两代。第一代产品（21 版），其 CPU 模块为 CPU 21X，主机都可进行扩展；第二代产品（22 版），其 CPU 模块为 CPU 22X，是在 21 世纪初投放市场的，速度快，具有较强的通信能力。如图 1-2-3 所示为 SIMATIC S7-200 系列 PLC 外部实物图。

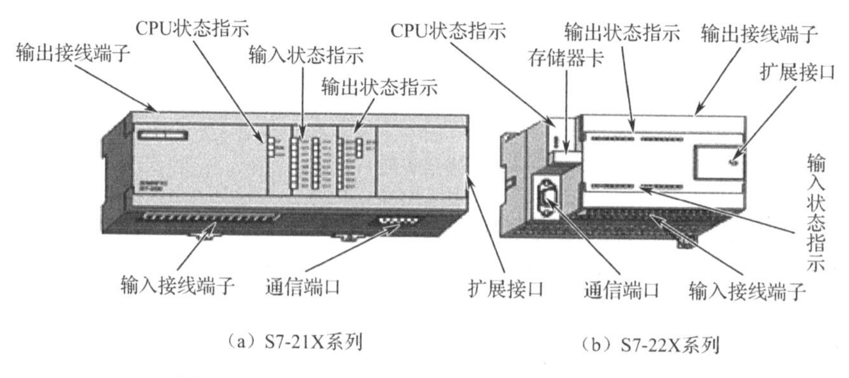

（a）S7-21X系列　　（b）S7-22X系列

图 1-2-3　SIMATIC S7-200 系列 PLC 外部实物图

SIMATIC S7-200（以下简称 S7-200）系列 PLC 适用于各行各业，各种场合中的检测、监测及控制的自动化。在集散自动化系统中充分发挥其强大功能。使用范围可覆盖从替代继电器的简单控制到更复杂的自动化控制。应用领域极为广泛，覆盖所有与自动检测、自动化控

制有关的工业及民用领域，包括各种机床、机械、电力设施、民用设施、环境保护设备等。如冲压机床、磨床、印刷机械、橡胶化工机械、中央空调、电梯控制、运动系统。

S7-200 系列一体化小型机的的优点如下：极高的可靠性，丰富的指令集，易于掌握便捷的操作，丰富的内置集成功能，实时特性，比较强的通信能力，丰富的扩展模块等。

S7-200 系列 PLC 可提供 5 个不同的基本型号的 8 种 CPU 可供使用。S7-200 CPU 的技术指标如表 1-2-1 所示。

表 1-2-1　S7-200 CPU 的技术指标

特　　性	CPU 221	CPU 222	CPU 224	CPU 224XP	CPU 226
本机 I/O： ● 数字量 ● 模拟量	 6 入/4 出 —	 8 入/6 出 —	 14 入/10 出 —	 14 入/10 出 2 入/1 出	 24 入/16 出 —
最大扩展模块数量	0 个模块	2 个模块	7 个模块	7 个模块	7 个模块
数据存储区	2048 字节	2048 字节	8192 字节	10240 字节	10240 字节
掉电保持时间	50 小时	50 小时	100 小时	100 小时	100 小时
程序存储器： ● 可在运行模式下编辑 ● 不可在运行模式下编辑	 4096 字节 4096 字节	 4096 字节 4096 字节	 8192 字节 12288 字节	 12288 字节 16384 字节	 16384 字节 24576 字节
高速计数器： ● 单相 ● 双相	 4 路 30kHz 2 路 20kHz	 4 路 30kHz 2 路 20kHz	 6 路 30kHz 4 路 20kHz	 4 路 30kHz 2 路 200kHz 3 路 20kHz 1 路 100kHz	 6 路 30kHz 4 路 20kHz
脉冲输出（DC）	2 路 20kHz	2 路 20kHz	2 路 20kHz	2 路 100kHz	2 路 20kHz
模拟电位器	1	1	2	2	2
实时时钟	配时钟卡	配时钟卡	内置	内置	内置
通信口	1×RS-485	1×RS-485	1×RS-485	2×RS-485	2×RS-485
浮点数运算	有	有	有	有	有
I/O 映像区	256 128 入/128 出	256 128 入/128 出	256 128 入/128 出	256 128 入/128 出	256 128 入/128 出
布尔指令执行速度	0.22μs/指令	0.22μs/指令	0.22μs/指令	0.22μs/指令	0.22μs/指令
外形尺寸（mm）	90×80×62	90×80×62	120.5×80×62	140×80×62	190×80×62

S7-200 系列 PLC 的数据存储区划分比较细，按存储器存储数据的长短可划分为字节存储器、字存储器和双字存储器 3 类。字节存储器有 7 个，分别是输入映像寄存器 I、输出映像寄存器 Q、变量存储器 V、内部位存储器 M、特殊存储器 SM、顺序控制状态寄存器 S 和局部变量存储器 L；字存储器有 4 个，分别是定时器 T、计数器 C、模拟量输入寄存器 AI 和模拟量输出寄存器 AQ；双字存储器有 2 个，分别是累加器 AC 和高速计数器 HC。其寻址范围如表 1-2-2 所示。

表 1-2-2　S7-200 系列 PLC 存储器寻址范围

技术规范	CPU 222 CN	CPU 224 CN	CPU 224XP CN	CPU 226 CN
用户程序大小： ●带运行模式下 ●不带运行模式下	 4KB 4KB	 8KB 12KB	 12KB 16KB	 16KB 24KB
用户数据大小	2KB	8KB	10KB	10KB
输入过程映像寄存器	I0.0～I15.7	I0.0～I15.7	I0.0～I15.7	I0.0～I15.7
输出过程映像寄存器	Q0.0～Q15.7	Q0.0～Q15.7	Q0.0～Q15.7	Q0.0～Q15.7
模拟量输入（只读）	AIW0～AIW30	AIW0～AIW62	AIW0～AIW62	AIW0～AIW62
模拟量输出（只写）	AQW0～AQW30	AQW0～AQW62	AQW0～AQW62	AQW0～AQW62
变量存储器（V）	VB0～VB2047	VB0～VB8191	VB0～VB10239	VB0～VB10239
局部存储器（L）	LB0～LB63	LB0～LB63	LB0～LB63	LB0～LB63
位存储器（M）	M0.0～M31.7	M0.0～M31.7	M0.0～M31.7	M0.0～M31.7
特殊存储器（SM） 只读	SM0.0～SM299.7 SM0.0～SM29.7	SM0.0～SM549.7 SM0.0～SM29.7	SM0.0～SM549.7 SM0.0～SM29.7	SM0.0～SM549.7 SM0.0～SM29.7
定时器	T0～T255	T0～T255	T0～T255	T0～T255
计数器	C0～C255	C0～C255	C0～C255	C0～C255
高速计数器	HC0～HC5	HC0～HC5	HC0～HC5	HC0～HC5
累加寄存器	AC0～AC3	AC0～AC3	AC0～AC3	AC0～AC3
顺序控制继电器（S）	S0.0～S31.7	S0.0～S31.7	S0.0～S31.7	S0.0～S31.7

STEP 7-Micro/WIN 编程软件为 S7-200 PLC 用户开发、编辑和监控自己的应用程序提供了良好的编程环境，其使用两个系列号的编程软件，如表 1-2-3 所示。

表 1-2-3　S7-200 PLC 选型型号对应的编程软件

系列号	类　别	产品图片	描　述	选型型号
810	S7-200 系列 PLC 编程软件 STEP 7-Micro/WIN V3.2	软件桌面标识	用于 S7-200 PLC 程序的编程组态 版本：V3.2 操作系统环境：Windows NT/2000/XP	6ES7 810-2BC02-0YX0
810	S7-200 系列 PLC 编程软件 STEP 7-Micro/WIN V4.0	软件桌面标识	用于 S7-200 PLC 程序的编程组态 版本：V4.0 操作系统环境：Windows NT/2000/XP	6ES7 810-2CC03-0YX0

1.2.3　S7-1200 简介

SIMATIC S7-1200 是西门子公司在 2009 年 5 月正式推出的一款新产品，经过近几年的推广，市场使用情况良好，目前是西门子公司的主推产品之一。其外形如图 1-2-4 所示。

（a）1212C

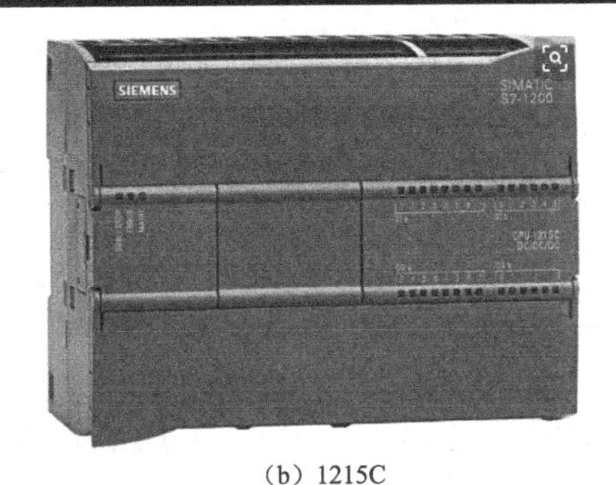

（b）1215C

图 1-2-4 SIMATIC S7-1200 外形图

SIMATIC S7-1200 控制器具有模块化、结构紧凑、功能全面等特点，适用于多种应用，能够保障现有投资的长期安全。由于该控制器具有可扩展的灵活设计，符合工业通信最高标准的通信接口，以及全面的集成工艺功能，因此它可以作为一个组件集成在完整的综合自动化解决方案中。

其优点如下：

1）可扩展性强、灵活度高的设计

信号模块：最大的 CPU 最多可连接八个信号模块，以便支持其他数字量和模拟量 I/O。

信号板：可将一个信号板连接至所有的 CPU，通过在控制器上添加数字量或模拟量 I/O 来自定义 CPU，同时不影响其实际大小。

内存：为用户程序和用户数据之间的浮动边界提供多达 50KB 的集成工作内存。同时提供多达 2MB 的集成加载内存和 2KB 的集成记忆内存。可选的 SIMATIC 存储卡可轻松转移程序供多个 CPU 使用。该存储卡也可用于存储其他文件或更新控制器系统固件。

2）集成 PROFINET 接口

集成的 PROFINET 接口用于进行编程以及 HMI 和 PLC-to-PLC 通信。另外，该接口支持使用开放以太网协议的第三方设备。该接口具有自动纠错功能的 RJ-45 连接器，并提供 10/100Mb/s 的数据传输速率。它支持多达 16 个以太网连接以及以下协议：TCP/IP native、ISO on TCP 和 S7 通信。

3）SIMATIC S7-1200 集成技术

SIMATIC S7-1200 具有进行计算和测量、闭环回路控制和运动控制的集成技术，是一个功能非常强大的系统，可以实现多种类型的自动化任务。

用于速度、位置或占空比控制的高速输出：控制器集成了两个高速输出，可用作脉冲序列输出或调谐脉冲宽度的输出。

PLC open 运动功能块：支持控制步进马达和伺服驱动器的开环回路速度和位置。

驱动调试控制面板：工程组态 SIMATIC STEP 7 Basic 中随附的驱动调试控制面板，简化了步进马达和伺服驱动器的启动和调试操作。它提供了单个运动轴的自动控制和手动控制，以及在线诊断信息。

用于闭环回路控制的 PID 功能：最多可支持 16 个 PID 控制回路，用于简单的过程控制应用。

SIMATIC S7-1200（以下简称 S7-1200）使用的编程软件博途 TIA V13 SP1 开始提供对硬

件版本 4.0 以上的 S7-1200 系列的支持，但是支持的仿真器需要另外安装 PLCSIM V13 SP1 才可以进行仿真。

1.2.4 S7-300/400 简介

SIMATIC S7-300/400 PLC（以下简称 S7-300/400）是西门子公司的中大型机，产品性能稳定，网络通信功能强大，程序简单，性价比高。目前广泛应用于工业自动化控制领域。

S7-300 是 SIMATIC 控制器中销售量最多的产品，其模块化结构、易于实现分布式的配置以及性价比高、电磁兼容性强、抗振动冲击性能好，已成功地应用于范围广泛的自动化领域。用于稍大系统，可实现复杂的工艺控制，如 PID、脉宽调制等。

S7-400 是用于中、高档性能范围的可编程序控制器。S7-400 PLC 的主要特色为：极高的处理速度、强大的通信性能和卓越的 CPU 资源裕量。它是功能强大的 PLC，适用于中高性能控制领域，优点如下：解决方案满足最复杂的任务要求；功能分级的 CPU 以及种类齐全的模板；总能为其自动化任务找到最佳的解决方案；实现分布式系统和扩展通信能力都很简便，组成系统灵活自如；用户友好性强，操作简单，免风扇设计；随着应用的扩大，系统扩展无任何问题。

S7-300/400 可使用 STEP 7 V5.5 SP2 来编程，用 PLCSIM V5.4 SP5 来实现仿真。同时也可用博途 V13 SP1 及以上版本来实现编程与仿真。

1.2.5 S7-1500 简介

SIMATIC S7-1500 是 2013 年 3 月正式在中国推出的新一代 PLC，该系列专为中高端设备和工厂自动化设计。新一代控制器以高性能、高效率的优势脱颖而出，除了卓越的系统性能外，该控制器还能集成一系列功能，包括运动控制、工业信息安全，以及可实现便捷安全应用的故障安全功能。其高效尤其体现在创新的设计使调试和安全操作简单便捷，而集成于博途 TIA 的诊断功能通过简单配置即可实现对设备运行状态的诊断，简化工程组态，并降低项目成本。SIMATIC S7-1500 外形如图 1-2-5 所示。

图 1-2-5 SIMATIC S7-1500 外形图

新一代 SIMATIC S7-1500（以下简称 S7-1500）控制器目前包括三种型号的 CPU，分别是 1511、1513 和 1516，这三种型号适用于中端性能的应用。每种型号也都将推出 F 型产品（故障安全型），以提供安全应用，并根据端口数量、位处理速度、显示屏规格和数据内存等性能特点分成不同等级。根据不同自动化任务的需要，每个 CPU 最多可添加 32 个扩展模块，例如，通信和工艺模块或输入/输出模块，与 SIMATIC ET 200MP 架构相同。它的主要优势如下：

（1）系统性能：高水平的系统性能和快速信号处理能够极大地缩短响应时间，加强控制能力。为达到这一目的，S7-1500 设计了高速背板总线，具有高波特率和高效的传输协议。点到点的反应时间不到 500 微秒，位指令的运算时间最快可达 10 纳秒之内（因 CPU 而异）。CPU 1511 和 CPU 1513 控制器设置有两个 PROFINET 端口，CPU 1516 控制器设置有三个端口：两个与现场级通信，第三个用于整合至企业网络。PROFINET IO IRT 可以保证确定的反应时间和高精度的系统响应。此外，集成 Web 服务器支持非本地系统和过程数据查询，以实现诊断的目的。

（2）工艺：在现场工艺方面，S7-1500 标准化的运动控制功能使其与众不同。这使得模拟量和 Profidrive 兼容驱动不需要其他模块就可以实现直接连接，支持速度和定位轴，以及编码器。按照 PLCopen 进行标准化的块简化了 Profidrive 兼容驱动的连接。为使驱动和控制器实现高效快速调试，用户可以执行 Trace 功能，对程序和动作应用进行实时诊断，从而优化驱动。另一个集成工艺功能是 PID 控制，可用方便配置的块确保控制质量。控制参数可以自整定。

（3）工业信息安全：S7-1500 工业信息安全集成的概念从块保护延伸至通信完整性，帮助用户确保应用安全。集成的专有知识保护功能，如防止机器复制，能够帮助防止未授权的访问和修改。SIMATIC 存储卡用于防复制保护，将单个块关绑定至原存储卡的序列号，从而确保程序仅能通过配置过的存储卡运行，而不能被复制。访问保护功能防止对应用进行未经授权的配置修改，可以通过给不同的用户组分配不同的授权级别来实现这一功能。专有的数据校验机制可识别修改过的工程数据，从而实现保护通过未授权操作传输到控制器的数据等功能。

（4）故障安全：S7-1500 集成了故障安全功能。为实现故障安全自动化，用户配置了 F 型（故障安全型）的控制器，对标准和故障安全程序使用同样的工程设计和操作理念。用户在定义、修改安全参数的时候可以借助安全管理编辑器。例如，当使用故障安全型驱动技术提供服务的时候，用户可以得到图形化支持。新控制器在功能安全性方面通过了 EN 61508，符合 IEC62061 中 SIL 3 级安全应用标准，以及 ISO 13849 中 PLe 级安全应用标准。

（5）设计处理：S7-1500 的设计和处理以方便操作为前提，最大限度地实现用户友好性（对许多细节都进行了创新，例如，SIMATIC 控制器第一次安装了显示装置），并能显示普通文本信息，从而实现全工厂透明化。标准化的前连接器节省了用户接线时间，简化了配件存储。集成短接片使电位组的桥接更加简单灵活。辅助配件，如自动断路器或继电器迅速便捷地安装到集成 DIN 导轨。可扩展的电缆存储空间能够方便地关闭前盖板，即便使用带有绝缘的电缆，也可以通过两个预定义的闭锁位轻松关闭前盖板。预接线位置的设计简化了初始接线过程以及端子的重新连接的复杂性。集成屏蔽保证了模拟信号能够屏蔽良好，从而获得良好的信号接收质量，以及抗外部电磁干扰的鲁棒性。该款产品的另一个优点是扩展性：S7-1500 CPU 可以扩展至每个底板 32 个模块，用户可以根据自动化任务需要选择模块。

（6）系统诊断：S7-1500 的集成系统诊断具有强大的诊断功能，不需要额外编程。只需配置，不需要编程即可实现诊断。另外，显示功能实现了标准化。各种信息，如来自于驱动器的信息或者相关的错误信息，都以普通文本信息的形式在 CPU 显示器上显示出来，在各种设备上，如博途 TIA、人机界面（HMI）、Web 服务器看到的信息都是一致的。接线端子和标签 1∶1 的分配及 LED 指示灯的使用，帮助用户在调试、测试、诊断以及操作过程中节省时间。另外，通过离散通道单独显示，用户可以快速检测到并分配相应的通道，对解决故障十分有益。

（7）使用博途 TIA 进行工程设计：西门子新的自动化设备都要集成到博途 TIA 工程设计软件平台中，S7-1500 控制器也不例外。该设计为控制器、HMI 和驱动产品在整个项目中共享数据存储和自动保持数据一致性提供了标准操作的概念，同时提供了涵盖所有自动化对象的强大的库。博途 TIA V14 不仅有更强的性能，还涵盖自动系统诊断功能，集成故障安全功能性，强大的 PROFINET 通信，集成工业信息安全和优化的编程语言。编辑器以任务为导向且操作直观，使得新软件产品易学易用。此外，产品在快速编程、调试、维修方面具有很强的性能。在设计过程中特别重视对目前项目和软件的再利用和兼容性。例如，从 S7-300/400 转向 S7-1500，项目可以重复利用，S7-1200 的程序可以通过复制功能将程序转换到 S7-1500。

巩 固 练 习

1．请说说西门子 S7 家族产品有哪些，按 PLC 的性能趋势由低到高排列出来。

2．请简述 S7-200 与 S7-300 两种类型的 PLC 的区别。

3．请上网查找 S7 家族产品 CPU 的价位区间。

4．上网查找资料，说说当代 PLC 发展动向是什么。

模块 2　S7-300/400 硬件认识与硬、软件的安装

任务目标

1. 学习 S7-300/400 PLC 硬件的基本知识。
2. 学习 S7-300/400 PLC 模块的特性和技术规范。
3. 训练硬件的选型。
4. 训练 S7-300/400 PLC 模块的安装。
5. 了解 STEP 7 软件对计算机的要求。
6. 会安装 STEP 7 编程软件与仿真软件 S7-PLCSIM。
7. 了解 STEP 7 授权管理。
8. 熟悉 STEP 7 的软件更新。

任务描述

S7-300/400 属于模块式 PLC，机架（RACK）、电源模块（PS）、CPU 模块、信号模块（SM）、通信模块（CP）、功能模块（FM）、接口模块（IM）等像积木一样一块一块地组合起来，要求各模块的安装要符合安装规范，在硬件安装前要学习 S7-300/400 PLC 各种模块的基本知识、特性和技术规范。

完成了 S7-300 PLC 的硬件安装以后，要想能够实现控制要求，还需要编写相应的控制程序，这里使用的编程软件为 STEP 7。本任务要求掌握编程软件 STEP 7 V5.5 与仿真软件 PLCSIM 的安装、使用方法和注意事项。

知识准备

1. 使用 S7-300/400，需要学什么

S7-300/400 是国内应用最广、市场占有率最高的中大型 PLC。使用 S7-300/400，需要掌握以下技能：

（1）了解 S7-300/400 的硬件结构和网络通信功能。

（2）熟练操作 S7-300/400 的编程软件 STEP 7，用它完成对硬件和网络的组态、编程、调试和故障诊断等操作。

（3）熟悉 S7-300/400 的指令系统和程序结构，能阅读和理解 PLC 的用户程序。

（4）能编写、修改和调试用户程序。

2. 学习 S7-300/400 的工具

S7-300/400 的硬件很贵，个人和一般的单位都很难具备用大量的硬件来做实验的条件。S7-PLCSIM 是 S7-300/400 功能强大、使用方便的仿真软件。可以用它在计算机上做实验，模拟 PLC 硬件的运行，包括执行用户程序。做仿真实验和做硬件实验时观察到的现象几乎完全相同。如果有实训条件，效果更佳。

本书配套的资料里提供了 STEP 7 V5.5 SP2 中文试用版和 PLCSIM V5.4 SP5 UPD1 中文试用版，为仿真实验创造了条件，也可到西门子公司官方网站下载。

3. 学习 PLC 的主要方法是动手

如果不动手用编程软件和仿真软件（或 PLC 的硬件）进行操作，只是阅读教材或 PLC 的用户手册，不可能学会 PLC。如果读者初学 S7-300/400，建议按顺序完成书中的实训。

4. 例程的使用方法

建议一边阅读书中的实训，一边按实训中的叙述生成项目、组态硬件、编写程序和做仿真实验。随书资料中有 33 个与正文配套的例程，如果已经熟悉了软件的操作方法，可以在了解子任务的功能和读懂程序的基础上，直接做 10 个技能训练项目和仿真实验。

5. 在线帮助功能的使用

STEP 7 有非常强大的在线帮助功能，**打开某个对话框的某个选项卡、选中某个菜单中的某条命令、选中指令列表或程序中的某条指令或程序块，再按计算机的“F1”键，就能得到有关对象的在线帮助信息。**建议读者充分利用在线帮助信息来解决遇到的问题。

任务 2.1 S7-300 硬件系统的认识

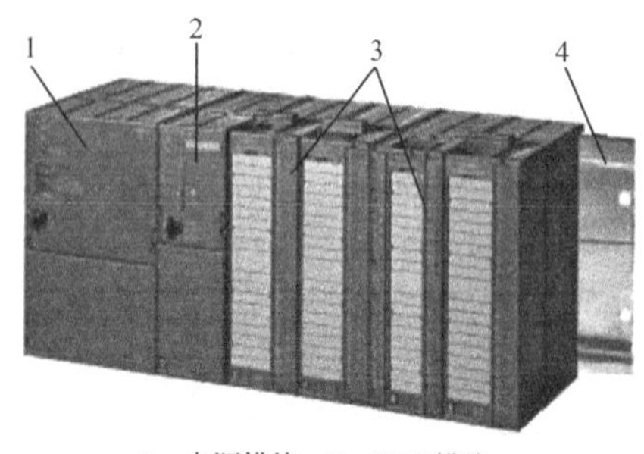

1—电源模块；2—CPU 模块；
3—信号模块；4—机架

图 2-1-1 S7-300 PLC 外形图

S7-300 属于模块式 PLC，由机架（RACK）、电源模块（PS）、CPU 模块、信号模块（SM）、通信模块（CP）、功能模块（FM）、接口模块（IM）等组成，图 2-1-1 所示是 S7-300 PLC 外形图，图 2-1-2 所示是 S7-300 PLC 结构图。S7-300 系列 PLC 的模块都有名称，具有同样名称的模块根据接口名称和功能的不同，又有不同的规格，在 PLC 的硬件组态中，以订货号为准。S7-300 PLC 部件及其功能如表 2-1-1 所示。

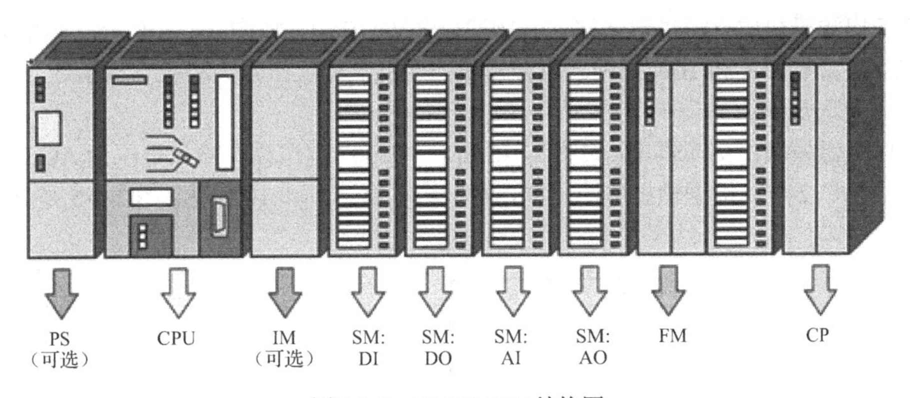

图 2-1-2　S7-300 PLC 结构图

表 2-1-1　S7-300 PLC 部件及其功能

部　件	功　能
导轨	S7-300 的机架
电源（PS）	将电网电压（120/230V）变换为 S7-300 所需的 24V DC 工作电压
中央处理单元（CPU）	执行用户程序 附件：备份电池，MMC 存储卡
接口模块（IM）	连接两个机架的总线
信号模块（SM） （数字量/模拟量）	把不同的过程信号与 S7-300 相匹配 附件：总线连接器，前连接器
功能模块（FM）	完成定位、闭环控制等功能
通信处理器（CP）	连接可编程控制器 附件：电缆、软件、接口模块

1. 机架（RACK）

机架（包括导轨）由不锈钢制作，用于进行物理固定，如图 2-1-3 所示。有 5 种不同的长度规格，分别为 160mm、482mm、530mm、830mm 和 2000mm。

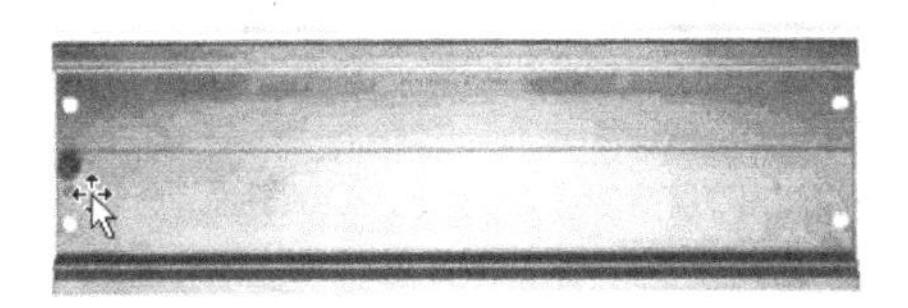

图 2-1-3　PLC 机架

2. 电源模块（PS）

电源模块用于将 220V 交流电转换为 24V 直流电，电源模块的功能是为 PLC 的 CPU 提供 24V 的直流电压，该电压既可作为某些模块的 24V 工作电源，也可作为某些模块输入/输出端子的外接 24V 直流电源。电源模块采用开关电源电路，开关电源的优点是效率高、稳压范围宽、输出电流大且体积小。

PS305 电源模块由直流供电（24V/46V/72V/96V/110V），如图 2-1-4 所示，电源模块的额定输出电流有 2A、5A 和 10A 三种。电源模块的面板上有工作开关和状态指示灯，当电源过载时指示灯会闪烁。

PS307 电源模块由交流供电，如图 2-1-5 所示，PS307 电源模块输入电压为 AC 120/230V，输出电压为 DC 24V，根据输出电流不同，可分为 2A、5A 和 10A 型。图 2-1-5 是 PS307 2A 型的。

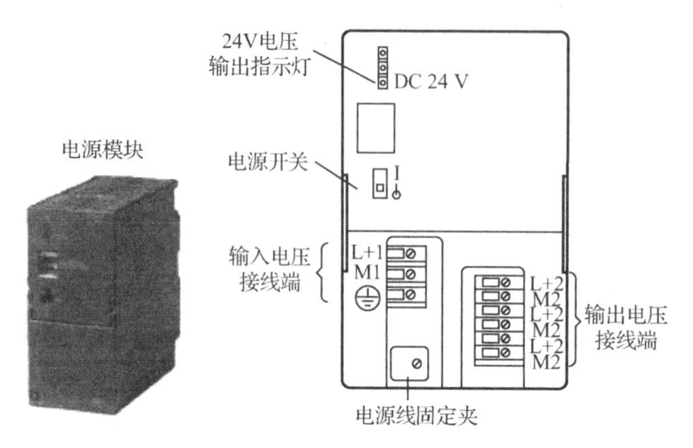

图 2-1-4　直流电源模块及面板

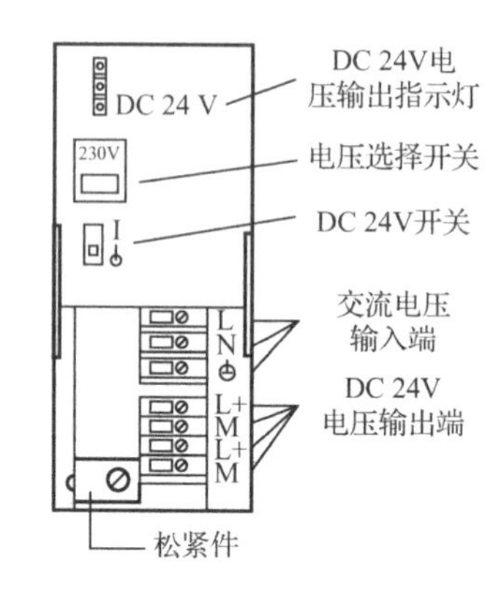

图 2-1-5　交流电源模块及面板

3. 中央处理器单元（CPU）模块

S7-300 的 CPU 型号很多，主要分为紧凑型、标准型、故障安全型和运动控制型等，各种型号的 CPU 模块有不同的性能，CPU 模块面板上有状态指示灯、模式转换开关、24V 电源端口、电池盒和存储卡插槽等，如图 2-1-6 所示。常用 S7-300 的主要特性如表 2-1-2 所示。

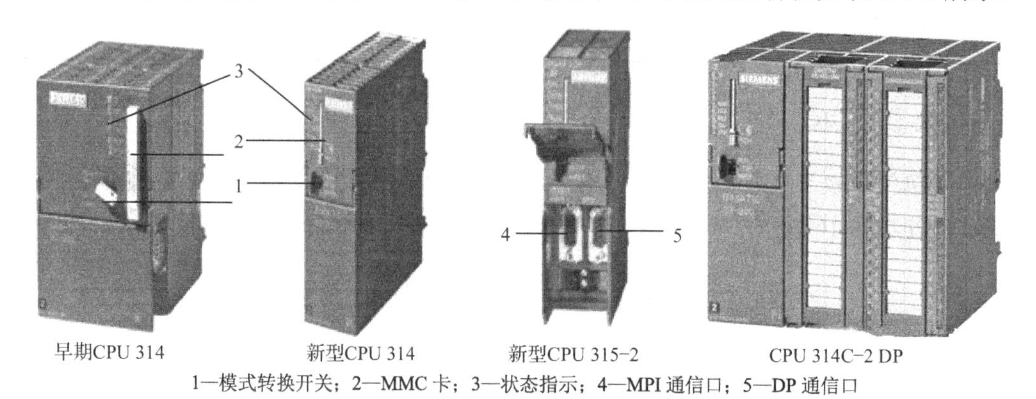

1—模式转换开关；2—MMC 卡；3—状态指示；4—MPI 通信口；5—DP 通信口

图 2-1-6　CPU 模块类型

表 2-1-2　常用 S7-300 的主要特性

	CPU 312	CPU 312C	CPU 313C	CPU 313C -2 PtP	CPU 313C -2 DP	CPU 314	CPU 314C -2 PtP	CPU 314C -2 DP	CPU 315 -2 DP	CPU 317 -2 DP
用户内存	16KB	16KB	32KB	32KB	32KB	48KB	48KB	48KB	128KB	128KB
最大 MMC	4MB	4MB	8MB	8MB	8MB	8MB	8MB	8MB	8MB	8MB

续表

	CPU 312	CPU 312C	CPU 313C	CPU 313C -2 PtP	CPU 313C -2 DP	CPU 314	CPU 314C -2 PtP	CPU 314C -2 DP	CPU 315 -2 DP	CPU 317 -2 DP
自由编址	YES	YES	YES	YES	YES	YES	YES	YES	YES	YES
DI/DO	256	256/256	992/992	992/992	992/992	1024	992/992	992/992	1024	1024
AI/AO	64	64/32	246/124	248/124	248/124	256	248/124	248/124	256	256
处理时间/1KB 指令	0，2ms	0，1ms	0，1ms	0，1ms	0，1ms	0，1ms	0，1ms	0，1ms	0，1ms	0，1ms
位存储器	1024	1024	2048	2048	2048	2048	2048	2048	16384	32768
计数器	128	128	256	256	256	256	256	256	256	512
定时器	128	128	256	256	256	256	256	256	256	512
集成通信连接 MPI/DP/PtP	Y/N/N	Y/N/N	Y/N/N	Y/N/Y	Y/Y/N	Y/N/N	Y/N/Y	Y/Y/N	Y/Y/N	Y/Y/N
集成 DI/DO	0/0	10/6	24/16	16/16	16/16	0/0	24/16	24/16	0/0	0/0
集成 AI/AO	0/0	0/0	4+1/2	0/0	0/0	0/0	4+1/2	4+1/2	0/0	0/0

1）紧凑型 CPU

CPU 313C、CPU 314C 集成了数字量和模拟量的 I/O 通道。

CPU 313C-2 DP 集成了数字量输入/输出和一个 PROFIBUS-DP 的主站/从站通信接口。

CPU 314C-2 DP 集成了数字量和模拟量输入/输出和一个 PROFIBUS-DP 的主站/从站通信接口。

2）标准型 CPU

标准型 CPU 为模块式结构，未集成 I/O 功能，标准型 CPU 有 CPU 312、CPU 314、CPU 315-2 DP、CPU 315-2 PN/DP、CPU 316-2 DP、CPU 317-2 DP、CPU 318-2 DP 等。一个 CPU 315-2 DP 可处理 8192 个开关量（或 512 个模拟量）。

3）故障安全型 CPU

故障安全型 CPU 适用于对安全要求极高的场合，它可在系统出现故障时立即进入安全模式，保证人与设备的安全，不需要对故障安全 I/O 进行额外的布线，就可以实现与故障安全有关的通信；故障安全型 CPU 有 CPU 315F-2 DP、CPU 315F-2 PN/DP、CPU 317F-2 DP、CPU 317F-2 PN/DP 等。

4）技术功能型 CPU

技术功能型 CPU 具有智能技术与运动控制功能，能满足系列化机床、特殊机床以及车间应用的多任务自动化系统；控制任务和运动控制任务使用相同的 S7 应用程序；与集中式 I/O 和分布式 I/O 一起，可用作生产线上的中央控制器；在 PROFIBUS-DP 上实现基于组件的自动化中实现分布式智能系统；带有本机 I/O，可实现快速技术功能（如凸轮切换，参考点探测）；PROFIBUS-DP（DRIVE）接口，用来实现驱动部件的等时连接；最佳用于同步运动序列，如与虚拟/实际主设备的耦合、减速器同步、凸轮盘或印刷点修正；技术功能型 CPU 有 CPU 315T-2 DP、CPU 317T- DP 等。

5）SIPLUS 宽温度型 CPU

SIPLUS S7-300 宽温度型 CPU 用于恶劣环境条件下的 PLC，扩展温度范围从−25℃到+70℃，适用于特殊的环境（污染空气中使用），允许短时冷凝以及短时机械负载的增加。特别适用于汽车工业、环境技术、采矿、化工厂、生产技术以及食品加工等领域。SIPLUS S7-300 宽温度型CPU有SIPLUS CPU 312C、SIPLUS CPU 313C、SIPLUS CPU 314、SIPLUS CPU 315-2 DP、SIPLUS CPU 315-2 PN/DP、SIPLUS CPU 317-2 PN/DP、SIPLUS CPU 315F-2 DP、SIPLUS CPU 317F-2 DP 等。

4. S7-300 PLC CPU 模块操作

CPU 314 模式选择开关如图 2-1-7 所示。旧型号有 4 个位置，分别为 RUN-P、RUN、STOP 和 MRES；新型号只有 3 个位置，分别为 RUN、STOP 和 MRES。

图 2-1-7　CPU 314 模式选择开关示意图

（1）RUN-P：可编程运行模式。在此模式下，CPU 不仅可以执行用户程序，在运行的同时，还可以通过编程设备（如装有 STEP 7 的 PG、装有 STEP 7 的 PC 等）读出、修改和监控用户程序。

（2）RUN：运行模式。在此模式下，CPU 执行用户程序，还可以通过编程设备读出、监控用户程序，但不能修改用户程序。

（3）STOP：停机模式。在此模式下，CPU 不执行用户程序，但可以通过编程设备（如装有 STEP 7 的 PG、装有 STEP 7 的 PC 等）从 CPU 中读出或修改用户程序。在此位置可以拔出钥匙。

（4）MRES：存储器复位模式。该位置不能保持，当开关在此位置释放时将自动返回到 STOP 位置。将钥匙从 STOP 模式切换到 MRES 模式时，可复位存储器，使 CPU 回到初始状态。

5. CPU 状态及故障显示

S7-300 PLC CPU 状态及故障指示灯如图 2-1-8 所示。

（1）SF（红色）：系统出错/故障指示灯。CPU 硬件或软件错误时灯亮。

（2）BATF（红色）：电池故障指示灯（只有 CPU 313 和 CPU 314 配备）。当电池失效或未装入时，指示灯亮。

（3）DC5V（绿色）：+5V 电源指示灯。CPU 和 S7-300 PLC 总线的 5V 电源正常时亮。

（4）FRCE（黄色）：强制有效指示灯。至少有一个 I/O 被强制状态时亮。

（5）RUN（绿色）：运行状态指示灯。CPU 处于“RUN”状态时亮；LED 在“Startup”状态时以 2 Hz 频率闪烁；在“HOLD”状态时以 0.5Hz 频率闪烁。

（6）STOP（黄色）：停止状态指示灯。CPU 处于“STOP”或“HOLD”成“Startup”状态时亮；在存储器复位时 LED 以 0.5Hz 频率闪烁；在存储器置位时 LED 以 2Hz 频率闪烁。

6. MMC 卡

MMC 卡如图 2-1-9 所示，MMC 卡用来存储 PLC 程序和数据，无 MMC 卡的 CPU 模块是不能工作的，而 CPU 本身不带 MMC 卡，需另外购买。选用时，要求 MMC 卡容量应大于 CPU 的内存容量，以 CPU 312C 为例，其内存为 32KB，选用的 MMC 卡最大容量为 4MB。

插拔 MMC 卡应在断电或 STOP 模式下进行，否则会使 MMC 卡内的程序和数据丢失，甚至损坏 MMC 卡。

7. 信号模块（SM）

信号模块包括数字量和模拟量的 I/O 模块，它们作为 PLC 的过程输入和输出通道。信号

模块主要有数字量输入模块（DI）SM321、数字量输出模块（DO）SM322、数字量输入/输出模块（DI/DO）SM323；模拟量输入模块（AI）SM331 和模拟量输出模块（AO）SM332。模拟量输入模块可以输入热电偶、热电阻、DC 4～20mA 和 DC 0～10V 等多种不同类型和不同量程的模拟量信号。信号模块通过背板总线将现场的过程信号传递给 CPU。图 2-1-10 是信号模块及前连接器外形。

图 2-1-8　CPU 状态及故障指示灯　　图 2-1-9　MMC 卡　　图 2-1-10　信号模块及前连接器外形图

1）数字量输入模块（DI）SM321

数字量输入模块 SM321 有两种输入方式：直流输入和交流输入。根据输入方式和点数的不同，SM321 又可分为多种，其类型在模块上有标注。SM321 不同类型的内部结构与接线方式有一定的区别，图 2-1-11、图 2-1-12 列出了两种典型的 SM321 面板、内部结构与接线方式。

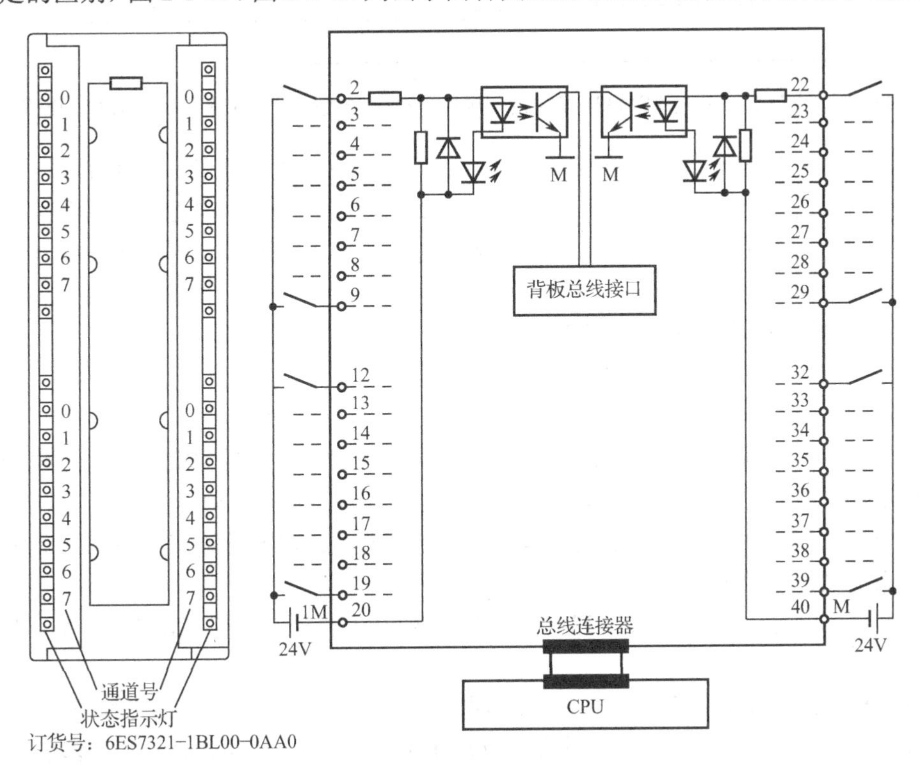

图 2-1-11　DI32×DC 24 V 型 SM321 模块内部电路及外端子接线图（订货号：6ES7321-IBL00-0AA0）

图 2-1-11 中，当按下端子 2 外接开关时，直流 24V 电源产生电流注入端子 2 内部电路，

给通道 I0.0 输入“1”信号，该信号经光电耦合→背板总线接口电路→模块外接的总线连接器→CPU 模块，同时通道 I0.0 指示灯因有电流通过而点亮。

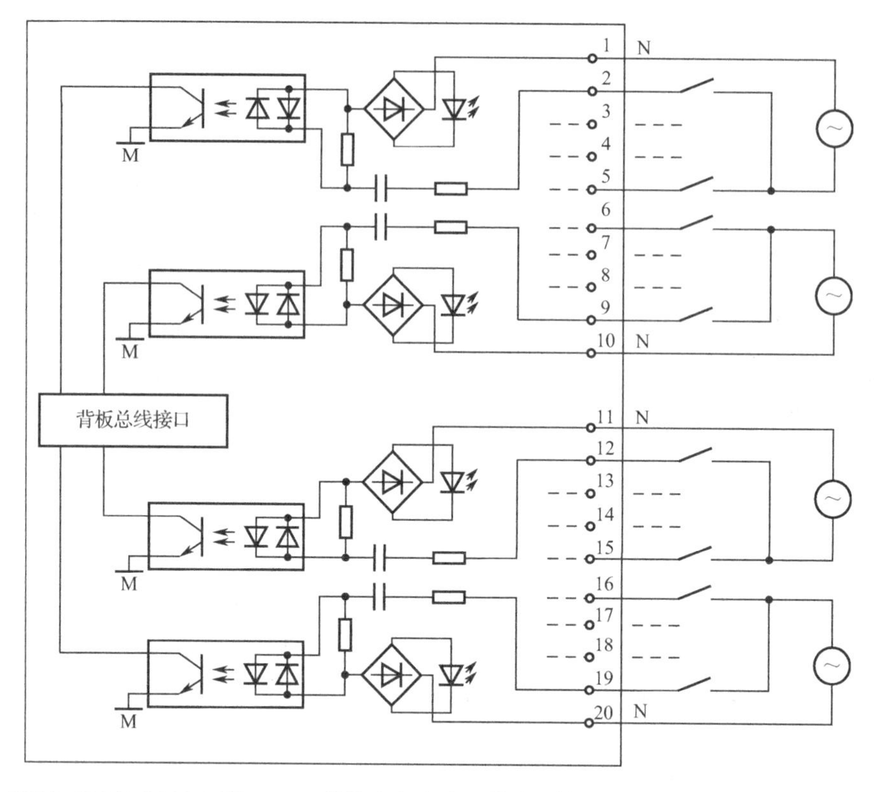

图 2-1-12　DI16×1207AC 230 V 型 SM321 模块内部电路及外端子接线图（订货号：6ES7321-IFH00 -0AA0）

图 2-1-12 中，当按下端子 2 外接开关时，交流 120V/230V 电源产生电流流入端子 2→RC 元件→光电耦合的发光管→桥式整流器→从端子 1 流出，回到交流电源，光耦合器导通，给背板总线接口输入一个信号，该信号通过背板总线接口到 CPU 模块，同时通道 I0.0 指示灯因有电流通过而点亮。

2）数字量输出模块（DO）SM322

数字量输出模块（DO）的功能是从 PLC 输出“1”、“0”信号（开、关信号）。

数字量输出模块有 3 种输出类型：继电器输出型、晶体管输出型和晶闸管输出型。

继电器输出型模块既可驱动直流负载也可驱动交流负载，其导通电阻小，过载能力强，但响应速度慢，不适宜动作频繁的场合；晶体管输出型模块只能驱动直流负载，过载能力差，响应速度快，利用高速计数器时必须用晶体管输出型模块；晶闸管输出型模块只能驱动交流负载，过载能力差，响应速度快。

SM322 模块种类很多，图 2-1-13、图 2-1-14 列出了两种典型的 SM322 面板、内部结构与接线方式。

图 2-1-13 为 32 点晶体管输出型 SM322 模块，该类型模块有 40 个接线端子，其中 32 个端子定义为输出端子。当 CPU 模块内部的 Q0.0=1 时，CPU 模块通过背板总线将该值送到 SM322 的总线接口电路，接口电路输出电压使光耦合器导通，进而使 Q0.0 端子所对应的晶体管（图中带三角形的符号）导通，有电流流过 Q0.0 端子外接的线圈，电流途径是：24V+→

1L+端子→晶体管器件→端子→24V–。通电线圈产生磁场使有关触点产生动作。

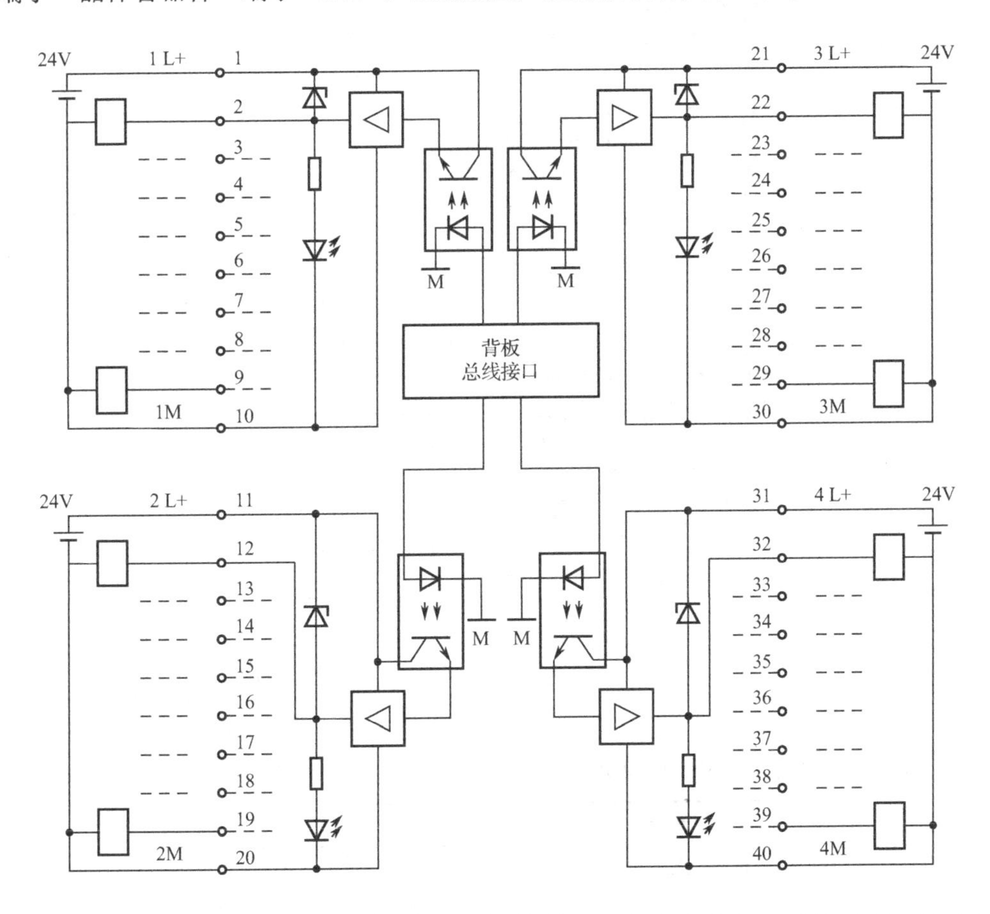

图 2-1-13　32 点晶体管输出型 SM322 模块内部电路及外端子接线图（订货号：6ES7322-1BL00-0AA0）

图 2-1-14 为 16 点晶闸管输出型 SM322 模块，该类型模块有 20 个接线端子，其中 16 个端子定义为输出端子。当 CPU 模块内部的 Q0.0=1 时，CPU 模块通过背板总线将该值送到 SM322 内的接口电路，接口电路输出电压使晶闸管型光耦合器导通，进而使端子 Q0.0 所对应的双向晶闸管导通，有电流流过 Q0.0 端子外接的线圈，电流途径是：交流电源端→L1→熔断器→双向晶闸管→端子 2→线圈→交流电源另一端，通电线圈产生磁场使有关触点产生动作。如果 L1 端子内部熔断器开路，其内部所对应的光耦合器截止，SF 指示灯因正极电压升高而导通发光，指示 Q0.0 通道存在故障。

图 2-1-15 为 16 点继电器输出型 SM322 模块，该类型模块有 20 个接线端子。当 CPU 模块内部的 Q0.0=1 时，CPU 模块通过背板总线将该值送到 SM322 的总线接口电路，接口电路输出电压使光耦合器导通，继电器线圈通电，线圈产生磁场使触点闭合，有电流流过 Q0.0 端子外接的线圈，电流途径是：交流或直流电源一端→Q0.0 端子外接的线圈→端子 2→内部触点→端子 1→交流或直流电源另一端。

3）数字量输入/输出模块（DI/DO）SM323

SM323 模块是一个有输入/输出功能的数字量模块，它分为 16 点输入/16 点输出和 8 点输入/8 点输出两种类型，如图 2-1-16（a）所示是 8 点输入/8 点输出端子图。图 2-1-16（b）所示是 16 点输入/16 点输出端子图。

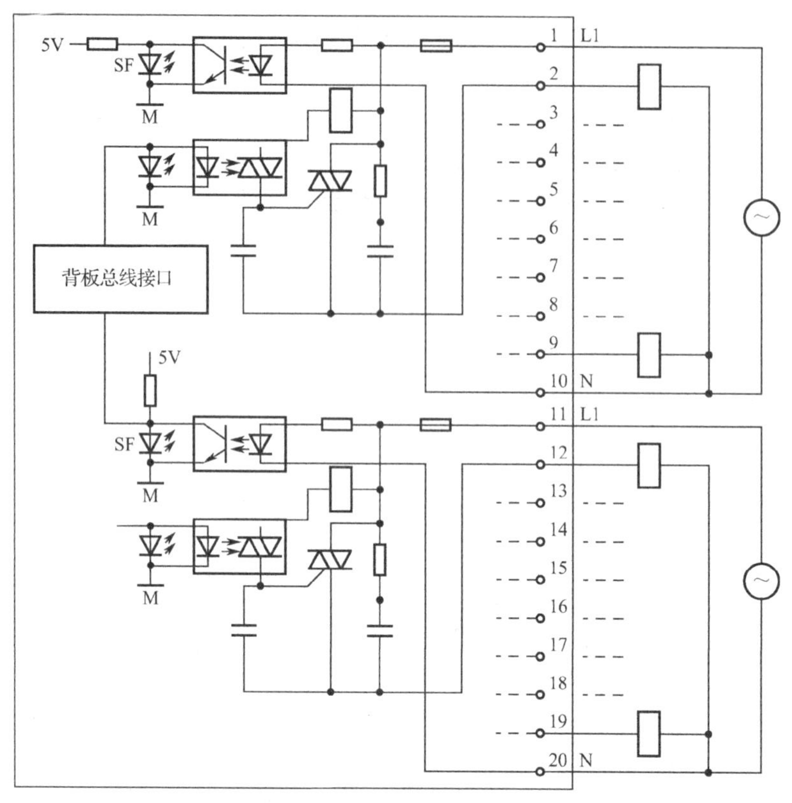

图 2-1-14　16 点晶闸管输出型 SM322 模块内部电路及外端子接线图（订货号：6ES7322- 1FH00-0AA0）

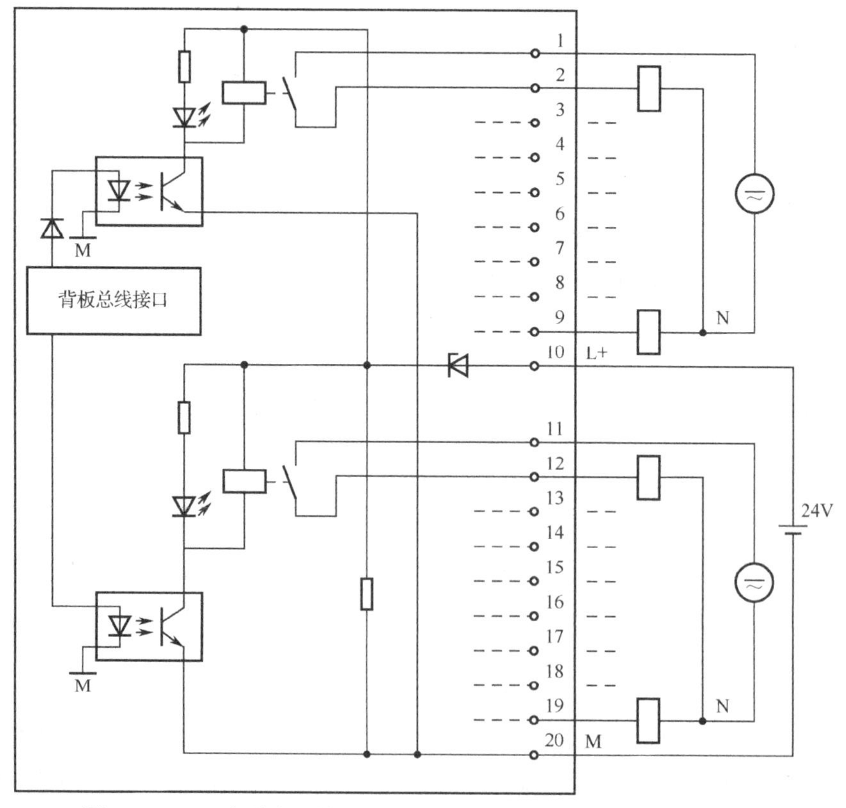

图 2-1-15　16 点继电器输出型 SM322 模块内部电路及外端子接线图

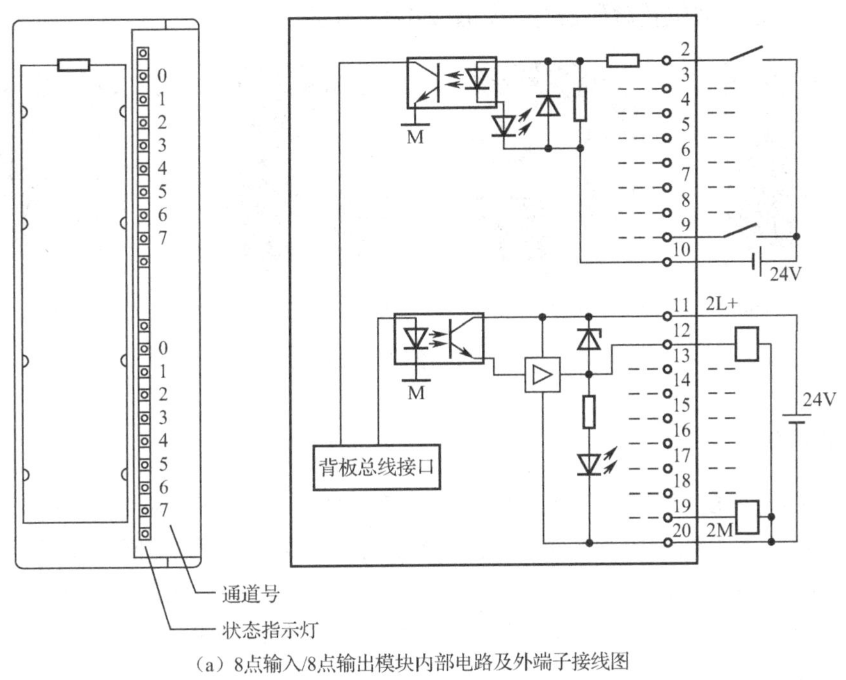

（a）8点输入/8点输出模块内部电路及外端子接线图

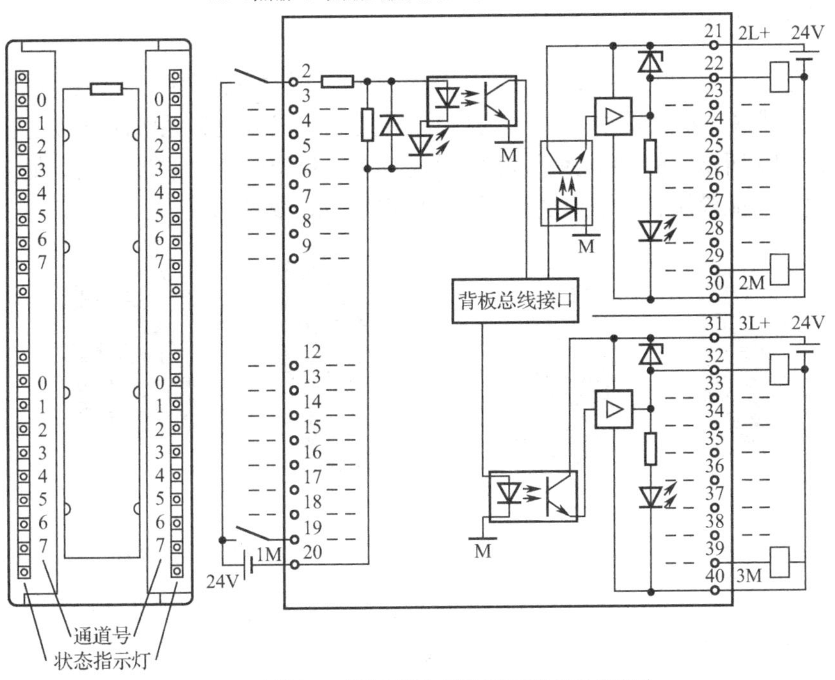

（b）16点输入/16点输出模块内部电路及外端子接线图

图 2-1-16　数字量输入/输出模块

8. 功能模块（FM）

功能模块主要用于对实时性和存储容量要求较高的特殊控制任务，例如计数器模块、快速/慢速进给驱动位置控制模块、电子凸轮控制器模块、步进电动机定位模块、伺服电动机、定位模块、定位和连续路径控制模块、闭环控制模块、工业标识系统的接口模块、称重模块、位置输入模块和超声波位置解码器等，如图 2-1-17 所示。

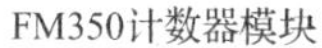
FM350计数器模块

FM351定位模块

FM352电子凸轮控制器

FM355闭环控制模块

图 2-1-17　各种功能模块

9. 通信模块（CP）

通信模块用于 PLC 与 PLC 之间、PLC 与计算机之间、PLC 与其他智能设备之间的通信，它可以将 PLC 连入 PROFIBUS 现场总线、AS-i 现场总线和工业以太网，或用于实现点对点通信等。通信模块可以减轻 CPU 处理通信的负担，并减少用户对通信的编程工作。

用于 PROFIBUS-DP 网络的 CP342-5 和用于工业以太网的 CP343-1 如图 2-1-18 所示。

10. 接口模块（IM）

CPU 所在的机架称为主（中央）机架（CR），如果一个主机架不能容纳系统的所有模块，则可以增设一个或多个扩展机架（ER）。接口模块用于组成多机架系统时连接主机架和扩展机架，如图 2-1-19 所示。S7-300 系列 PLC 通过 1 个主机架和 3 个扩展机架，最多可以配置 32 个信号模块、功能模块和通信模块。（需要相应的 CPU 支持。）

CP342-5

CP343-1

图 2-1-18　通信模块（CP）

IM365

IM361

图 2-1-19　接口模块

IM365 用于配置 1 个主机架和 1 个扩展机架；两个机架之间带有固定的连接电缆，长度为 1m。IM153 是用于 PROFIBUS-DP 通信连接 ET200M 的接口模块。

IM360 和 IM361 用于配置 1 个主机架和 3 个扩展机架，IM360 安装在主机架上，IM361 安装在扩展机架上，两个机架之间的最大距离为 10m。如图 2-1-20 是主机架和扩展机架连接图。

11. S7-300 部件安装

如图 2-1-20（b）所示，电源为 1 号槽；CPU 安装在电源的右面，为 2 号槽；接口模块安装在 CPU 的右面，为 3 号槽。每个机架最多安装 8 个 I/O 模块（信号模块、功能模块、通信

模块），最大扩展能力为 32 个模块；对紧凑型 CPU 31xC，不能在机架 3 的最后一个槽位插入 I/O8 模块，该槽位的地址已经分配给 CPU 集成的 I/O 端口。

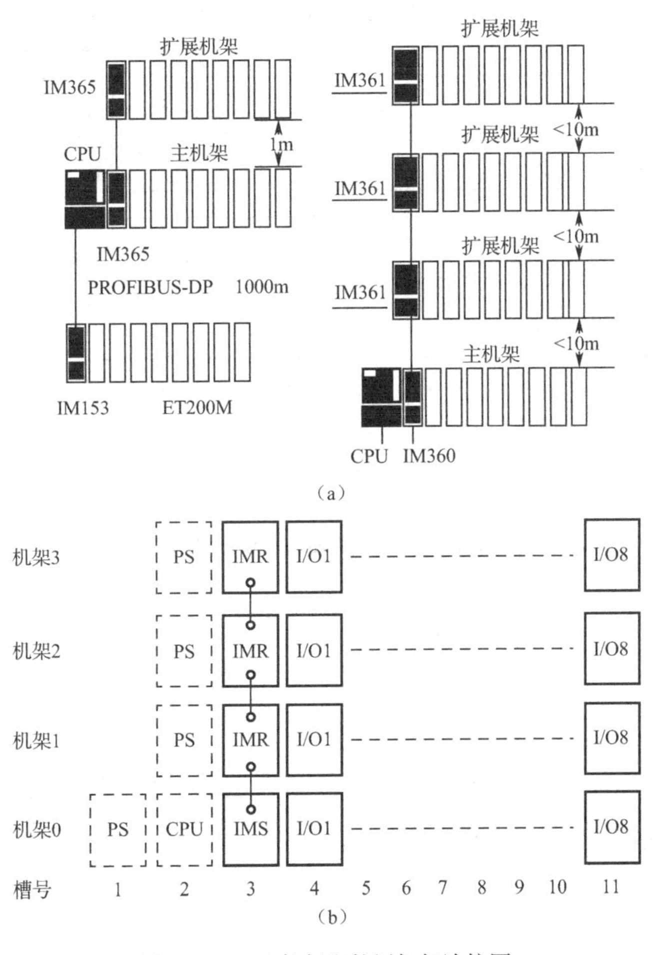

图 2-1-20　主机架和扩展机架连接图

12. S7-300 PLC I/O 模块地址的确定

1）S7-300 PLC 数字量模块地址的确定

根据机架上模块的类型，地址可以为输入（I）或输出（O）。数字 I/O 模块每个槽占 4B（等于 32 个 I/O 点），数字量模块地址分配如图 2-1-21 所示。

2）S7-300 PLC 模拟量模块地址的确定

I/O 模块每个槽占 16B（等于 8 个模拟量通道），每个模拟量输入通道或输出通道的地址总是一个字地址。模拟量模块的地址分配如图 2-1-22 所示。

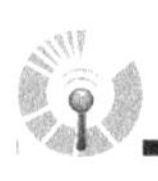

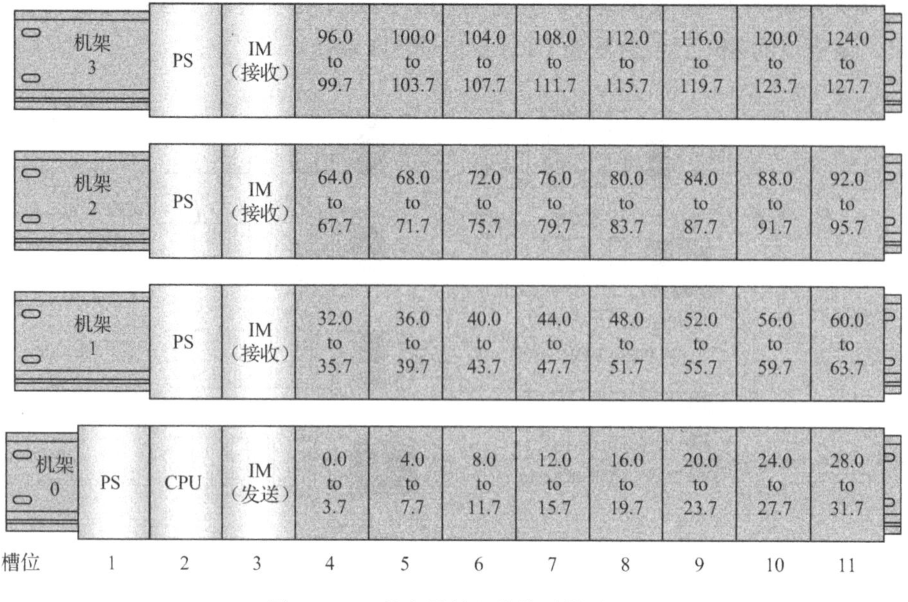

图 2-1-21　数字量输入模块地址分配

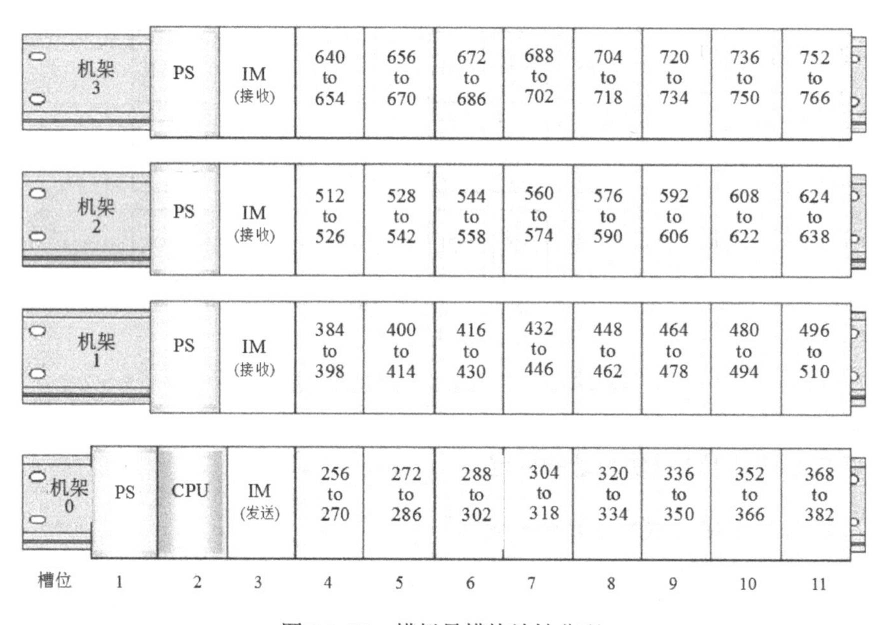

图 2-1-22　模拟量模块地址分配

任务 2.2　S7-400 硬件系统的认识

1. S7-400 系列 PLC 结构

S7-400 是 S7 系列 PLC 中性能最好、功能最强、扩展性最好的 PLC 产品，可以满足绝大多数工业自动化控制要求。与 S7-300 PLC 一样，S7-400 PLC 也属于模块式 PLC，主要由 CPU

模块、电源模块、I/O 模块、通信模块和功能模块等组成，将这些模块安装在 S7-400 PLC 专用机架上，依靠机架上自带的总线连为一体。图 2-2-1 为 S7-400 系列 PLC 硬件实物图。

1—电源；2—CPU；3—信号模块；4—机架

图 2-2-1　S7-400 系列 PLC 硬件实物图

S7-400 可以根据需要选择不同的模块组成一个 PLC 控制系统。图 2-2-2 是一个典型的包含了多种模块的 S7-400 PLC 硬件系统，该系统由 1 个电源模块（1 个备用电源模块）、多个 CPU 模块、多个 I/O 模块、多个通信模块和 3 个 IM 接口模块组成。

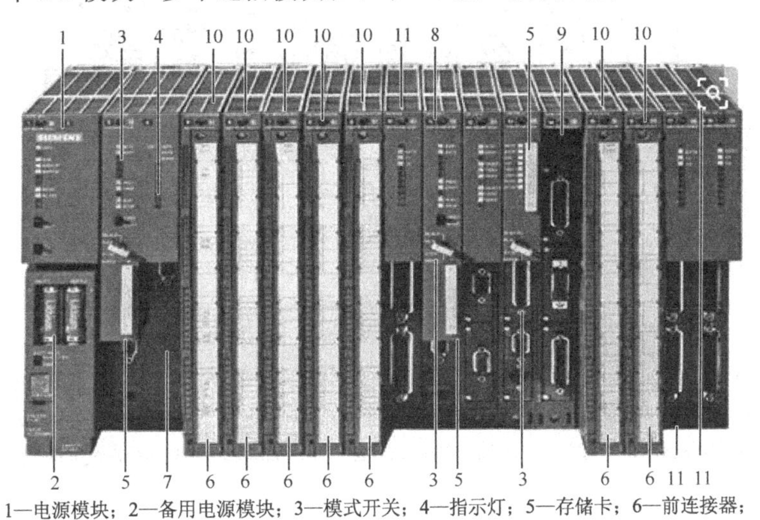

1—电源模块；2—备用电源模块；3—模式开关；4—指示灯；5—存储卡；6—前连接器；

7—CPU1；8—CPU2；9—扩展模块；10—I/O 模块；11—IM 接口模块

图 2-2-2　S7-400 PLC 硬件系统

2. S7-400 系列 PLC 分类

S7-400 PLC 有 3 大类：标准 S7-400 PLC、S7-400 H 硬件冗余系统和 S7-400 F/FH 系统。

标准 S7-400 PLC 广泛适用于过程工业和制造业，具有大数据量的处理能力，能协调整个生产系统，支持等时模式，可灵活、自由地进行系统扩展，支持带电热插拔，具有不停机添加/修改分布式 I/O 等特点。

S7-400 H 硬件冗余系统非常适用于过程工业，可降低故障停机成本，具有双机热备份，避免停机；可无人值守运行，且双 CPU 切换时间低于 100 ms，同时还有先进的事件同步冗余机制。

S7-400 F/FH 系统是基于 S7-400 H 硬件冗余系统的，实现了对人身、机器和环境的最高安全性，符合 IEC61508 SIL3 安全规范，标准程序与故障安全程序在 CPU 中同时运行。

（1）CPU 412-1、CPU 412-2 和 CPU 412-2 PN 适用于中等性能范围的小型自动化系统。

（2）CPU 414-2、CPU 414-3 和 CPU 412-3 PN/DP 适用于中等性能范围的小型自动化系统，可满足对程序规模和指令处理速度及通信要求高的场合。

3. S7-400 PLC 硬件组成

S7-400 PLC 的模块安装在一个称为单机架 S7-400 PLC 的系统中，系统采用了具有 18 个插槽的机架，安装了电源模块、CPU 模块和其他模块（I/O 模块、接口模块、功能模块和通信模块等），单机架系统必须安装电源模块和 CPU 模块，其他模块可根据需要安装，如图 2-2-3 所示。

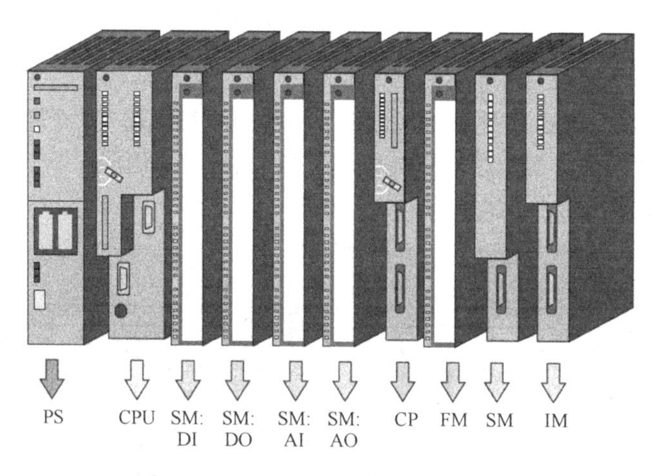

图 2-2-3　S7-400 PLC 硬件安装示意图

1）机架（RACK）

机架上已含有背板总线，模块安装在机架上后，机架上的总线会将各模块连接起来。为各模块提供电源。S7-400 PLC 有 7 种类型的机架，分别是 UR1、UR2、ER1、ER2、CR2、CR3 和 CR2-H。

2）电源（PS）

S7-400 PLC 电源模块的功能是通过背板总线为机架中的其他模块提供工作电压，S7-400 电源模块有 PS405 和 PS407 两种类型，每种类型又分为标准型和冗余型，当 S7-400 的供电系统稳定性较差时，建议使用冗余型电源模块。

S7-400 标准型电源模块分为 4A、10A 和 20A，冗余型电源模块只有 10A 系列。

S7-400 各种电源模块的面板大同小异，区别主要是有的电源模块只能安装一个备用电池，有的电源模块可以安装两个备用电池。S7-400 电源模块的外形与面板如图 2-2-4 所示。

（a）外形

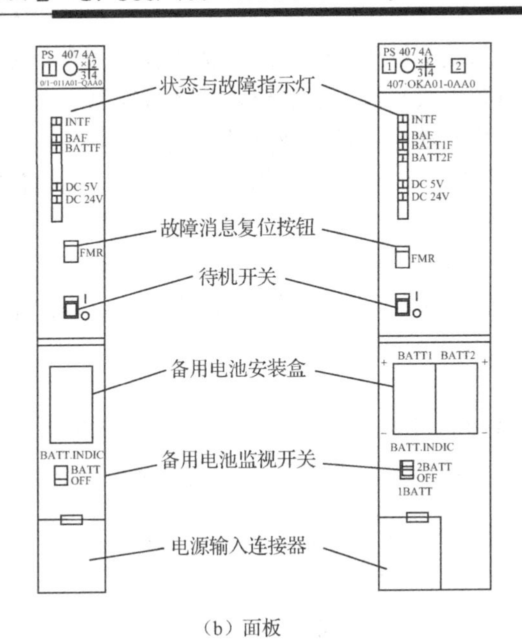

（b）面板

图 2-2-4　S7-400 电源模块的外形与面板

下面对 S7-400 电源模块的面板各部分进行说明。

（1）状态与故障指示灯。

S7-400 电源模块的状态与故障指示灯含义见表 2-2-1。

表 2-2-1　电源模块的状态与故障指示灯含义

指示灯名称		颜　色	含　义
电源模块	INTF	红色	出现内部故障时亮
	DC 5V	绿色	5V 电压输出正常时亮
	DC 24V	绿色	24V 电压输出正常时亮
单电池模块	BAF	红色	开关置于 BATT 位置时背板总线上的电池太低时亮
	BATTF	黄色	开关置于 BATT 位置时电池耗尽或极性接反时亮
双备用电池	BAF	红色	开关置于 1BATT 或 2BATT 位置时，背板总线上的电池太低时亮
	BATT1F	黄色	开关置于 1BATT 或 2BATT 位置时，电池 1 耗尽或极性接反时亮
	BATT2F	黄色	开关置于 1BATT 或 2BATT 位置时，电池 2 耗尽或极性接反时亮

（2）按钮和开关。

电源模块上有故障消息复位（FMR）按钮、待机开关和备用电池监视（BATT.INDIC）开关。

① 故障消息复位（FMR）按钮：用于排除故障后复位故障指示灯。

② 待机开关：用于对电源模块进行开机和待机控制，当电源模块切换到待机状态时，其背板总线上的输出电压（DC 5V/24V）为 0。

③ 备用电池监视（BATT.INDIC）开关：用于选择监视备用电池。

（3）备用电源盒。

备用电池的功能是当电源模块关机或者供电电压过低时，系统的参数设置及 RAM 存储将通过背板总线备份到CPU及可编程模块。另外，备用电池可以在CPU通电后执行CPU的重启动。电源模块和被备份的模块都会监视电池电压。

如果备用电池电压偏低或极性装反，则系统无法执行备份功能，因此安装备用电池后，应开启BATT.INDIC（备用电池监视）开关，以便随时了解备用电池的情况。

如果安装了两块备用电池，并且将BATT.INDIC开关置于“2BATT”时，电源模块将会使用其中一块电池，当该电池耗完后，会自动切换使用另一块电池。

备用电池为选件，其类型为AA锂电池，额定电压为3.6V，额定容量为2.3A·h，订货号为6ES7971-0BA00。

3）CPU

S7-400 CPU模块型号很多，图2-2-5列出了两种典型的CPU模块的操作面板，从图中可看出面板上主要有状态和故障指示灯、存储卡插槽、模式选择开关和通信接口等。

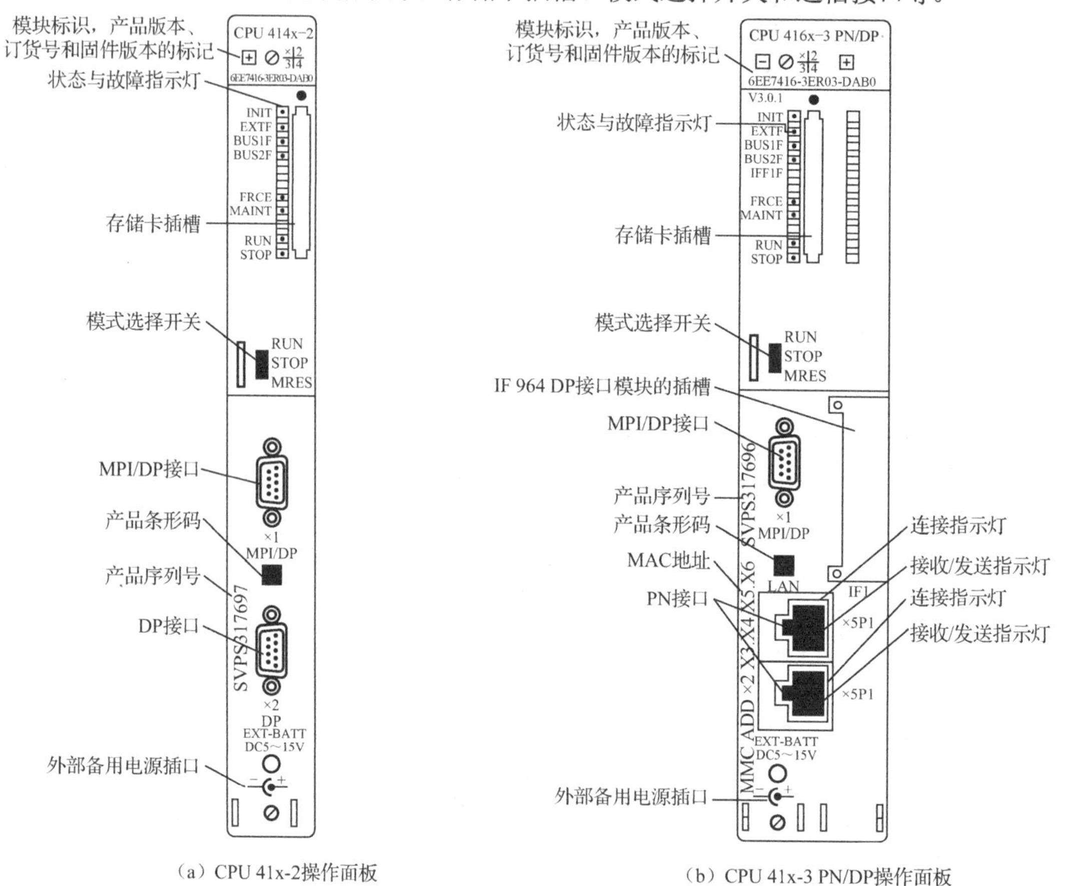

（a）CPU 41x-2操作面板　　（b）CPU 41x-3 PN/DP操作面板

图2-2-5　两种典型的CPU模块的操作面板

下面对S7-400 CPU模块面板进行详细说明。

（1）状态和故障指示灯。

CPU模块的状态和故障指示灯含义见表2-2-2。

（2）存储卡插槽。

存储卡插槽可以插入RAM卡来扩展CPU的装载存储器，也可以插闪存卡。RAM卡的容量有：64KB，256KB，1MB，2MB；RAM卡的内容利用CPU模块上的电池保持。

闪存卡是用于存储用户程序和数据的非易失性存储器（不需要备用电池），可在编程设备或 CPU 模块中进行编程，插入闪存卡也扩展了 CPU 的装载存储器。快闪 EPROM 卡的容量有：64KB，256KB，1MB，2MB，4MB，8MB，16MB；这些内容备份到集成的 E^2PROM 中。

（3）模式选择开关。

模式选择开关用来设置 CPU 的当前工作模式。模式选择开关有 RUN（运行）、STOP（停止）和 MRES（存储器复位）3 种。

表 2-2-2　S7-400 CPU 模块面板状态和故障指示灯含义

指示灯名称	颜　色	含　义
INIT	红色	内部故障
EXTF	红色	外部故障
FRCE	黄色	强制作业激活
MAINT	黄色	维护请求待处理
RUN	绿色	运行
STOP	黄色	停止
BUS1F	红色	MPI/DP 接口 1 上的总线故障
BUS2F	红色	DP 接口 2 上的总线故障
BUS5F	红色	NET 接口处的总线故障
IFFM1F	红色	接口模块 1 上的故障
IFFM2F	红色	接口模块 2 上的故障

（4）通信接口。

S7-400 CPU 块的通信接口类型有：MPI 接口（多点接口）、DP 接口（现场总线接口）和 PN 接口（工业以太网接口）。

所有的 CPU 模块至少有一个 MPI 接口（多点接口），用于连接 PG（编程器）、PC（个人计算机）或 OP（操作员面板）。CPU 模块是否有 DP 接口、PN 接口，可查看 CPU 型号中是否含有 DP、PN 字符，若有则表明该 CPU 模块具有这两种接口（或可在接口插槽中插入接口模块获得 DP 接口），如 CPU 414-3 PN/DP 模块中含有 PN/DP，表示同时具有 DP 和 PN 接口。

（5）外部备用电源插口。

当该接口输入 DC 5～15V 的外部备用电源时，可使 CPU 模块实现以下功能：

① 备份存储在 RAM 中的用户程序；

② 保存动态 DB 中的标志值、定时器值、计数器值和系统数据；

③ 备份内部时钟。

用该接口为 CPU 提供备用电源，可制作一个带直径为 2.5mm 插头的电源线，也可在机架的电源模块中安装备用电池，起到同样的效果。

（6）S7-400 CPU 模块的共有特性。

S7-400 CPU 模块的共有特性如表 2-2-3 所示。

表 2-2-3　S7-400 CPU 模块的共有特性

特征名称	性能参数
中央机架与扩展模块	S7-400 有 1 个中央机架，可扩展 21 个扩展机架。使用 UR1 或者 UR2 机架时最多安装 4 个 CPU。每个中央机架最多使用 6 个 IM（接口模块），通过适配器在中央机架上可以连接 6 块 S5 模块
实时时钟功能	CPU 有后备时钟和 8 个计数器，8 个时钟位存储器，有日期时间同步功能，同步时在 PLC 内和 MPI 上可以作为主站和从站
IEC 定时器/计数器功能	S7-400 都有 IEC 定时器/计数器（SFB 类型），每一优先级嵌套深度 24 级，在错误 OB 中附加 2 级
测试功能	可以测试 I/O，位操作，DB（数据块），分布式 I/O，定时器和计数器：可以强制 I/O，位操作和分布式 I/O。有状态和单步执行功能，调试程序时可以设置断点
功能模块（FM）和通信处理器（CP）	功能模块（FM）和通信处理器（CP）的块数只受槽的数量和通信连接数量的限制。S7-400 可以与编程器和操作员面板（OP）通信，有全局通信功能。在 S7 通信中，可以做服务器和客户机，分别为编程器（PG）和 OP 保留了一个连接
CPU 模块内置的第一个通信接口的功能	第一个通信接口可以作为 MPI（默认装置）和 DP 主站，有光隔离功能。 做 MPI 接口时，可以与编程器和 OP 通信，可以做路由器。全局数据通信的 GD 包最大为 64KB。S7 标准通信每个作业的用户数据最大为 76KB，S7 通信每个作业的用户数据最大为 64KB。内置的各通信接口最大传输速率为 12Mb/s。 做 DP 主站时，可以与编程器和 OP 通信，支持内部节点通信，有等时线和 SYNC/FREEZE 功能。除 S7-412 外，有全局数据通信、S7 基本通信和 S7 通信功能。最多 32 个 DP 从站，可以做路由器，插槽数最多 512 个。最大地址区为 2KB，每个 DP 从站的最大可用数据为 244KB 输入/244KB 输出

4）数字量模块

S7-400 的数字量模块有输入模块 SM421 和输出模块 SM422。

（1）数字量输入模块 SM421。

数字量输入模块 SM421 的规格型号很多，各型号连接方式有所不同，主要区别在于电源和公共端。SM421 的接线方式为单列方式。

① 技术规格。数字量输入模块 SM421 的技术规格见表 2-2-4。

表 2-2-4　SM421 的技术规格

订货号	主要参数	分组数	功耗/W
6ESP7421-7BH00-0AB0 6ES7421-7BH01-0AB0	16 点，DC 24V 输入，带诊断功能	独立输入	5
6ES7421-1BL00-0AA0	32 点，DC 24V 输入	1	6
6ES7421-1BL01-0AA0	32 点，DC 24V 光耦输入		
6ES7421-1EL00-0AA0	32 点，DC、AC 通用 120V 输入	4	16
6ES7421-1FH00-0AA0 6ES7421-1FH20-0AA0	16 点，DC、AC 通用 120/230V 输入	4	12
6ES7421-7DH00-0AB0	16 点，DC、AC 通用 24～60V 输入，带诊断功能	独立输入	3～8
6ES7421-5EH00-0AA0	16 点，AC 120V 输入	独立输入	20

② 接线。数字量输入模块 SM421 的接线图如图 2-2-6 所示。

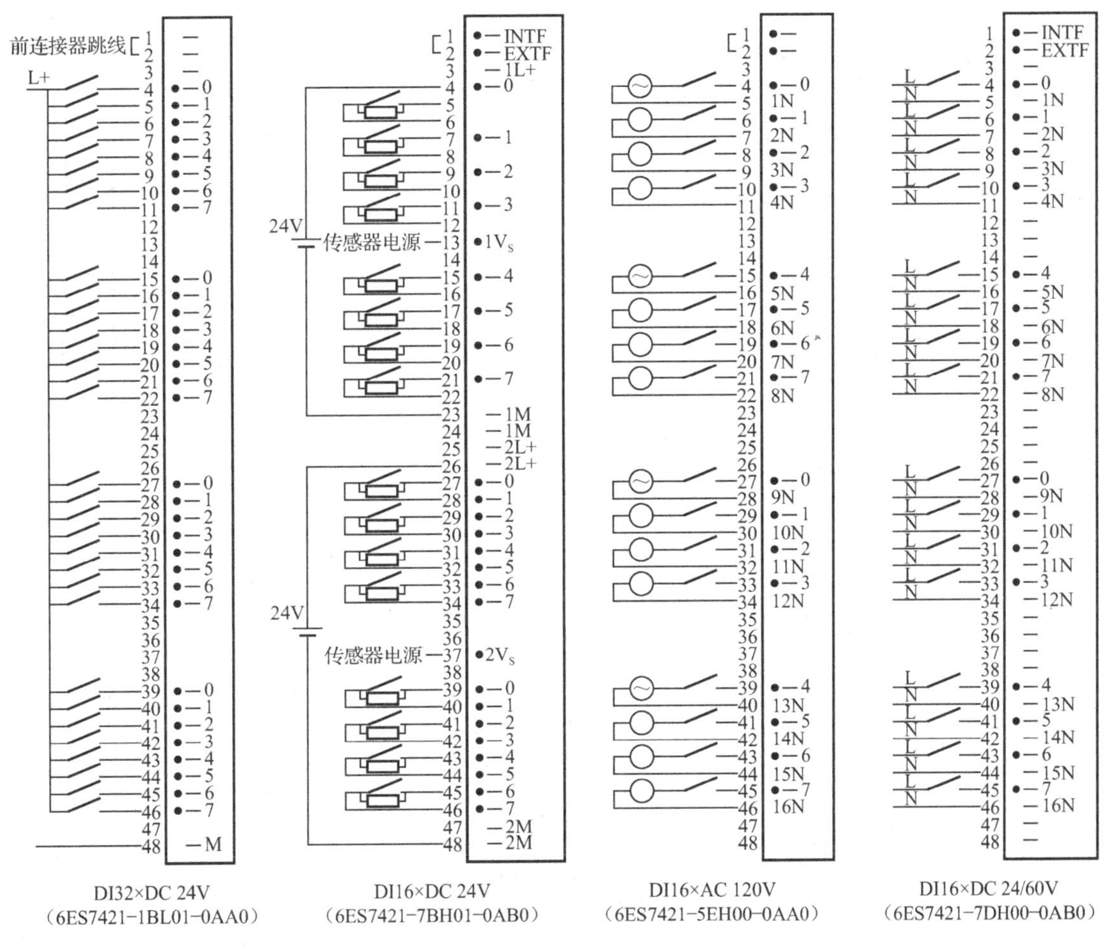

图 2-2-6　数字量输入模块 SM421 的接线图

（2）数字量输出模块 SM422。

数字量输出模块 SM422 用于连接接触器线圈、阀门、指示灯等负载，其输出形式有 DC 24V 晶体管输出、晶闸管输出和继电器输出。

① 技术规格。数字量输出模块 SM422 型号很多，其主要规格见表 2-2-5。

② 接线。数字量输出模块 SM422 的接线图如图 2-2-7 所示。

表 2-2-5　SM422 的技术规格

订 货 号	主 要 参 数	分 组 数	功耗/W
6ES7422-1HH00-0AB0	16 点，DC 60V/AC 230V，5A 继电器触点输出	8	25
6ES7422-1BH10-0AA0	16 点，DC 24V，2A 晶体管输出	2	7
6ES7422-1BH11-0AA0			
6ES7422-1FH00-0AA0	1 6 点，AC 120/230V 双向晶闸管输出	4	16
6ES7421-1BL00-0AA0	32 点，DC 24V，0.5A 晶体管输出	4	4

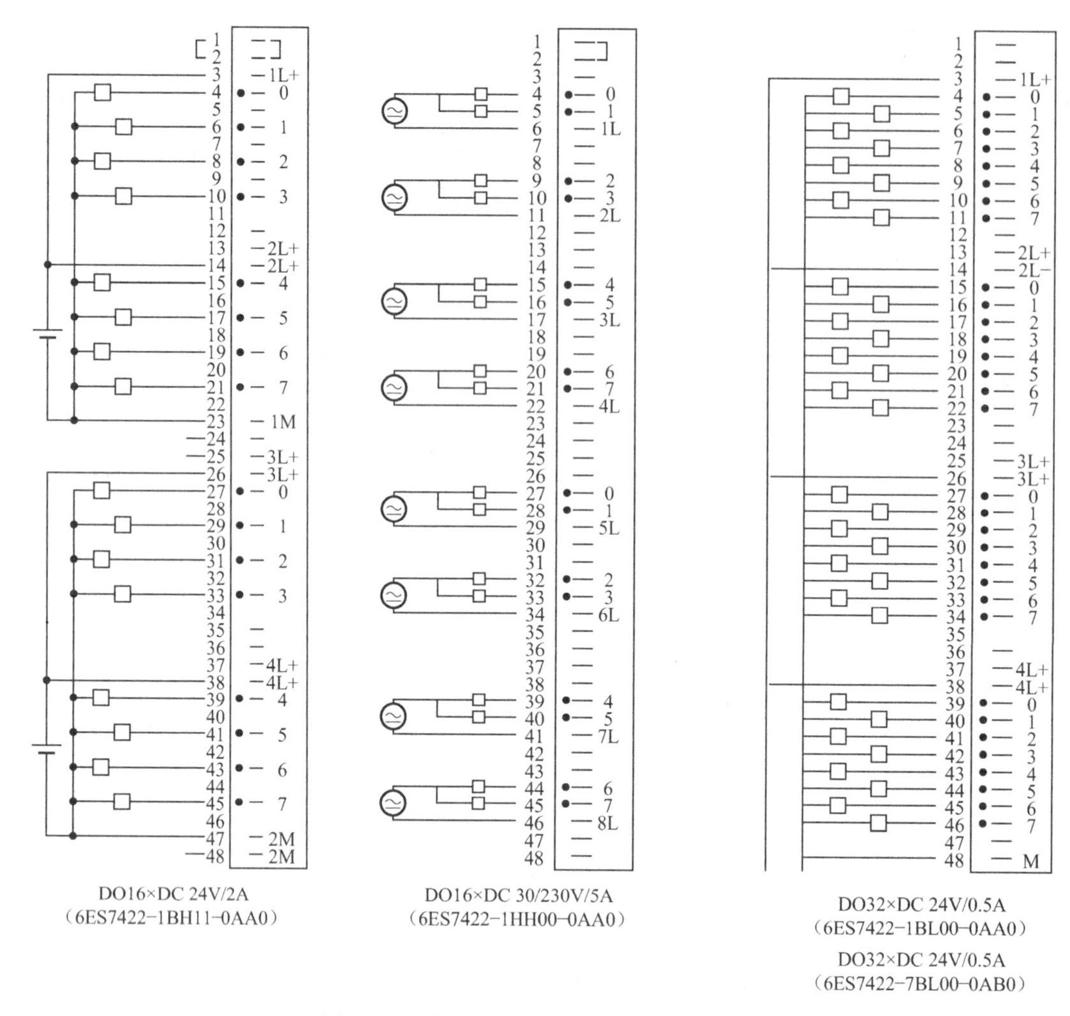

图 2-2-7 数字量输出模块 SM422 的接线图

任务实施

子任务 S7-300 PLC 模块的安装

1. 任务实施步骤及工艺要求

S7-300 PLC 的硬件安装主要包括：导轨、电源（PS）、中央处理器（CPU）、微型存储卡（MMC）、开关量输入模块（DI）、开关量输出模块（DO）、模拟量输入模块（AI）、模拟量输出模块（AO）、多针前连接器、PC 适配器或 CP5611 通信适配器以及功能模块等部件的安装。

1）安装导轨

将导轨用螺钉固定在机柜的合适位置上，安装导轨时应留有足够的空间用于安装模块和散热（模板上下至少应有 40mm 的空间，左右至少应有 20mm 空间），如图 2-2-8 所示。

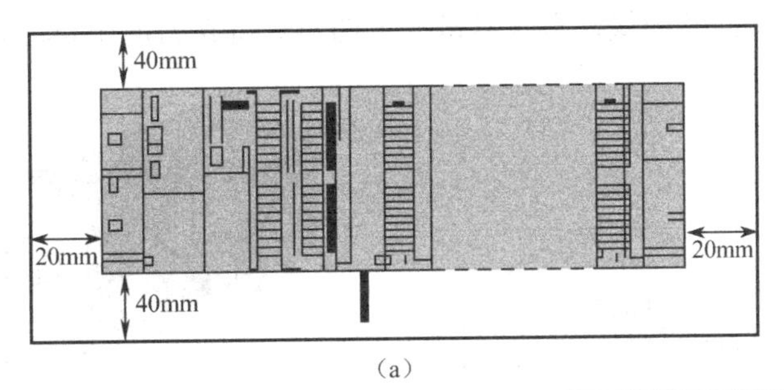

（a）

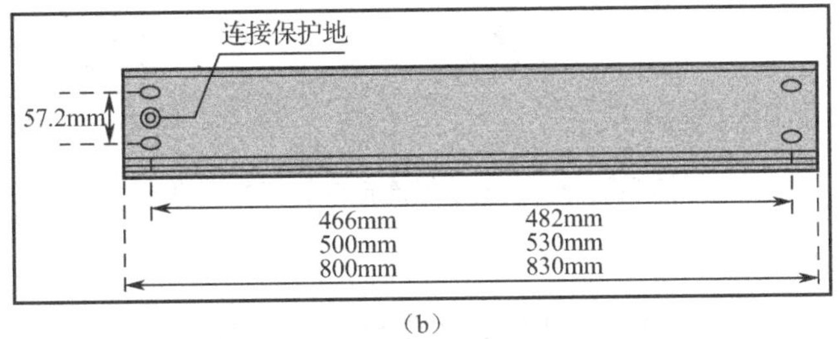

（b）

图 2-2-8　导轨安装

2）安装电源和 CPU 模块

将电源模块（PS）安装在导轨的最左端，接着在其右侧安装 CPU 模块。

（1）电源模块安装在导轨上，用螺钉旋具拧紧电源模块上的螺钉，将电源模块固定在导轨上。

（2）总线连接器插入 CPU 模块背部的总线连接插槽中，将 CPU 模块安装在导轨上电源模块的旁边，用螺钉旋具拧紧 CPU 模块的螺钉，如图 2-2-9 所示，将 CPU 模块固定在导轨上。

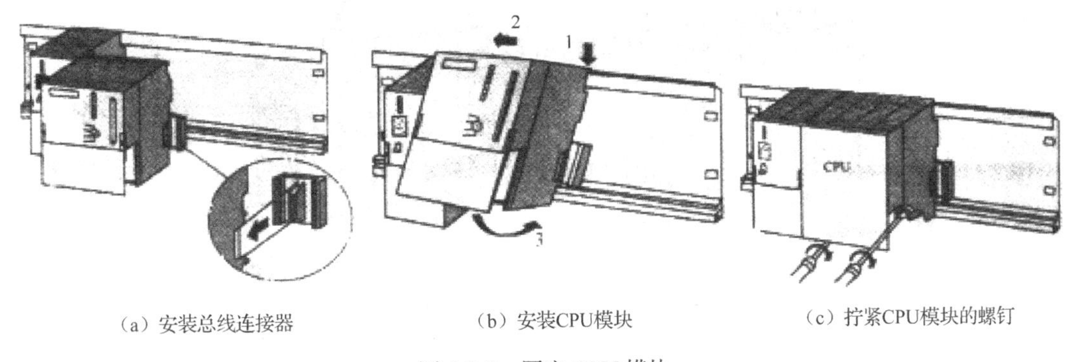

（a）安装总线连接器　　（b）安装CPU模块　　（c）拧紧CPU模块的螺钉

图 2-2-9　固定 CPU 模块

（3）将 SIYIATIC 微存储卡（MMC）插入 CPU 模块的插槽中。

3）安装信号模块

将总线连接器插入信号模块（SM），并将模块安装在 CPU 模块右侧的导轨上，如图 2-2-10 所示。

说明：每个模块（除 CPU 外）都有一个总线连接器。在插入总线连接器时，必须从 CPU 开始。为此，应取出最后一个模块的总线连接器，将总线连接器插入另一个模块；最后一个模块不用安装总线连接器。按照接口模块（如果不需要扩展机架可以不接）、信号模块（一般先接输入模块再接输出模块）和功能模块的顺序，将所有模块悬挂在导轨上，将模块滑到左边的导轨上，然后向下回转模块，再拧紧模块上的螺钉将其固定在导轨上。

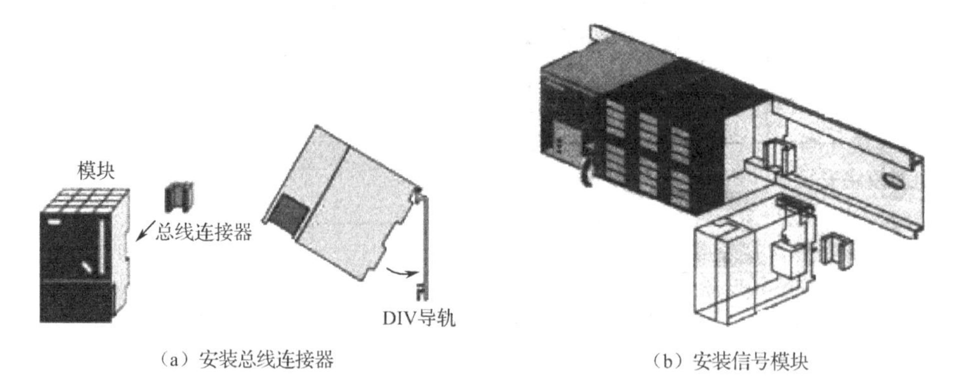

（a）安装总线连接器　　（b）安装信号模块

图 2-2-10　安装总线连接器和信号模块

4）安装前连接器

打开信号模块的前盖板，将前连接器置于接线位置。将前连接器推入正确的位置，拧紧连接器中心的固定螺钉，如图 2-2-11（a）所示。

5）插入标签条和槽号标签

（1）将标签条插入到模块的前面板上，如图 2-2-11（b）所示。

（2）模块安装完毕后，给每个模块指定槽号。根据这些槽号，可以在 STEP 7 组态表中更容易地指定模块地址。贴槽号标签时按照表 2-1-1 所示的顺序将槽号标签插入各个模块下端的槽号插槽中，如图 2-2-12 所示。如果无接口模块（IM）则将槽号 3 空出，CPU 模块后面的信号模块槽号从 4 开始编号。

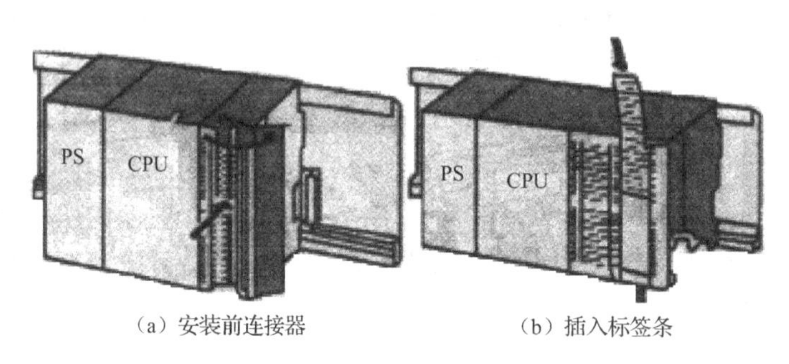

（a）安装前连接器　　（b）插入标签条

图 2-2-11　安装前连接器和插入标签条

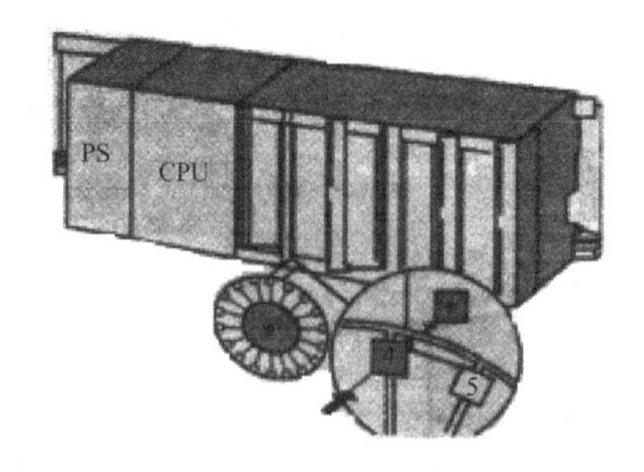

图 2-2-12　槽号标签

6）接线

（1）连接电源模块（PS）的接地线和电源线。S7-300 一般结构的系统供电和接地如图 2-2-13 所示。

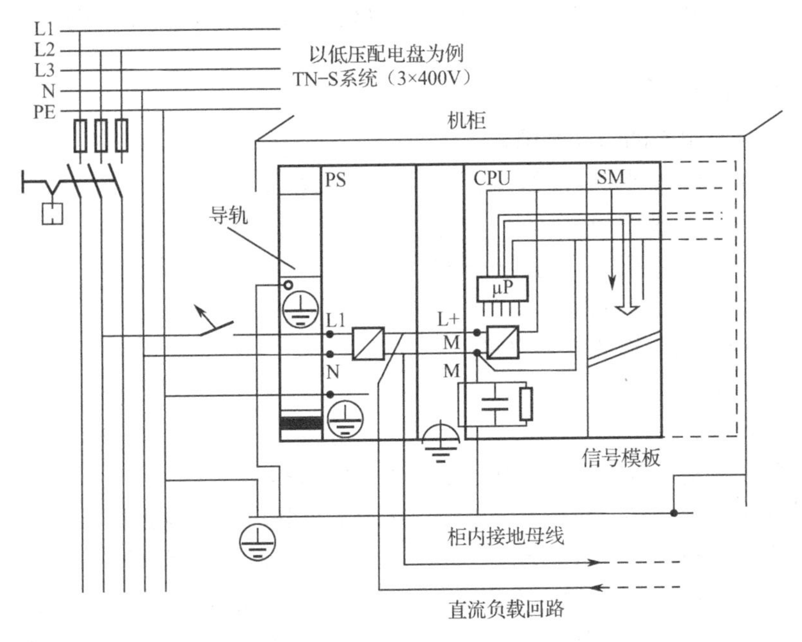

图 2-2-13　S7-300 一般结构的系统供电和接地

（2）连接电源模块（PS）和 CPU 模块之间的 U 形电源连接器。

（3）保护接地导线和导轨的连接。导轨已固定在安装表面上，保护接地导线的最小截面积为 $10mm^2$。

（4）屏蔽连接器件。屏蔽连接器件直接连接到导轨上，将固定支架的两个螺栓推到导轨底部的滑槽里，将支架固定在屏蔽电缆需连接的模块下面，将固定支架旋紧到导轨上。屏蔽端子下面带有一个开槽的金属片，将屏蔽端子放在支架一边，然后向下推屏蔽端子到所要求的位置。

如果还需要安装其他功能模块（FM）或通信模块（CP），则将模块安装到信号模块后面的导轨上，安装后的 S7-300 PLC 如图 2-2-14 所示。

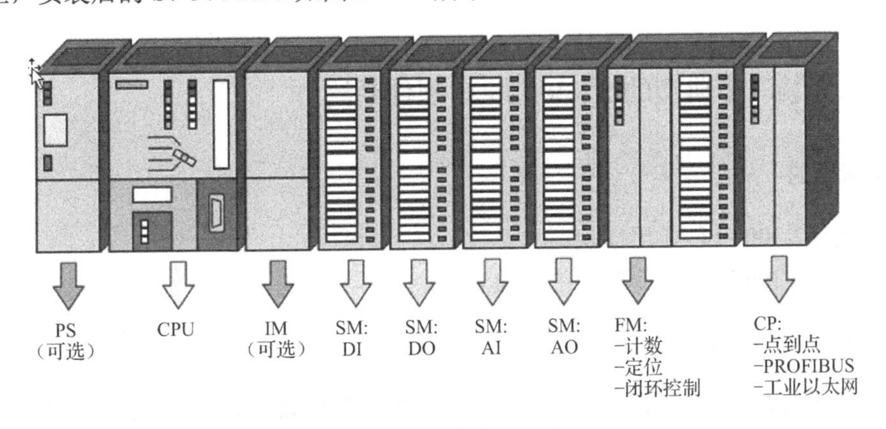

图 2-2-14　安装后的 S7-300 PLC

7）机柜选型与安装

大型设备的运行或安装环境中有干扰或污染时，应该将 S7-300 安装在一个机柜中。

在选择机柜时，应注意以下事项：

（1）机柜安装位置处的环境条件（温度、湿度、尘埃、化学影响、爆炸危险）决定了机柜所需的防护等级；

（2）模块导轨间的安装间隙；

（3）机柜中所有组件的总功率消耗。

在确定 S7-300 机柜安装尺寸时，应注意以下技术参数：

- 模块导轨所需安装空间；
- 模块导轨和机柜柜壁之间的最小间隙；
- 模块导轨之间的最小间隙；
- 电缆导管或风扇所需的安装空间；
- 机柜固定位置。

8）安装注意事项

（1）不要将交流电源线接到输入端子上，以免烧坏 PLC。

（2）接地端子应独立接地，不与其他设备接地端串联，接地线截面不小于 $2mm^2$。

（3）辅助电源功率较小，只能带动小功率的设备（光电传感器等）。

（4）一般 PLC 均有一定数量的占有点数（即空地址接线端子），不要将线接上。

（5）输出有继电器型、晶体管型（高速输出时宜选用），输出可直接带轻负载（LED 指示灯等）。

（6）PLC 输出电路中没有保护，因此应在外部电路中串联使用熔断器等保护装置，防止负载短路造成损坏 PLC。

（7）输入、输出信号线尽量分开走线，不要与动力线在同一管路内或捆扎在一起，以免出现干扰信号，产生误动作；信号传输线采用屏蔽线，并且将屏蔽线接地；为保证信号可靠，输入、输出线一般控制在 20m 以内；扩展电缆易受噪声电干扰，应远离动力线、高压设备等。

（8）接通/断开的时间要大于 PLC 扫描时间。

（9）PLC 存在 I/O 响应延迟问题，尤其在快速响应设备中应加以注意。

技能训练

技能训练　安装一个典型的 S7-300 PLC 硬件系统

1. 实训目的

（1）熟悉 S7-300 PLC 常用模块。

（2）掌握 S7-300 PLC 常用模块的安装规范。

2. 实训任务和要求

安装一个单导轨 PLC 控制系统，包含电源模块、CPU 模块、数字量模块、模拟量模块、通信模块等。

要求各模块安装符合安装规范。

3. 实训设备

电源模块 PS305（5A）、CPU 模块 313C-2 DP、数字量输入模块 SM321、数字量输出模块 SM322、模拟量模块 SM334、通信模块 CP341-1 和 CP341-5、总线连接器、前连接器、导轨、螺钉、螺钉旋具、导线若干。

4. 实训步骤

（1）对照部件清单检查部件是否齐备；
（2）安装导轨；
（3）安装电源；
（4）把总线连接器连接到 CPU，并安装模块；
（5）把总线连接器连接到 I/O 模块和 CP 模块，并安装模块；
（6）连接前连接器，并插入标签条和槽号；
（7）给模块配线（电源、CPU 和 I/O 模块）。

5. 实训报告

（1）写出 PLC 硬件系统安装顺序。
（2）写出每个部件的安装规范。
（3）填表 2-2-6，写出 PLC 硬件名称、订货号。

表 2-2-6　PLC 硬件名称及订货号

模块	PS	CPU	DI	DO	AI	AO	CP
名称							
订货号							

巩 固 练 习

1. 填空题。

（1）S7-300 PLC 的负载电源模块用于将（　　）电源转换为（　　）电源。
（2）SM 模块是（　　）I/O 模块和（　　）I/O 模块的总称。
（3）通信处理器用于实现 PLC 与（　　）之间的通信。
（4）S7-300 PLC 各个模块之间通过（　　）相互连接。
（5）每个 S7-300 机架，最多可安装（　　）个 SM 模块。
（6）（　　）应当安装在机架的最左边。
（7）S7-300 PLC 扩展机架上的接口模块应安装在（　　）边或者在（　　）之后。
（8）S7-300 PLC 若采用 IM360/IM361 接口模块，则每个扩展机架都需要（　　）。
（9）S7-300 PLC 若采用 IM360/IM361 接口模块，IM360 应当安装在（　　）上，而 IM361 应当安装在（　　）上。

（10）微存储器卡 MMC 用于对（　　）的扩充。

（11）CPU 型号后缀有“DP”字样，表明该型号的 CPU 集成有现场总线（　　）通信接口。

（12）型号为 DI32×DC 24V 的模块属于（　　），有 32 点的（　　）通道，适用于电压（　　）的现场信号。

（13）型号为 DI8×DC 24V，Interrupt 的模块，带有（　　）和中断功能。

（14）AI 模块转换结果为有符号数，符号位存放在（　　）位，“1”表示转换结果为（　　），“0”表示结果为（　　）。

（15）现场数字量传感器若需要 DC 24V 电源，可以利用负载电源模块（PS），通过（　　）模块向传感器供电。

（16）S7-300 PLC 对各个 I/O 点的编址是依据其所属模块的（　　）决定的。

（17）S7-300 PLC 给每个槽位分配的字节数是（　　）B。

（18）I9.0 是一个数字量（　　）通道的地址，它位于（　　）机架的（　　）号槽位。

（19）若在 1 号扩展机架的 8 号槽位安装了一块 DO8×DC 24V 模块，则该槽位第 2 个点的地址编号为（　　）。

（20）负载电源模块具有自保护功能，如果输出短路，则输出电压为（　　），短路故障解除后可（　　）恢复供电。

（21）QW272 表示一个模拟量（　　）通道的地址，其中高位字节是（　　），低位字节是（　　）。

（22）S7-400 PLC 的中央机架必须配置 CPU 模块和（　　）模块。

（23）S7-300/400 PLC 用户程序的开发与设计，必须使用（　　）软件包进行组态和编程。

2．判断题（判断下列说法的正误，正确的在括号中打“√”，错误的打“×”）。

（1）S7-300/400 系列的 PLC 属于一体化式结构的 PLC。（　　）

（2）负载电源模块（PS）不负责向 CPU 模块供电。（　　）

（3）CPU 单元模块内部有将 DC 24V 电源转换为 DC 5V 的电路，负责向微处理器供电。（　　）

（4）通信处理器属于一种功能模块。（　　）

（5）在组成一套 S7-300 PLC 时，导轨是必选件。（　　）

（6）S7-300 PLC 各模块之间信息的传递通过背板总线来完成。（　　）

（7）S7-300 PLC 背板总线集成在每一个模块中。（　　）

（8）S7-300 的总线接头固定在导轨上。（　　）

（9）SIMATIC 人机界面（HMI）的控制程序被集成在 S7-300 PLC 操作系统内。（　　）

（10）机架上各个模块的耗电量也是选择 CPU 模块的依据之一。（　　）

（11）S7-300 PLC 的扩展机架不需要接口模块。（　　）

（12）中央机架的编号为 0，与其相连的扩展机架编号为 1，其余类推。（　　）

（13）S7-300 的工作存储器、系统存储器都属于 CPU 的内置 RAM。（　　）

（14）某些 CPU 模块集成有 I/O 通道，可直接组成小点数系统，无须配置信号模块。（　　）

（15）S7-300 PLC 允许的最大 I/O 点数是固定的，都为 1024 点。（　　）

（16）AI 模块是模拟量输入模块，属于 SM 模块的一种，其核心部件是 A/D 转换器。（　　）

（17）AI 模块的转换结果按二进制补码形式存放。（　　）

（18）电源模块（PS）可通过数字量输出模块向负载供电。（　　）

（19）若信号模块的 I/O 点数少于槽位上允许的最大点数，则它所占用的槽位上多余的地址可分配给其他模块。（　　）

（20）S7-400 PLC 的信号模块可以带电插拔更换。（　　）

（21）S7-400 PLC 的扩展能力与 S7-300 PLC 大致相同。（　　）

（22）S7 系列 PLC 的位存储区（M）用于存储用户程序的中间运算结果和标志位。（　　）

（23）S7 系列 PLC 的位存储区（M）不能按双字（MD）存取。（　　）

（24）PI/PO 存储区可以按位存取。（　　）

（25）本地数据（L）是局域数据，也称为动态数据。（　　）

3．选择题。

（1）高速计数器模块属于（　　）。

A．信号模块（SM）　　B．功能模块（FM）　　C．接口模块（IM）

（2）在下列模块中，（　　）是 S7-300 PLC 必须具备的。

A．负载电源模块　　B．信号模块　　C．CPU 模块

（3）S7-300 PLC 的一个机架上所有模块所需的 DC 5V 电源，由（　　）提供。

A．CPU 模块　　B．负载电源模块　　C．接口模块

（4）中央机架上接口模块的位置是（　　）。

A．最左端　　B．PS 模块之后　　C．CPU 模块之后

（5）S7-300 PLC 的系统存储器用于存放（　　）。

A．PLC 系统程序

B．用户程序

C．I/O 映像寄存器、位存储器、计数器、定时器等

（6）S7-300 PLC 的允许容量（I/O 最大点数）取决于（　　）。

A．CPU 模块的型号　　B．系统存储器的容量　　C．电源模块的功率

（7）存放 AI 模块转换结果所需的长度为（　　）。

A．单字节　　B．单字（双字节）　　C．双字（四字节）

（8）S7-300 PLC 的每个机架最多可以安装的模块数量是（　　）。

A．8 块　　B．10 块　　C．11 块

（9）S7-300 PLC 的 I/O 编址从第（　　）开始。

A．3 号槽位　　B．4 号槽位　　C．5 号槽位

（10）S7-300 PLC 的每个槽位最多可有（　　）I/O。

A．16 点　　B．24 点　　C．32 点

（11）（　　）系列的 PLC 适宜于多点数、分布式 I/O 的场合。

A．S7-200　　B．S7-300　　C．S7-400

（12）下列（　　）是 32 位无符号整数类型符号。

A．DWORD　　B．DINT　　C．WORD

4．分析思考题。

（1）接口模块（IM）的作用是什么？

（2）简述 AI 模块转换结果的存储格式。

（3）S7-300 PLC 的背板总线是通过怎样的形式连接起来的？S7-300 PLC 的电源模块是否为必选器件？S7-400 PLC 的背板总线结构与 S7-300 PLC 有何不同？

（4）S7-300 PLC 最大可以扩展几个机架？每个机架最多可以安装几个 I/O 模块？

任务 2.3 STEP 7 编程软件和 PLCSIM 仿真软件的安装

1. S7-300/400 PLC 编程软件

STEP 7 是用于对西门子 PLC 进行编程和组态（配置）的软件。

STEP 7 主要有以下版本：

（1）STEP 7-Micro/DOS 和 STEP 7-Micro/WIN：适用于 S7-200 系列 PLC 的编程和组态。

（2）STEP 7-Lite：适用于 S7-300、C7 系列 PLC、ET200X 和 ET200S 系列分布式 I/O 的编程和组态。

（3）STEP 7-Basis：适用于 S7-300/400、M7-300/400 和 C7 系列 PLC 的编程和组态。

（4）STEP 7-Professional：除包含 STEP 7-Basis 版本的标准组件外，还包含了扩展软件包，如 S7 Graph（顺序功能流程图）、S7-SCL（结构化语言）和 S7-PLCSIM（仿真）。

本书所介绍的 STEP 7 V5.5 SP2 软件属于 STEP 7-Basis 版本，如果需要在该软件中使用仿真功能和绘制顺序流程图，必须另外安装 S7-PLCSIM 和 S7 Graph 组件。

2. STEP 7 软件的安装要求

（1）Microsoft Windows XP Professional（专业版，建议 SP1 或以上），WIN7 旗舰版或专业版或以上；CPU 主频为 600MHz 以上；内存至少为 512MB，推荐 1GB 及以上；硬盘的剩余空间应在 300～600MB 以上，视安装选项不同而定。

（2）显示设备：显示器支持 1024×768 分辨率和 16 位以上彩色。

建议将 STEP 7 和西门子的其他大型软件（例如 WinCC flexible 和 WinCC 等）安装在 C 盘。一旦这些软件出现问题时，可以用 Ghost 快速恢复它们。由于 STEP 7 和西门子的其他大型软件占用的空间较大，建议在进行硬盘分区时，给 C 盘分配大于 20GB 的空间。

子任务 1 STEP 7 编程软件的安装

1. 安装前的准备

（1）为了使安装过程能顺利进行，建议在安装 STEP 7 软件前关闭 Windows 防火墙、杀毒软件和安全防护软件。

（2）将含有 STEP 7 软件的光盘放入计算机光驱，为了使安装过程更加快捷，建议将 STEP 7 软件复制到硬盘某分区的根目录下（如 D:），文件夹名称**不要包含中文字符**，否则安装时可能会出错。

注意：很多人在安装西门子软件时都被提示须反复重新启动计算机，导致软件不能安装。每安装一个软件都可能需要做同样的操作。

现在给出解决方案：在注册表内“HKEY_LOCAL_MACHINE\System\CurrentControlSet\Control\Session Manager\”删除注册表值“PendingFileRenameOperations”，不要重新启

动，继续安装软件。现在可以安装更多程序而无须重启计算机了。

WIN XP 系统注册表打开方法：“开始”菜单→“运行”→输入“regedit”→按 Enter 键即可进入。

WIN7 32 位或 64 位系统注册表打开方法：“开始”菜单→搜索程序和文件→输入“regedit”→按 Enter 键即可进入。

2. 安装过程

打开 STEP 7 软件安装程序文件夹，如图 2-3-1 所示，双击 Setup.exe 文件即开始安装 STEP 7 软件。STEP 7 软件安装过程中出现的对话框及说明如图 2-3-2 所示。

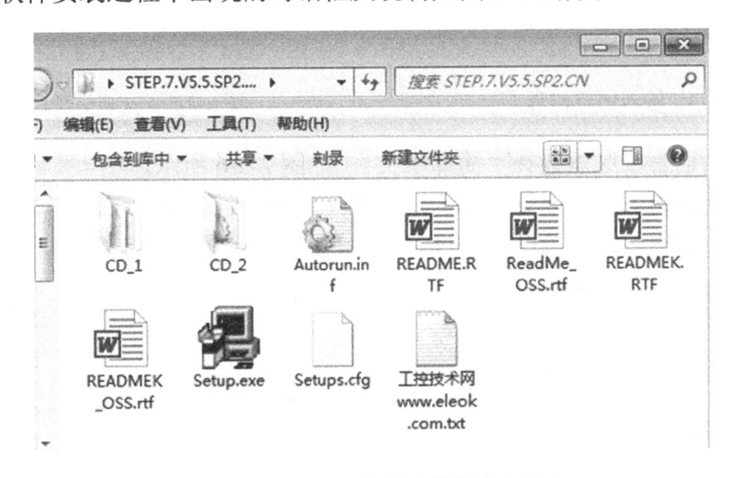

图 2-3-1　STEP 7 软件安装程序文件夹

（1）安装程序语言，选择“简体中文”项。

（2）选择安装的程序，如图 2-3-3 所示，STEP 7 V5.5 incl.SP2 Chinese 为 STEP 7 主程序，必须安装，其他程序可按图 2-3-3 所示选择安装。

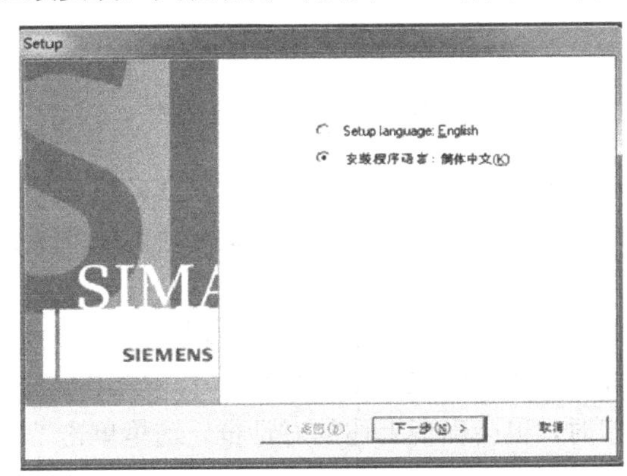

图 2-3-2　选择安装语言

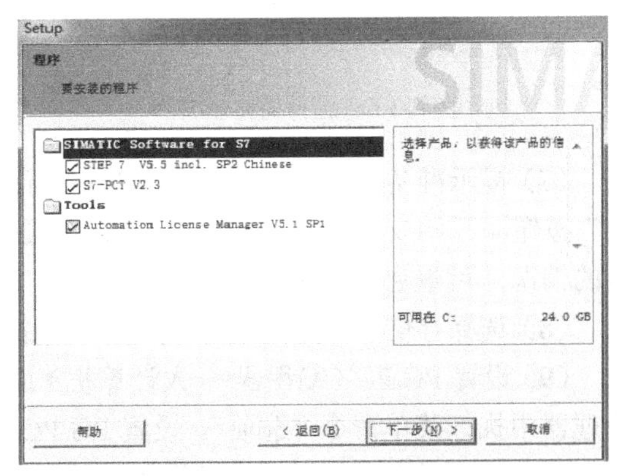

图 2-3-3　选择安装的程序

（3）输入用户信息，包括用户名和组织名，这里按图 2-3-4 所示输入。

（4）选择安装类型和安装路径（位置），这里保持默认类型和路径，如要更改软件安装位置，可单击“更改”按钮来选择新的安装路径，注意路径中不能含有中文字符，如图 2-3-5 所示。

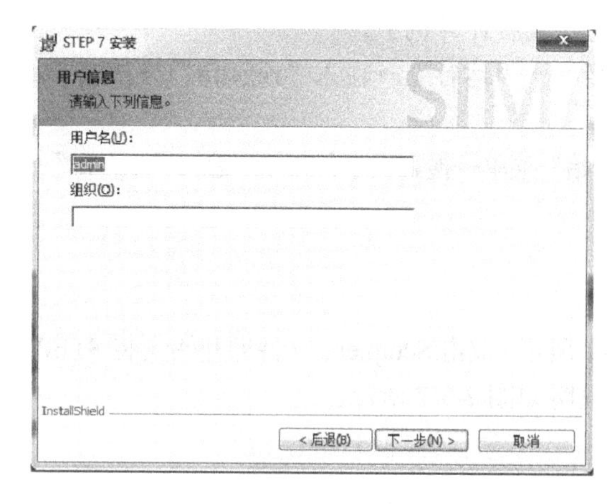

图 2-3-4　输入用户信息

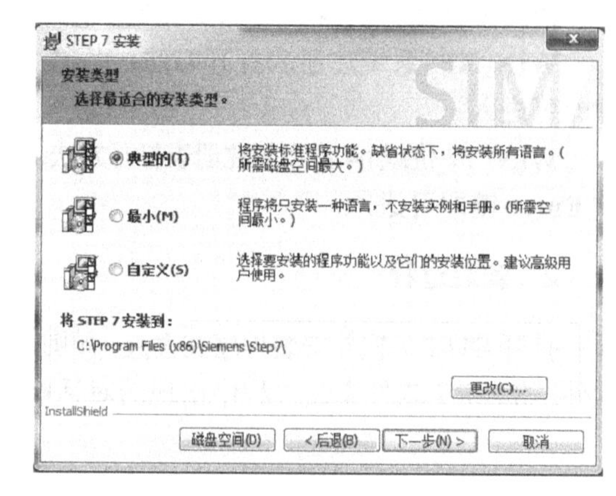

图 2-3-5　安装类型和安装路径

（5）选择产品语言，这里选择“简体中文”，如图 2-3-6 所示。

（6）选择密钥传送方式，如果无密钥，则 STEP 7 软件只能使用 14 天，这里选择“否，以后再传送许可证密钥”，可先试用或以后使用授权工具来安装密钥，如图 2-3-7 所示。

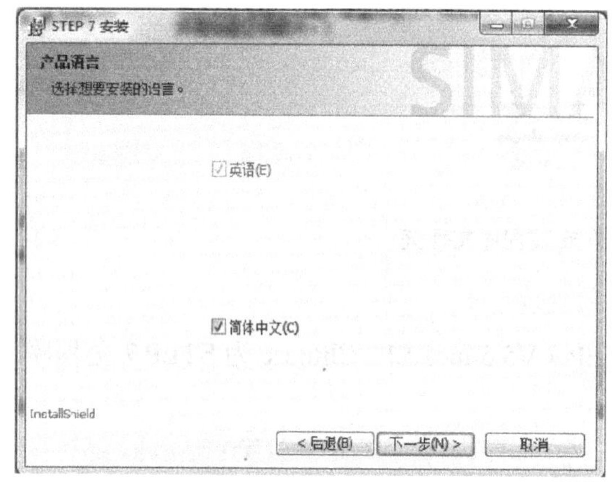

图 2-3-6　选择简体中文

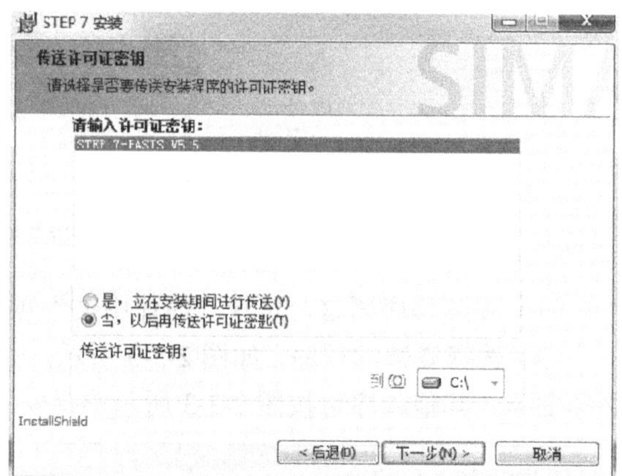

图 2-3-7　选择密钥传送方式

（7）提示准备安装程序，如图 2-3-8 所示，并显示前面进行的选择和输入信息，单击“安装”按钮即开始安装 STEP 7 软件，安装需要较长的时间。在安装过程中，如遇到无法继续安装的情况，可重启计算机后重新安装。

（8）选择存储卡参数赋值方式，这里选择“无”，再单击“确定”按钮，如图 2-3-9 所示。

（9）设置 PG/PC（编程器/个人计算机）通信的接口参数。安装好 STEP 7 后，在 SIMATIC 管理器中执行菜单命令“选项”。设置 PG/PC 接口时，也会出现上述的对话框，这里单击“取消”按钮，在后面需要时再进行设置。

（10）提示软件已成功安装，选择“是，立即重启计算机”，再单击“完成”按钮，即完成 STEP 7 软件的安装，如图 2-3-10 所示。

STEP 7 软件安装完成后，在计算机桌面上会出现图 2-3-11 所示的两个图标。“Automation License Manager”为自动化许可证管理器，用来传送、显示和删除西门子软件的许可证密钥；“SIMATIC Manager”为 SIMATIC 管理器，用于将 STEP 7 标准组件和扩展组件集成在一起，

并将所有数据和设置收集在一个项目中，双击 SIMATIC 管理器即启动 STEP 7。

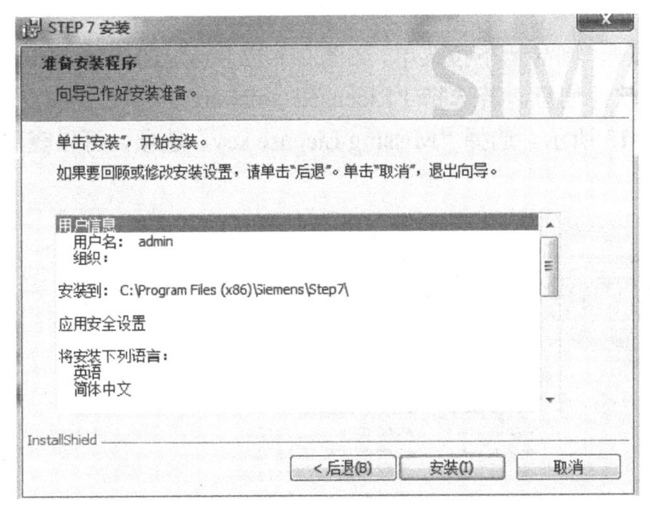

图 2-3-8　准备安装程序

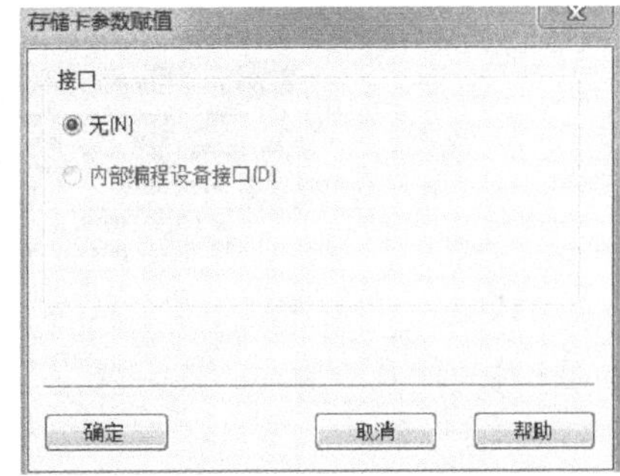

图 2-3-9　选择存储卡参数赋值方式

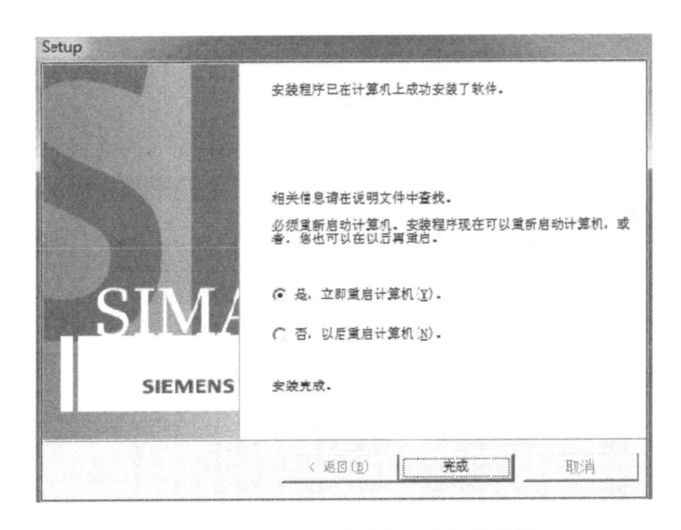

图 2-3-10　选择是否立即重启计算机

图 2-3-11　两个图标

3. STEP 7 的授权管理

授权是使用 STEP 7 软件的“钥匙”。只有在硬盘上找到相应的授权，STEP 7 才可以正确使用，否则会提示用户安装授权。在购买 STEP 7 软件时会附带一张包含授权的 3.5 英寸黄色软盘。用户可以在安装过程中将授权从软盘转移到硬盘上，也可以在安装完毕后的任何时间内使用授权管理器完成转移。

SIMATIC STEP 7 Professional 2006 SR4 安装光盘上附带的授权管理器（Automation License Manager V3.0 SP1）是最新的西门子公司自动化软件产品授权管理工具，它取代了以往的 Authors W 工具。安装完成后，在 Windows 的“开始”菜单中找到“SIMATIC”→“License Management”→“Automation License Manager”，启动该程序。

授权管理器的操作非常简便，选中左视窗中的盘符，在右视窗中就可以看到该磁盘上已经安装的授权信息。如果没有安装正式授权，在第一次使用 STEP 7 软件时系统会提示用户使用一个有效期 14 天的试用授权。

单击工具栏中部的视窗选择下拉按钮，则显示下拉菜单，如图 2-3-12 所示。选择“Installed software”选项，可以查看已经安装的软件信息。若选择“Licensed software”选项，可以查看已经得到授权的软件信息，如图 2-3-13 所示。选择“Missing License key”选项，可以查看所缺少的授权。

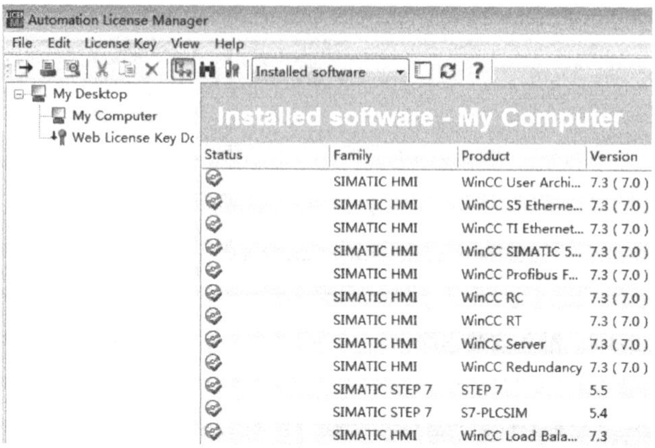

Automation License Manager

File Edit License Key View Help

Installed software

My Desktop
My Computer
Web License Key Dc

Installed software - My Computer

Status	Family	Product	Version
	SIMATIC HMI	WinCC User Archi...	7.3 (7.0)
	SIMATIC HMI	WinCC S5 Etherne...	7.3 (7.0)
	SIMATIC HMI	WinCC TI Ethernet...	7.3 (7.0)
	SIMATIC HMI	WinCC SIMATIC 5...	7.3 (7.0)
	SIMATIC HMI	WinCC Profibus F...	7.3 (7.0)
	SIMATIC HMI	WinCC RC	7.3 (7.0)
	SIMATIC HMI	WinCC RT	7.3 (7.0)
	SIMATIC HMI	WinCC Server	7.3 (7.0)
	SIMATIC HMI	WinCC Redundancy	7.3 (7.0)
	SIMATIC STEP 7	STEP 7	5.5
	SIMATIC STEP 7	S7-PLCSIM	5.4
	SIMATIC HMI	WinCC Load Bala...	7.3

图 2-3-12　已安装的西门子软件

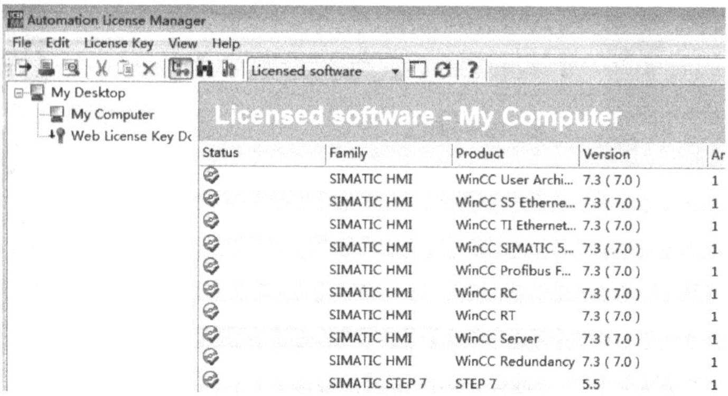

Automation License Manager

File Edit License Key View Help

Licensed software

My Desktop
My Computer
Web License Key Dc

Licensed software - My Computer

Status	Family	Product	Version	Ar
	SIMATIC HMI	WinCC User Archi...	7.3 (7.0)	1
	SIMATIC HMI	WinCC S5 Etherne...	7.3 (7.0)	1
	SIMATIC HMI	WinCC TI Ethernet...	7.3 (7.0)	1
	SIMATIC HMI	WinCC SIMATIC 5...	7.3 (7.0)	1
	SIMATIC HMI	WinCC Profibus F...	7.3 (7.0)	1
	SIMATIC HMI	WinCC RC	7.3 (7.0)	1
	SIMATIC HMI	WinCC RT	7.3 (7.0)	1
	SIMATIC HMI	WinCC Server	7.3 (7.0)	1
	SIMATIC HMI	WinCC Redundancy	7.3 (7.0)	1
	SIMATIC STEP 7	STEP 7	5.5	1

图 2-3-13　已授权的西门子软件

4. STEP 7 软件在安装及使用过程中的注意事项

1）检查字符集兼容性

目前各个版本的 STEP 7 都是在西文（英文/德文/西班牙文/法文/意大利文）字符环境下进行安装和测试的，所以在安装 STEP 7 软件之前一定要将 PC 操作系统的**字符集切换为英文字符**，否则可能会有错误提示，并终止安装过程。

如果遇到字符集错误，则需要将系统的语言设置栏设置为“英语（美国）”。

另外，因为目前发布的 STEP 7 软件的开发和测试都是基于英文平台和英文字符集的，所以在使用 STEP 7 的过程中，若使用中文就可能会产生错误，如符号地址的名称、注释，**尤其在使用符号表时，尽量不要使用中文字符，建议使用英文标识。当 STEP 7 出现程序块打不**

开的情况时，同样需要将字符集切换为英文状态，重启后再切换回中文状态，问题就可以解决了。

对于 STEP 7 的中文版，安装时不会出现上述问题，但在打开 STEP 7 程序时，有时也会出现字符集错误提示，但一般不影响程序操作。

2）检查软件兼容性

在确保 PC 的操作系统和字符集与 STEP 7 完全兼容后，如果还存在使用问题，那么就需要进一步检查软件的兼容性情况。

建议在安装 STEP 7 之前，先不要安装杀毒软件、防火墙软件、数据库软件及系统资源管理软件等工具，这些工具对 PC 软硬件资源的独占性强，有的软件稳定性测试不全面，所以可能与 STEP 7 产生冲突，如对注册表的修改、动态链接库的调用等。

如果不能确定是哪个软件与 STEP 7 发生了冲突，建议用户做好数据备份后，重新安装操作系统，先安装 STEP 7，再安装其他软件。

注意西门子自动化软件的安装顺序：必须先安装 STEP 7，再安装上位机组态软件 WinCC 或者人机界面的组态软件 WinCC flexible。

3）STEP 7 软件的硬件更新与版本升级

自动控制系统的硬件总是在不断发展的，每个 STEP 7 新版本都会支持更多、更新的硬件，但是用户安装的软件往往不能随时更新为最新版，因此，STEP 7 提供了在线硬件更新功能。用户可以通过以下方法更新 STEP 7 硬件目录中的模块信息。

（1）打开 STEP 7 的硬件组态窗口。

（2）在“选项”菜单中选择“安装 HW 更新”，开始硬件更新，如图 2-3-14 所示。第一次使用时会提示用户设置 Internet 下载网址和更新文件保存目录。

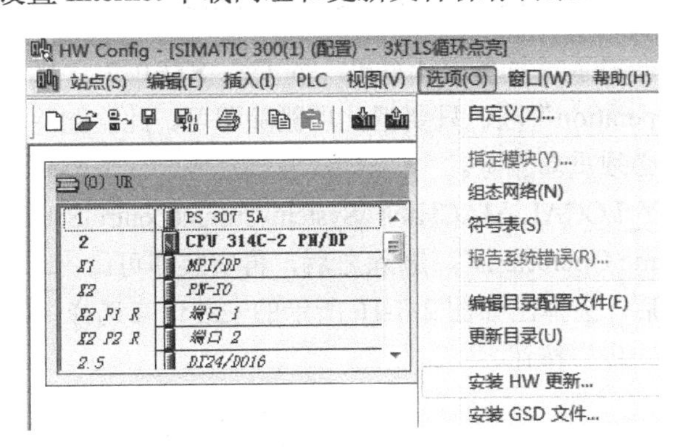

图 2-3-14　更新 STEP 7 硬件

（3）设置完毕后，弹出硬件更新窗口，选择“从 Internet 下载”单选按钮。如果用户已经连到了 Internet 上，单击“执行”按钮就可以从网上下载最新的硬件列表。如用户已经下载，则选中“从磁盘中复制”单选按钮。

（4）在弹出的列表中选择需要更新的硬件，单击“下载”按钮下载更新。。

（5）下载完成后系统会继续提示用户安装下载的硬件信息。在“Installed”栏如果显示“no”表示该硬件尚未安装；如果显示“Supplied”表示当前的 STEP 7 中已经包含了该硬件无须再更新。选中需要更新的硬件，单击“Install”按钮，按照提示即可完成更新。

子任务 2　PLCSIM 仿真软件的安装

S7-PLCSIM 是西门子公司开发的可编程控制器模拟软件，集成在 STEP 7 中，安装了仿真软件以后既可以在计算机上模拟 PLC 的用户程序执行过程，也可以在开发阶段进行仿真调试，以便及时发现和排除错误，在 STEP 7 集成状态下实现无硬件模拟，也可与 WinCC flexible 一同集成在 STEP 7 环境下实现上位机监控模拟。S7-PLCSIM 是学习 S7-300 必备的软件，不需要连接真实的 CPU 即可以仿真运行。

本任务要求掌握安装仿真软件的方法，为以后的使用打下基础。

PLCSIM 仿真软件的安装过程如下。

（1）下载 S7-PLCSIM V5.4，首先打开 PLCSIM 软件安装程序文件夹，打开“S7 - Plcsim5.4 sp5”文件夹，双击安装程序 Setup.exe，如图 2-3-15 所示。

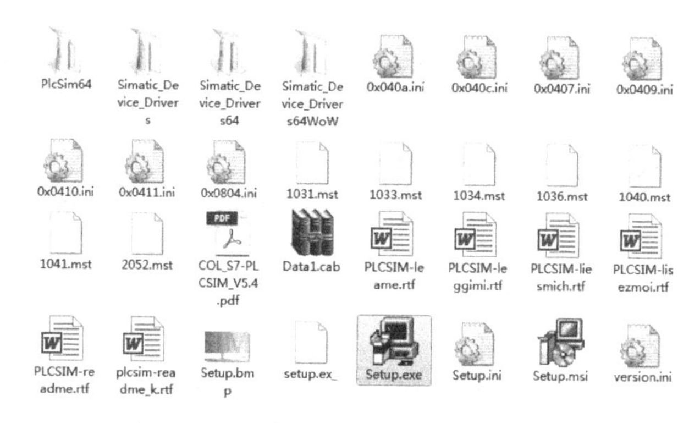

图 2-3-15　双击安装程序 Setup.exe

注意：安装过程中会提示反复重启计算机，同安装 STEP 7 一样，原因在于注册表中的“Pending File Rename Operation”项，只要把此项删除即可。此次删除后，在下次启动时系统会自动还原的，重启后必须重新删除。

步骤：找到“HKEY_LOCAL_MACHINE\System\CurrentControlSet\Control\Session Manager”中的“Pending File Rename Operations”，删除之后，再安装即可。

（2）运行安装程序后，会弹出如图 2-3-16 所示的安装语言选择，如图 2-3-17 所示欢迎界面，单击界面中的“下一步”按钮。

图 2-3-16　安装语言选择

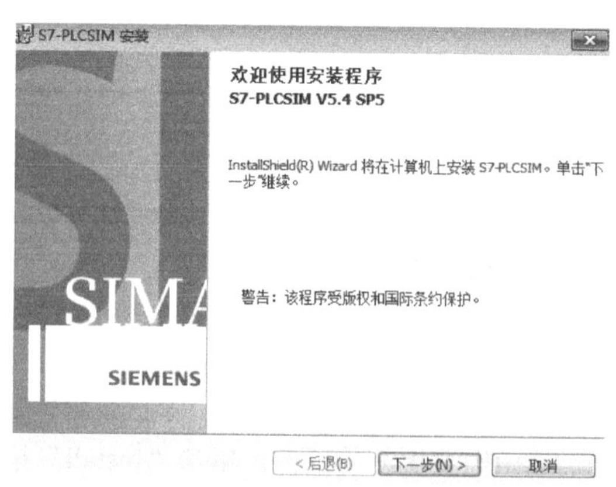

图 2-3-17　欢迎界面

（3）继续选择安装的程序，会显示产品的安装注意事项如图 2-3-18 所示，单击“下一步”按钮，会弹出如图 2-3-19 所示的接受许可协议界面。

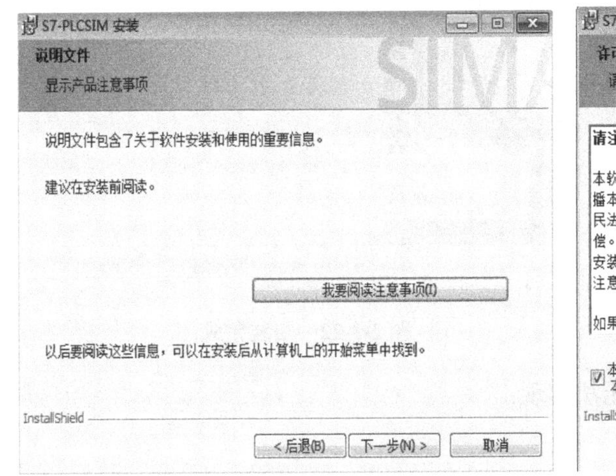

图 2-3-18　产品的安装注意事项

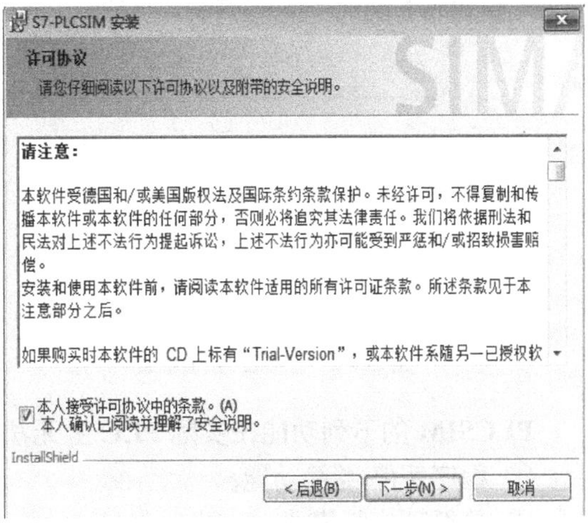

图 2-3-19　接受许可协议

（4）用户信息填写，如图 2-3-20 所示。

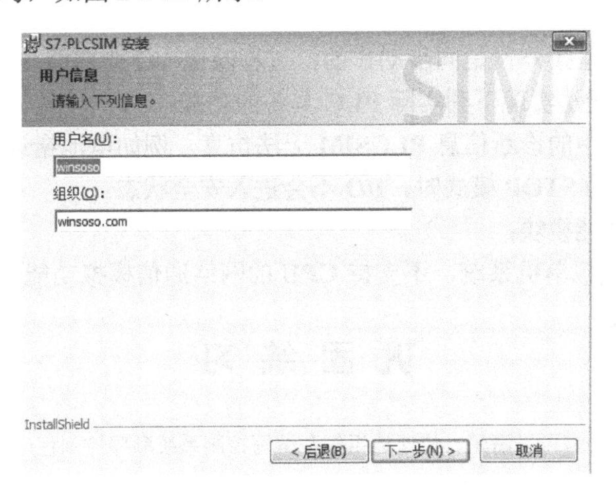

图 2-3-20　用户信息填写

（5）在安装过程中需要选择是否安装许可证密钥，可以现在安装，也可以以后再安装，选择后单击“下一步”按钮，则在安装仿真程序之前的设置完成，进入安装过程，正式开始安装 S7-PLCSIM。如图 2-3-21 所示出现安装等待界面。

（6）程序安装完成后，单击“完成”按钮，如图 2-3-22 所示。计算机重新启动后，仿真软件 PLCSIM 就自动嵌入 STEP 7 中，在仿真调试时就可以使用了。

（7）PLCSIM 使用注意事项。PLCSIM 与真实 PLC 是有差别的。PLCSIM 提供了方便、强大的仿真模拟功能。与真实 PLC 相比，它的灵活性更高，提供了许多 PLC 硬件无法实现的功能，使用也更方便。但是，软件毕竟无法完全取代真实的硬件，不可能实现完全的仿真。用户利用 PLCSIM 进行模拟调试时，必须了解其与真实 PLC 系统的差别。

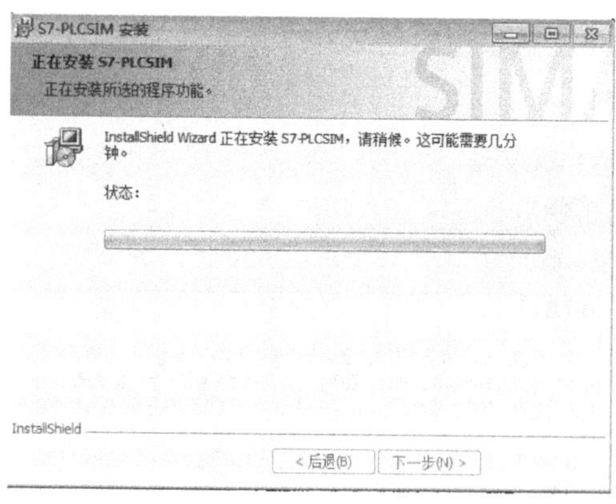

图 2-3-21　安装等待界面

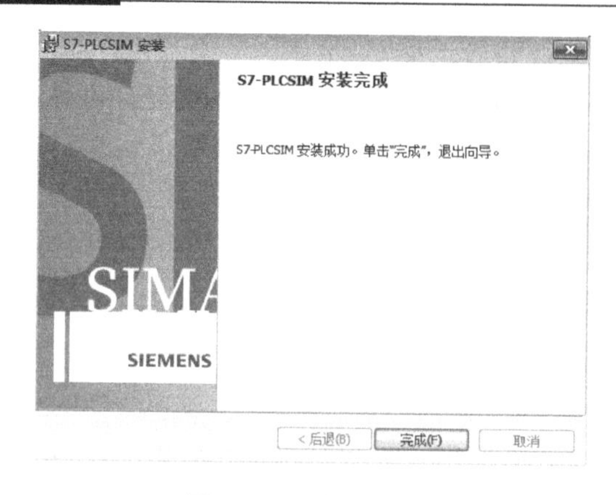

图 2-3-22　安装完成

PLCSIM 的下列功能在实际 PLC 上无法实现：

① 程序暂停/继续功能；

② 单循环执行模式；

③ 模拟 CPU 转为 STOP 状态时，不会改变输出；

④ 通过显示对象窗口修改变量值，会立即生效，而不会等到下一个循环；

⑤ 定时器手动设置；

⑥ 过程映像区和直接外设是同步动作的，过程映像 I/O 会立即传送到外设 I/O。

另外，PLCSIM 无法实现下列实际 PLC 具备的功能：

① 少数实际系统中的诊断信息 PLCSIM 无法仿真，例如电池错误；

② 当从 RUN 变为 STOP 模式时，I/O 不会进入安全状态；

③ 不支持特殊功能模块；

④ PLCSIM 只模拟单机系统，不支持 CPU 的网络通信模拟功能。

巩 固 练 习

利用 S7 Graph 编程语言可以清楚、快速地组织和编写控制系统顺序控制程序，同时还能将任务分解为若干步，并通过图形方式显示，可方便地实现全局、单页及单步显示，以及互锁控制和监视条件的图形分离，是学习 S7-300 的必备专用软件之一。请自行下载 S7 Graph 软件，并安装嵌入到 STEP 7 中，以方便我们学习图形化编程技术。

模块 3　S7-300/400 指令程序设计及调试

任务 3.1　位逻辑指令的应用

任务目标

1．会设计简单的 PLC 控制程序。
2．会用 PLCSIM 软件进行仿真调试。
3．会进行硬件接线和系统调试。
4．掌握 S7-300 PLC 的指令和功能。
5．掌握程序设计的方法和步骤。
6．掌握程序调试的方法。

任务描述

位逻辑指令是编程中最常用的指令形式，位逻辑指令使用两个数字 1 和 0，对于触点和线圈而言，1 表示已激活或已励磁，0 表示未激活或未励磁。在本任务中通过电动机启—保—停控制，四路抢答器控制、电动机正反转控制、风机运行状态监控、地下停车场车辆出入控制等程序的编写和调试，掌握 S7-300 PLC 位逻辑指令的应用。

知识准备

3.1.1　S7-300 PLC 的数据类型与存储区

1）数制

S7-300 PLC 中常用的数制为二进制、十六进制和 BCD 码。

二进制数能够表示两种不同的状态，有 0 和 1 两个不同的数字符号。在 S7-300 PLC 中，二进制数常用 2#表示，例如 2#10010010 用来表示一个 8 位二进制数。在使用中，1 状态和 0 状态也可以用 TRUE 和 FALSE 表示。

4 位二进制数可以用 1 位十六进制数表示，使得计数更加简洁。十六进制数由 0～9 和 A～F 十六个符号组成。在 S7-300 PLC 中，十六进制数用 B#16#、W#16#或 DW#16#后面加十六进制数的形式表示，前面的字母 B 表示字节，如 B#16#7F；字母 W 表示字，如 W#16#35A8；

字母 DW 表示双字，如 DW#16#25D9860E。

BCD 码用 4 位二进制数表示 1 位十进制数，BCD 码用 0000、0001、0010、0011、0100、0101、0110、0111、1000、1001 分别表示十进制数的 0、1、2、3、4、5、6、7、8、9。

BCD 码其实是十六进制数，但是各位间的运算关系是“逢十进一”，十进制数可以方便地转化为 BCD 码，如十进制数 296 对应的 BCD 码为 W#16#296 或者 2#0000 0010 1001 0110。

在 PLC 中，输入/输出十进制变量一般会使用到 BCD 码。比如，从键盘输入一个十进制数，十进制数首先转换成 BCD 码，如果要将一个变量输出到显示器上，那么首先要将二进制数转换成 BCD 码，再转换成 7 段码来显示。

2）数据类型

数据类型决定数据的属性，在 S7-300 PLC 中，数据类型分为三大类：基本数据类型、复杂数据类型和参数类型。用户程序中的所有数据必须被数据类型识别。

（1）基本数据类型。基础数据类型定义不超过 32 位（bit）的数据，可以装入 S7 处理器的累加器，可利用 STEP 7 基本指令处理。

基本数据类型共有 12 种，每种数据类型都具备关键词、数据长度及取值范围和常数表示形式等属性。表 3-1-1 列出了 S7-300/400 PLC 所支持的基本数据类型。

表 3-1-1　S7-300/400 PLC 所支持的基本数据类型

类型（关键词）	位	表 示 形 式	数据与范围	示　例
布尔（BOOL）	1	布尔量	ture/false	触点的闭合/断开
字节（BYTE）	8	十六进制数	B#16#0～B#16#FF	L B#16#20
字（WORD）	16	二进制数	2#0～2#1111_1111_1111_1111	L 2#0000_0011_1000_0000
		十六进制数	W#16#0～W#16#FFFF	L W#16#0380
		BCD 码	C#0～C#999	L C#896
		无符号十进制数	B#(0,0)～B#(255,255)	L B#(10,10)
双字（DWORD）	32	十六进制数	DW#16#0000_0000～DW#16#FFFF_FFFF	L DW#16#0123_ABCD
		无符号数	B#(0,0,0,0)～B#(255,255,255,255)	L B#(1,23,45,67)
字符（CHAR）	8	ASCII 字符	可打印 ASCII 字符	'A' ', ' '0'
整数（INT）	16	有符号十进制数	-32768～+32767	L-23
长整数（DINT）	32	有符号十进制数	L#-214783648～L#214783647	L#23
实数（REAL）	32	IEEE 浮点数	±1.175495e-38～±3.402823e+38	L 234567e+2
时间（TIME）	32	带符号 IEC 时间，分辨率为 1ms	T#-24D_20H_31M_23S_648MS ～ T#24D_20H_31M_23S_647MS	L T#8D_7H_6M_5S_0MS
日期（DATE）	32	IEC 日期，分辨率为 1 天	D#1990_1_1～D#2168_12_31	L D#2005_9_27
实时时间（TIME_OF_DAY,TOD）	32	实时时间，分辨率为 1ms	TOD#0:0:0.0～TOD#23:59:59.999	L TOD#8:30:45.12
系统时间（S5TIME）	32	S5 时间，以 10ms 为时基	S5T#0H_0M_0S_10MS ～ S5T#2H_46M_30S_0MS	L S5T#1H_1M_2S_10MS

（2）复杂数据类型。复杂数据类型定义超过 32 位或由其他数据类型组成的数据。复杂数据类型要预先定义，其变量只能在全局数据块中声明，可以作为参数或逻辑块的局部变量。STEP 7 支持的复杂数据类型有数组、结构、字符串、日期和时间、用户定义的数据类型和功能块类型 6 种。后面如果需要用到时我们再做具体讲解。

（3）参数类型。参数类型是一种用于逻辑块（FB、FC）之间传递参数的数据类型，主要有以下几种：

- TIMER（定时器）和 COUNTER（计数器）。
- BLOCK（块）：指定一个块用作输入和输出，实参应为同类型的块。
- POINTER（指针）：6 字节指针类型，用来传递 DB 的块号和数据地址。
- ANY：10 字节指针类型，用来传递 DB 块号、数据地址、数据数量以及数据类型。

3）存储区

在学习指令之前，要先了解有关 PLC 的存储区概念。不同品牌的 PLC，梯形图指令大同小异，但是，存储区的名字及地址的表示方法却差异很大。如图 3-1-1 所示是 S7-300/400 PLC 存储地址示意图。

双字地址	字地址	字节地址	位地址								绝对地址
			7	6	5	4	3	2	1	0	
ID0	IW0	IB0									00000
		IB1									00001
	IW2	IB2									00002
		IB3									00003
											00004
		IB1023									01023
QD0	QW0	QB0									01024
		QB1									
	QW2	QB2									
		QB3									
		QB1023									
MD0	MW0	MB0									
		MB1									
	MW2	MB2									
		MB3									
		MB127									
											65535

图 3-1-1　S7-300/400 PLC 存储地址示意图

PLC 的物理存储器以字节为单位，所以存储器单元规定为字节（B）单元。存储单元可以以位（bit）、字节（B）、字（W）或双字（DW）为单位使用。每个字节单位包括 8 个位；一个字包括 2 个字节，即 16 位；一个双字包括 4 个字节，即 32 位。

例如：IW0 由 IB0 和 IB1 两个字节组成，其中 IB0 为高 8 位，IB1 为低 8 位。

在使用字和双字时要注意字节地址的划分，防止出现字节重叠造成的读写错误。如 MW0 和 MW1 不要同时使用，因为这两个元件都占用了 MB1。

PLC 的用户存储区在使用时必须按功能区分使用，所以在学习指令之前必须熟悉存储区的分类、表示方法、操作及功能。S7-300/400 PLC 存储器区域划分、功能、访问方式及标识符如表 3-1-2 所示。

表 3-1-2 PLC 存储器区域划分、功能、访问方式及标识符

序号	存储区域	功能	运算单位	寻址范围	标识符
1	输入过程映像寄存器（又称输入继电器）I	在扫描循环的开始，操作系统从现场（又称过程）读取控制按钮、行程开关及各种传感器等送来的输入信号，并存入输入过程映像寄存器，其每一位对应数字量输入模块的一个输入端	输入位	0.0～65535.7	I
			输入字节	0～65535	IB
			输入字节	0～65534	IW
			输入双字	0～65532	ID
2	输入过程映像寄存器（又称输出继电器）Q	在扫描循环期间，逻辑运算的结果存入输出过程映像寄存器。在循环扫描结束前，操作系统从输出过程映像寄存器读出最终结果，并将其传送到数字量输出模块，直接控制 PLC 外部的指示灯、接触器、执行器等控制对象	输出位	0.0～65535.7	Q
			输出字节	0～65535	QB
			输出字节	0～65534	QW
			输出双字	0～65532	
3	位存储器（又称辅助继电器）M	位存储器与 PLC 外部对象没有任何关系，其功能类似于继电器控制电路中的中间继电器，主要用来存储程序运算过程中的临时结果，可为编程提供无数量限制的触点，可以被驱动但不能直接驱动任何负载	存储位	0.0～255.7	M
			存储字节	0～255	MB
			存储字	0～254	MW
			存储双字	0～252	MD
4	外部输入存储器 PI	用户可以通过外部输入寄存器直接访问模拟量输入模块，以便接收来自现场的模拟量输入信号	外部输入字节	0～65535	PIB
			外部输入字	0～65534	PIW
			外部输入双字	0～65532	PID
5	外部输出寄存器 PQ	用户可以通过外部输出寄存器直接访问模拟量输出模块，以便将模拟量输出信号送给现场的控制执行器	外部输出字节	0～65535	PQB
			外部输出字	0～65534	PQW
			外部输出双字	0～65532	PQD
6	定时器 T	作为定时器指令使用，访问该存储区可获得定时器的剩余时间	定时器	0～255	T
7	计数器 C	作为计数器指令使用，访问该存储区可获得计数器的当前值	计数器	0～255	C
8	数据块寄存器 DB	数据块寄存器用于存储所有数据块的数据，最多可同时打开一个共享数据块 DB 和一个背景数据块 DI。用“OPEN DB”指令可以打开一个共享数据块 DB；用“OPEN DI”指令可打开一个背景数据块 DI	数据位	0.0～65535.7	DBX 或 DIX
			数据字节	0～65535	DBB 或 DIB
			数据字	0～65534	DBW 或 DIW
			数据双字	0～65532	DBD 或 DID
9	本地数据寄存器（又称本地数据）L	本地数据寄存器用来存储逻辑块（OB、FB 或 FC）中所使用的临时数据，一般用作中间暂存器。因为这些数据实际存放在本地数据堆栈（又称 L 堆栈）中，所以当逻辑块执行结束时，数据自然丢失	本地数据位	0.0～65535.7	L
			本地数据字节	0～65535	LB
			本地数据字	0～65534	LW
			本地数据双字	0～65532	LD

在 STEP 7 的梯形图指令中，不同类型的常数的格式都有严格的规定。**如 BYTE、WORD 和 DWORD 类型的常数，在输入时要以“16#”作为前缀，后面跟十六进制的数据；DINT 类型的数据输入时要以“L#”作为前缀，后面跟十进制的数据；REAL 类型的数据，在输入时，后面一定要带小数部分，如没有小数部分，则加上“.0”；计时器的时间常数则以“S5T#”为前缀，后面加上 aH_bbM_ccS_dddMS（表示：几小时几分几秒几毫秒），如“S5T#2.5S”表示 2.5 秒。**

STEP 7 中的变量，从是否使用符号的角度，可以分为符号名变量和地址名变量。

地址名变量以存储区域名为前缀，后面紧跟代表二进制长度的 B、W、D（分别代表字节、字、双字），然后是起始字节的地址；位的地址名变量是存储区域名，加上位所在的字节地址，加“.”，再加上位的序号。例如：IB0、IW、ID0、I0.0；QB0、QW0、QD0、Q0.0；MB0、MW0、MD0、M0.0；LB0、LW0、LD0、L0.0；DB1. DBX0.0、DB1. DBB0、DB1. DBW0、DB1.DBD0。

定时器变量名则以 T 加上一个 0～max 之间的数字来表示，如 T0、T1 等；计数器变量名以 C 加上一个 0～max 之间的数字来表示，如 C0、C1 等（注：max 代表某型号的 CPU 所具有的最大数）。

建议尽量少用地址名变量，而多使用符号名变量。符号名变量可以通过符号编辑器（symbol editor）来建立，也可以直接在使用了地址名变量后，用鼠标右键单击它，在弹出菜单中，选择“编辑符号”来建立符号。在 STEP 7 中，不仅可以为地址名变量建立符号名变量，还可以为组织块、功能块、功能、数据块建立符号名变量，并使用符号名来编写程序。一旦建立了符号名变量，在编写程序的过程中，系统会自动提示，以便正确输入变量。

L 区的变量是局域变量；在程序进入该块，到该块结束的过程中，局域变量是稳定的，当程序再次进入该块时，该局域变量的内容是不可知的，系统可能覆盖了它。除此之外，其他存储区域的变量为全局变量，组织块、功能块、功能均可访问它们，系统不会改变它们的内容。

3.1.2 位逻辑指令

STEP 7 是 S7-300/400 系列 PLC 应用设计软件包，所支持的 PLC 编程语言非常丰富。其中 STL（语句表）、LAD（梯形图）及 FBD（功能块图）是 PLC 编程的三种基本语言，并且在 STEP 7 中可以相互转换。专业版附加对 Graph（顺序功能图）、SCL（结构化控制语言）、HiGraph（图形编程语言）、CFC（连续功能图）等编程语言的支持。不同的编程语言可供不同知识背景的人员采用。图 3-1-2（a）、（b）、（c）所示为电动机启—保—停控制程序的三种基本语言。

由于这三种语言在 STEP 7 中可以相互转换，在介绍位逻辑指令时主要使用 LAD 语言。在 STEP 7 的程序编辑器（STL/LAD/FBD）中，当切换到梯形图状况时，在编辑器左侧的指令区可展开位逻辑指令，如图 3-1-3 所示。

位逻辑指令处理的对象为二进制位信号。位逻辑指令扫描信号状态“1”和“0”，并根据布尔逻辑对它们进行组合，所产生的结果（“1”或“0”）称为逻辑运算结果，存储在状态字 RLO 中。位逻辑指令包括触点与线圈指令、基本逻辑指令、置位和复位指令及跳变沿检测指令等。

Network 1：电动机启停控制程序段

```
A (
O       "SB1"          I0.0      --启动按钮
O       "KM"           Q4.1      --接触器驱动
)
AN      "SB2"          I0.1      --停止按钮
=       "KM"           Q4.1      --接触器驱动
```

（a）STL（语句表）

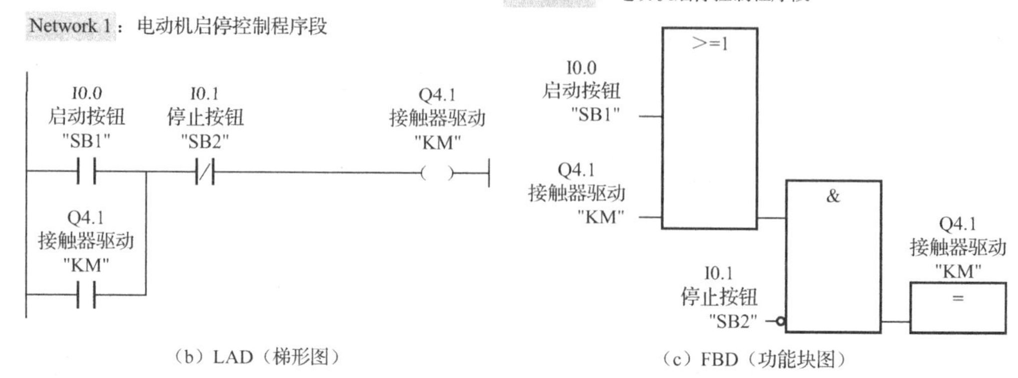

（b）LAD（梯形图）　（c）FBD（功能块图）

图 3-1-2　电动机启—保—停控制程序的三种基本语言

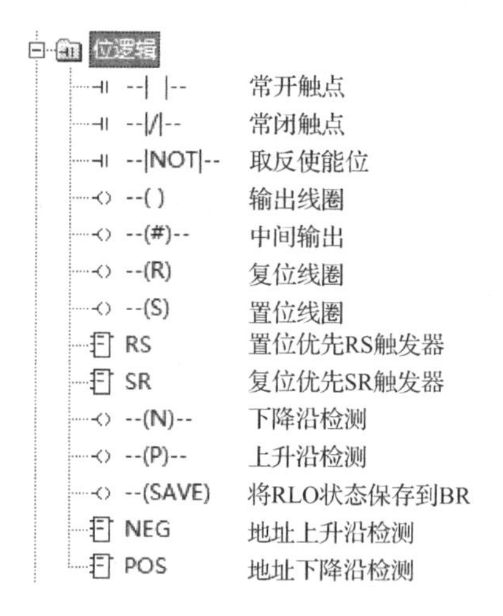

图 3-1-3　位逻辑指令展开图

1）触点指令

触点指令说明见表 3-1-3。

表 3-1-3　触点指令说明表

指令标识	梯形图符号	说　明	存 储 区	举　例
─┤├─	??.? ─┤├─ 常开触点	当??.?为 1 时，??.?位常开触点闭合；为 0 时触点断开	I、Q、M、L、D、T、C	I0.0 ─┤├─ A

续表

指令标识	梯形图符号	说　明	存 储 区	举　例
─┤/├─	??.? ─┤/├─ 常闭触点	当??.?为 0 时，??.?位常闭触点闭合；为 1 时触点断开	I、Q、M、L、D、T、C	I0.0 ─┤/├─ A
─┤NOT├─	─┤NOT├─	当触点左方有能流时，经能流取反后右方无能流；左方无能流时，右方有能流		I0.0 ─┤ ├─ A ─┤NOT├─ B 当 I0.0 断开时，A 点无能流，经取反后，B 点有能流；这里两个触点的组合，功能与一个常闭触点相同

2）线圈指令

线圈指令说明见表 3-1-4。

其中，POS 和 NEG 指令为地址上升沿检测与地址下降沿检测指令。图 3-1-4 所示的时序图说明了示例中 POS 和 NEG 指令的检测时序。

表 3-1-4　线圈指令说明表

指令标识	梯形图符号	说　明	存 储 区	举　例
─( )─	??.? ─( )─ 输出线圈	当能流通过??.?线圈位时，??.?为 1	I、Q、M、L、D	I0.0 ─┤ ├─ Q0.0 ─( )─ 当 I0.0 常开触点闭合时，有能流通过 Q0.0 线圈，Q0.0 位为 1
─(#)─	??.? ─(#)─ 中间输出	其功能是将输入端的能流(即 RLO 位)保存到??.?位中，该线圈只能用于中间单元，不能与左边或右边母线连接	I、Q、M、L、D	I0.0 ─┤ ├─┤NOT├─ M0.0 ─(#)─ I0.1 ─┤/├─ Q0.0 ─( )─ 当 I0.0 断开时，能流取反后，M0.0 线圈有能流通过（RLO 位=1），即 M0.0 位为 1；如果 I0.1 处于闭合，则 Q0.0 线圈得电
─(R)─	??.? ─(R)─ 复位线圈	当有能流通过时，将??.?位复位为 0；能流消失后，该位仍保持为 0	I、Q、M、L、D、T、C	I0.0 ─┤ ├─ Q0.0 ─(R)─ I0.1 ─┤ ├─ Q0.0 ─(S)─ 当 I0.0 闭合时，Q0.0=0；当 I0.1 闭合时，Q0.0=1
─(S)─	??.? ─(S)─ 置位线圈	当有能流通过时，将??.?位复位为 1；能流消失后，该位仍保持为 1	I、Q、M、L、D、T、C	
─(N)─	??.? ─(N)─ RLO 下降沿检测	当RLO位由1变为0时，N 线圈会输出一个扫描周期的能流，??.?位保存上一个扫描周期 RLO 位	I、Q、M、L、D	I0.0 ─┤ ├─ M0.0 ─(N)─ Q0.0 ─( )─ 当 I0.0 由闭合转变为断开时，M0.0 线圈左端的能流从有到无，Q0.0 得电一个扫描周期
─(P)─	??.? ─(P)─ RLO 上升沿检测	当 RLO 位由 0 变为 1 时，P 线圈会输出一个扫描周期的能流，??.?位保存上一个扫描周期 RLO 位	I、Q、M、L、D	I0.1 ─┤ ├─ M0.1 ─(P)─ Q0.1 ─( )─ 当 I0.1 由断开转变为闭合时，M0.1 线圈左端的能流从无到有，Q0.1 得电一个扫描周期

续表

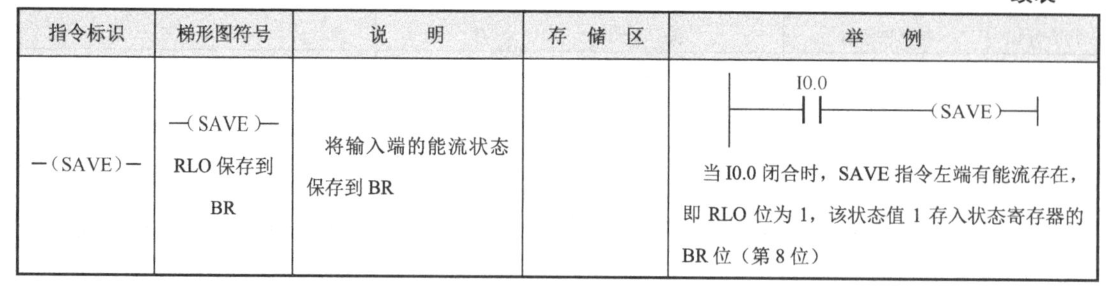

指令标识	梯形图符号	说　明	存 储 区	举　例
–(SAVE)–	—(SAVE)— RLO 保存到 BR	将输入端的能流状态保存到 BR		I0.0 —(SAVE)— 当 I0.0 闭合时，SAVE 指令左端有能流存在，即 RLO 位为 1，该状态值 1 存入状态寄存器的 BR 位（第 8 位）

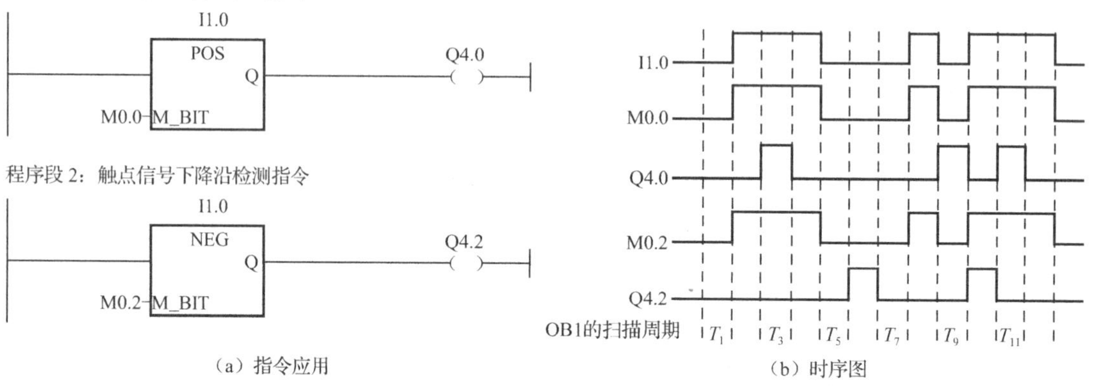

（a）指令应用　　（b）时序图

图 3-1-4　触点信号边沿检测指令

触点信号边沿检测指令中的 I1.0 为被扫描的触点信号；M0.0 或 M0.2 为边沿存储器位，用来存储触点信号前一周期的状态；Q 为输出，当启动条件为真且 I1.0 出现有效的边沿信号时，Q 端可输出一个扫描周期的“1”信号。

3）触发器指令

触发器指令说明见表 3-1-5。

表 3-1-5　触发器指令说明表

指令标识	梯形图符号	说　明	存 储 区	举　例
SR	??.? SR S　Q R	当 S=1，R=0 时，??.? 位置 1，Q=1； 当 S=0，R=1 时，??.? 位置 0，Q=0； 当 S=0，R=0 时，??.? 位不变，Q 不变； 当 S=1，R=1 时，先执行置位 S，后执行复位 R，??.?位先为 1，后为 0，结果 Q=0	??.?、S、R、Q 均为 I、Q、M、L、D	I0.0 → S，I0.1 → R，M0.0 SR，Q → Q0.0 I0.0 闭合（S=1），I0.1 断开（R=0），M0.0=1，Q0.0=1； S=0，R=1，M0.0=0，Q0.0=0； S=0，R=0，M0.0 位不变，Q0.0 位不变； S=1，R=1，M0.0 位先为 1 后为 0，结果 M0.0=0，Q0.0=0

续表

指令标识	梯形图符号	说　明	存 储 区	举　例
RS	??.? RS R　Q S	当 R=1，S=0 时，??.?位置 0，Q=0； 当 R=0，S=1 时，??.?位置 1，Q=1； 当 R=0，S=0 时，??.?位不变，Q 不变； 当 R=1，S=1 时，先执行复位 R，后执行置位 S，??.?位先为 0，后为 1，结果 Q=1	??.?、S、R、Q 均为 I、Q、M、L、D	??.?　RS　I0.0　R　Q　Q0.0　I0.1　S I0.0 闭合（R=1），I0.1 断开（S=0），M0.0=0，Q0.0=0； R=0，S=1，M0.0=1，Q0.0=1； R=0，S=0，M0.0 位不变，Q0.0 位不变； R=1，S=1，M0.0 位先为 0 后为 1，结果 M0.0=1，Q0.0=1

【例】 置位指令与复位指令的应用——传送带运动控制。

如图 3-1-5 所示为一个传送带，在传送带的起点有两个按钮：用于启动的 S1 和用于停止的 S2。在传送带的尾端也有两个按钮：用于启动的 S3 和用于停止的 S4。要求能从任一端启动或停止传送带。另外，当传送带上的物件到达末端时，传感器 S5 使传送带停止。

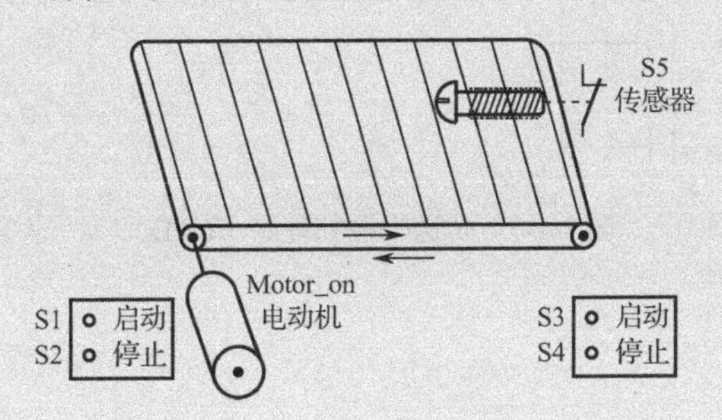

图 3-1-5　传送带控制示意图

I/O 地址分配见表 3-1-6，PLC 的 I/O 接线图如图 3-1-6 所示。控制程序比较简单，整个程序均在 OB1 组织块内完成，LAD 如图 3-1-7 所示。

表 3-1-6　I/O 地址分配

编 程 元 件	元 件 地 址	符　号	传感器/执行器	说　明
数字量输入 32×24V DC	I1.1	S1	常开按钮	启动按钮
	I1.2	S2	常开按钮	停止按钮
	I1.3	S3	常开按钮	启动按钮
	I1.4	S4	常开按钮	停止按钮
	I1.5	S5	机械式位置传感器，常闭	传感器
数字量输出 32×24V DC	Q4.0	Motor_on	接触器	传送带电动机启/停控制

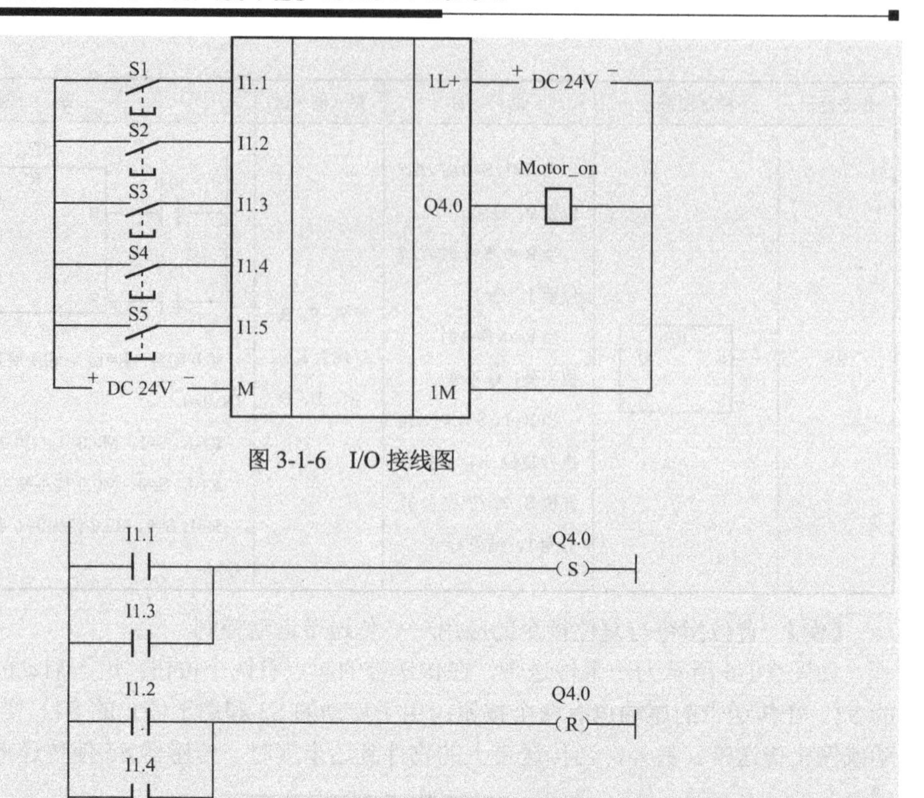

图 3-1-6　I/O 接线图

图 3-1-7　传送带控制程序（LAD）

任务实施

子任务 1　四路抢答器 PLC 控制

1. 控制要求

（1）有 4 组人进行抢答，抢答按钮为 SB1～SB4，对应 4 个抢答指示灯为 L1～L4。

（2）主持人按钮为 SB0，主持人按下 SB0，所有指示灯复位。

（3）最先按下抢答按钮的组指示灯亮，其他后按下的组指示灯不亮。

2. I/O 地址分配表

I/O 地址分配见表 3-1-7。

3. 硬件接线图

PLC 硬件接线图如图 3-1-8 所示。

表 3-1-7　I/O 地址分配表

输　入			输　出		
变　量	PLC 地址	说　明	变　量	PLC 地址	说　明
SB0	I0.0	主持人按钮	L1	Q0.1	第 1 组指示灯
SB1	I0.1	第 1 组按钮	L2	Q0.2	第 2 组指示灯
SB2	I0.2	第 2 组按钮	L3	Q0.3	第 3 组指示灯
SB3	I0.3	第 3 组按钮	L4	Q0.4	第 4 组指示灯
SB4	I0.4	第 4 组按钮			

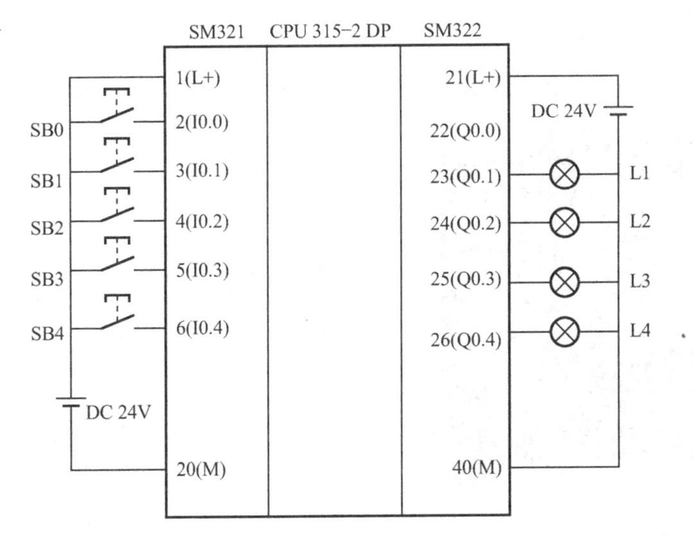

图 3-1-8　PLC 硬件接线图

4. 硬件组态

（1）硬件组态的基本步骤如图 3-1-9 所示。

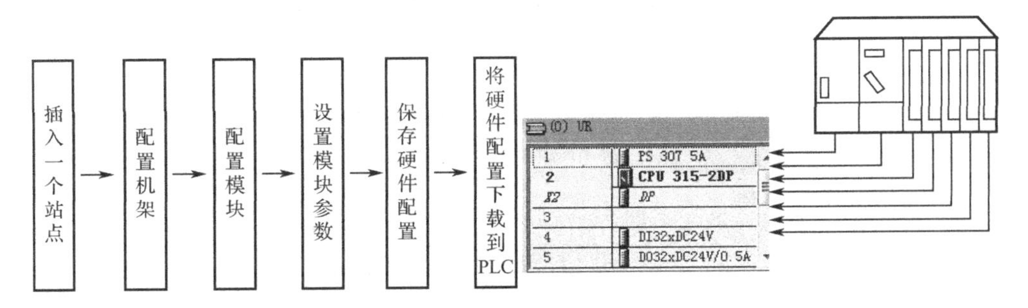

图 3-1-9　硬件组态的基本步骤

（2）插槽配置的规则。

RACK（0）：

插槽 1：电源模块或为空。

插槽 2：CPU 模块。

插槽 3：接口模块或为空。

插槽 4～11：信号模块、功能模块、通信模块或为空。

RACK（1～3）：

插槽 1：电源模块或为空。

插槽 2：为空。

插槽 3：接口模块。

插槽 4～11：信号模块、功能模块、通信模块（如为 IM365，则该机架上不能插入通信模块）或为空。

组态的硬件必须与 PLC 导轨上的 PLC 元器件订货号相符合（订货号标识在元器件的下方），如图 3-1-10 所示。

1）*启动 SIMATIC 管理器*

启动时，双击桌面上的图标，可以打开 SIMATIC 管理器，如图 3-1-11 所示。

图 3-1-10　元器件订货号

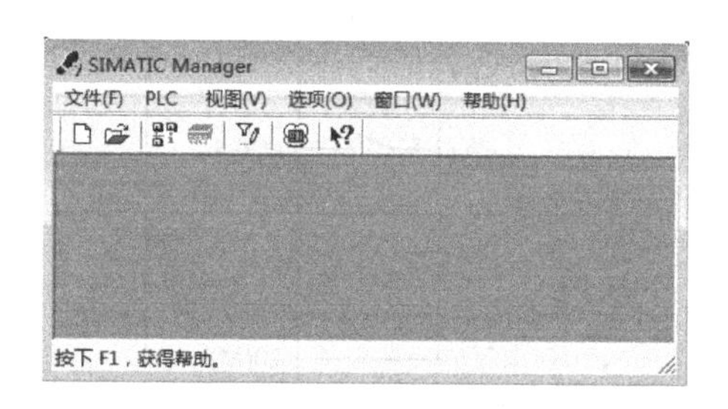

图 3-1-11　SIMATIC 管理器

2）*新建一个项目*

在启动的 SIMATIC 管理器界面中单击“新建”图标，新建一个项目，可在“名称”位置输入项目名称，单击“浏览”按钮可修改项目存储路径，如图 3-1-12 所示，设置完成后单击“确定”按钮。

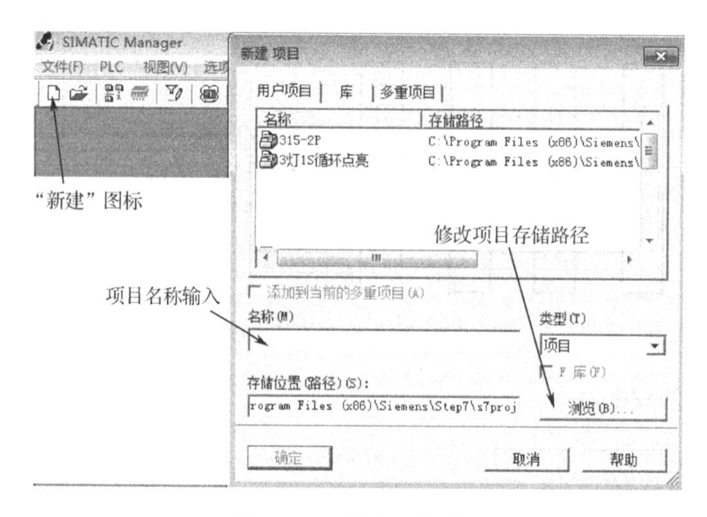

图 3-1-12　新建一个项目

3）插入站点

插入一个 SIMATIC 300 站点，如图 3-1-13 所示。

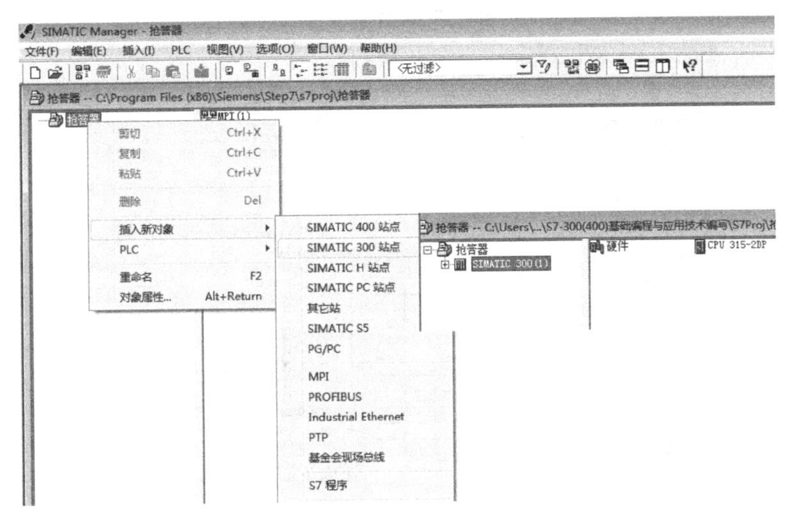

图 3-1-13　插入一个 SIMATIC 300 站点

4）组态 S7-300 PLC 机架

双击“硬件”图标，得到如图 3-1-14 所示的界面，选择机架“RACK-300”。

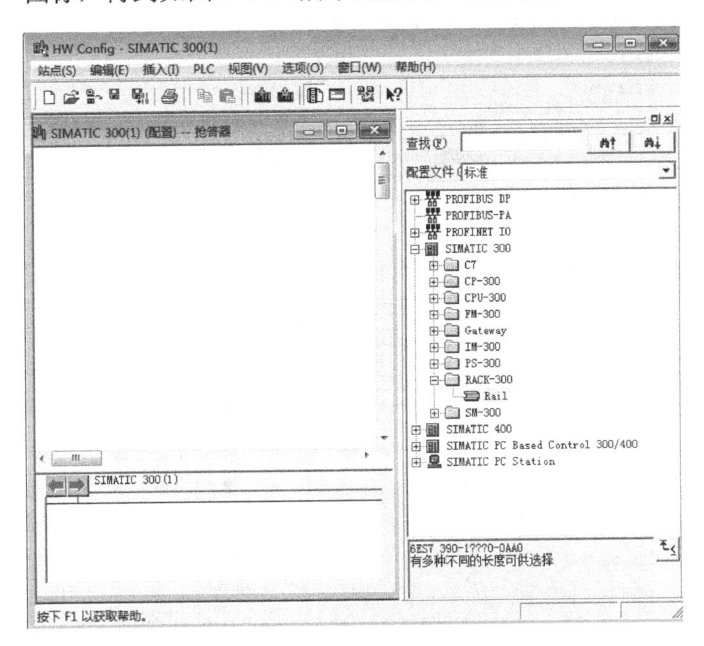

图 3-1-14　组态 S7-300 PLC 机架

5）组态电源

在机架的 1 号插槽中组态电源，如图 3-1-15 所示。

6）组态 CPU

在 2 号插槽添加 CPU。如图 3-1-16 所示，硬件目录中的某些 CPU 型号有多种操作系统版本，在添加 CPU 时，CPU 的型号和操作系统版本都要与实际硬件一致。

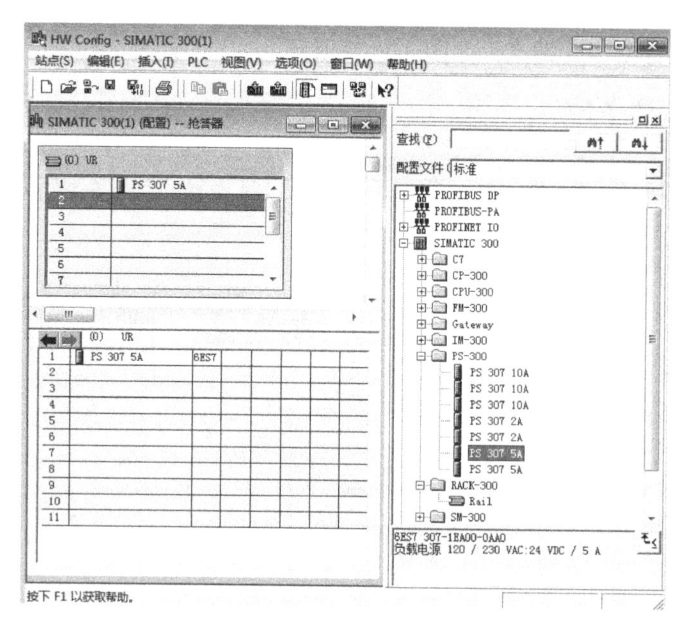

图 3-1-15　组态电源

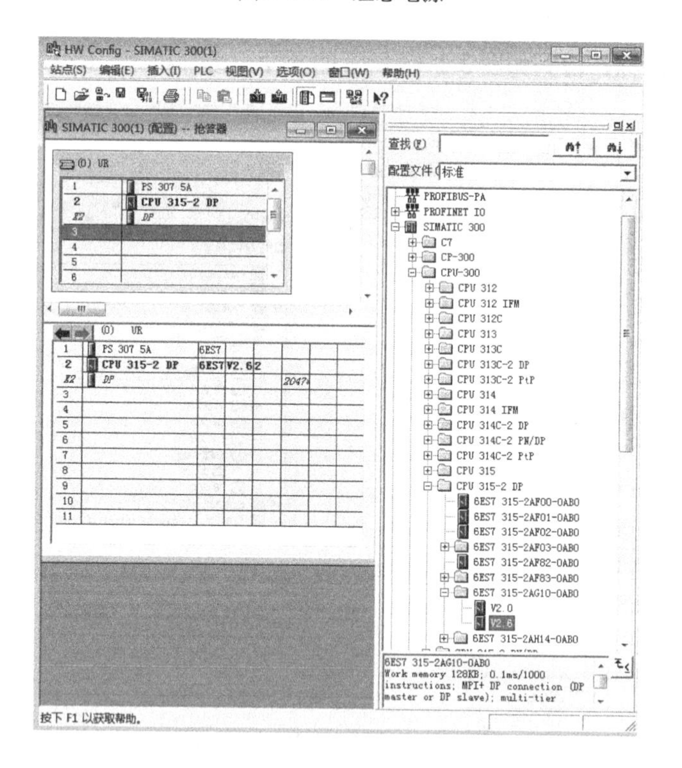

图 3-1-16　组态 CPU

如果需要扩展机架，则应该在 IM-300 目录下找到相应的接口模块，添加到 3 号插槽。如无扩展机架，3 号插槽留空，如图 3-1-17 所示。

7）组态输入模块 SM321

4～11 号插槽中可以添加信号模块、功能模块、通信处理器等，如图 3-1-17 所示。

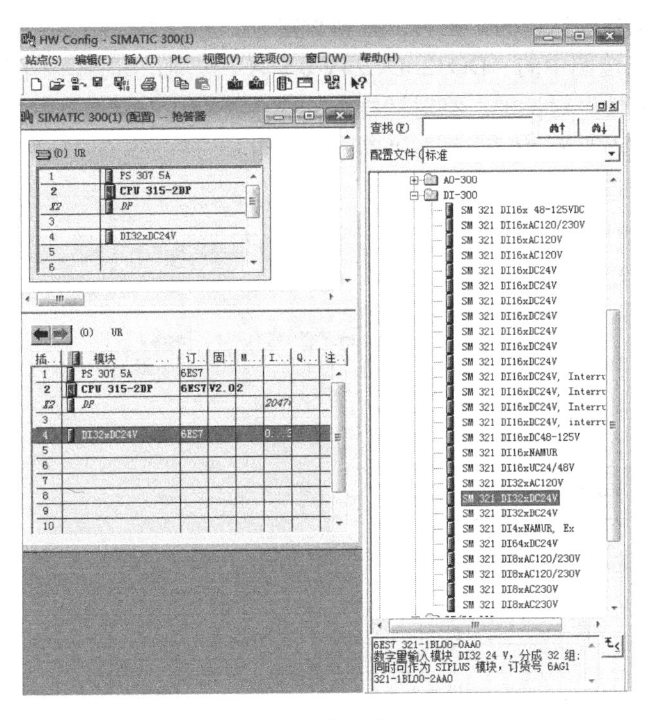

图 3-1-17　组态输入模块 SM321

8）组态输出模块 SM322

插入输出模块 SM322，如图 3-1-18 所示。

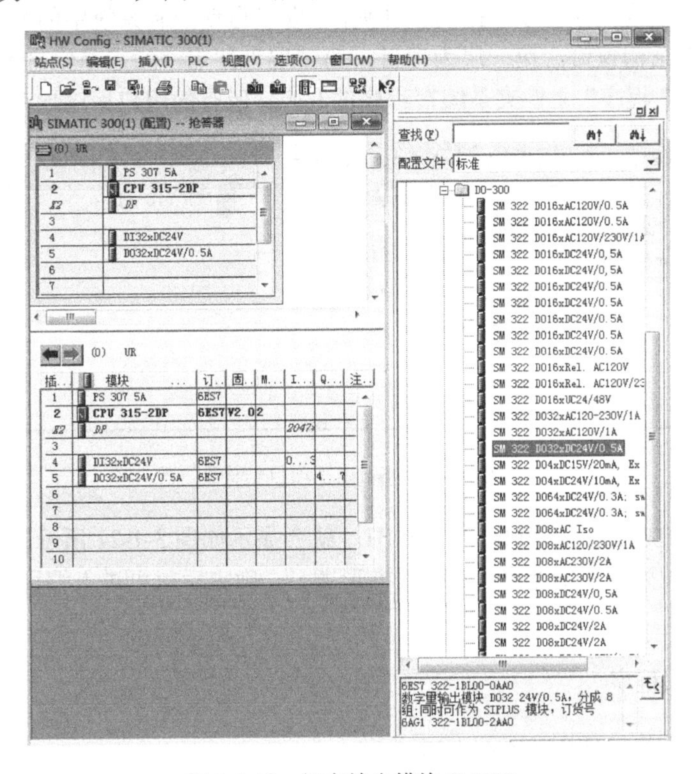

图 3-1-18　组态输出模块 SM322

模块地址可以是系统默认的，也可以重新设定。

双击图3-1-19左边图中的“DO32×DC24V/0.5 A”选项，就会弹出图3-1-19右边图中所示的开关量输出“属性”对话框。将对话框中的“系统默认”复选框中的对勾去掉，将“开始”输入框中的“4”“改为“0”，单击“确定”按钮。

注意：模块地址是软件编程的前提！

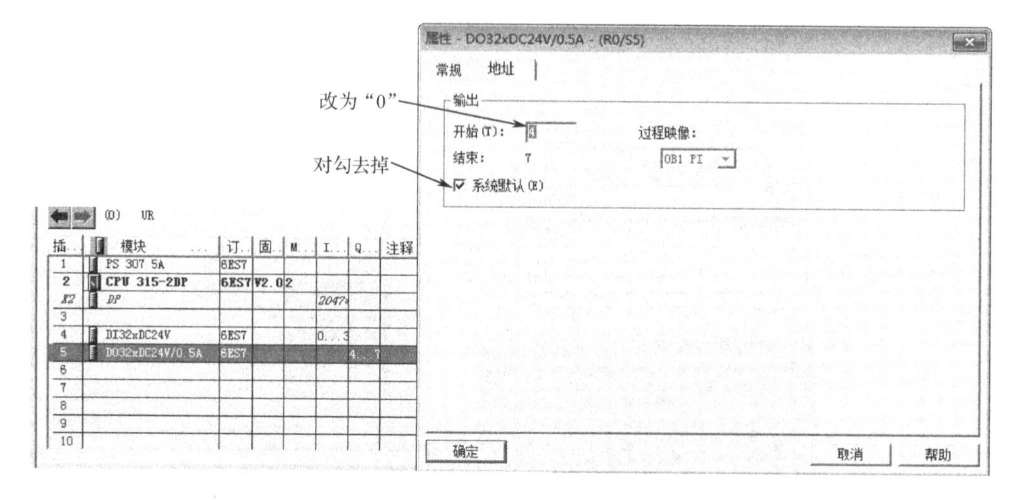

图3-1-19　更改DO地址

9）得到项目结构图并设置块

单击工具栏上的“保存和编译”按钮，可得STEP 7项目结构图，如图3-1-20所示。

项目是以分层结构保存对象数据的文件夹，包含了自动控制系统中的所有数据，图3-1-20的左边是项目树形结构窗口。第一层为项目，第二层为站点，站点是组态硬件的起点。站点的下面是CPU，“S7程序”文件夹是编写程序的起点，所有的用户程序均存放在该文件夹中。

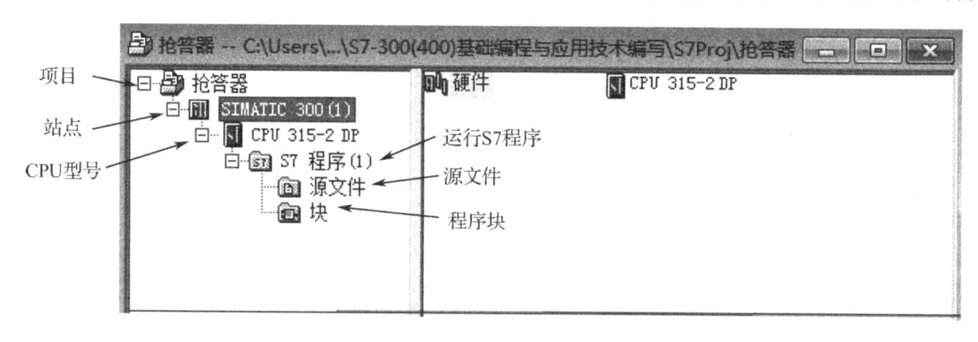

图3-1-20　STEP 7项目结构图

单击“块”，右侧可显示OB1，双击OB1，就会显示如图3-1-21所示的“属性”对话框，在“创建语言”下拉列表框中选择“LAD（梯形图）”，确定后就可进入编程状态，如图3-1-22所示。

5. 编写梯形图程序

4组抢答器控制程序如图3-1-23所示。

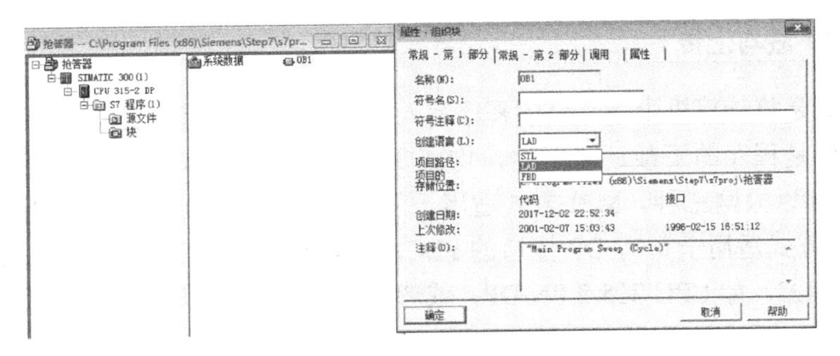

图 3-1-21　OB1 组织块及其属性设置

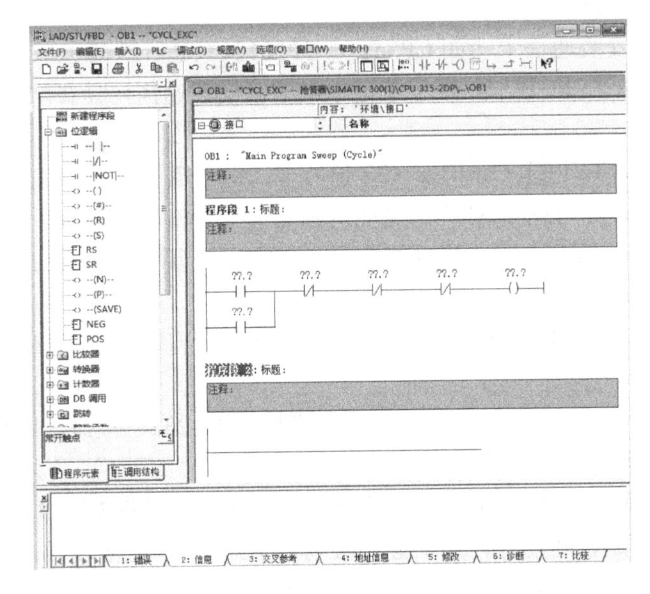

图 3-1-22　进入编程状态

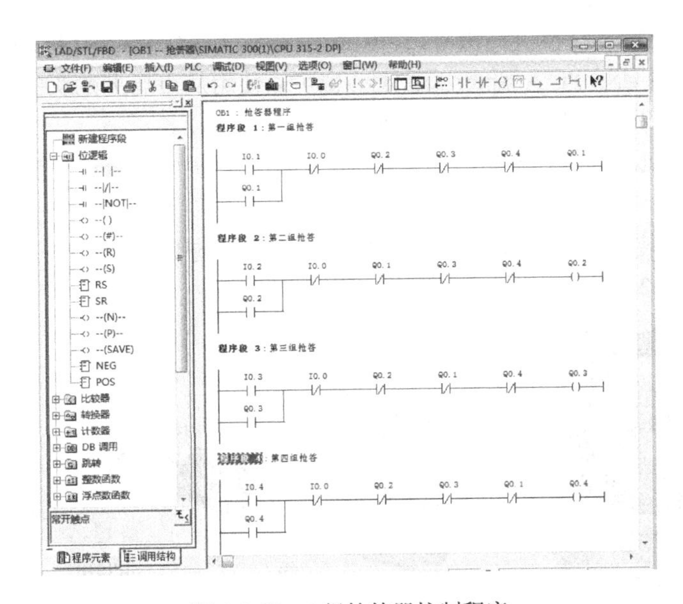

图 3-1-23　4 组抢答器控制程序

6. 程序的下载与上传

程序的下载是将计算机中设计好的程序写入 PLC，程序的上传是将 PLC 中的程序读入编程计算机。不管是程序的下载还是上传，均需要将计算机与 PLC 间建立通信。下载方式有 MPI、DP 总线和以太网三种。MPI 方式适用于所有的 S7-300/400 PLC，所有的 PLC 都带有 MPI 接口；DP 方式适用于带有 DP 接口的 PLC，如 CPU 315-2 DP；以太网方式适用于带有以太网接口的 PLC，如 CPU 315-2 PN/DP，或者 PLC 上面带有以太网模块（如 CP341-1）也可以。

1）计算机与 PLC 的通信

计算机与 PLC 通信有如下三种连接方式。

（1）在计算机中安装通信卡（如 CP5611、CP5612、CP5613 等）。

CP5511：PCMOA TYPE Ⅱ卡，用于笔记本电脑编程和通信，具有网络诊断功能，通信速率最高可达 12Mb/s。

CP5512：PCMOA TYPE Ⅱ CardBus（32 位）卡，用于笔记本电脑编程和通信，具有网络诊断功能，通信速率最高可达 12Mb/s。这面两种通信卡价格相对较高。

CP5611：PCI 卡，用于台式计算机的编程和通信，具有网络诊断功能，通信速率最高可达 12Mb/s，价格适中。

计算机通过通信卡与 PLC 通信，可对硬件和网络进行自动检测。该方式成本高，不推荐使用。

（2）使用 PC/MPI 通信方式。如计算机带有串口（RS-232C 接口，或称为 COM 口），则可使用 PC/MPI 适配器与 PLC 通信。

（3）使用 PC Adapter（PC 适配器）。一端连接到计算机的 USB 接口，另一端连接到 CPU 的 MPI 接口，没有网络诊断功能，通信速率最高为 1.5Mb/s，价格较低。

现在计算机大多不带 RS-232C 接口，而用 USB 接口作为基本接口，故目前常用该方式进行计算机与 PLC 的通信。

目前很多的笔记本电脑不再提供串口，但是如果手里只有 RS-232 PC Adapter 适配器，应该怎么办？建议购买 USB PC Adapter 适配器，也可以使用从市场上购买的 USB 转 RS-232 的转换器来连接 RS-232 PC Adapter 适配器，如图 3-1-24 所示。

① 要使用 USB/MPI 适配器与 PLC 连接，必须在计算机中安装该适配器的驱动程序（PC Adapter USB）。

② 驱动程序安装好后，用 USB/MPI 适配器将计算机的 USB 接口与 CPU 模块的 MPI 接口接起来，如图 3-1-25 所示。

图 3-1-24　PC Adapter 适配器

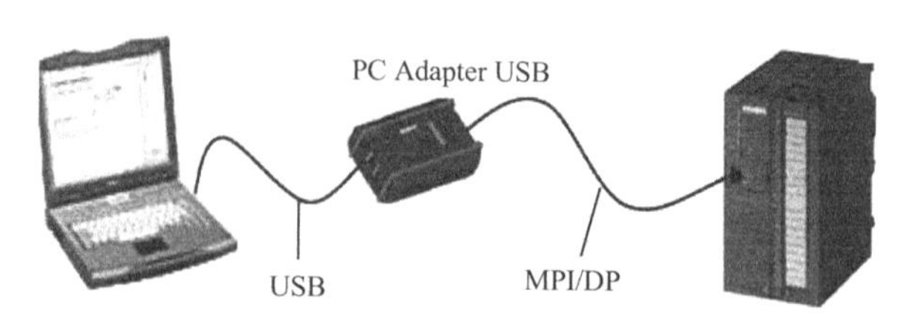

图 3-1-25　USB/MPI 适配器

③ 通信设置。在 STEP 7 中进行通信设置，在 SIMATIC Manager 窗口中执行菜单命令“选项”→“设置 PG/PC 接口”，打开“设置 PG/PC 接口”对话框，选择其中的“PC Adapter（MPI）”选项，再单击“属性”按钮，弹出如图 3-1-26 所示的对话框，这里保持默认设置，单击“本地连接”选项卡，如图 3-1-26 所示，将连接端口设为 USB，按“确定”按钮后设置生效。

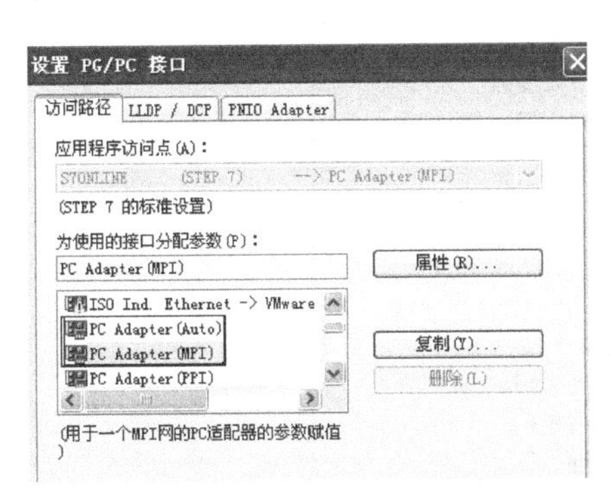

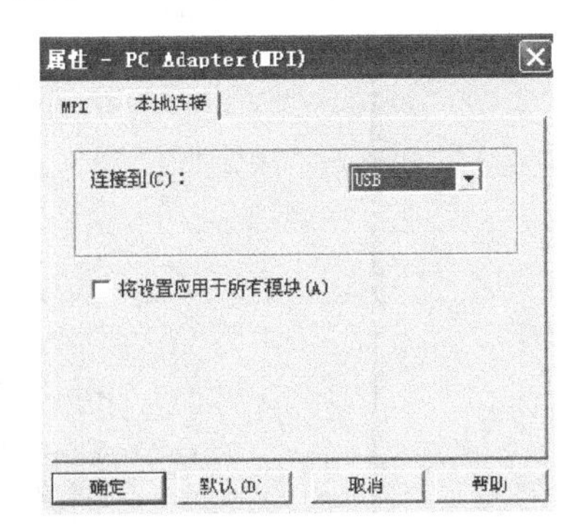

图 3-1-26　通信设置

注意：（1）如果选择与 CPU 相连的是 PROFIBUS 接口，此时设置 S7ONLINE（STEP 7）指向“PC Adapter（PROFIBUS）”，然后设置 PROFIBUS 和串口的属性。

（2）如果在使用 PC Adapter 连接 CPU 的 MPI 接口或 DP 接口时不知道 CPU 接口的波特率，此时不能按照前面的介绍设置 MPI 接口或 DP 接口的波特率，可以在“设置 PG/PC 接口”中选择 S7ONLINE（STEP 7）指向“PC Adapter（Auto）”，界面如图 3-1-26 左图所示。

2）下载硬件组态与程序

下载方式有如下几种。

（1）选择菜单命令“选项”→“设置 PG/PC 接口”，在对话框中选择“PC Adapter（MPI）/（Auto）”或“CP5611（MPI）/（Auto）”，因为 PLC 的 DP 接口没有初始化，而 MPI 接口默认地址 2，波特率为 187.5Kb/s。

（2）如果通过 DP 接口，则选择“PC Adapter（PROFIBUS）”，不过“PC Adapter（Auto）”也是通用的，同时是自动的，最保险。如果计算机上安装了 CP5611 等网卡的话就选择相对应的选项“CP5611（DP）”即可。

（3）通过以太网或 PN 接口下载。直接通过 TCP/IP 或 ISO 的方式即可，具体做法：通过 STEP 7 的菜单命令“编辑”→“编辑以太网结点”→“搜索”来搜索 CP 或 CPU 的集成 PN 接口，在线分配 IP 地址后就可以直接以 TCP/IP 的方式进行下载。在 STEP 7 的“选项”→“设置 PG/PC 接口”中将 S7ONLINE（STEP 7）指向“ISO Ind. Ethernet”→“本机网卡”。

设置好 PC/PG 接口后就可以下载硬件组态和程序。

（1）下载整个站点。如果要将整个 STEP 7 的某个 S7-300 PLC 站点内容（程序块 OB 和硬件组态信息等系统数据）下载到 CPU，应选中项目窗口中的某个站点，然后执行菜单命令“PLC”→“下载”，如图 3-1-27 所示；也可在某站点上单击鼠标右键，在弹出的快捷菜单中选择“PLC”→“下载”，如图 3-1-28 所示；还可以在选中某个站点后直接单击工具栏上的图标，同样也可将整个站点内容下载到 CPU 中，如图 3-1-29 所示。

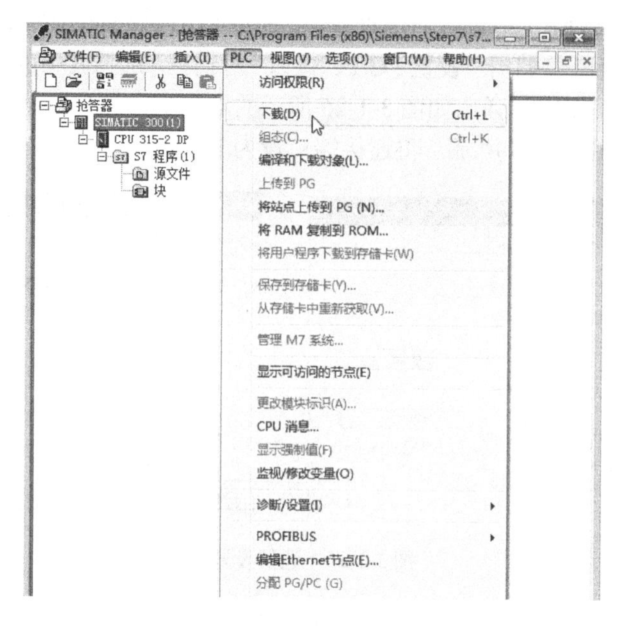

图 3-1-27　执行菜单命令下载整个站点

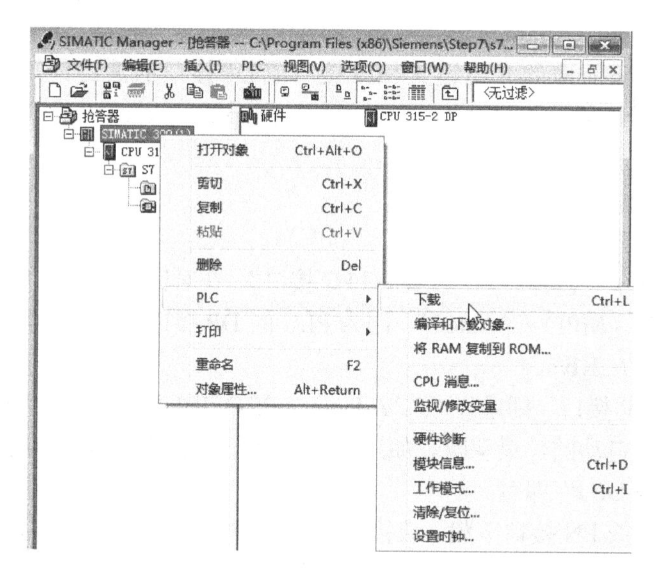

图 3-1-28　单击鼠标右键下载整个站点

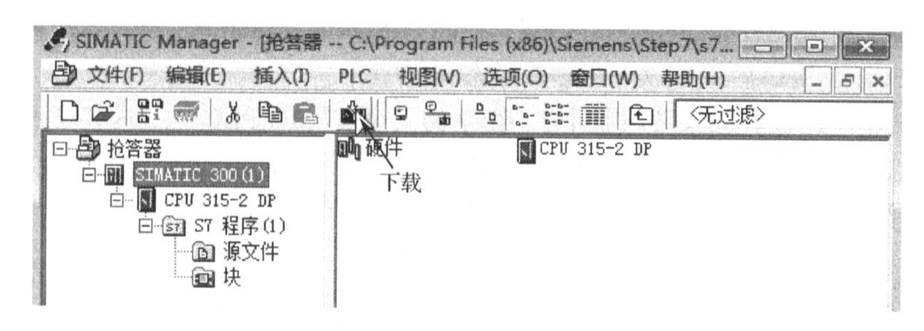

图 3-1-29　单击工具栏图标下载整个站点

（2）下载程序块。如果仅下载项目中的某个（或某些）程序块，可选中该程序块，单击鼠标右键，在弹出的快捷菜单中选择“PLC”→“下载”，如图 3-1-30 所示，即可将选中的程序块下载到 CPU 中，下载程序块也可使用前面介绍的菜单命令或工具栏工具。

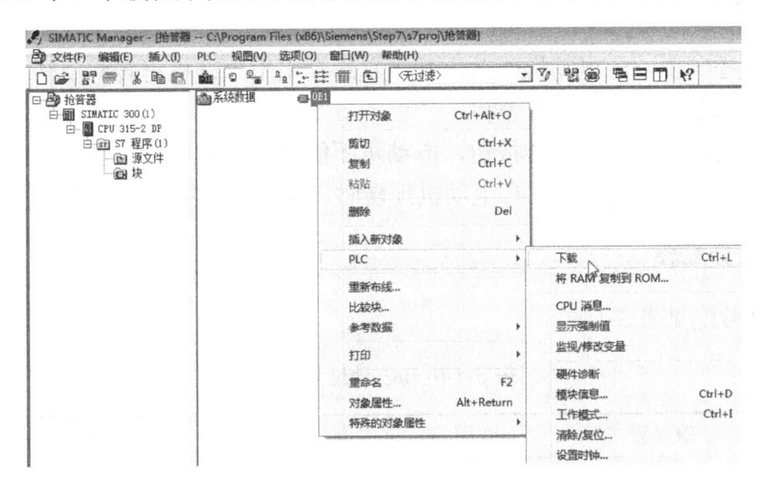

图 3-1-30　下载程序块

3）程序的上传

如果要编辑某站点 CPU 中的程序，可以先将 CPU 中的程序读入 STEP 7 中，然后进行编辑，再重新下载到 CPU；将 CPU 模块中的程序读入 STEP 7 中的方法：在 SIMATIC Manager 窗口执行菜单命令“PLC”→“将站点上传到 PG”，如图 3-1-31 所示，弹出“选择节点地址”对话框，选择目标站点为“本地”，单击“显示”按钮，选择 CPU 后再确定，就会将该 CPU 中的内容上传到 STEP 7 中，在 SIMATIC Manager 窗口会自动插入一个站点名称，并且包含硬件组态和程序目录，选择该站点的硬件或程序，即可更改硬件或程序。

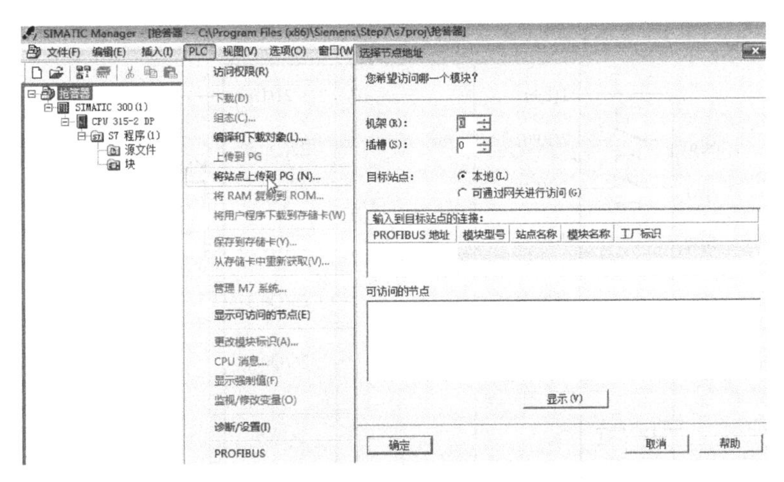

图 3-1-31　程序的上传

7. 程序的调试

程序下载到机架的 CPU 后，将 CPU 模块的工作模式开关切换到 RUN 模式，然后操作各个按钮，观察是否满足控制要求，如不满足，可对硬件系统和程序进行检查、修改。

子任务 2　电动机正反转 PLC 控制

1. 控制要求

某送料机的控制由一台电动机驱动，其往复运动采用电动机正转和反转来完成，正转完成送料，反转完成取料，由操作台控制。

电动机在正转运行时，按反转按钮，电动机不能反转；只有按停止按钮后，再按反转按钮，电动机才能反转运行。同理，在电动机反转时，也不能直接进入正转运行。

2. I/O 地址分配表

其 I/O 地址分配见表 3-1-8。

表 3-1-8　I/O 地址分配表

输　入			输　出		
变　量	PLC 地址	说　明	变　量	PLC 地址	说　明
SB0	I0.0	停止按钮	KM1	Q0.1	正转控制
SB1	I0.1	正转按钮	KM2	Q0.2	反转控制
SB2	I0.2	反转按钮			

3. 硬件接线图

本方案选择的 CPU 为 CPU 313C-2 DP，是紧凑型 CPU，它集成了数字量输入（DI16）/数字量输出（DO16）和一个 PROFIBUS-DP 的主站/从站通信接口，硬件接线图如图 3-1-32 所示。

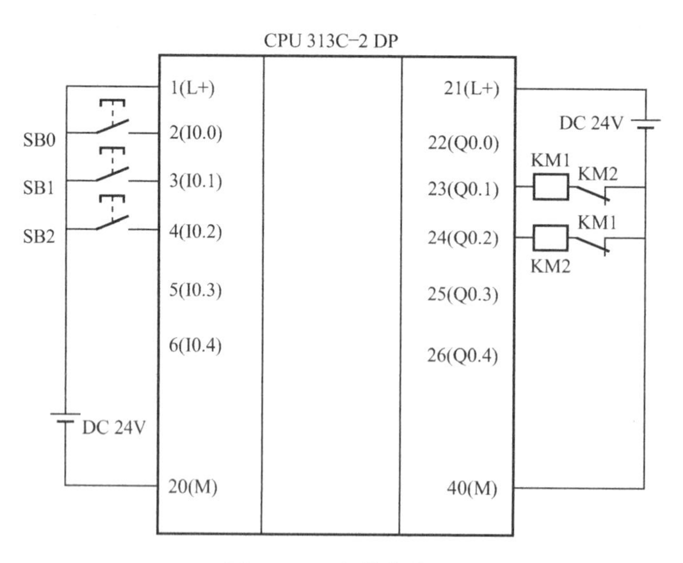

图 3-1-32　硬件接线图

4. 硬件组态

硬件组态如图 3-1-33 所示，从配置文件中找到送料机 PLC 所需要的 RACK 机架、PS307（电源）和 CPU 依次进行添加，添加完成后进行编译保存。

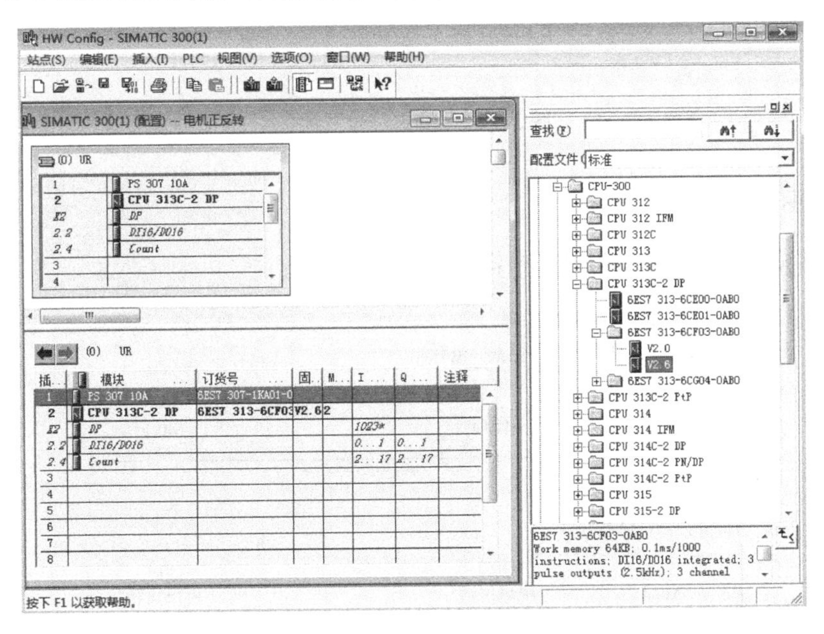

图 3-1-33 硬件组态

5. 定义符号地址

在前面项目编写的梯形图中，元件的地址采用字母和数字表示，如 I0.0、Q0.1 等。这样不容易读懂程序，尤其是在工程比较复杂，程序比较多的情况下，如果采用中文符号定义元件地址更加直观方便，使程序的可读性、可维护性大大增强。符号表主要针对 I、Q、PI、PQ、M 这几个存储区域，还包括 FC、FB、DB 块，这些块的符号可以在“插入”时，通过“对象属性”对话框输入符号。

STEP 7 的符号编辑器具有定义符号地址的功能。在 SIMATIC Manager 左侧窗口中单击“S7 程序”，在窗口右侧出现“符号”图标，如图 3-1-34 所示，双击该图标，打开符号编辑器，在符号编辑器的表格第二行的符号列输入“停止按钮”，在地址列输入“I0.0”，在数据类型列会自动生成“BOOL”，同理输入其他符号及地址，如图 3-1-35 所示。

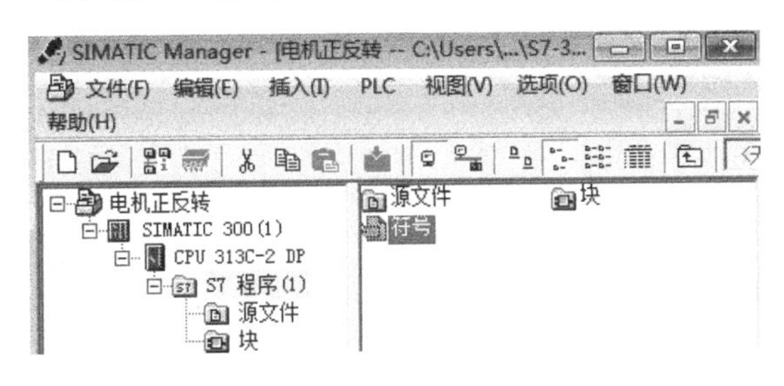

图 3-1-34 “符号”图标

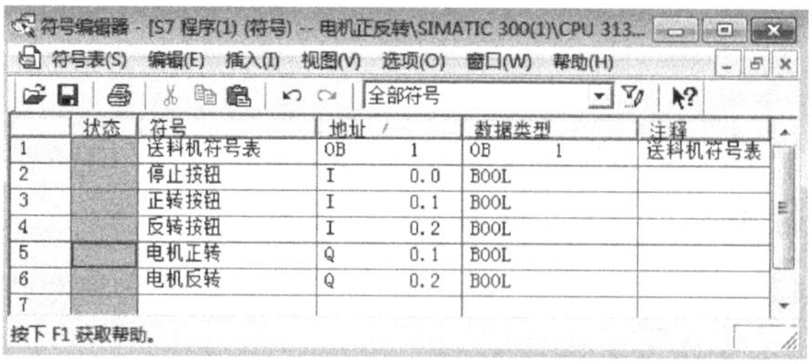

符号编辑器 - [S7 程序(1) (符号) -- 电机正反转\SIMATIC 300(1)\CPU 313...

符号表(S) 编辑(E) 插入(I) 视图(V) 选项(O) 窗口(W) 帮助(H)

全部符号

	状态	符号	地址 /		数据类型		注释
1		送料机符号表	OB	1	OB	1	送料机符号表
2		停止按钮	I	0.0	BOOL		
3		正转按钮	I	0.1	BOOL		
4		反转按钮	I	0.2	BOOL		
5		电机正转	Q	0.1	BOOL		
6		电机反转	Q	0.2	BOOL		
7							

按下 F1 获取帮助。

图 3-1-35　编辑符号及地址

6. 梯形图程序

电动机正反转 PLC 控制梯形图程序如图 3-1-36 所示。

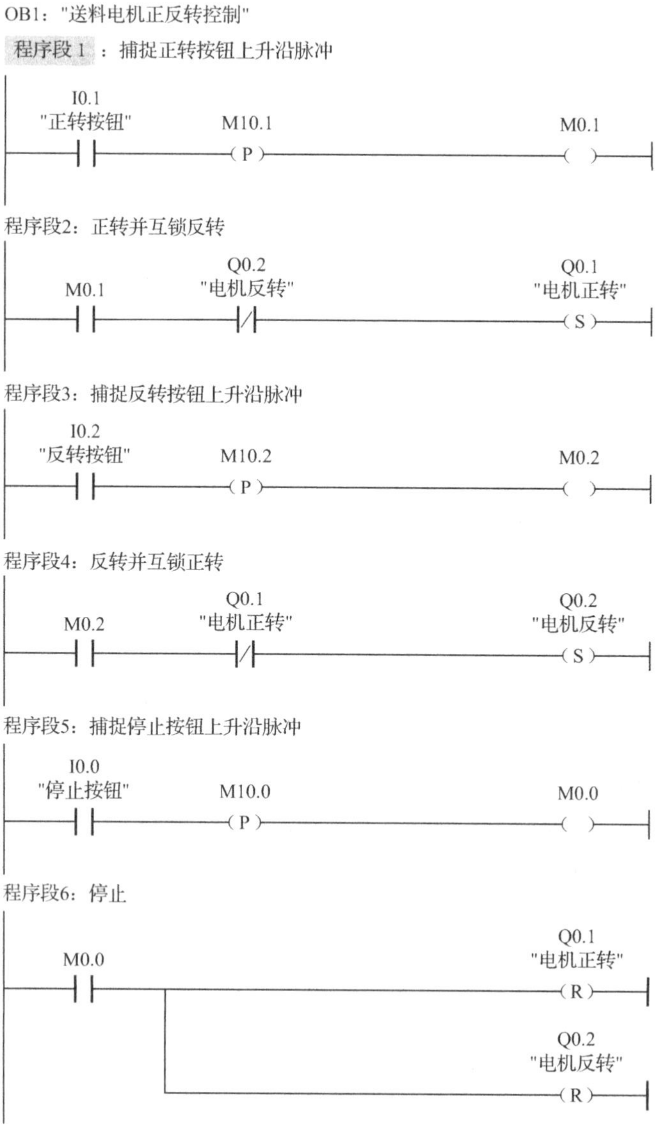

OB1："送料电机正反转控制"

程序段 1 ：捕捉正转按钮上升沿脉冲

I0.1 "正转按钮"　M10.1 (P)　M0.1 ( )

程序段2：正转并互锁反转

M0.1　Q0.2 "电机反转"　Q0.1 "电机正转" (S)

程序段3：捕捉反转按钮上升沿脉冲

I0.2 "反转按钮"　M10.2 (P)　M0.2 ( )

程序段4：反转并互锁正转

M0.2　Q0.1 "电机正转"　Q0.2 "电机反转" (S)

程序段5：捕捉停止按钮上升沿脉冲

I0.0 "停止按钮"　M10.0 (P)　M0.0 ( )

程序段6：停止

M0.0　Q0.1 "电机正转" (R)　Q0.2 "电机反转" (R)

图 3-1-36　电动机正反转 PLC 控制梯形图程序

7. 下载程序并调试

程序下载到机架的 CPU 后，将 CPU 模块的工作模式开关切换到 RUN 模式，然后操作各个按钮，观察是否满足控制要求，如不满足，可对硬件系统和程序进行检查、修改。

子任务3　风机运行状态 PLC 监控

1. 控制要求

在实际工作中，需要对设备的工作状态进行监控，某设备由三台风机散热降温。当设备处于运行状态时，三台风机正常转动，则指示灯常亮；如果风机至少有两台以上转动，则指示灯以 2Hz 的频率闪烁；如果仅有一台风机转动，则指示灯以 0.5Hz 的频率闪烁；如果没有任何风机转动，则指示灯不亮。

2. I/O 地址分配表

I/O 地址分配见表 3-1-9。

表 3-1-9　I/O 地址分配

输　入		输　出	
PLC 地址	说　明	PLC 地址	说　明
I0.0	1 号风机反馈信号	M100.3	2Hz 脉冲信号
I0.1	2 号风机反馈信号	M100.7	0.5Hz 脉冲信号
I0.2	3 号风机反馈信号	Q0.0	风机工作状态指示灯

3. 硬件接线图

硬件接线图如图 3-1-37 所示。

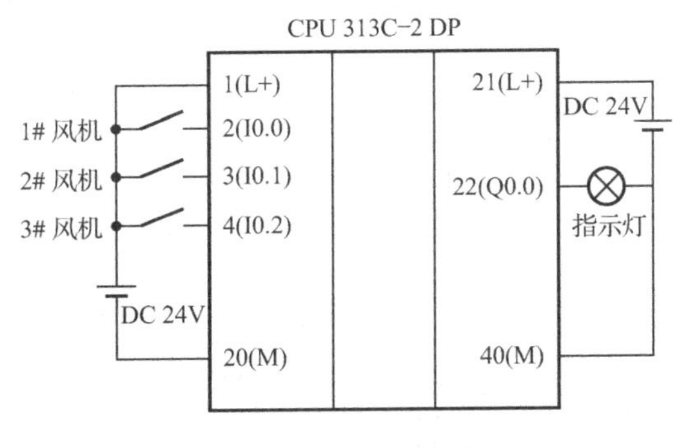

图 3-1-37　硬件接线图

4. 梯形图程序

PLC 梯形图程序如图 3-1-38 所示。

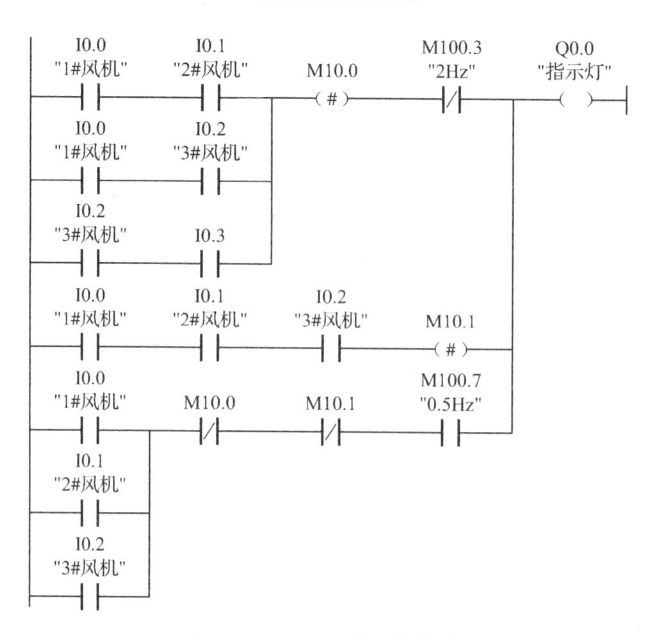

图 3-1-38　PLC 梯形图程序

输入位 I0.0、I0.1、I0.2 分别表示 1#风机、2#风机、3#风机，存储位 M100.3 为 2Hz 的频率信号，M100.7 为 0.5Hz 的信号，风机转动状态指示灯由 Q0.0 控制，存储位 M10.1 为 1 时表示有三台风机转动，M10.0 为 1 时表示有两台风机转动。

存储位 M100.3、M100.7 频率信号可在硬件列表中通过双击“CPU 313C-2 DP”，在“周期/时钟存储器”选项卡中设定，如图 3-1-39 所示。存储位与周期（频率）的关系见表 3-1-10。

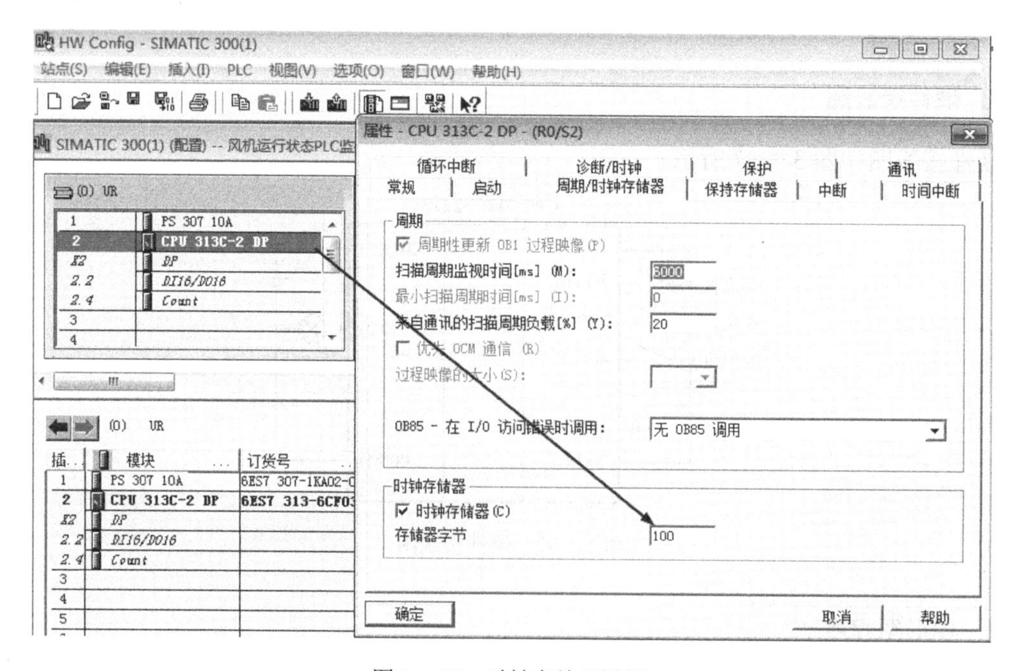

图 3-1-39　时钟存储器设置

表 3-1-10　存储位与周期（频率）的关系

位	M100.7	M100.6	M100.5	M100.4	M100.3	M100.2	M100.1	M100.0
周期（s）	2	1.6	1	0.8	0.5	0.4	0.2	0.1
频率（Hz）	0.5	0.625	1	1.25	2	2.5	5	10

5. 程序调试

集成在 STEP 7 中的 S7-PLCSIM 是功能强大、使用方便的仿真软件，它可以代替 PLC 硬件来调试用户程序。

安装 S7-PLCSIM 后，SIMATIC 管理器工具栏上的按钮由灰色变为深色，如图 3-1-40 所示，单击该按钮，打开 S7-PLCSIM 后，会弹出 “打开项目” 对话框，单击“确定”按钮，弹出“选择要连接的 CPU”对话框，选择“MPI”站点后，单击“确定”按钮，自动建立了 STEP 7 与仿真 CPU 的 MPI 连接，打开仿真界面。

单击仿真界面中的和插入输入变量和输出变量，如图 3-1-40 所示。

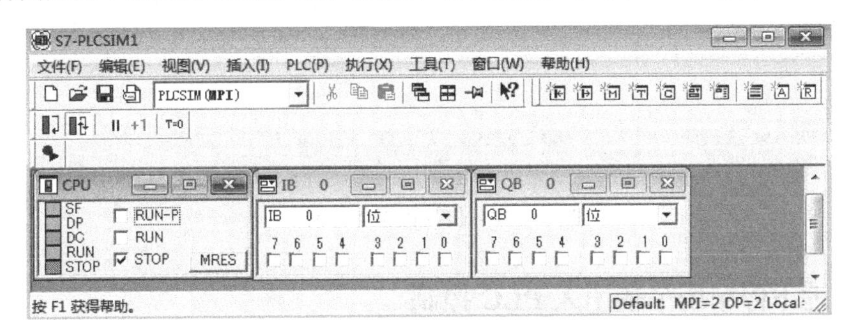

图 3-1-40　打开仿真器及插入输入变量和输出变量

打开仿真界面后，在 STOP 状态下，选中 SIMATIC 管理器中的 OB1 块，单击工具栏的下载按钮，会弹出提示是否用离线系统数据替换，如图 3-1-41 所示，单击“是”按钮，将 OB1 块和系统数据下载到仿真 PLC 中，而后单击 OB1 编辑界面上工具栏的图标，接着在仿真界面上的 CPU 窗口中，将工作模式转换为 RUN 运行状态，可观测到程序运行情况，如图 3-1-42 所示。

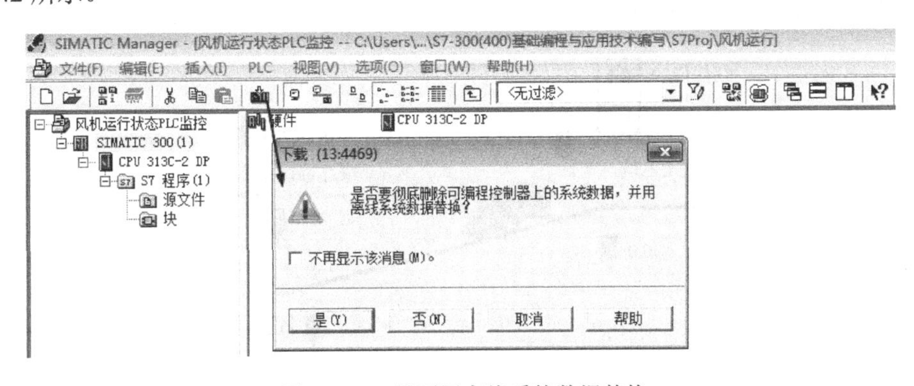

图 3-1-41　是否用离线系统数据替换

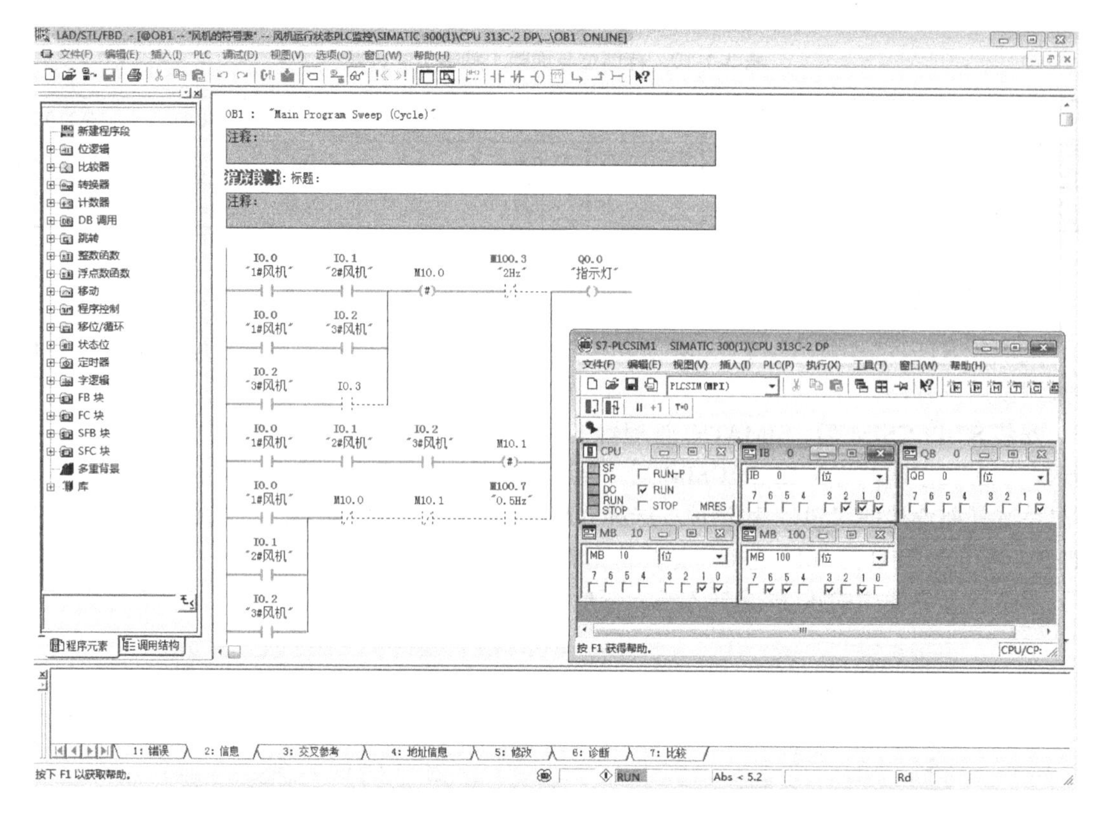

图 3-1-42　仿真程序运行情况

子任务 4　地下停车场车辆出入 PLC 控制

1. 控制要求

在地下停车场的出入口处，同时只允许一辆车进出，在进出通道的两端设置有红绿灯，如图 3-1-43 所示。光电开关 I0.0 和 I0.1 用来检测是否有车经过，光线被车遮住时，I0.0 或 I0.1 为 1 状态。有车出入通道时（光电开关检测到车的前沿），两端的绿灯灭，红灯亮，以警示两方后来的车辆不能进入通道；车离开通道时，光电开关检测到车的后沿，两端的绿灯亮，红灯灭，其他车辆可以进入通道。

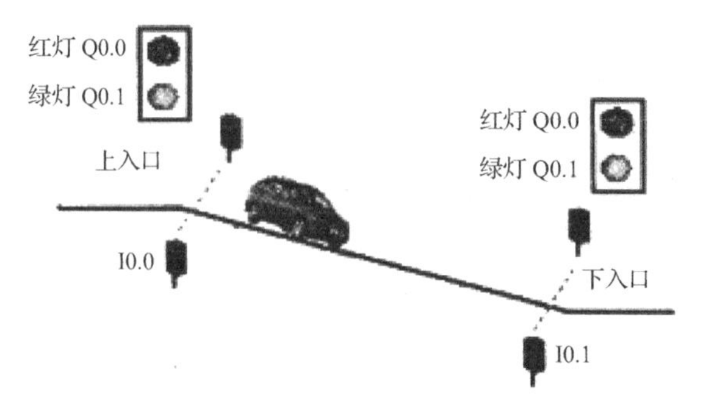

图 3-1-43　地下停车场的出入口示意图

2. I/O 地址分配表

其 I/O 地址分配见表 3-1-11。

表 3-1-11　地址分配表

输　入		输　出	
PLC 地址	说　明	PLC 地址	说　明
I0.0	上入口检测	Q0.0	红灯指示
I0.1	下入口检测	Q0.1	绿灯指示

3. 定义符号地址

符号地址如图 3-1-44 所示。

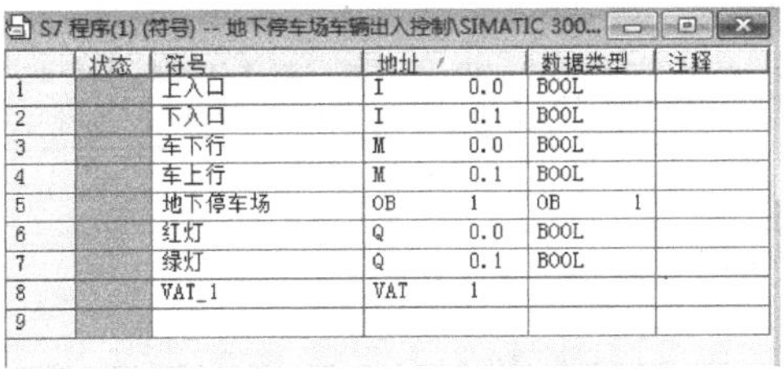

S7 程序(1) (符号) -- 地下停车场车辆出入控制\SIMATIC 300...

	状态	符号	地址		数据类型		注释
1		上入口	I	0.0	BOOL		
2		下入口	I	0.1	BOOL		
3		车下行	M	0.0	BOOL		
4		车上行	M	0.1	BOOL		
5		地下停车场	OB	1	OB	1	
6		红灯	Q	0.0	BOOL		
7		绿灯	Q	0.1	BOOL		
8		VAT_1	VAT	1			
9							

图 3-1-44　定义的符号地址表

4. 梯形图程序

PLC 梯形图程序如图 3-1-45 所示。

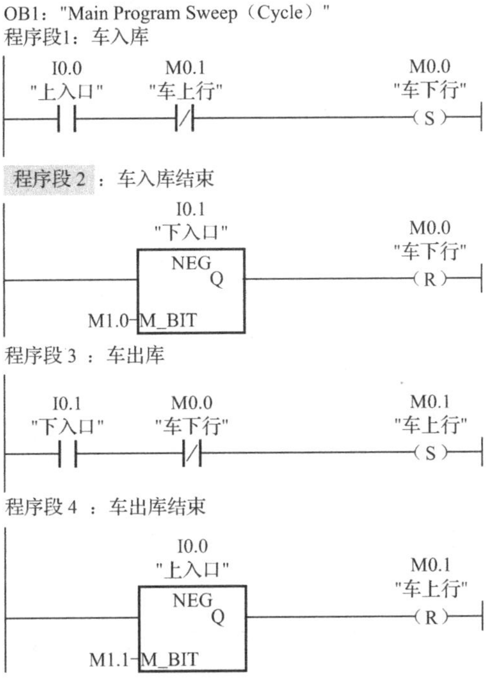

OB1："Main Program Sweep（Cycle）"

程序段1：车入库

I0.0 "上入口"　M0.1 "车上行"　M0.0 "车下行" (S)

程序段 2 ：车入库结束

I0.1 "下入口" NEG Q　M1.0 M_BIT　M0.0 "车下行" (R)

程序段 3 ：车出库

I0.1 "下入口"　M0.0 "车下行"　M0.1 "车上行" (S)

程序段 4 ：车出库结束

I0.0 "上入口" NEG Q　M1.1 M_BIT　M0.1 "车上行" (R)

图 3-1-45　PLC 梯形图程序

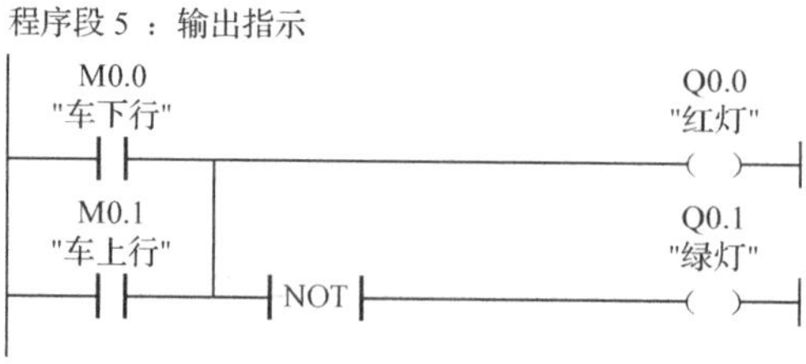

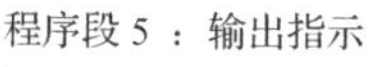

程序段 5 ：输出指示

M0.0 "车下行"　　Q0.0 "红灯"

M0.1 "车上行"　　NOT　　Q0.1 "绿灯"

图 3-1-45　PLC 梯形图程序（续）

5. 使用变量表调试程序

1）新建变量表

在 SIMATIC 管理器界面右侧单击鼠标右键，在弹出的快捷菜单中选择“插入新对象”→“变量表”，如图 3-1-46 所示。

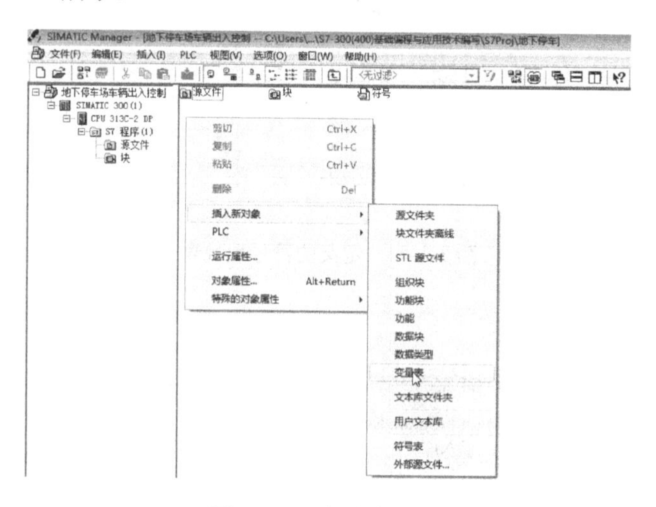

图 3-1-46　新建变量表

2）设置变量属性表

在如图 3-1-47 所示的“属性-变量表”对话框中对变量表进行属性设置后，单击“确定”按钮，则在 SIMATIC 管理器界面右侧窗口中出现变量表的图标，如图 3-1-48 所示。

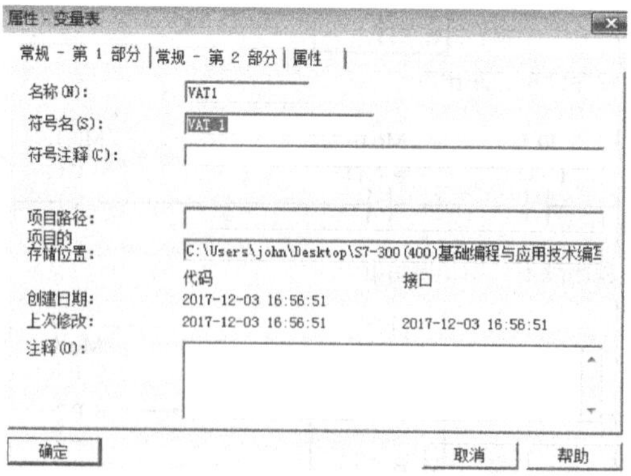

属性 - 变量表

常规 - 第 1 部分 | 常规 - 第 2 部分 | 属性

名称(N): VAT1

符号名(S): VAT 1

符号注释(C):

项目路径:

项目的存储位置: C:\Users\john\Desktop\S7-300(400)基础编程与应用技术编写

代码　接口

创建日期: 2017-12-03 16:56:51

上次修改: 2017-12-03 16:56:51　2017-12-03 16:56:51

注释(O):

确定　取消　帮助

图 3-1-47　变量表属性设置

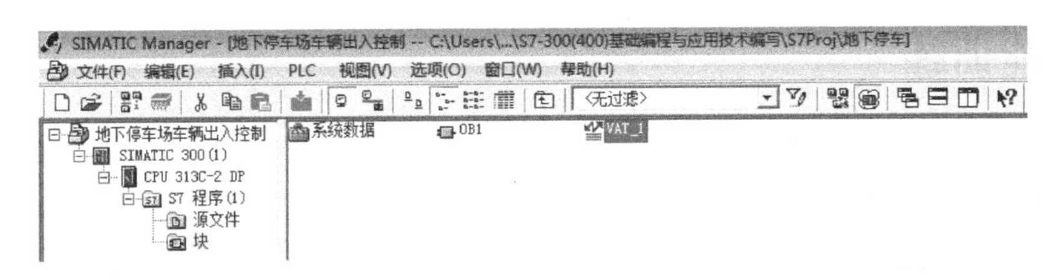

图 3-1-48　变量表图标

3）编辑变量表

双击变量表图标打开变量表，将地址输入到变量表中，则变量表的符号会按照设置自动填入，如图 3-1-49 所示。

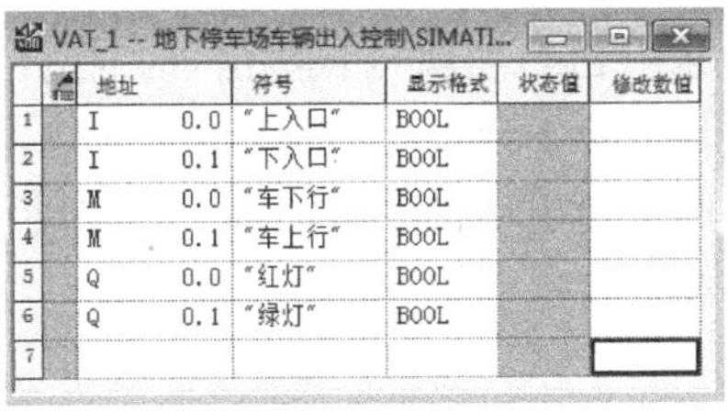

VAT_1 -- 地下停车场车辆出入控制\SIMATI...

	地址		符号	显示格式	状态值	修改数值
1	I	0.0	"上入口"	BOOL		
2	I	0.1	"下入口"	BOOL		
3	M	0.0	"车下行"	BOOL		
4	M	0.1	"车上行"	BOOL		
5	Q	0.0	"红灯"	BOOL		
6	Q	0.1	"绿灯"	BOOL		
7						

图 3-1-49　编辑变量表

4）调试程序

如果仿真 PLC 运行在 RUN 模式下，将“修改数值”列的数值写入 PLC 时，将会出现“（DOA1）功能在当前保护级别中不被允许”的对话框，必须将仿真 PLC 切换到 RUN-P 模式，才能修改 PLC 中的数据，如图 3-1-50 所示。

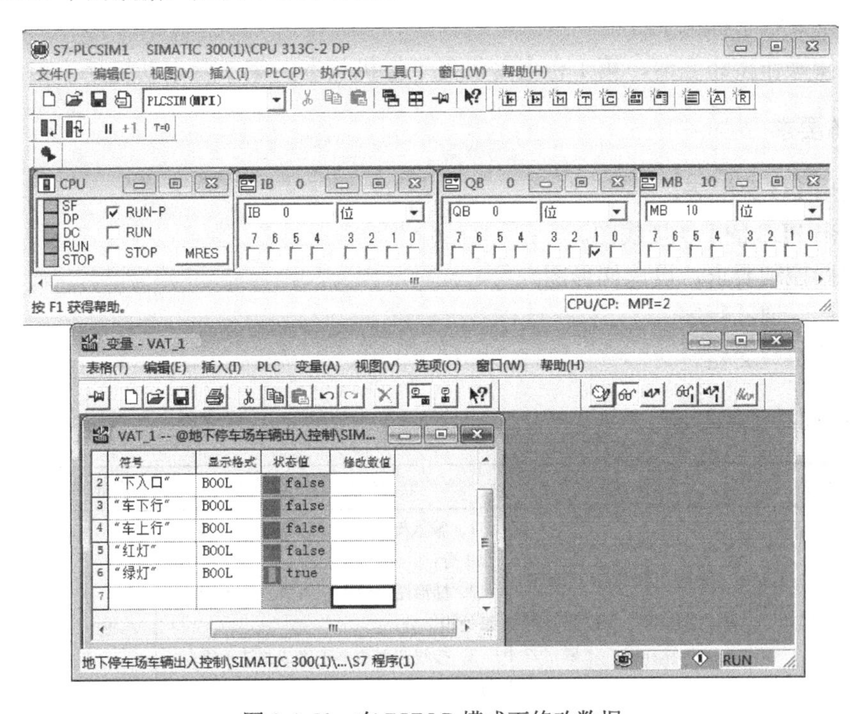

图 3-1-50　在 RUN-P 模式下修改数据

技能训练

技能训练 1　多台电动机单个按钮 PLC 控制

通常一个电路的启动和停止控制是由两个按钮分别完成的。当一个 PLC 控制多个这种需要启、停操作的电路时，将占用很多的 I/O 资源。一般 PLC 的 I/O 点是按 3∶2 的比例配置的。由于大多数被控系统输入信号多，输出信号少，有时在设计一个不太复杂的控制系统时，也会面临输入点不足的问题，因此用单按钮实现启、停控制的意义很重要。

1. 控制要求

设某设备有两台电动机，要求用 PLC 实现一个按钮同时对两台电动机的控制。具体要求如下。

（1）第 1 次按下按钮时，只有第 1 台电动机工作。

（2）第 2 次按下按钮时，第 1 台电动机停车，第 2 台电动机工作。

（3）第 3 次按下按钮时，第 2 台电动机停车。

分析思路：

要用逻辑指令实现两台电动机的单按钮启、停控制，必须为每次操作设置一个状态标志。在本次操作中该状态标志必须为 1，而其他状态标志必须为 0。

第 1 次按操作按钮之前，两台电动机都处于停机状态，对应接触器 KM1 和 KM2 的常开触点闭合，因此可用 KM1 和 KM2 的常闭触点设置状态标志 F1。

第 2 次按操作按钮之前，第 1 台电动机处于工作状态，第 2 台电动机处于停机状态，对应接触器 KM1 的常开触点闭合，KM2 的常闭触点闭合，因此可用 KM1 的常开触点和 KM2 的常闭触点设置状态标志 F2。

第 3 次按操作按钮之前，第 1 台电动机处于停机状态，第 2 台电动机处于工作状态。

2. 训练要求

（1）列出 I/O 分配表。

（2）画出 PLC 的 I/O 接线图。

（3）根据控制要求，设计梯形图。

（4）运行、调试程序。

（5）汇总整理文档。

3. 技能训练考核标准

序号	主要内容	考核要求	评分标准	配分	扣分	得分
1	方案设计	根据控制要求，画出 I/O 分配表，设计梯形图程序及接线图	1. 输入/输出地址遗漏或错误，每处扣 1 分； 2. 梯形图表达不正确或画法不规范，每处扣 2 分； 3. 接线图表达不正确或画法不规范，每处扣 2 分； 4. 指令有错误，每处扣 2 分	30		

续表

序号	主要内容	考核要求	评分标准	配分	扣分	得分
2	安装与接线	按I/O接线图在板上正确安装，接线要正确、紧固、美观	1．接线不紧固、不美观，每根扣2分； 2．接点松动，每处扣1分； 3．不按I/O接线图，每处扣2分	10		
3	程序输入与调试	熟练操作计算机，能正确将程序输入PLC，按动作要求模拟调试，达到设计要求	1．调试步骤不正确扣5分； 2．不能实现（1）扣10分； 3．不能实现（2）扣15分； 4．不能实现（3）扣15分	50		
4	安全与文明生产	遵守国家相关专业安全文明生产规程，遵守学院纪律	1．不遵守教学场所规章制度，扣2分； 2．出现重大事故或人为损坏设备，扣10分	10		
备注			合计	100		
小组成员签名						
教师签名						
日期						

巩 固 练 习

1．填空题。

（1）S7-300/400 PLC指令中的基本数据类型用于定义不超过（　　）位的数据。

（2）PI/PO存储区又称为（　　）区，可直接访问（　　）模块。

（3）在S7指令系统中，十进制常数100可用B#16#64表示，其中“#”为____符，“16”表示（　　）进制，并且占用了（　　）个存储字节。

2. 用PLC设计比较电路的梯形图。该电路预先设定好输出的要求，然后对输入信号I0.1和输入信号I0.2做比较，接通某一输出。

（1）I0.1、I0.2同时接通，Q0.1有输出。

（2）I0.1、I0.2皆不接通，Q0.2有输出。

（3）I0.1不接通、I0.2接通，Q0.3有输出。

（4）I0.1接通、I0.2不接通，Q0.4有输出。

3．使用置位指令和复位指令，编写两套程序，控制要求如下。

（1）启动时，电动机M1先启动，电动机M1启动后，才能启动电动机M2；停止时，电动机M1、M2同时停止。

（2）启动时，电动机M1、M2同时启动；停止时，只有在电动机M2停止后，电动机M1才能停止。

4．用S、R和跃变指令设计出如图3-1-51所示波形图的梯形图。

5．画出如图3-1-52所示程序的Q0.0的波形图。

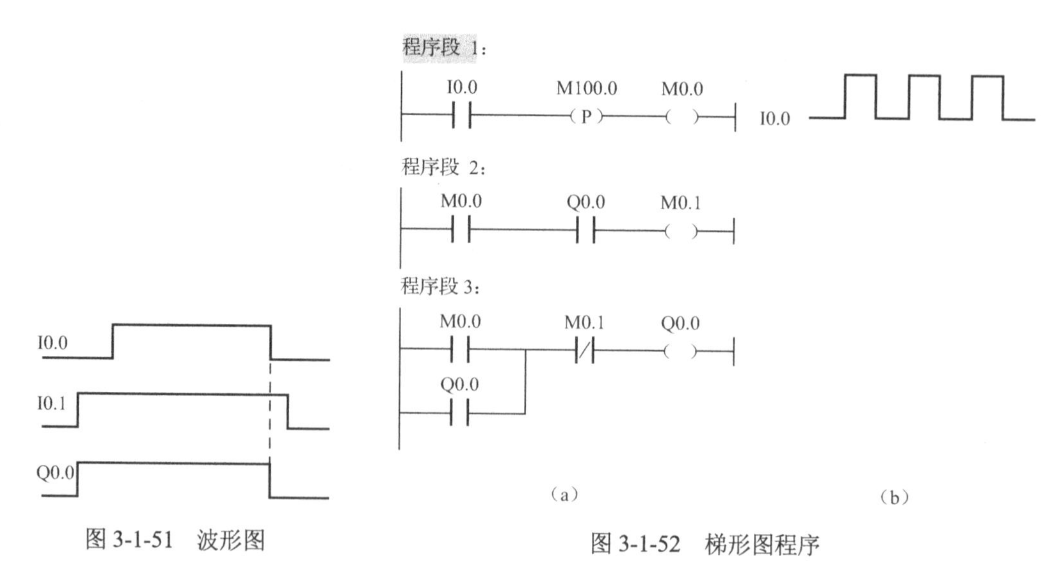

图 3-1-51　波形图

图 3-1-52　梯形图程序

6. 用 PLC 设计多重输入电路的梯形图，要求：

I0.0、I0.1 闭合，I0.0、I0.3 闭合，I0.2、I0.1 闭合，I0.2、I0.3 闭合皆可使 Q0.0 接通。

7. 用 PLC 设计保持电路梯形图，要求：

将输入信号加以保持记忆。当 I0.0 接通，辅助继电器 M0.0 接通并自保持，Q0.0 有输出，停电后再通电，Q0.0 仍然有输出。只有 I0.1 触点断开，才使 M0.0 自保持消失，使 Q0.0 无输出。

8. 用 PLC 设计优先电路的梯形图，要求：

若输入信号 I0.1 或输入信号 I0.2 中先到者取得优先权，Q0.0 有输出，后到者无效。

9. 用 PLC 设计梯形图完成如下功能：故障信号 I2.6 为 ON 时，指示灯 Q5.2 以 1Hz 的频率闪烁。操作人员按复位按钮 I2.7 后，如果故障已经消失，指示灯熄灭。如果没有消失，指示灯转为常亮，直至故障消失。

10. PI/PQ 与 I/Q 有什么区别？位逻辑指令可以使用 PI/PQ 存储区的地址吗？

任务 3.2　定时器指令、计数器指令的应用

任务目标

1. 掌握各种定时器的结构和定时原理。
2. 掌握各种计数器的结构和计数原理。
3. 会画定时器和计数器的时序图。
4. 掌握定时器和计数器的综合应用。

任务描述

在工业生产的控制任务中，经常需要各种各样的定时器和计数器，如电动机的星形启动经延时后转换到三角形运行；锅炉引风机和鼓风机控制是首先启动引风机，延时后才能

启动鼓风机；车场车位的控制要用到计数器；送料小车的控制也经常需要定时器和计数器配合实现。

知识准备

3.2.1　定时器

S7-300/400 PLC 有以下 5 种定时器：

（1）S_PULSE（脉冲定时器）；

（2）S_PEXT（扩展脉冲定时器）；

（3）S_ODT（接通延时定时器）；

（4）S_ODTS（保持型接通延时定时器）；

（5）S_OFFDT（断开延时型定时器）。

各种定时器输入/输出基本功能如图 3-2-1 所示。

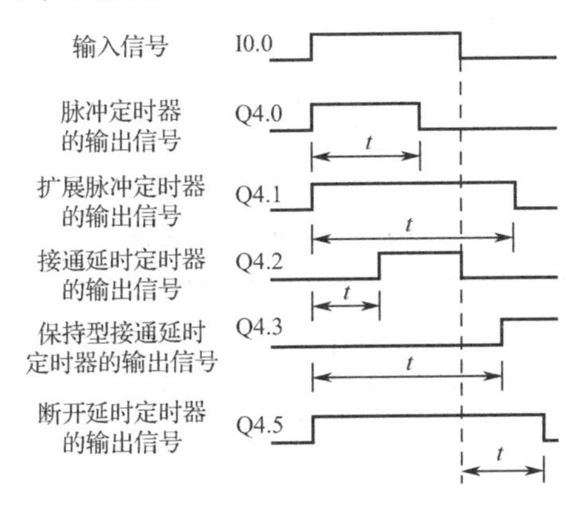

图 3-2-1　定时器的基本功能

定时器的指令有两种形式：块图指令和线圈指令，如 S_ODT 和（SD），如图 3-2-2 所示。

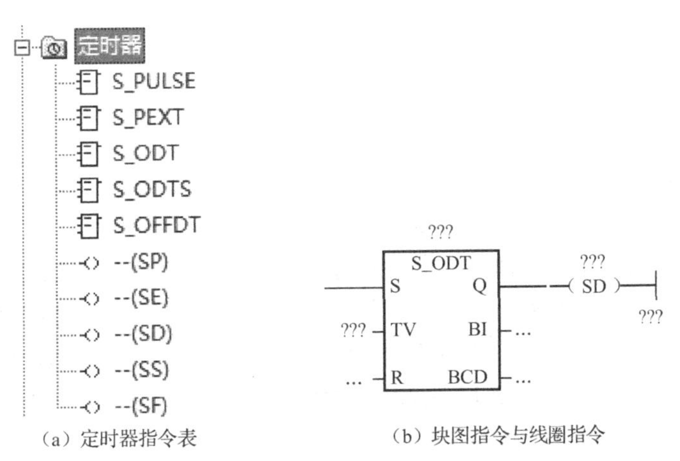

（a）定时器指令表　　（b）块图指令与线圈指令

图 3-2-2　定时器指令的两种形式

下面对定时器的输入/输出端做简单的介绍。

（1）S端：启动端，当0到1的信号变化作用在启动输入端（S）时，定时器启动。

（2）R端：复位端，作用在复位输入端（R）的信号（1有效）用于停止定时器。当前可被置为0，定时器的触点输出端（Q）被复位。

（3）Q端：触点输出端，定时器的触点输出端（Q）的信号状态（0或1），取决于定时器的种类及当前的工作状态。

（4）TV端：设置定时时间，定时器的运行时间设定值由TV端输入。

（5）时间值输出端：定时器的当前时间值可分别从BI输出端和BCD输出端输出。**BI输出端输出的是不带时基的十六进制整数格式的定时器当前值，BCD输出端输出的是BCD码格式的定时器当前时间值和时基。**

每个SIMATIC定时器有一个存放剩余时间值的16位的字。定时器触点的状态由它的位状态来决定。S7-300系列PLC为用户提供了一定数量的具有不同功能的定时器，个数（128～2048）与CPU的型号有关，S7-400有2048个SIMATIC定时器。如CPU 314提供了256个定时器，分别从T0～T255。

时间值设定可以使用下列格式预装一个时间值。

① 十六进制数：W#16#wxyz，其中的w是时间基准，xyz是BCD码形式的时间值。w与时基关系见表3-2-1。定时器的字组成如图3-2-3所示。CPU自动选择时间基准，选择的原则是预设最小的时间基准。可定时的最大时间值为9990s。

表3-2-1　w与时基的关系

w	时基
0	10ms
1	100ms
2	1s
3	10s

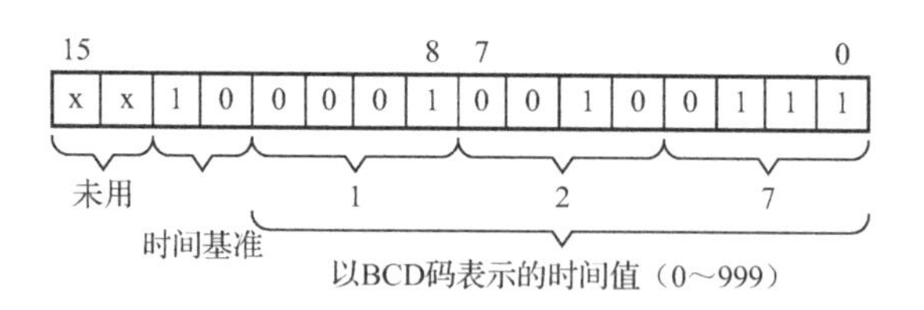

图3-2-3　定时器的字组成

如W#16#3999，定时时间为：999×10 s=9990s。

如W#16#1100，定时时间为：100×0.1 s=10s。

② S5T#aH_bM_cS_dMS：H是小时，M是分钟，S是秒，MS是毫秒；a、b、c、d由用户定义，时基由CPU自动选择，时间值按其所取时基取整为下一个较小的数。可以输入的最大值是9990S，或2H_46M_30S。如S5T#100S、S5T#10MS、S5T#2MS、S5T#1H2M3S等。

时基：定时器字的值12和位13包含二进制码的时基。时基可定义时间值递减的单位间隔。最小时基为10ms，最大时基为10 s。

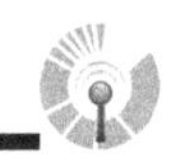

1）脉冲定时器

I0.0 提供的启动输入信号 S 的上升沿，脉冲定时器开始定时，输出 Q4.0 变为 1。定时时间到，当前时间值变为 0，Q 输出变为 0 状态。在定时期间，如果 I0.0 的常开触点断开，则定时停止，当前值变为 0，Q4.0 线圈断电。

TV 是定时器的预置值，R 是复位输入端，在定时器输出为 1 时，如果复位输入 I0.1 由 0 变为 1，则定时器被复位，复位后输出 Q4.0 变为 0 状态，当前时间值清零。

S_PULSE 脉冲定时器指令及时序图如图 3-2-4 所示。

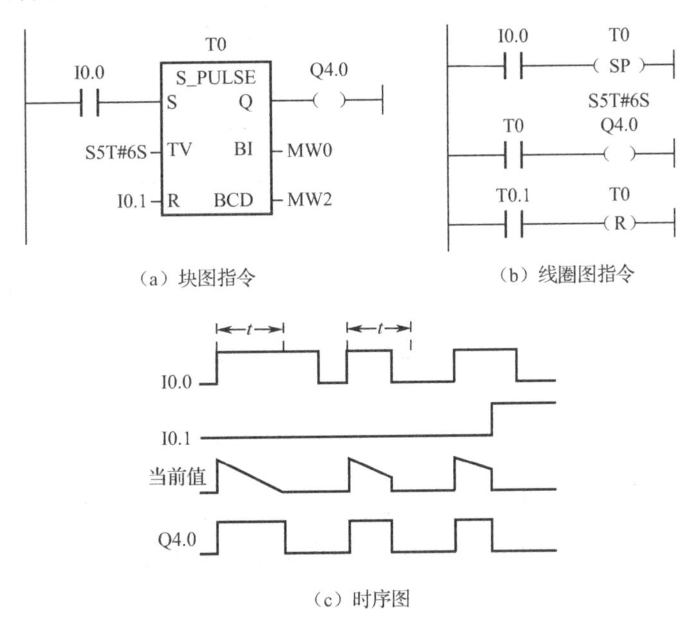

（a）块图指令　（b）线圈图指令

（c）时序图

图 3-2-4　脉冲定时器指令及时序图

2）扩展脉冲定时器

启动输入信号 S 的上升沿，脉冲定时器开始定时，在定时期间，Q 输出端为 1 状态，直到定时结束。在定时期间即使 S 输入端变为 0 状态，仍继续定时，Q 输出端为 1 状态，直到定时结束。在定时期间，如果 S 输入又由 0 变为 1 状态，定时器重新启动，开始以预置的时间值定时。

R 输入端由 0 变为 1 状态时，定时器复位，停止定时。复位后 Q 输出端变为 0 状态，当前时间清零。

S_PEXT 扩展脉冲定时器指令及时序图如图 3-2-5 所示。

扩展脉冲定时器（SE）线圈的功能和 S5 扩展脉冲定时器的功能相同，定时器位为 1 时，定时器的常开触点闭合，常闭触点断开。

3）接通延时定时器

接通延时定时器是使用最多的定时器之一，启动输入信号 S 的上升沿，定时器开始定时。如果定时期间 S 的状态一直为 1，定时时间到时，当前时间值变为 0，Q 输出端变为 1 状态，使 Q4.0 的线圈通电。此后如果 S 输入由 1 变为 0，Q 输出端的信号状态也变为 0。

在定时期间，如果 S 输入由 1 变为 0，则停止定时，当前时间值保持不变，S 又变为 1 时，又以预置值开始定时。

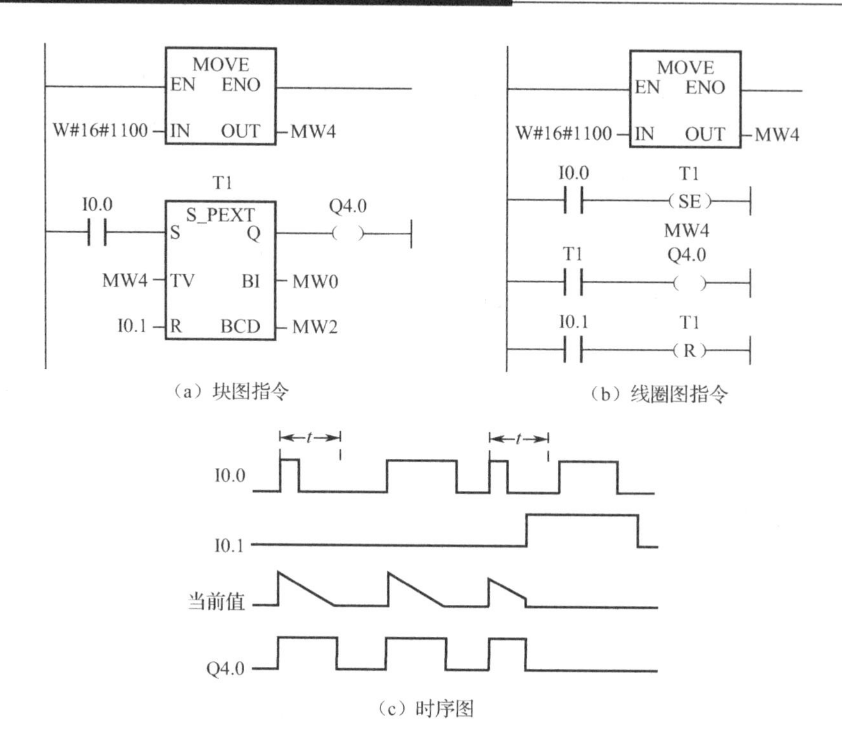

图 3-2-5 扩展脉冲定时器指令及时序图

R 是复位输入信号，定时器的 S 输入为 1 时，不管定时时间是否已到，只要复位输出 R 由 0 变为 1，定时器都要被复位，复位后当前时间清零。如果定时时间已到，复位后输出 Q 将由 1 变为 0。

接通延时定时器（SD）线圈的功能和 S_ODT 接通延时定时器的功能相同，定时器位为 1 时，定时器的常开触点闭合，常闭触点断开。如图 3-2-6 所示是接通延时定时器指令及时序图。

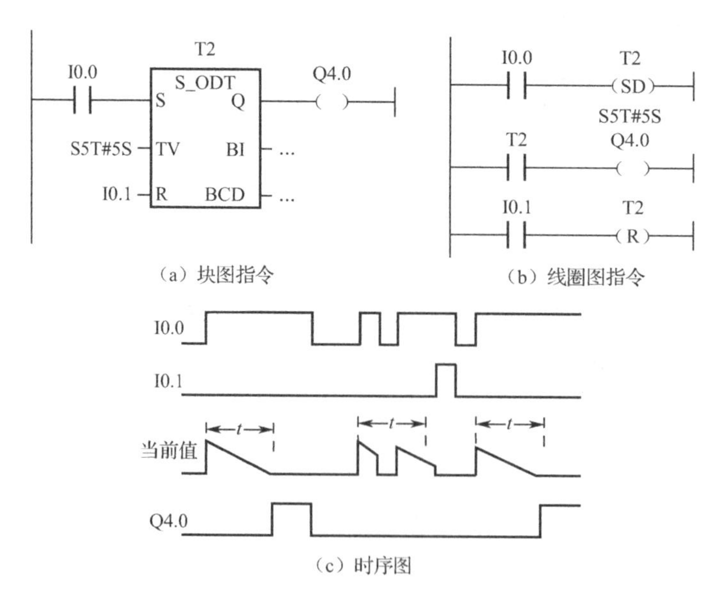

图 3-2-6 接通延时定时器指令及时序图

4）保持型接通延时定时器

启动输入信号 S 的上升沿到来时，定时器开始定时，定时期间即使输入 S 变为 0，仍继续定时，定时时间到，输出 Q 变为 1 并保持。在定时期间，如果输入 S 又由 0 变为 1，定时器重新启动，再从预置值开始定时。不管输入 S 是什么状态，只要复位输入 R 从 0 变为 1，定时器复位，输出 Q 变为 0；S_ODTS 保持型接通延时定时器指令及时序图如图 3-2-7 所示。

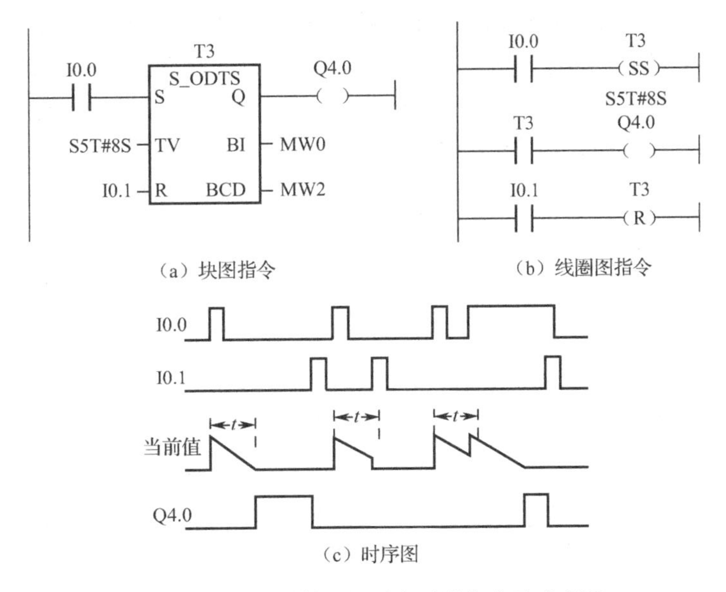

图 3-2-7　保持型接通延时定时器指令及时序图

5）断开延时定时器

启动输入信号 S 的上升沿，定时器的 Q 输出信号变为 1 状态，当前时间值为 0。在 S 输入下降沿，定时器开始定时，定时时间到，输出 Q 变为 0 状态。

定时过程中，如果 S 信号由 0 变为 1，定时器的时间值保持不变，停止定时。如果输入 S 重新变为 0，定时器将从预置值开始重新启动定时。

复位输入 I0.1 为 1 状态时，定时器复位，时间值清零，输出 Q 变为 0 状态；S_OFFDT 断开延时定时器指令及时序图如图 3-2-8 所示。

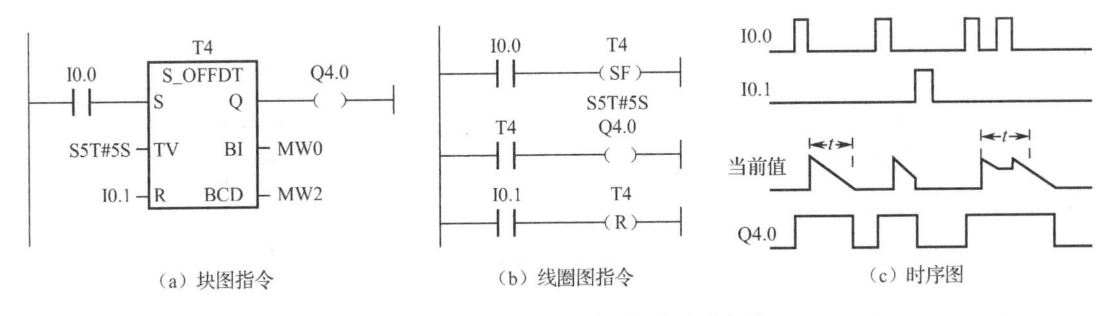

图 3-2-8　断开延时定时器指令及时序图

S7-300/400 的定时器种类较多，巧妙地应用各种定时器，可以简化电路，方便地实现较为复杂的控制功能。下面我们用卫生间冲水控制电路来使用 3 种定时器进行程序设计。

【例 3-2-1】 图 3-2-9 是卫生间冲水控制信号的波形图。I1.2 是光电开关检测到的有使用者的信号，用 Q4.5 控制冲水电磁阀。从 I1.2 的上升沿（有人使用）开始，用接通延时定时器 T5 延时 3s，3s 后 T5 的常开触点接通，使脉冲定时器 T6 的线圈通电，T6 的常开触点输出一个 4s 的脉冲。从 I1.2 的上升沿开始，断开延时定时器 T7 的常开触点接通。使用者离开时（在 I1.2 的下降沿）开始冲水，断开延时定时器开始定时，5s 后 T7 的常开触点断开，停止冲水。

由波形图可知，控制冲水电磁阀的 Q4.5 输出的高电平脉冲波形由两块组成，4s 的脉冲波形由脉冲定时器 T6 的常开触点提供。T7 输出位的波形减去 I1.2 的波形得到宽度为 5s 的脉冲波形，可以用 T7 的常开触点与 I1.2 的常闭触点组成的串联电路来实现上述要求，如图 3-2-10 所示。两块脉冲波形的叠加用并联电路来实现。

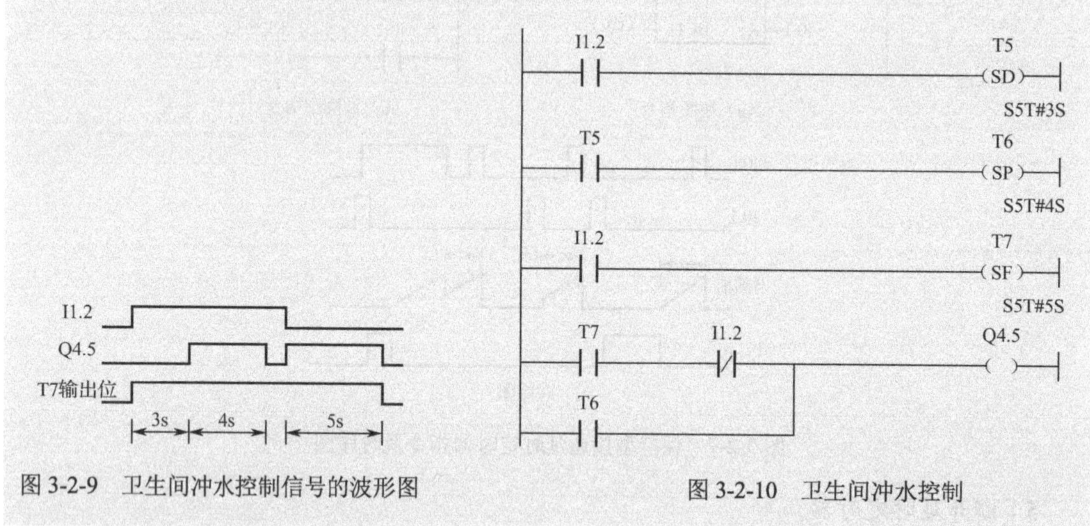

图 3-2-9　卫生间冲水控制信号的波形图

图 3-2-10　卫生间冲水控制

【例 3-2-2】 两条运输带顺序相连（见图 3-2-11），为了避免运送的物料在 1 号运输带上堆积，按启动按钮 I0.0，1 号运输带开始运行，8s 后 2 号运输带自动启动。停机时为了避免物料的堆积，应尽量将皮带上的余料清理干净，使下一次可以轻载启动。停机的顺序与启动的顺序刚好相反，即按下停止按钮 I0.1 以后，先停 2 号运输带，8s 后停 1 号运输带。PLC 通过 Q4.0 和 Q4.1 控制两台电动机 M1 和 M2。

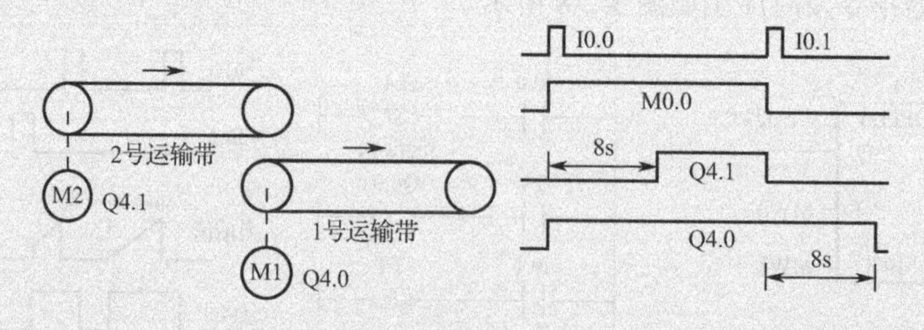

图 3-2-11　两条运输带示意图与波形图

梯形图程序如图 3-2-12 所示，程序中设置了一个用启动按钮控制的辅助元件 M0.0，用它的常开触点控制接通延时定时器 T0 和断电延时定时器 T1 的线圈。接通延时 T0 的常开触点在 I0.0 的上升沿之后 8s 接通，在它的线圈断电（M0.0 的下降沿）时断开，综上所述，可以用 T0 的常开触点直接控制 2 号运输带 Q4.1。

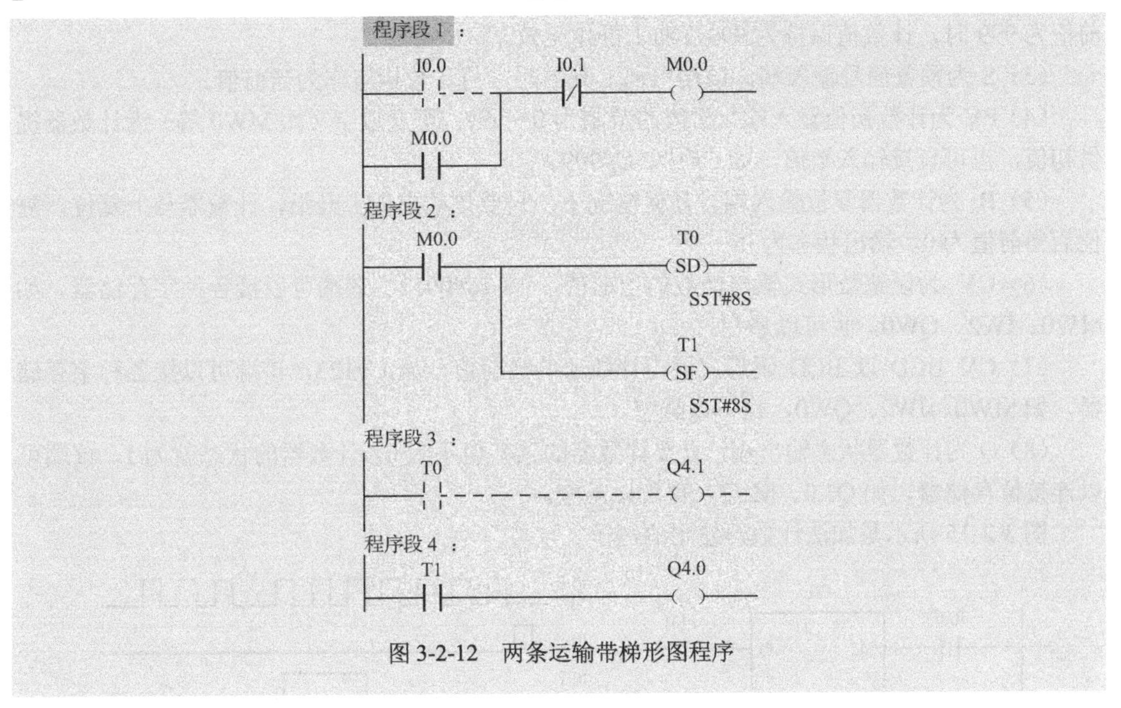

图 3-2-12　两条运输带梯形图程序

3.2.2　计数器

S7-300/400 PLC 的计数器有以下 3 种类型：

（1）S_CU（加计数器）；

（2）S_CD（减计数器）；

（3）S_CUD（加减计数器）。

每个 SIMATIC 计数器有一个存放当前计数值的 16 位的字。计数器触点的状态由它的位状态来决定。S7-300/400 PLC 的计数器的个数（128～2048）与 CPU 的型号有关，S7-400 有 2048 个 SIMATIC 计数器。如 CPU 314 提供了 256 个计数器，分别从 C0～C255。

计数器字的 0～11 位是计数值的 BCD 码，计数范围是 0～999。当计数上限达到 999 时，累加停止；当计数值达到下限 0 时，将不再减少。图 3-2-13 中的计数器字的当前值是 127，用 C#表示计数器的设定值。

1）加法计数器

加法计数器指令格式如图 3-2-14 所示。

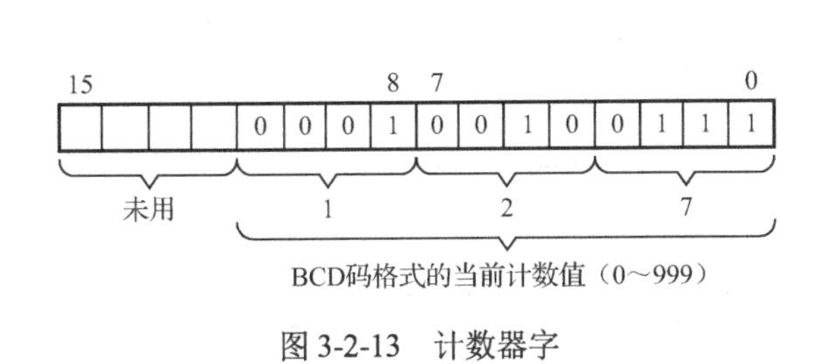

图 3-2-13　计数器字

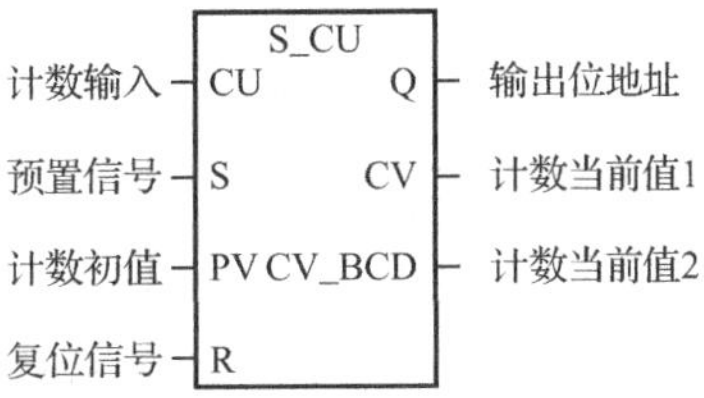

C×

S_CU

计数输入 — CU　Q — 输出位地址

预置信号 — S　CV — 计数当前值1

计数初值 — PV　CV_BCD — 计数当前值2

复位信号 — R

图 3-2-14　加法计数器指令格式

（1）C×为计数器的编号。

（2）CU 为加计数器的输入端，该端每出现一个上升沿，计数器自动加 1，当计数器的当前值为 999 时，计数值保持为 999，加 1 操作无效。

（3）S 为预置信号输入端，该端出现上升沿时，将计数初值作为当前值。

（4）PV 为计数初值输入端，初值的范围为 0～999。可通过字（如 MW0 等）为计数器提供初值，也可直接输入数值，如 C#10、C#999。

（5）R 为计数器复位输入端，任何情况下，只要该端出现上升沿，计数器马上复位，复位后当前值为 0，输出状态为 0。

（6）CV 为以整数形式输出计数的当前值，如 16#0012，该端可以接各种字存储器，如 MW0、IW2、QW0，也可以悬空。

（7）CV_BCD 以 BCD 码形式输出计数器的当前值，如 C#123，该端可以接各种字存储器，如 MW0、IW2、QW0，也可以悬空。

（8）Q 为计数器状态输出端，只要计数器的当前值不为 0，计数器的状态就为 1，该端可以连接位存储器，如 Q1.0、M1.2，也可以悬空。

图 3-2-15 所示是加法计数器使用的例子。

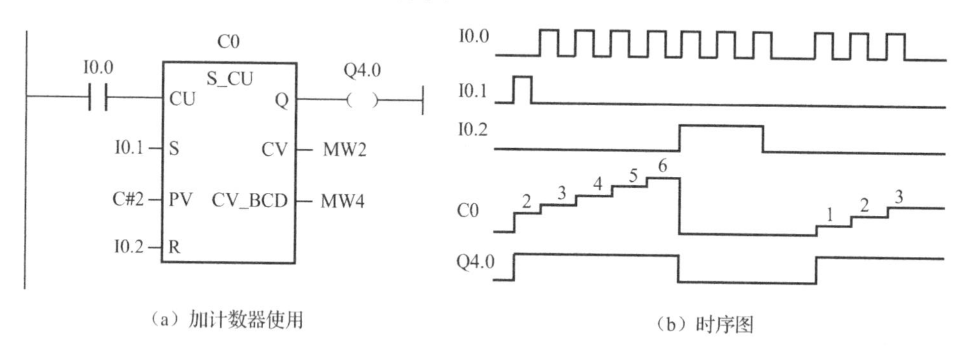

（a）加计数器使用　　（b）时序图

图 3-2-15　加法计数器指令使用示例

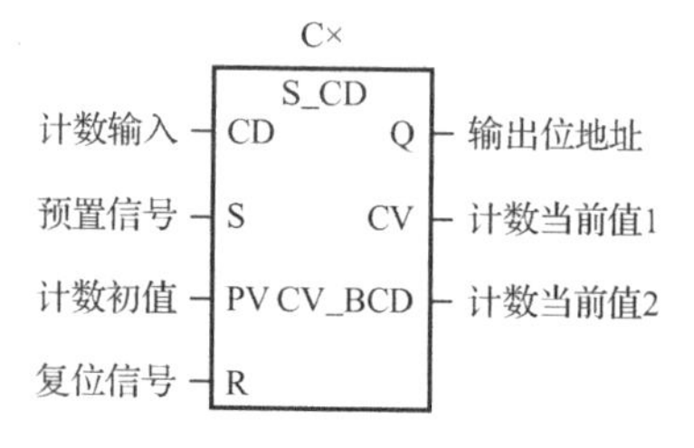

图 3-2-16　减法计数器指令格式

2）减法计数器

减法计数器指令格式如图 3-2-16 所示。

减法计数器的各引脚定义与加法计数器基本一致，只是计数脉冲的输入变为 CD，S 端出现上升沿时，将计数初值作为当前值，CD 端上升沿时，如当前值大于 0 时做减 1 计数，如当前值不为 0，输出状态为 1；当减法计数值变为 0 时，输出状态为 0。

如图 3-2-17 所示是减法计数使用的例子。

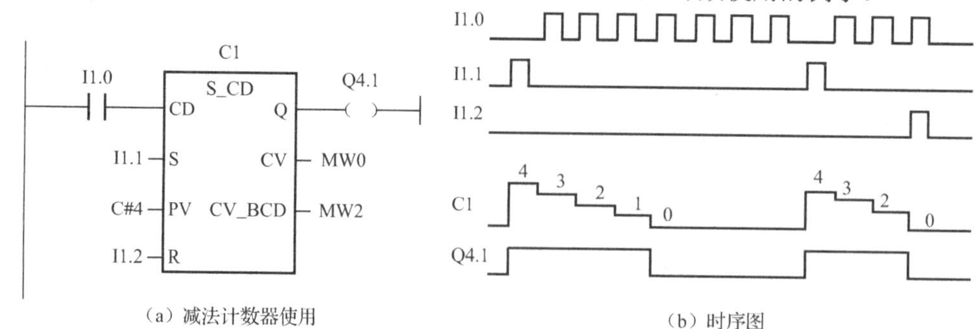

（a）减法计数器使用　　（b）时序图

图 3-2-17　减法计数器指令使用示例

3）加/减计数器

加/减计数器指令格式如图 3-2-18 所示。

加/减计数器的各个引脚与前面的加计数器和减计数器基本一致，计数初值在 S 端的上升沿装载到计数器字中，在 CU 的上升沿进行加法计数，在 CD 的上升沿进行减法计数，Q 端的输出与加法计数和减法计数相同。

如图 3-2-19 所示是加/减计数器使用的例子。

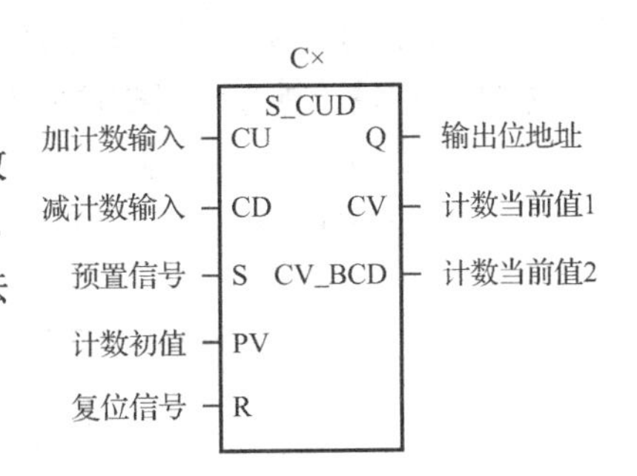

图 3-2-18　加/减计数器指令格式

4）线圈形式的计数器

除了前面介绍的块图式计数器外，还有线圈形式表示的计数器，这些计数器有计数初值预置指令 SC、加计数指令 CU、减计数指令 CD，如图 3-2-20 所示。

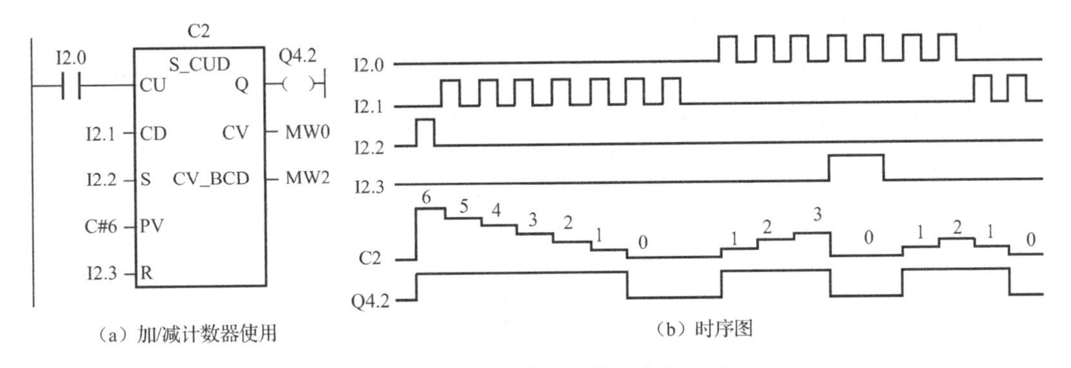

（a）加/减计数器使用　　（b）时序图

图 3-2-19　加/减计数器指令使用示例

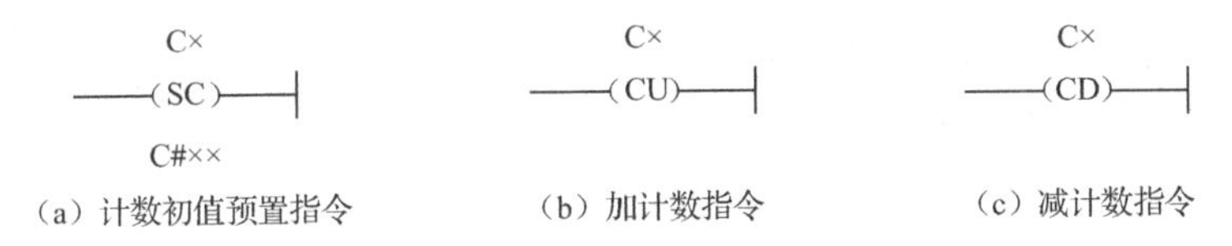

（a）计数初值预置指令　　（b）加计数指令　　（c）减计数指令

图 3-2-20　线圈形式的计数器

计数初值预置指令 SC 若与加计数指令 CU 配合，可实现 S_CU 的功能；计数初值预置指令 SC 若与减计数指令 CD 配合，可实现 S_CD 的功能；计数初值预置指令 SC 若与加计指令 CU 和减计数指令 CD 配合可实现 S_CUD 的功能，如图 3-2-21 所示。

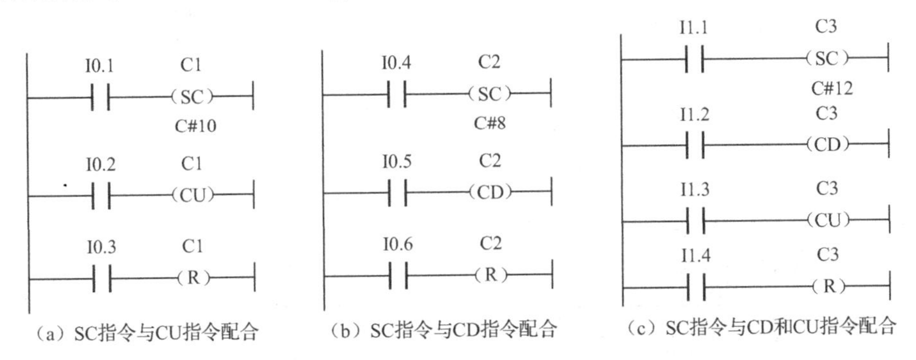

（a）SC指令与CU指令配合　　（b）SC指令与CD指令配合　　（c）SC指令与CD和CU指令配合

图 3-2-21　SC 指令与 CU 和 CD 指令配合梯形图

下面我们用具体实例讲解定时器与计数器的综合使用。

【例 3-2-3】 现有控制要求如下：在按钮 I0.0 按下后 Q0.0 变为 ON 并自保持，工作时序图如图 3-2-22 所示，I0.1 输入 4 个脉冲后，T1 开始定时，5s 后 Q0.0 变为 OFF，同时 C1 被复位，按 I0.2 时 C1 被复位，设计出梯形图。

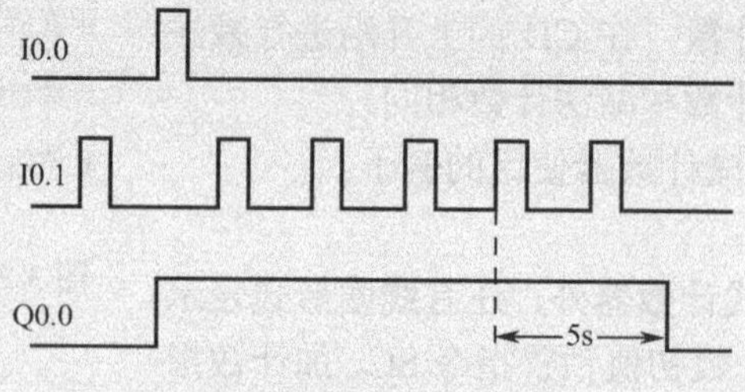

图 3-2-22 工作时序图

分析： 此题要用到定时器与计数器综合实现控制功能。由于有三种计数器，根据题意，我们既可以用加计数器也可选择用减计数器来实现，定时器的选择也可灵活使用各种类型，下面我们分别用加或减计数器的两种类型来实现两种编程方法。图 3-2-23 是方法一，图 3-2-24 是方法二。

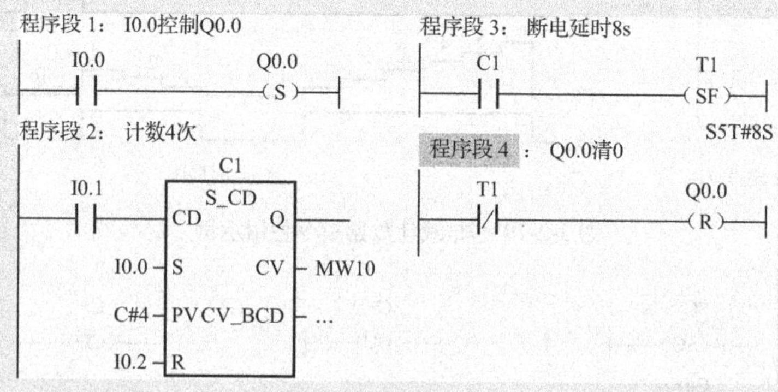

图 3-2-23 方法一

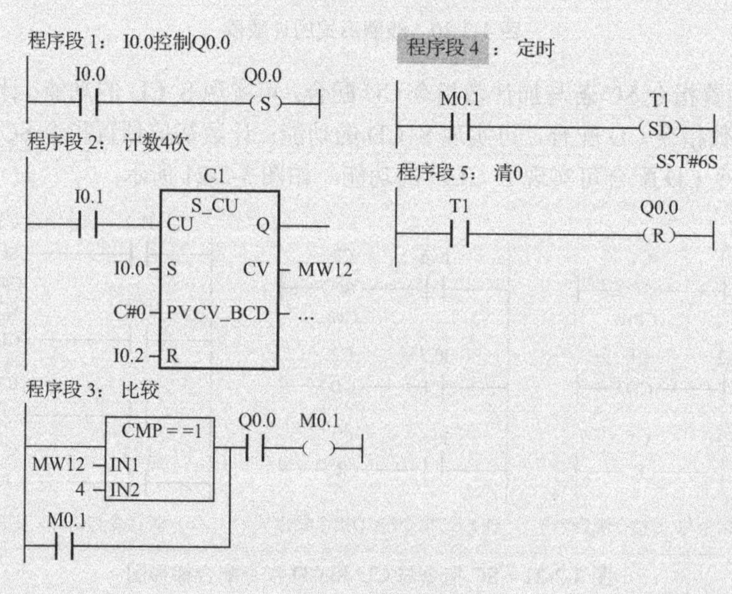

图 3-2-24 方法二

任务实施

子任务 1　多级传送带运输系统 PLC 控制

1. 控制要求

某传输线由三条传送带 A、B、C 组成，分别由电动机 M1、M2、M3 拖动，如图 3-2-25 所示为三条传送带的时序图。要求：

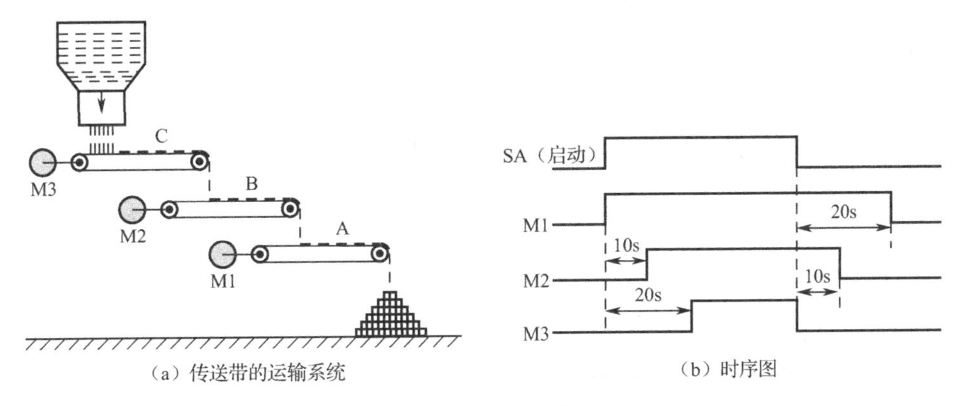

图 3-2-25　传送带的运输系统及时序图

（1）按 A→B→C 顺序启动。

（2）停止时按 C→B→A 逆序停止。

（3）若某传送带的电动机出现故障，则该传送带电动机前面的传送带电动机立即停止，后面的传送带电动机依次延时 5s 后停止。

2. I/O 分配

I/O 分配见表 3-2-2。

表 3-2-2　I/O 分配表

输　入			输　出		
变　量	地　址	说　明	变　量	地　址	说　明
SA	I0.0	启动开关	KM1	Q0.1	电动机 M1 输出
	I0.1	电动机 M1 故障检测	KM2	Q0.2	电动机 M2 输出
	I0.2	电动机 M2 故障检测	KM3	Q0.3	电动机 M3 输出
	I0.3	电动机 M3 故障检测			

3. 硬件接线图

PLC 硬件接线图如图 3-2-26 所示。

L+
L+
SA
I0.0
I0.1
I0.2
I0.3
M
Q0.1
Q0.2
Q0.3
M
KM1
KM2
KM3
24V
24V

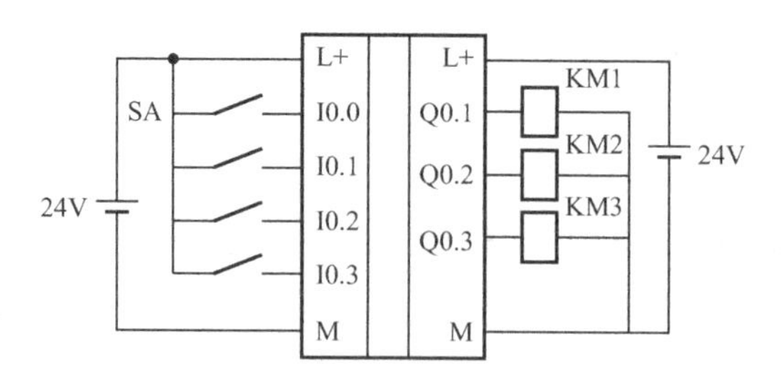

图 3-2-26　PLC 硬件接线图

4. 梯形图

PLC 梯形图如图 3-2-27 所示。

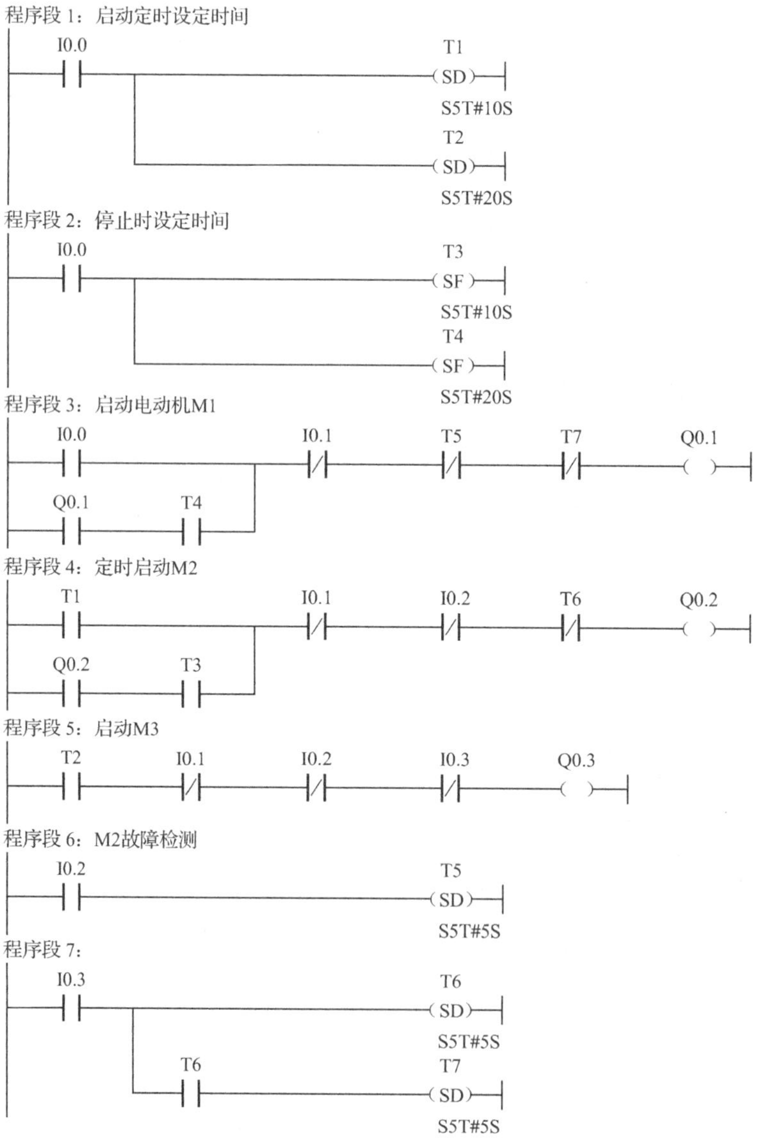

程序段 1：启动定时设定时间
I0.0
T1
SD
S5T#10S
T2
SD
S5T#20S
程序段 2：停止时设定时间
I0.0
T3
SF
S5T#10S
T4
SF
S5T#20S
程序段 3：启动电动机M1
I0.0
I0.1
T5
T7
Q0.1
Q0.1
T4
程序段 4：定时启动M2
T1
I0.1
I0.2
T6
Q0.2
Q0.2
T3
程序段 5：启动M3
T2
I0.1
I0.2
I0.3
Q0.3
程序段 6：M2故障检测
I0.2
T5
SD
S5T#5S
程序段 7：
I0.3
T6
SD
S5T#5S
T6
T7
SD
S5T#5S

图 3-2-27　梯形图

子任务 2　停车场车位计数 PLC 控制

1. 控制要求

如图 3-2-28 所示，某地下停车场有 100 个车位，其入口处与出口处各有一个接近开关，以检测车辆的进入与驶出。当停车场尚有车位时，入口处的栏杆才可以将门打开，车辆可以进入停车场停放。若停车场车位未满，则指示灯表示尚有车位；若停车场车位已满，则有一个指示灯显示车位已满，并且入口处的栏杆不能将门打开让车辆进入。

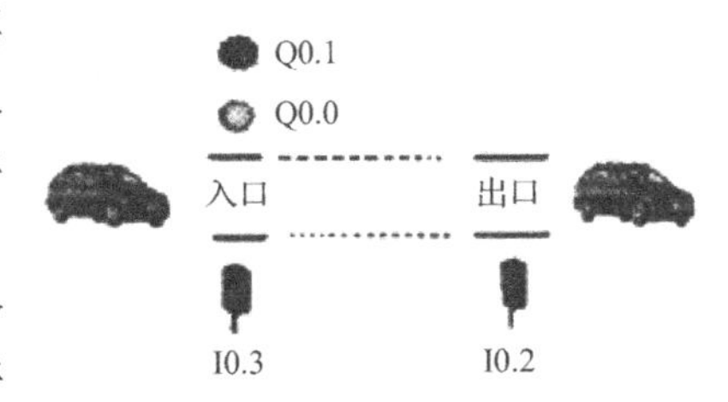

图 3-2-28　地下停车场示意图

2. I/O 分配

PLC 的 I/O 分配见表 3-11。

表 3-2-3　I/O 分配表

输　入			输　出		
变　量	地　址	说　明	变　量	地　址	说　明
SA1	I0.0	系统启动开关	KM1	Q0.1	有停车位指示
SB1	I0.1	系统停止按钮	KM2	Q0.2	停车位已满指示
SA2	I0.2	出口检测	KM3	Q0.3	入口闸栏控制信号
SA3	I0.3	入口检测			
SB2	I0.4	入口闸栏启动按钮			
SB3	I0.5	计数器复位按钮			

3. 硬件接线图

PLC 硬件接线图如图 3-2-29 所示。

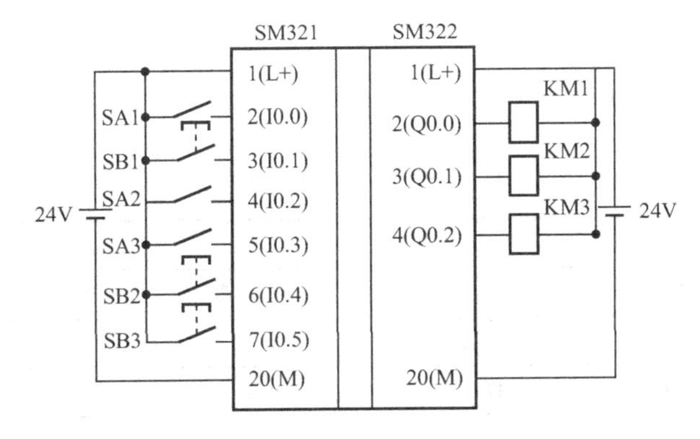

图 3-2-29　PLC 硬件接线图

4. 梯形图

PLC 梯形图如图 3-2-30 所示。

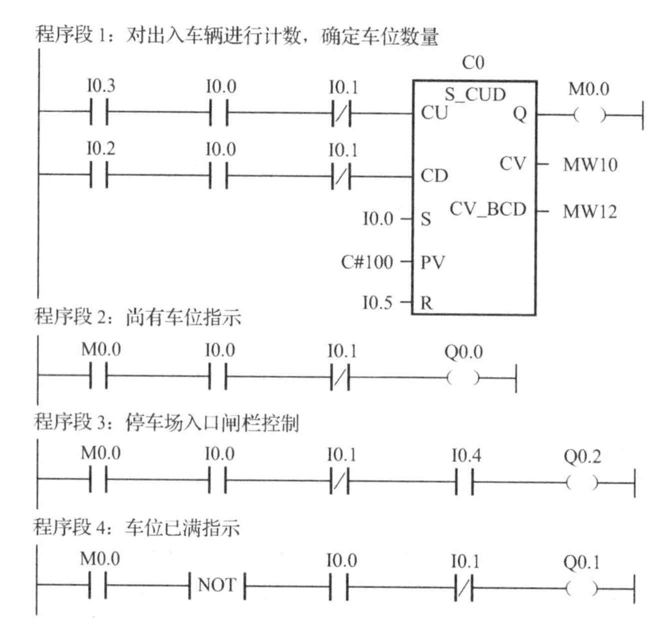

图 3-2-30 PLC 梯形图

子任务 3 四彩灯的依次间隔启动循环的 PLC 控制

1. 控制要求

按 SB1 启动按钮时第一盏灯 L1 点亮，L1 亮 1s 后灭，同时第二盏灯 L2 点亮，L2 亮 2s 后灭，同时第三盏灯 L3 点亮，L3 亮 3s 后灭，同时第四盏灯 L4 点亮，L4 亮 4s 后灭，同时第一盏灯 L1 又点亮，重复刚才的动作，循环 3 次后四盏灯都熄灭，中途按停止按钮 SB2 时，亮着的灯立即熄灭。

2. I/O 地址分配表

I/O 地址分配见表 3-2-4。

表 3-2-4 I/O 地址分配表

输入			输出		
变量	PLC 地址	说明	变量	PLC 地址	说明
SB1	I0.0	启动按钮	L1	Q0.1	第一盏灯
SB2	I0.1	停止按钮	L2	Q0.2	第二盏灯
			L3	Q0.3	第三盏灯
			L4	Q0.4	第四盏灯

3. 硬件接线图

PLC 接线图如图 3-2-31 所示。

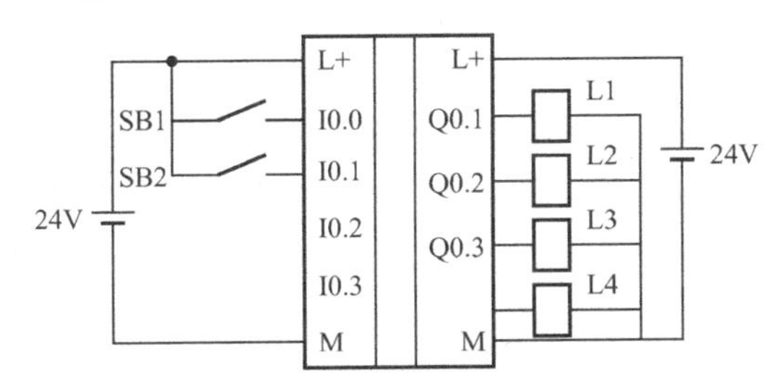

图 3-2-31　PLC 接线图

4. 梯形图

PLC 梯形图用两种方法实现，如图 3-2-32、图 3-2-33 所示。

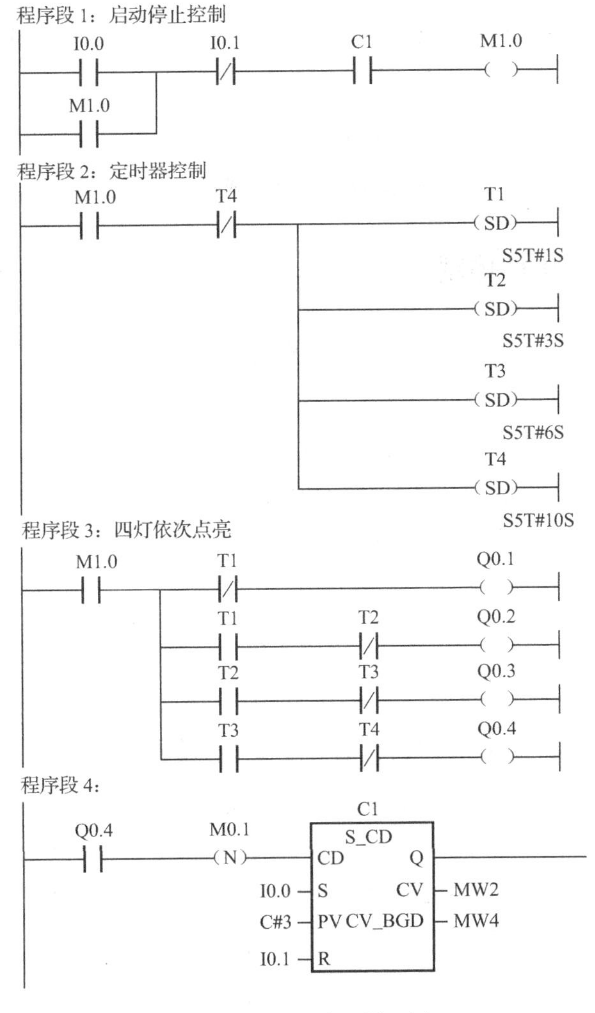

图 3-2-32　方法一梯形图

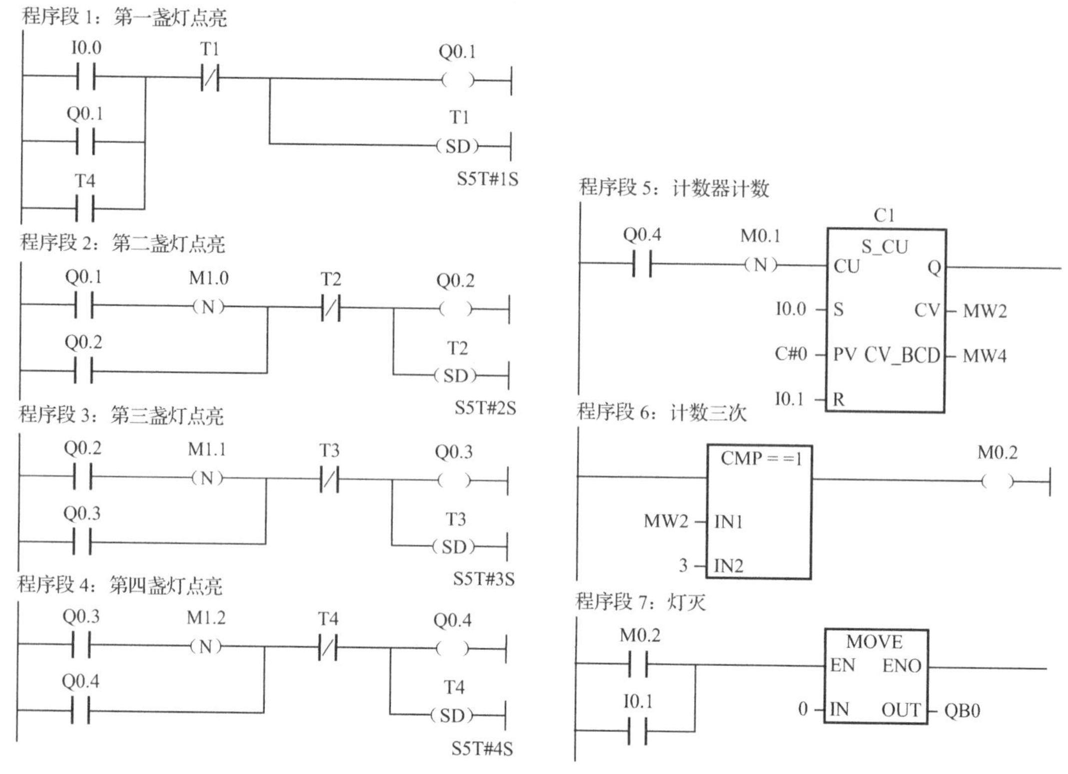

图 3-2-33　方法二梯形图

子任务 4　运货小车 PLC 控制

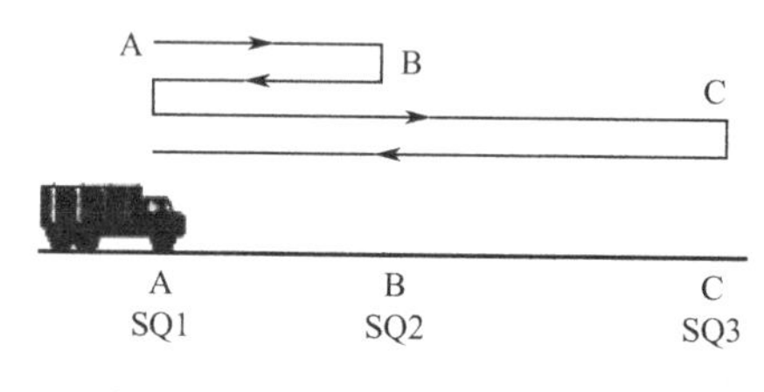

图 3-2-34　运货小车运动示意图

1. 控制要求

如图 3-2-34 是运货小车运动示意图。当按下启动按钮后，小车在 A 地等待 1min 进行装货，然后向 B 地前进，到达 B 地停止，用 2min 卸货，卸货后再返回 A 地停下，等待 1min 又进行装货，然后向 C 地前进（途经 B 地不停，继续前进），到达 C 地停止，用 3min 卸货，卸货后再返回 A 地停下（A、B、C 三地各设有一个接近开关）。

2. I/O 分配表

由控制要求分析可知，该设计需要 5 个输入和 2 个输出，其 I/O 分配表见表 3-2-5。

表 3-2-5　I/O 分配表

输　入			输　出		
变　量	地　址	说　明	变　量	地　址	说　明
SB1	I0.0	启动按钮	KM1	Q0.0	小车前进
SB2	I0.1	停止按钮	KM2	Q0.1	小车后退

续表

输入			输出		
变　量	地　址	说　明	变　量	地　址	说　明
SQ1	I0.2	A 地接近开关			
SQ2	I0.3	B 地接近开关			
SQ3	I0.4	C 地接近开关			

3. 硬件接线图

如图 3-2-35 所示是 PLC 的硬件接线图。

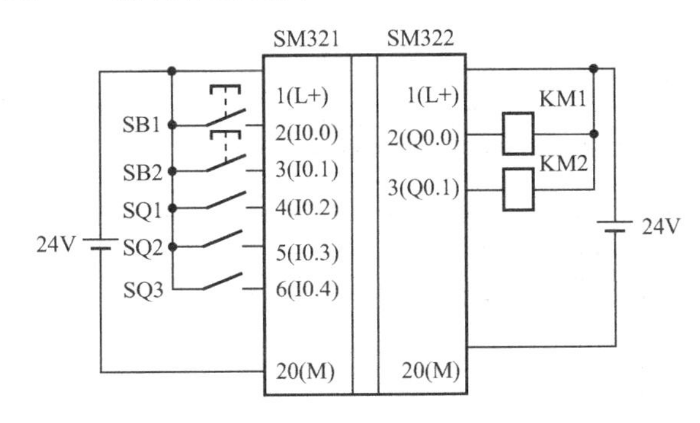

图 3-2-35　PLC 的硬件接线图

4. 梯形图

小车到达 A 地、B 地、C 地时分别用 SQ1、SQ2、SQ3 来定位，由于小车在第一次到达 B 地要改变运行方向，第二次、第三次到达 B 地时不需要改变运行方向，可利用计数器的计数功能来决定是否改变运行方向，设计的梯形图如图 3-2-36 所示。

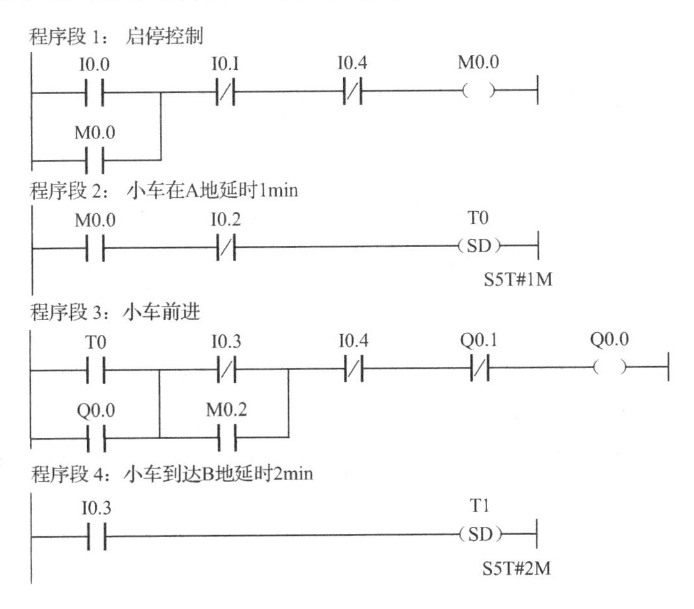

图 3-2-36　梯形图

程序段 5：小车后退

T1 I0.2 I0.1 Q0.0 Q0.1

Q0.1

T2 M0.2

程序段 6：计数，第一次到达B地改变运动方向，第二、三次到达B地不改变运动方向

C1

T0 I0.4 S_CD M0.1

CD Q

M0.0 S CV MW10

C#3 PV CV_BCD MW12

I0.4 R

程序段 7：取反，M0.1闭合，M0.2不动作；M0.1断开，M0.2动作

M0.1 NOT M0.2

CMP ==1

MW10 IN1

1 IN2

程序段 8：小车到达C地延时3min卸货

I0.4 T2

SD

S5T#3M

图 3-2-36　梯形图（续）

技能训练

技能训练 2　电动机正反转星/三角降压启动 PLC 控制

三相异步电动机正反转星/三角降压启动控制是工厂电气中经常遇到的三相电动机启动控制方式的一种。本任务要求用 S7-300 的 PLC 去实现控制，是相关专业中对 PLC 编程技术的应用，主要培养同学们的分析能力，用 S7-300 的 PLC 编程解决电机启动问题，从而掌握动手接线安装能力、PLC 的编程能力、调试程序的能力等关键专业能力。

1. 控制要求

图 3-2-37 是用继电接触器控制系统实现的三相异步电动机正反转星/三角降压启动控制线路图，请分析三相异步电动机正反转星/三角降压启动控制的原理，并用 S7-300 PLC 编程实现上述低压电气图的控制。

2. 训练要求

（1）分析主电路与控制电路的逻辑关系，明确控制任务。

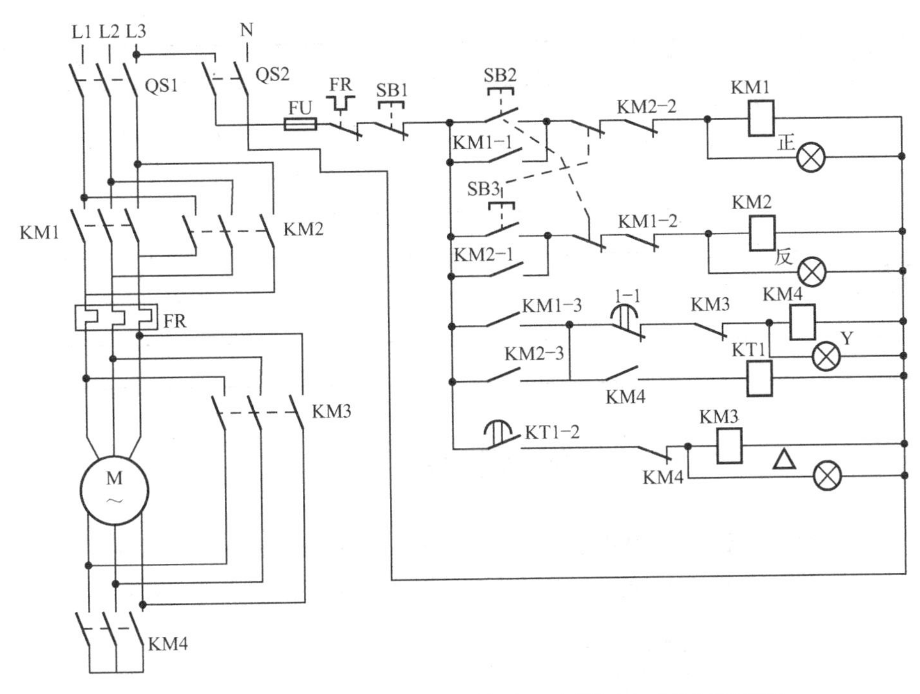

图 3-2-37 三相异步电动机正反转星/三角降压启动控制线路图

（2）做好该任务需要准备的条件，如需要哪些器件，对现场进行分析。

（3）分配 I/O 点。

（4）画出硬件接线图。

（5）编写出 PLC 程序。

（6）根据接线图安装硬件电路。

（7）调试 PLC 程序，使电动机工作达到控制要求。

3. 技能训练考核标准

序号	主要内容	考核要求	评分标准	配分	扣分	
1	方案设计	根据控制要求，画出I/O 分配表，设计梯形图程序及接线图	1. 输入/输出地址遗漏或错误，每处扣 1 分； 2. 梯形图表达不正确或画法不规范，每处扣 2 分； 3. 接线图表达不正确或画法不规范，每处扣 2 分	30		
2	安装与接线	按 I/O 接线图在板上正确安装，接线要正确、紧固、美观	1. 接线不紧固、不美观，每根扣 2 分； 2. 接点松动，每处扣 1 分； 3. 不按 I/O 接线图，每处扣 2 分	10		
3	程序输入与调试	熟练操作计算机，能将程序正确输入 PLC，按动作要求模拟调试，达到设计要求	1. 不能实现正转功能，扣 10 分； 2. 不能实现反转功能，扣 10 分； 3. 不能实现星/三角功能，扣 10 分； 4. 不能实现正反转星/三角功能，扣 20 分	50		

续表

序号	主要内容	考核要求	评分标准	配分	扣分	
4	安全与文明生产	遵守国家相关安全文明生产规程，遵守学院纪律	1. 不遵守教学场所规章制度，扣 2 分； 2. 出现重大事故或人为损坏设备，扣 10 分	10		
备注			合计	100		
小组成员签名						
教师签名						
日期						

巩 固 练 习

1. 如图 3-2-38 所示为锅炉燃料燃烧控制工艺。锅炉燃料燃烧需要充分的氧气，引风机和鼓风机为锅炉的燃烧提供氧气。首先引风机启动，延时 8s 后鼓风机启动。停止时，按停止按钮 10s 后引风机才停止。

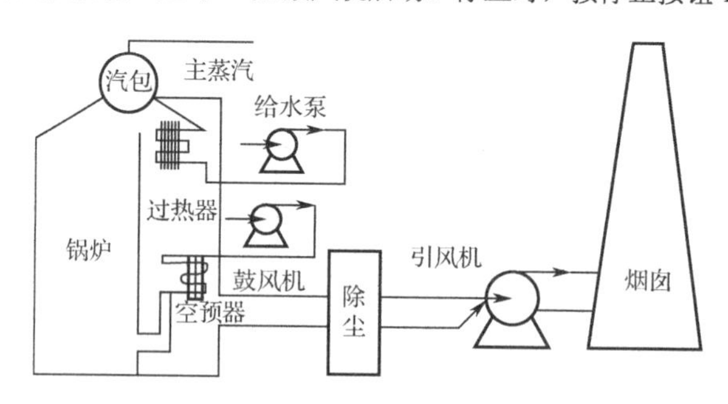

图 3-2-38　锅炉燃料燃烧控制工艺

2. 控制要求：按下启动按钮 I0.0，Q4.0 控制电动机运行 20s，然后自动断电，同时 Q4.1 控制的自动电磁铁开始通电，10s 后自动断电，用扩展脉冲定时器和断开延时定时器设计控制电路。

3. 星/三角降压启动。

三相异步电动机星/三角降压启动继电接触器控制原理图如图 3-2-39 所示，其控制要求：

① 按下启动按钮 SB2，KM1 和 KM3 吸合，电动机星形启动，8s 后，KM3 断开，KM2 吸合，电动机三角形运行，启动完成；

② 按下停止按钮 SB1，接触器全部断开，电动机停止运行；

③ 如果电动机超负荷运行，热继电器 FR 断开，电动机停止运行。

4. 如图 3-2-40 所示为电动机正反转星/三角启动原理图，现要求用 PLC 控制，控制要求：

（1）正转星形启动：KM1 通、KM4 通，KM2 断、KM3 断。

（2）正转三角形运行：KM1 通、KM3 通，KM2 断、KM4 断。

（3）反转星形启动：KM2 通、KM4 通，KM1 断、KM3 断。

（4）反转三角形运行：KM2 通、KM3 通，KM1 断、KM4 断。

正转星形启动 3s 后三角形启动，运行 5s 后再反转星形启动，3s 后三角形启动 5s 后停止。按停止按键随时停止。

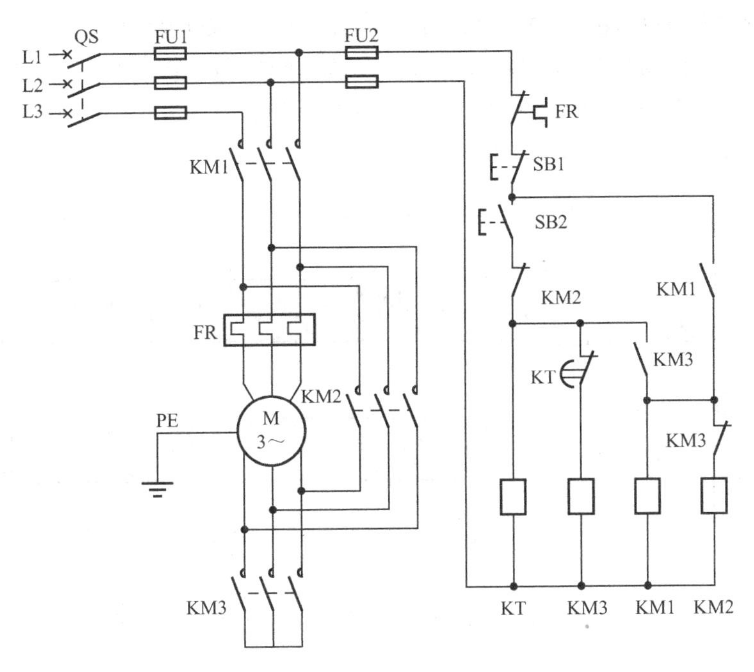

图 3-2-39　三相异步电动机星/三角降压启动电气控制原理图

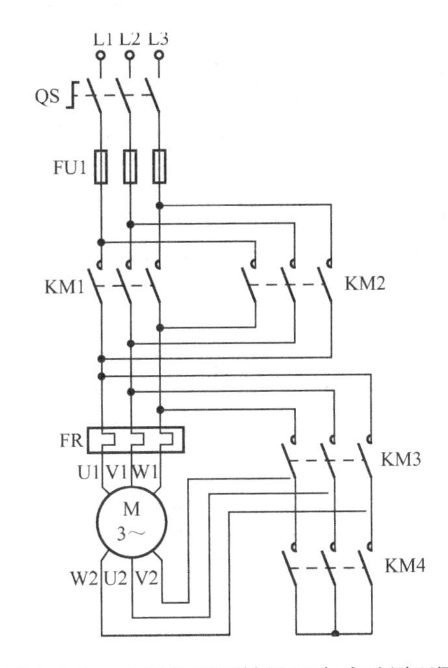

图 3-2-40　电动机正反转星/三角启动原理图

5．一灯按启动按钮（I0.0）后以灭 2s、亮 3s 的工作周期得电 20 次后自动停止，按停止按钮（I0.1）后立即停止。要求用 PLC 实现控制。

6．交通信号灯的 PLC 控制系统：在十字路口的东西南北方向装设红、绿、黄灯，它们按照一定时序轮流发亮。信号灯受一个启动开关控制，当启动开关接通时，信号灯系统开始工作。首先南北红灯亮，东西绿灯亮，南北红灯亮维持 15s，东西绿灯亮维持 10s；到 10s 时，东西绿灯闪亮，绿灯闪亮周期为 1s（亮 0.5s，熄 0.5s），绿灯闪亮 3s 后熄灭，东西黄灯亮，并维持 2s，到 2s 时，东西黄灯熄灭，东西红灯亮，同时南北红灯熄灭，南北绿灯亮，绿灯亮维持 10s；到 10s 时，南北绿灯闪亮，绿灯闪亮周期为 1s（亮 0.5s，熄 0.5s），绿灯闪亮 3s 后熄灭，南北黄灯亮，并维持 2s，到 2s 时，南北黄灯熄灭，南北红灯亮，同时东西红灯熄灭，东西绿灯亮；开始第二周期的动作，以后周而复始地循环。当启动开关断开时，所有信号灯熄灭。十字路口交通灯控制系统的示意图和时序图如图 3-2-41 所示。

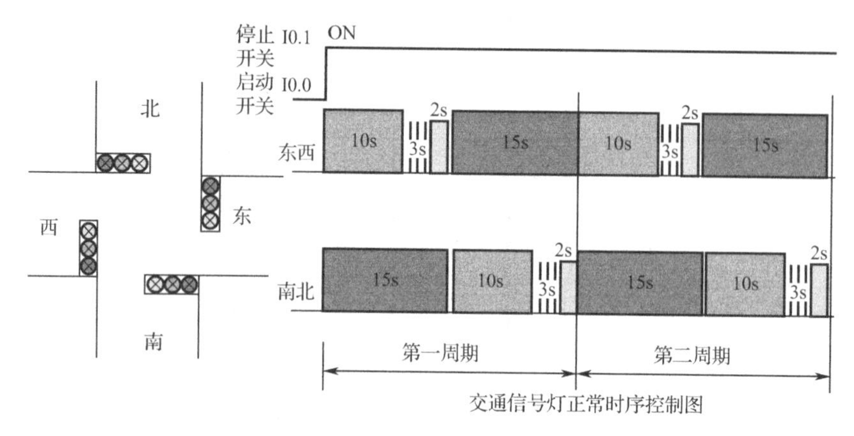

图 3-2-41　十字路口交通灯控制系统的示意图和时序图

7. 按下启动按钮，第 1 台电动机 M1 启动；运行 4s 后，第 2 台电动机 M2 启动；M2 运行 15s 后，第 3 台电动机 M3 启动。按下停止按钮，3 台电动机全部停止。在启动过程中，指示灯闪烁；在运行过程中，指示灯常亮。试设计其梯形图并写出指令表。

8. 用 PLC 的置位、复位指令实现彩灯的自动控制。控制过程：按下启动按钮，第一组花样绿灯亮；10s 后第二组花样蓝灯亮；20s 后第三组花样红灯亮，30s 后返回第一组花样绿灯亮，如此循环，并且仅在第三组花样红灯亮后方可停止循环。

9. 设计两台电动机顺序控制 PLC 系统。控制要求：两台电动机相互协调运转，M1 运转 10s，停止 5s，M2 要求与 M1 相反，M1 停止 M2 运行，M1 运行 M2 停止，如此反复动作 3 次，M1 和 M2 均停止。其动作示意图如图 3-2-42 所示。

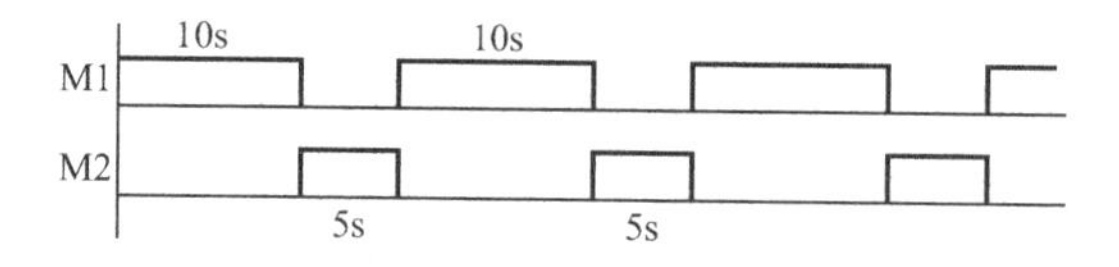

图 3-2-42　两台电动机顺序工作图

10. 设计三台电机顺序控制的电路。要求每隔 2s 启动一台，每台电机运行 4s 后停止，并能循环控制。

- M1 运行 2s 后，M2 运行；
- M2 运行 2s 后，M3 运行，M1 停止；
- M3 运行 2s 后，M2 停止；
- M3 一共运行 4s 后停止，M1 运行。

如此循环动作 2 次，M1、M2 和 M3 均停止。

写出 I/O 分配表、I/O 接线图、梯形图并做注释，完成仿真操作。

11. L1、L2、L3、L4 四盏灯实现控制。SB1 启动，SB2 停止。要求每盏灯正序依次点亮，间隔 1s，始终只有一盏灯亮，L4 亮 1s 后，灯全亮，逆序间隔 1s 依次熄灭，循环。

任务 3.3　功能指令应用

任务目标

（1）理解数据类型的含义。

（2）掌握传送、比较指令的灵活使用。

（3）理解加、减、乘、除指令，数据转换指令，掌握数值运算指令及使用方法。

（4）理解移位及循环移位指令，掌握其应用。

（5）能用功能指令编写控制程序。

任务描述

S7-300 PLC 除了位逻辑控制指令、定时器和计数器指令以外，还有移动指令、比较指令、转换指令、运算指令、移位/循环移位指令、逻辑指令等，主要进行数据运算和特殊处理，通过完成十字路口的交通灯、霓虹灯广告、灌装生产线包装 PLC 控制三个任务，掌握这些指令的功能和应用方法。

知识准备

3.3.1　比较指令

比较指令的功能是比较 IN1 和 IN2 的大小，比较结果为真时输出为“1”，否则为“0”，比较指令如图 3-3-1 所示。

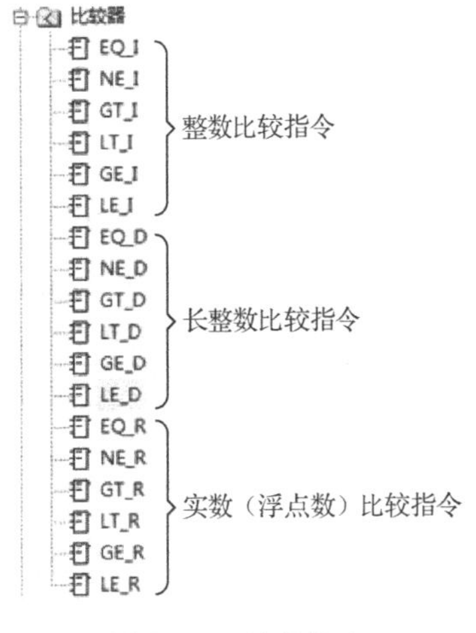

图 3-3-1　比较指令

1）整数比较指令

指令说明：整数比较指令用于比较两个 16 位整数 IN1、IN2 的大小，比较结果为真时输出为“1”，否则为“0”，其取值范围是−32768～32768。

整数比较指令说明如表 3-3-1 所示。

表 3-3-1　整数比较指令

指令标识	梯形图符号	说　明	数据类型及存储区
EQ_I	CMP ==I ??? – IN1 ??? – IN2 整数 IN1=IN2 比较	当输入为 1 时，如 IN1=IN2，则输出为 1，否则输出为 0	输入、输出：数据类型 BOOL；存储区 I、Q、M、L、D IN1、IN2：数据类型 INT；存储区 I、Q、M、L、D 或常数

续表

指令标识	梯形图符号	说明	数据类型及存储区
NE_I	CMP <>I ??? - IN1 ??? - IN2 整数 IN1≠IN2 比较	当输入为 1 时，如 IN1≠IN2，则输出为 1，否则输出为 0	输入、输出：数据类型 BOOL；存储区 I、Q、M、L、D IN1、IN2：数据类型 INT；存储区 I、Q、M、L、D 或常数
GT_I	CMP >I ??? - IN1 ??? - IN2 整数 INl1>IN2 比较	当输入为 1 时，如 IN1>IN2，则输出为 1，否则输出为 0	
LT_I	CMP <I ??? - IN1 ??? - IN2 整数 IN1<IN2 比较	当输入为 1 时，如 IN1<IN2，则输出为 1，否则输出为 0	
GE_I	CMP >=I ??? - IN1 ??? - IN2 整数 IN1≥IN2 比较	当输入为 1 时，如 IN1≥IN2，则输出为 1，否则输出为 0	
LE_I	CMP <=I ??? - IN1 ??? - IN2 整数 IN1≤IN2 比较	当输入为 1 时，如 IN1≤IN2，则输出为 1，否则输出为 0	

【例 3-3-1】 整数比较指令使用举例。

如图 3-3-2 所示，当 I0.0 闭合时，如 MW0 中的整数大于或等于 MW2 中的整数，Q0.0 置 1；否则 Q0.0 置 0。

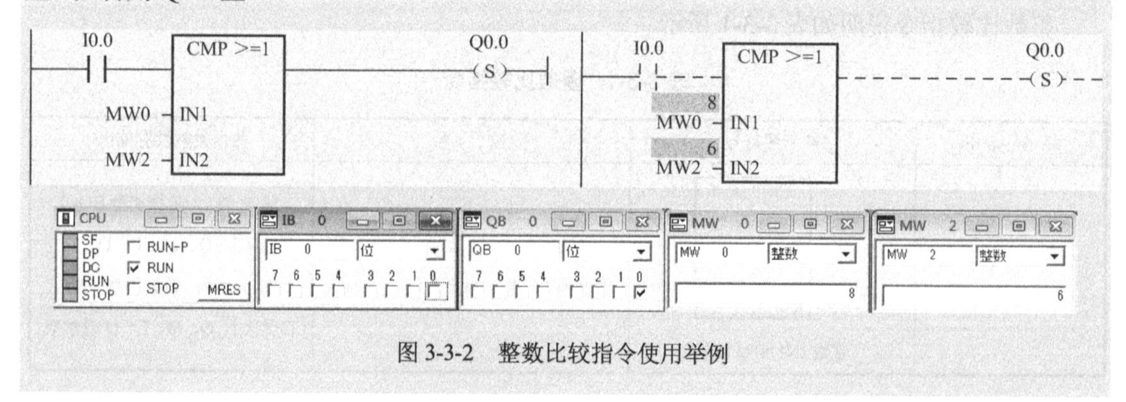

图 3-3-2 整数比较指令使用举例

2）长整数比较指令

指令说明：长整数又称为双整数，长整数比较指令用于比较两个 32 位整数 IN1、IN2 的大小，比较结果为真时输出为“1”，否则为“0”，其取值范围是-2147483648～ +2147483648。

长整数比较指令说明见表 3-3-2。

表 3-3-2　长整数比较指令

指令标识	梯形图符号	说　明	数据类型及存储区
EQ_I	CMP = =D ??? – IN1 ??? – IN2 长整数 IN1=IN2 比较	当输入为 1 时，如 IN1=IN2，则输出为 1，否则输出为 0	输入、输出：数据类型 BOOL；存储区 I、Q、M、L、D IN1、IN2：数据类型 INT；存储区 I、Q、M、L、D 或常数
NE_D	CMP <>D ??? – IN1 ??? – IN2 长整数 IN1≠IN2 比较	当输入为 1 时，如 IN1≠IN2，则输出为 1，否则输出为 0	
GT_D	CMP >D ??? – IN1 ??? – IN2 长整数 IN1 >IN2 比较	当输入为 1 时，如 IN1>IN2，则输出为 1，否则输出为 0	
LT_D	CMP <D ??? – IN1 ??? – IN2 长整数 IN1<IN2 比较	当输入为 1 时，如 IN1<IN2，则输出为 1，否则输出为 0	
GE_D	CMP >=D ??? – IN1 ??? – IN2 长整数 IN1≥IN2 比较	当输入为 1 时，如 IN1≥IN2，则输出为 1，否则输出为 0	
LE_D	CMP <=D ??? – IN1 ??? – IN2 长整数 IN1≤IN2 比较	当输入为 1 时，如 IN1≤IN2，则输出为 1，否则输出为 0	

【例 3-3-2】 长整数比较指令使用举例。

如图 3-3-3 所示，当 I0.1 闭合时，如 MD4 中的整数不等于 MD8 中的整数，Q0.1 置 1；

MD12 中的数值等于 MD16 中的数值时，Q0.2 置 1。

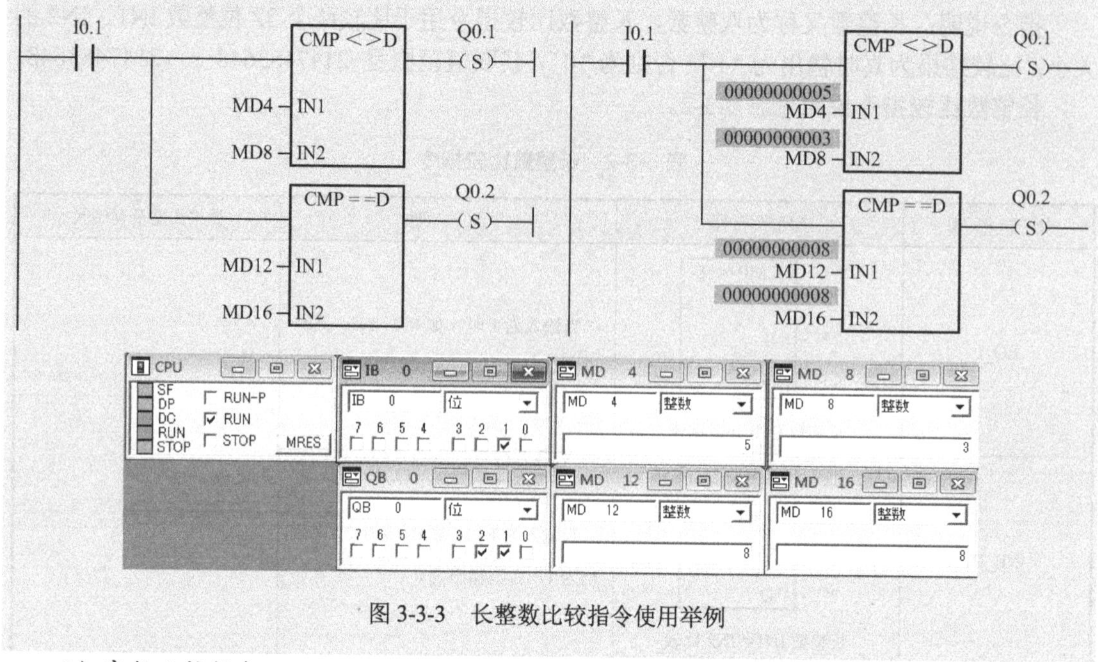

图 3-3-3　长整数比较指令使用举例

3）实数比较指令

指令说明：实数又称为浮点数，实数比较指令用于比较两个 32 位实数 IN1、IN2 的大小，比较结果为真时输出为“1”，否则为“0”，其负实数取值范围是 -3.402823^{+38}～175495^{-38}，正实数取值范围是 $+1.175495^{+38}$～$+3.402823^{+38}$。

实数比较指令说明见表 3-3-3。

表 3-3-3　实数比较指令

<table>
<tr><th>指 令 标 识</th><th>梯形图符号</th><th>说　明</th><th>数据类型及存储区</th></tr>
<tr><td>EQ_R</td><td>CMP ==R
??? IN1
??? IN2
实数 IN1=IN2 比较</td><td>当输入为 1 时，如 IN1=IN2，则输出为 1，否则输出为 0</td><td rowspan="3">输入、输出：数据类型 BOOL；存储区 I、Q、M、L、D
IN1、IN2：数据类型 INT；存储区 I、Q、M、L、D 或常数</td></tr>
<tr><td>NE_R</td><td>CMP <>R
??? IN1
??? IN2
实数 IN1≠IN2 比较</td><td>当输入为 1 时，如 IN1≠IN2，则输出为 1，否则输出为 0</td></tr>
<tr><td>GT_R</td><td>CMP >R
??? IN1
??? IN2
实数 INl1>IN2 比较</td><td>当输入为 1 时，如 IN1>IN2，则输出为 1，否则输出为 0</td></tr>
</table>

续表

指令标识	梯形图符号	说明	数据类型及存储区
LT_R	CMP <R ??? – IN1 ??? – IN2 实数 IN1<IN2 比较	当输入为 1 时，如 IN1<IN2，则输出为 1，否则输出为 0	输入、输出：数据类型 BOOL；存储区 I、Q、M、L、D IN1、IN2：数据类型 INT；存储区 I、Q、M、L、D 或常数
GE_R	CMP >=R ??? – IN1 ??? – IN2 实数 IN1≥IN2 比较	当输入为 1 时，如 IN1≥IN2，则输出为 1，否则输出为 0	
LE_R	CMP <=R ??? – IN1 ??? – IN2 实数 IN1≤IN2 比较	当输入为 1 时，如 IN1≤IN2，则输出为 1，否则输出为 0	

【例 3-3-3】 实数比较指令使用举例。

如图 3-3-4 所示，当 I0.2 闭合时，如 MD20 中实数小于 5.345，Q0.3 置 1；MD24 中的实数值等于 6.5 时，Q0.4 置 1。

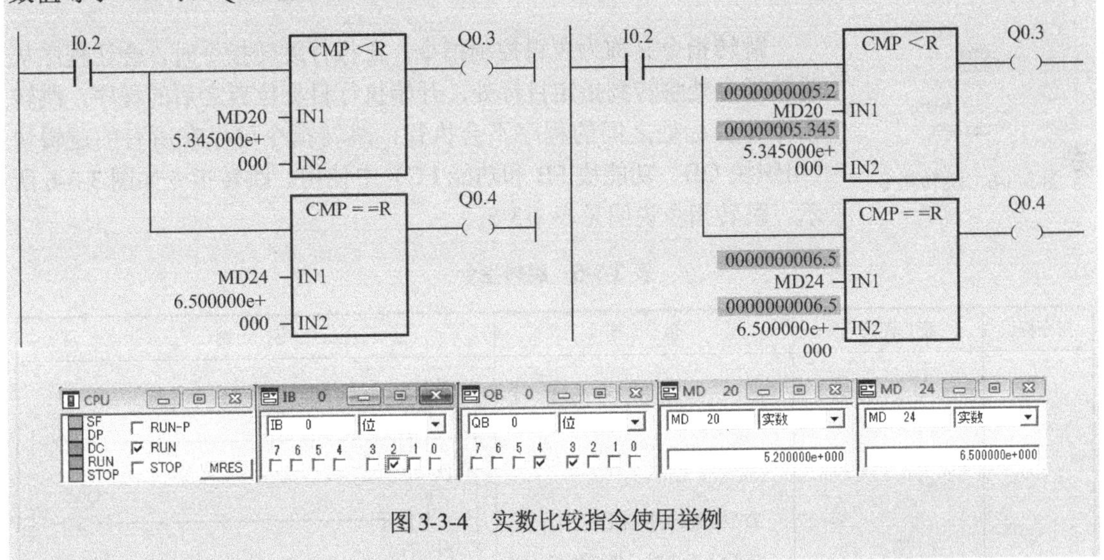

图 3-3-4 实数比较指令使用举例

3.3.2 传送指令

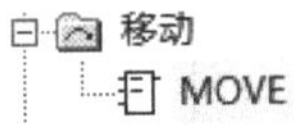

移动
MOVE

图 3-3-5 传送指令

传送指令又称为移动指令，其功能是将数据从一处传送到另一处，传送指令只有一条，如图 3-3-5 所示。传送指令说明见表 3-3-4。

表 3-3-4　传送指令

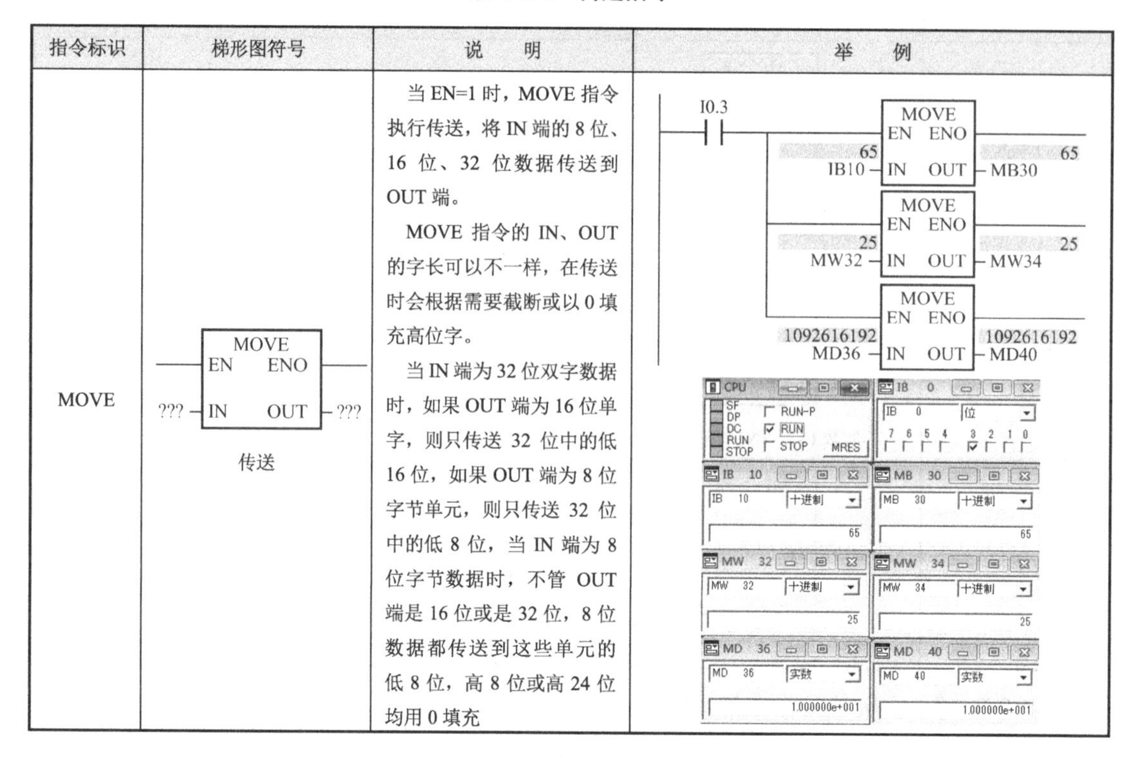

指令标识	梯形图符号	说　明	举　例
MOVE	MOVE EN ENO ??? IN OUT ??? 传送	当 EN=1 时，MOVE 指令执行传送，将 IN 端的 8 位、16 位、32 位数据传送到 OUT 端。 MOVE 指令的 IN、OUT 的字长可以不一样，在传送时会根据需要截断或以 0 填充高位字。 当 IN 端为 32 位双字数据时，如果 OUT 端为 16 位单字，则只传送 32 位中的低 16 位，如果 OUT 端为 8 位字节单元，则只传送 32 位中的低 8 位，当 IN 端为 8 位字节数据时，不管 OUT 端是 16 位或是 32 位，8 位数据都传送到这些单元的低 8 位，高 8 位或高 24 位均用 0 填充	I0.3 MOVE EN ENO; 65 IB10 — IN OUT — MB30 65 MOVE EN ENO; 25 MW32 — IN OUT — MW34 25 MOVE EN ENO; 1092616192 MD36 — IN OUT — MD40 1092616192 CPU: SF DP DC RUN STOP; RUN-P, RUN, STOP, MRES IB 0 位: 7 6 5 4 3 2 1 0 IB 10 十进制 65 MB 30 十进制 65 MW 32 十进制 25 MW 34 十进制 25 MD 36 实数 1.000000e+001 MD 40 实数 1.000000e+001

3.3.3　跳转指令

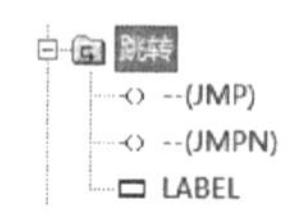

图 3-3-6　跳转指令

跳转指令又称为逻辑控制指令，在执行跳转指令时，会让程序从跳转指令处跳转到指定目标处，开始执行目标位置之后的程序，跳转指令与目标处之间的程序不会执行，跳转指令可以在所有的逻辑块（组织块 OB、功能块 FB 和功能 FC）中使用。跳转指令如图 3-3-6 所示。跳转指令说明见表 3-3-5。

表 3-3-5　跳转指令

指令标识	梯形图符号	说　明	举　例
P	??? —(JMP)— 条件跳转	???为跳转的目标名称。 当输入为 1 时，指令执行，跳转到???目标位置，执行目标后的程序	程序段 5：I0.4 —— CASI (JMP) 程序段 6：I0.5 —— Q0.5 (S) 程序段 7：CASI I0.6 —— Q0.6 (S) 当 I0.4 闭合时，JMP 执行，程序跳转到目标 CASI 处，I0.6 闭合时，Q0.6 置 1；跳转指令到目标之间的程序不执行，即 I0.5 闭合，Q0.5 不置位。当 I0.0 断开时，程序从上往下执行

续表

指令标识	梯形图符号	说　明	举　例
JMPN	??? —(JMPN)—┤ 非条件跳转	???为跳转的目标名称。 当输入为 0 时，指令执行，跳转到???目标位置，执行目标后的程序	程序段 5： I0.4 —┤├— CASI (JMPN) 程序段 6： I0.5 —┤├— Q0.5 (S) 程序段 7： CASI I0.6 —┤├— Q0.6 (S) 当 I0.4 断开时，JMPN 执行，程序跳转到目标 CASI 处，I0.6 闭合时，Q0.6 置 1；非条件跳转指令到目标之间的程序不执行，即 I0.5 闭合，Q0.5 不置位。当 I0.4 闭合时，程序从上往下执行
LABEL	??? 跳转目标标号	???为跳转的目标名称。 目标名称的第一个字符必须是字母，其他的字符可以是字母或数字。 每个 JMP 或 JMPN 指令都必须有与之对应的跳转目标标号	LABEL 标号的使用见上述两例

3.3.4　转换指令

转换指令的功能是将 IN 端的数据进行转换，然后从 OUT 端输出，转换指令如图 3-3-7 所示。

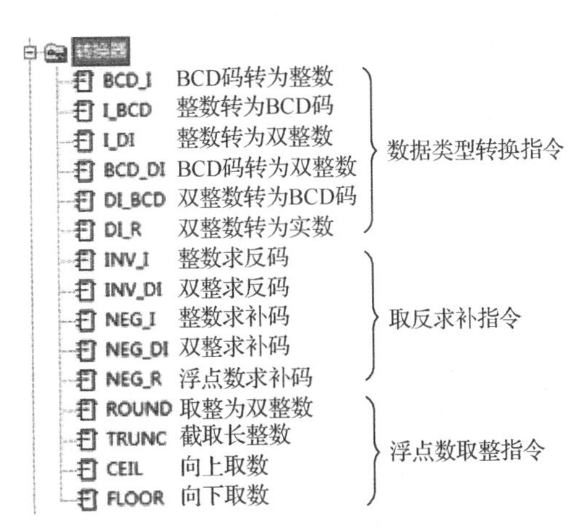

图 3-3-7　转换指令

根据功能区别，转换指令可分为数据类型转换指令、浮点数取整指令、取反求补指令。下面主要介绍常用的几种转换指令。

转换指令说明见表 3-3-6。

表 3-3-6　转换指令

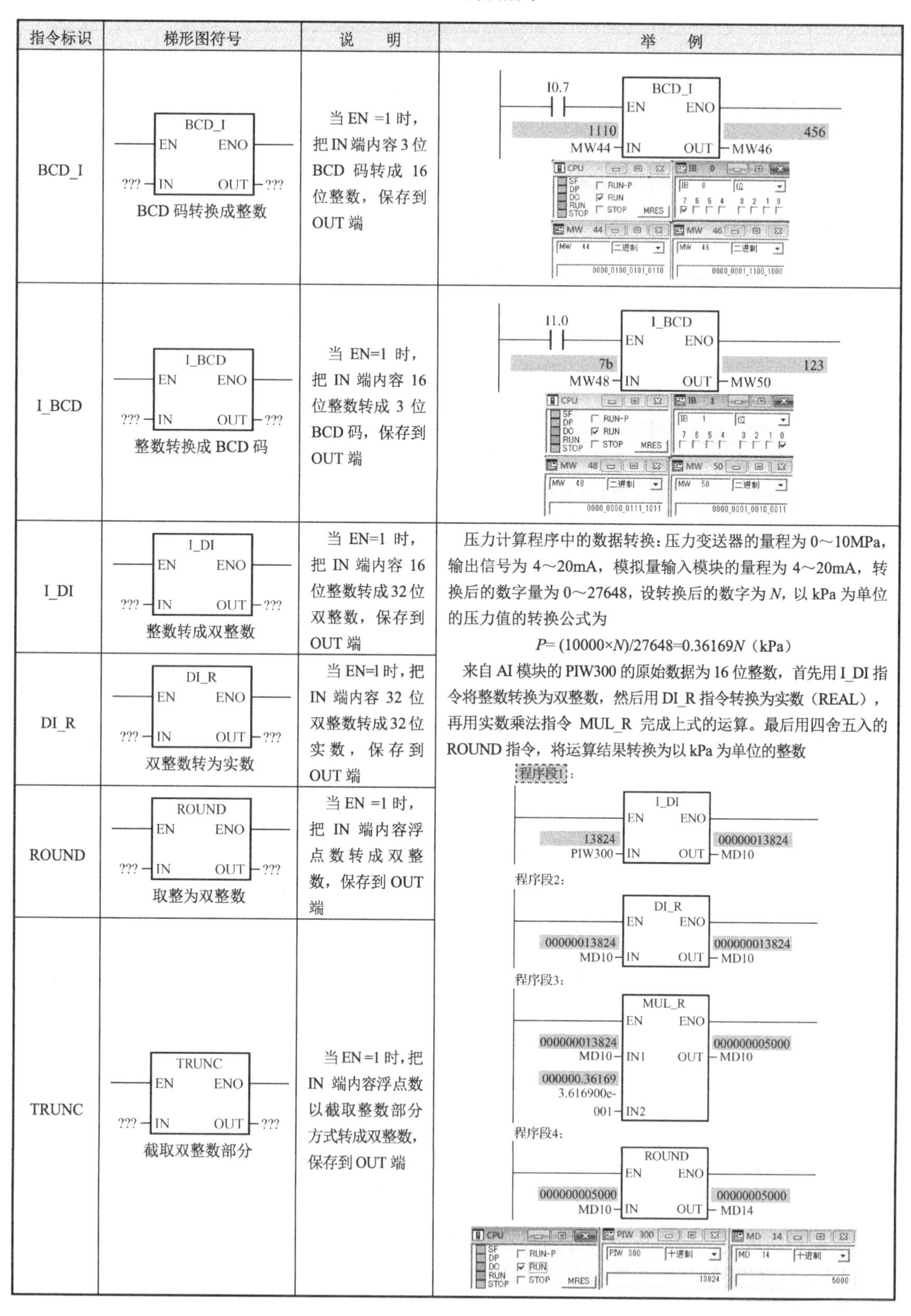

指令标识	梯形图符号	说　明	举　例
BCD_I	BCD_I（EN ENO，IN OUT，???） BCD 码转换成整数	当 EN =1 时，把 IN 端内容 3 位 BCD 码转换成 16 位整数，保存到 OUT 端	I0.7；BCD_I；MW44（1110）→IN；OUT→MW46（456）；MW 44：0000_0100_0101_0110；MW 46：0000_0001_1100_1000
I_BCD	I_BCD（EN ENO，IN OUT，???） 整数转换成 BCD 码	当 EN=1 时，把 IN 端内容 16 位整数转成 3 位 BCD 码，保存到 OUT 端	I1.0；I_BCD；MW48（7b）→IN；OUT→MW50（123）；MW 48：0000_0000_0111_1011；MW 50：0000_0001_0010_0011
I_DI	I_DI（EN ENO，IN OUT，???） 整数转成双整数	当 EN=1 时，把 IN 端内容 16 位整数转成 32 位双整数，保存到 OUT 端	压力计算程序中的数据转换：压力变送器的量程为 0～10MPa，输出信号为 4～20mA，模拟量输入模块的量程为 4～20mA，转换后的数字量为 0～27648，设转换后的数字为 N，以 kPa 为单位的压力值的转换公式为 $P=(10000\times N)/27648=0.36169N$（kPa） 来自 AI 模块的 PIW300 的原始数据为 16 位整数，首先用 I_DI 指令将整数转换为双整数，然后用 DI_R 指令转换为实数（REAL），再用实数乘法指令 MUL_R 完成上式的运算。最后用四舍五入的 ROUND 指令，将运算结果转换为以 kPa 为单位的整数 程序段1：I_DI；PIW300（13824）→IN；OUT→MD10（00000013824） 程序段2：DI_R；MD10（00000013824）→IN；OUT→MD10（000000013824） 程序段3：MUL_R；MD10（000000013824）→IN1；3.616900e-001（000000.36169）→IN2；OUT→MD10（000000005000） 程序段4：ROUND；MD10（000000005000）→IN；OUT→MD14（00000005000） PIW 300：13824；MD 14：5000
DI_R	DI_R（EN ENO，IN OUT，???） 双整数转为实数	当 EN=1 时，把 IN 端内容 32 位双整数转成 32 位实数，保存到 OUT 端	
ROUND	ROUND（EN ENO，IN OUT，???） 取整为双整数	当 EN =1 时，把 IN 端内容浮点数转成双整数，保存到 OUT 端	
TRUNC	TRUNC（EN ENO，IN OUT，???） 截取双整数部分	当 EN =1 时，把 IN 端内容浮点数以截取整数部分方式转成双整数，保存到 OUT 端	

【例 3-3-4】 表 3-3-6 中举例的压力计算也可用整数数学运算指令实现。

改用整数数学运算指令实现上述的压力运算：

$$P=(10000\times N)727648\text{（kPa）}$$

在运算时一定要先乘后除，否则会损失原始数据的精度。整数四则运算指令有 16 位和 32 位两种，应根据指令的输入、输出数据可能的最大值选用适当的指令。

假设用于测量压力的 AI 模块的通道地址为 PIW302。模拟量满量程时 A/D 转换后的数字 N 的值为 27 648，乘以 10000 以后乘积可能超过 16 位整数的允许范围，因此应采用双整数乘法指令 MUL_DI。上式中的被除数是双整数，因此应采用双整数除法指令 DIV_DI。

首先应使用指令 I_DI 将 PIW0 中的原始数据（16 位整数）转换为双整数，**双字乘、除指令常数应使用“L#”开始的 32 位双整数常数**，如图 3-3-8 所示。

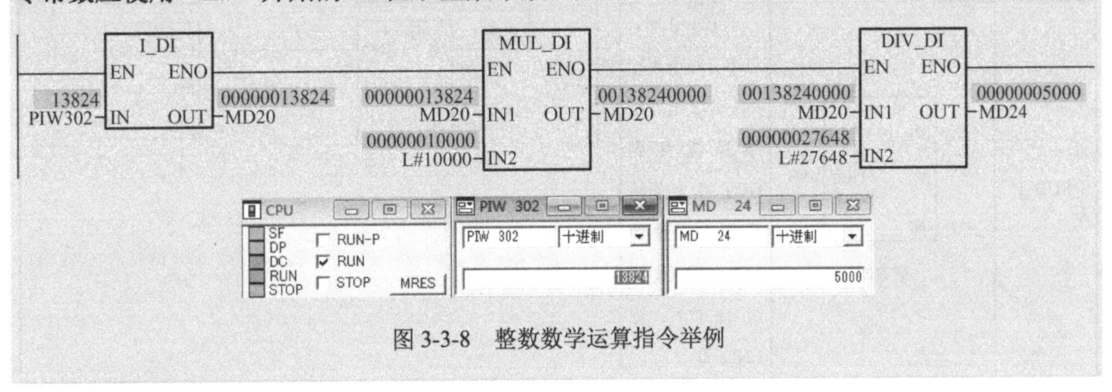

图 3-3-8 整数数学运算指令举例

3.3.5 运算指令

1. 整数运算指令

整数运算指令又称为整数函数指令，其功能是对整数进行加、减、乘、除等运算。整数运算指令如图 3-3-9 所示，可分为 16 位整数运算和 32 位整数运算两类。

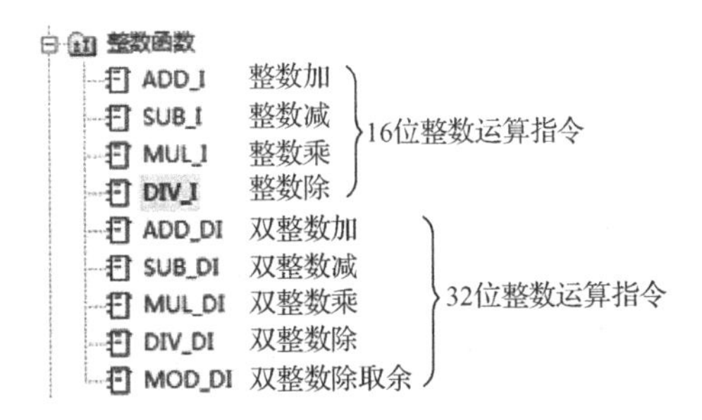

图 3-3-9 整数运算指令

1）16 位整数运算指令

16 位整数运算指令说明见表 3-3-7。

表 3-3-7　16 位整数运算指令

指令标识	梯形图符号	说　明	举　例
ADD_I	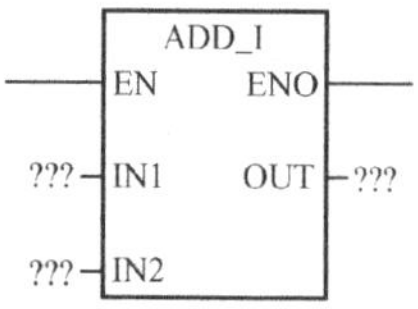 ADD_I EN　ENO ???-IN1　OUT-??? ???-IN2 整数加	当 EN=1 时，ADD_I 指令执行 IN1+IN2 运算，结果保存到 OUT 端，如果结果超出了整数允许范围（即超过 16 位），则 ENO=0	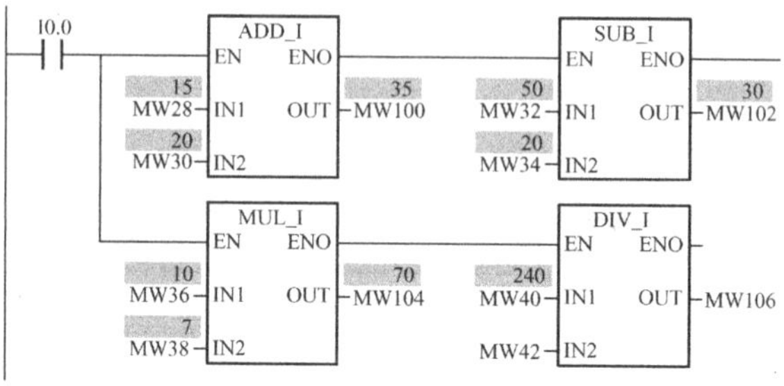 I0.0 ADD_I：EN　ENO；15 MW28-IN1　OUT-MW100 35；20 MW30-IN2 SUB_I：EN　ENO；50 MW32-IN1　OUT-MW102 30；20 MW34-IN2 MUL_I：EN　ENO；10 MW36-IN1　OUT-MW104 70；7 MW38-IN2 DIV_I：EN　ENO；240 MW40-IN1　OUT-MW106；MW42-IN2
SUB_I	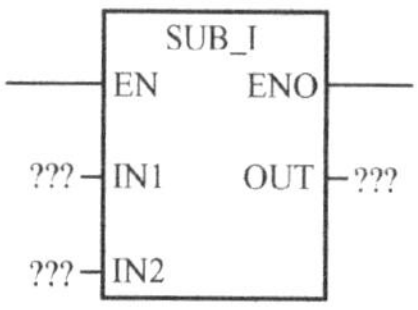 SUB_I EN　ENO ???-IN1　OUT-??? ???-IN2 整数减	当 EN=1 时，SUB_I 指令执行 IN1−IN2 运算，结果保存到 OUT 端，如果结果超出了整数允许范围（即超过 16 位），则 ENO=0	
MUL_I	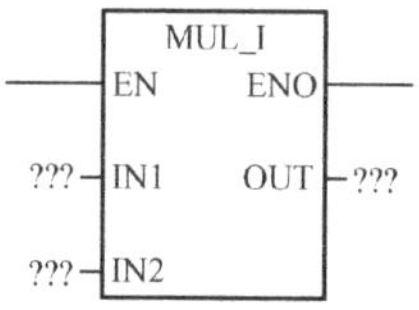 MUL_I EN　ENO ???-IN1　OUT-??? ???-IN2 整数乘	当 EN=1 时，MUL_I 指令执行 IN1×IN2 运算，结果保存到 OUT 端，如果结果超出了整数允许范围（即超过 16 位），则 ENO=0	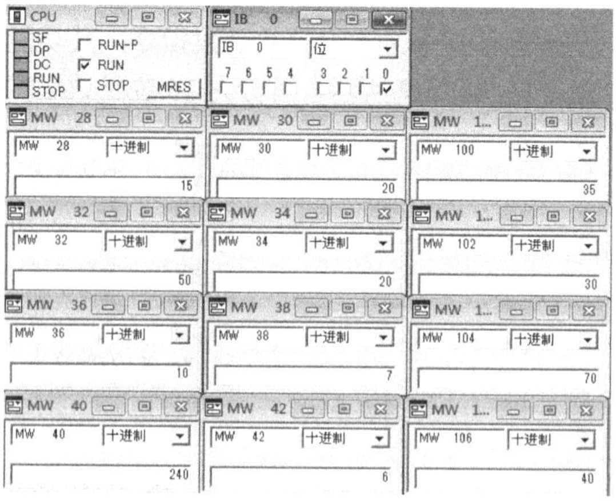 CPU：SF DP DC RUN STOP　RUN-P　RUN　STOP　MRES IB 0　位　7 6 5 4 3 2 1 0 MW 28 十进制 15；MW 30 十进制 20；MW 100 十进制 35 MW 32 十进制 50；MW 34 十进制 20；MW 102 十进制 30 MW 36 十进制 10；MW 38 十进制 7；MW 104 十进制 70 MW 40 十进制 240；MW 42 十进制 6；MW 106 十进制 40
DIV_I	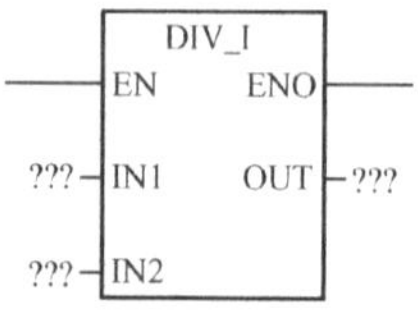 DIV_I EN　ENO ???-IN1　OUT-??? ???-IN2 整数除	当 EN=1 时，DIV_I 指令执行 IN1/IN2 运算，结果保存到 OUT 端，如果结果超出了整数允许范围（即超过 16 位），则 ENO=0	

2）32 位整数运算指令

32 位整数运算指令说明见表 3-3-8。

表 3-3-8　32 位整数运算指令

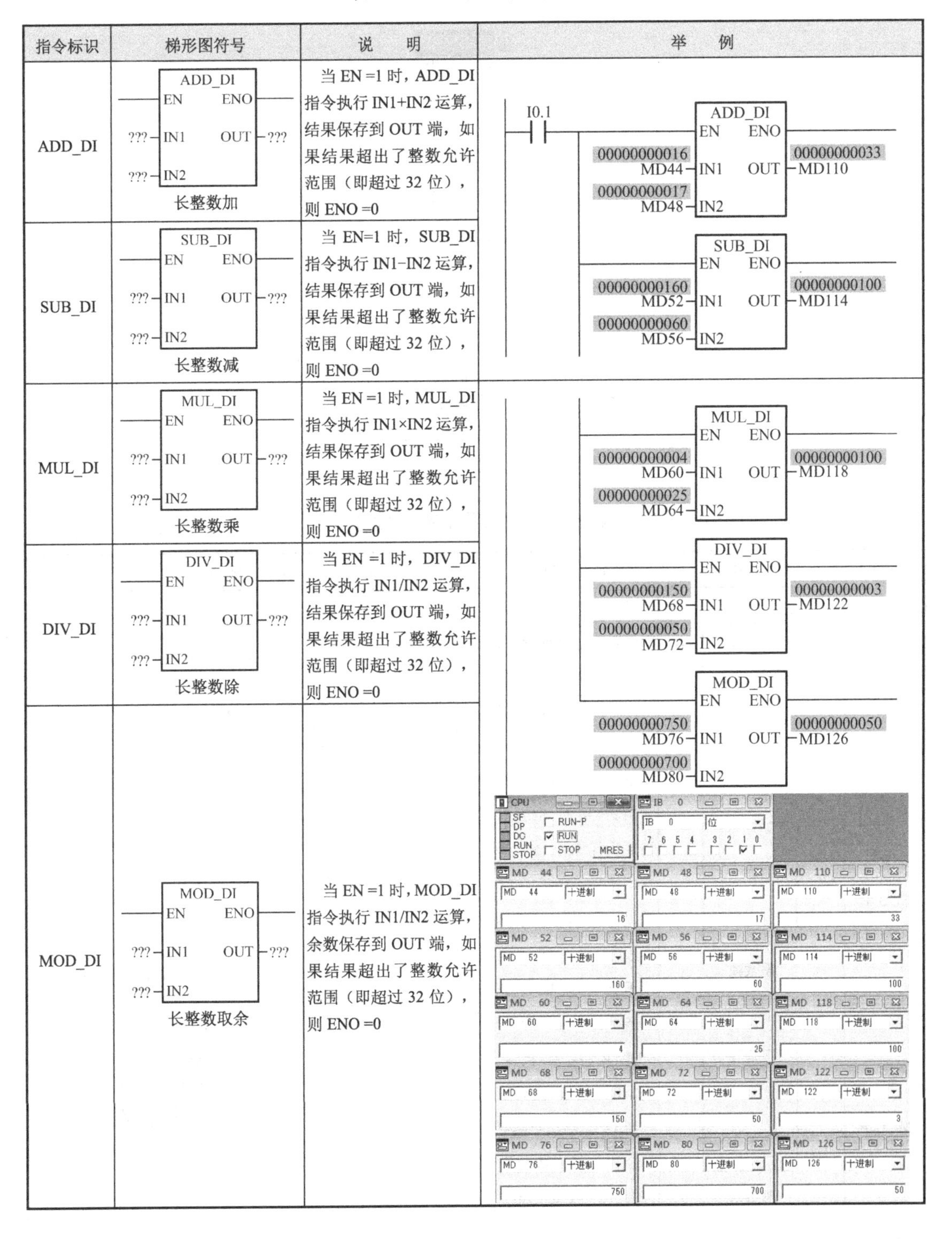

指令标识	梯形图符号	说　明	举　例
ADD_DI	ADD_DI：EN、ENO、IN1、OUT、IN2（???） 长整数加	当 EN =1 时，ADD_DI 指令执行 IN1+IN2 运算，结果保存到 OUT 端，如果结果超出了整数允许范围（即超过 32 位），则 ENO =0	I0.1；ADD_DI：MD44（0000000016）→IN1，MD48（0000000017）→IN2，OUT→MD110（0000000033）
SUB_DI	SUB_DI：EN、ENO、IN1、OUT、IN2（???） 长整数减	当 EN=1 时，SUB_DI 指令执行 IN1−IN2 运算，结果保存到 OUT 端，如果结果超出了整数允许范围（即超过 32 位），则 ENO =0	SUB_DI：MD52（0000000160）→IN1，MD56（0000000060）→IN2，OUT→MD114（0000000100）
MUL_DI	MUL_DI：EN、ENO、IN1、OUT、IN2（???） 长整数乘	当 EN =1 时，MUL_DI 指令执行 IN1×IN2 运算，结果保存到 OUT 端，如果结果超出了整数允许范围（即超过 32 位），则 ENO =0	MUL_DI：MD60（0000000004）→IN1，MD64（0000000025）→IN2，OUT→MD118（0000000100）
DIV_DI	DIV_DI：EN、ENO、IN1、OUT、IN2（???） 长整数除	当 EN =1 时，DIV_DI 指令执行 IN1/IN2 运算，结果保存到 OUT 端，如果结果超出了整数允许范围（即超过 32 位），则 ENO =0	DIV_DI：MD68（0000000150）→IN1，MD72（0000000050）→IN2，OUT→MD122（0000000003）
MOD_DI	MOD_DI：EN、ENO、IN1、OUT、IN2（???） 长整数取余	当 EN =1 时，MOD_DI 指令执行 IN1/IN2 运算，余数保存到 OUT 端，如果结果超出了整数允许范围（即超过 32 位），则 ENO =0	MOD_DI：MD76（0000000750）→IN1，MD80（0000000700）→IN2，OUT→MD126（0000000050） CPU：SF、DP、DC、RUN、STOP；RUN-P、RUN、STOP、MRES IB 0：位，7 6 5 4 3 2 1 0 MD 44 十进制 16；MD 48 十进制 17；MD 110 十进制 33 MD 52 十进制 160；MD 56 十进制 60；MD 114 十进制 100 MD 60 十进制 4；MD 64 十进制 25；MD 118 十进制 100 MD 68 十进制 150；MD 72 十进制 50；MD 122 十进制 3 MD 76 十进制 750；MD 80 十进制 700；MD 126 十进制 50

2. 实数（浮点数）运算指令

实数运算指令又称为浮点函数指令，浮点函数指令如图 3-3-10 所示。主要浮点数运算指令说明见表 3-3-9。

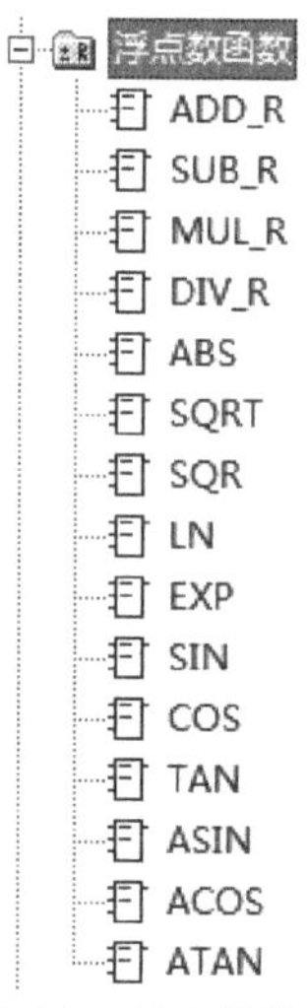

图 3-3-10　浮点函数指令

表 3-3-9　主要浮点数运算指令

指令标识	梯形图符号	说　明	举　例
ADD_R	ADD_R EN ENO ???-IN1 OUT-??? ???-IN2 整数加	当 EN =1 时，ADD_R 指令执行 IN1+IN2 运算，结果保存到 OUT 端，如果结果超出了浮点数允许范围（即上溢或下溢），则 ENO =0	I0.2 ADD_R: EN ENO; 0000000004.5 MD84-IN1 OUT-MD132 000000000011; 0000000006.5 MD88-IN2 SUB_R: EN ENO; 0000000025.5 MD92-IN1 OUT-MD136 000000000013; 0000000012.5 MD96-IN2 MUL_R: EN ENO; 0000000003.5 MD140-IN1 OUT-MD200 000000000007; 000000000002 MD144-IN2 DIV_R: EN ENO; 0000000012.5 MD148-IN1 OUT-MD204 0000000002.5; 000000000005 MD152-IN2
SUB_R	SUB_R EN ENO ???-IN1 OUT-??? ???-IN2 整数减	当 EN =1 时，SUB_R 指令执行 IN1-IN2 运算，结果保存到 OUT 端，如果结果超出了浮点数允许范围（即上溢或下溢），则 ENO =0	
MUL_R	MUL_R EN ENO ???-IN1 OUT-??? ???-IN2 整数乘	当 EN =1 时，MUL_R 指令执行 IN1×IN2 运算，结果保存到 OUT 端，如果结果超出了浮点数允许范围(即上溢或下溢)，则 ENO =0	

续表

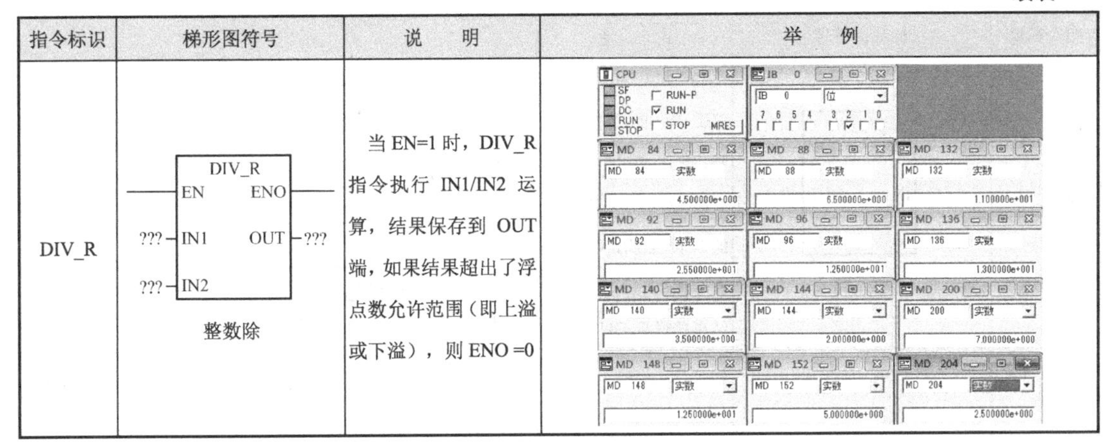

指令标识	梯形图符号	说　明	举　例
DIV_R	DIV_R EN　ENO ???-IN1　OUT-??? ???-IN2 整数除	当 EN=1 时，DIV_R 指令执行 IN1/IN2 运算，结果保存到 OUT 端，如果结果超出了浮点数允许范围（即上溢或下溢），则 ENO =0	MD 84 实数 4.500000e+000；MD 88 实数 6.500000e+000；MD 132 实数 1.100000e+001；MD 92 实数 2.550000e+001；MD 96 实数 1.250000e+001；MD 136 实数 1.300000e+001；MD 140 实数 3.500000e+000；MD 144 实数 2.000000e+000；MD 200 实数 7.000000e+000；MD 148 实数 1.250000e+001；MD 152 实数 5.000000e+000；MD 204 实数 2.500000e+000

3.3.6　移位和循环指令

移位指令的功能是将数据往左或往右移动，循环移位的功能是以环形方式将数据左移或右移，移位和循环移位指令如图 3-3-11 所示。移位指令说明见表 3-3-10。

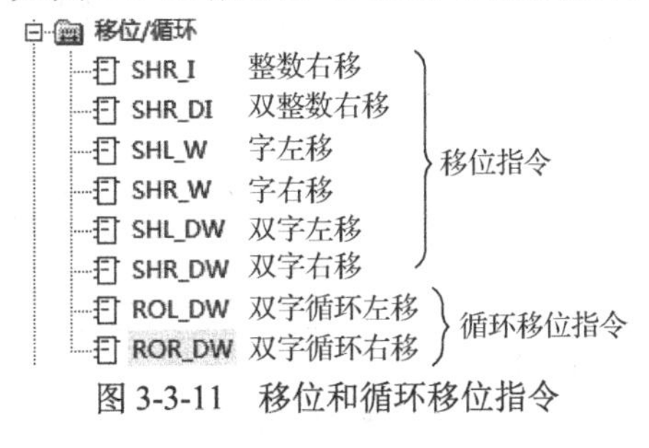

图 3-3-11　移位和循环移位指令

表 3-3-10　移位和循环移位指令

指令标识	梯形图符号	说　明	举　例
SHR_I	SHR_I EN　ENO ???-IN　OUT-??? ???-N 整数右移	当 EN =1 时，SHR_I 指令执行右移，将 IN 端 16 位整数右移 N 位，左端空出的 N 位全部用符号位填充，右移出的 N 位丢失，结果传送到 OUT 端	I0.0；SHR_I EN ENO；MW0-IN OUT-MW4；W#16#4-N；Q0.0 (S) 15　8 7　0 MW0 1010 1111 0000 1010 符号位　右移4位 MW4 1111 1010 1111 0000 1010 高位空出部分用符号位填充　低位移出丢失
SHR_DI	SHR_DI EN　DENO ???-IN　OUT-??? ???-N 双整数右移	当 EN =1 时，SHR_DI 指令执行右移，将 IN 端 32 位整数右移 N 位，左端空出的 N 位全部用符号位填充，右端移的 N 位丢失，结果传送到 OUT 端	I0.0；SHR_I EN ENO；-20726 MW0-IN OUT-MW4 -1296；16#0004 W#16#4-N；Q0.0 (S) MW 0 二进制 1010_1111_0000_1010；MW 4 二进制 1111_1010_1111_0000

续表

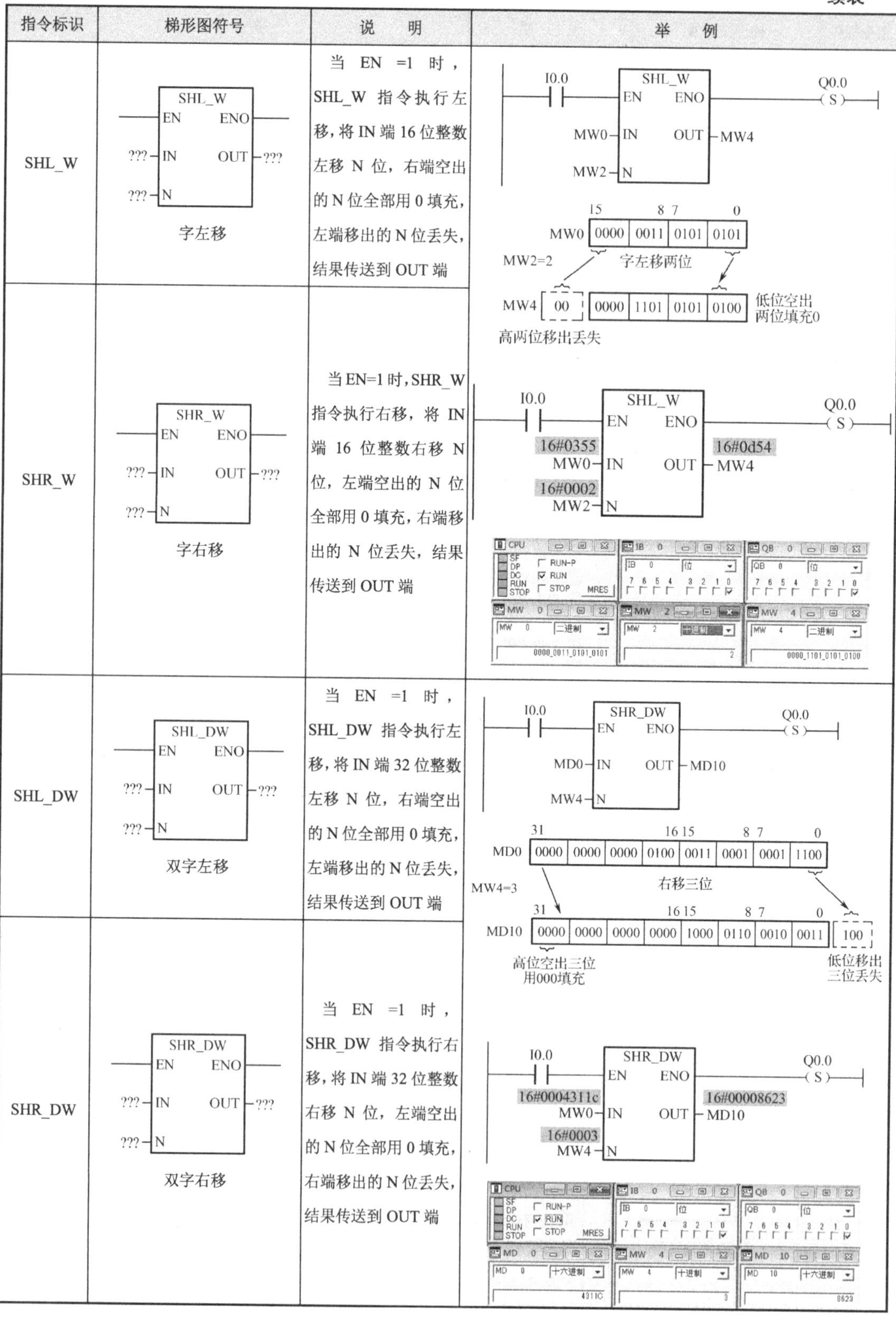

指令标识	梯形图符号	说明	举例
SHL_W	SHL_W: EN, ENO, ???-IN, OUT-???, ???-N 字左移	当 EN =1 时，SHL_W 指令执行左移，将 IN 端 16 位整数左移 N 位，右端空出的 N 位全部用 0 填充，左端移出的 N 位丢失，结果传送到 OUT 端	I0.0; SHL_W: EN, ENO, MW0-IN, OUT-MW4, MW2-N; Q0.0 (S) 15 8 7 0 MW0 0000 0011 0101 0101 MW2=2 字左移两位 MW4 00 0000 1101 0101 0100 低位空出两位填充0 高两位移出丢失
SHR_W	SHR_W: EN, ENO, ???-IN, OUT-???, ???-N 字右移	当 EN=1 时，SHR_W 指令执行右移，将 IN 端 16 位整数右移 N 位，左端空出的 N 位全部用 0 填充，右端移出的 N 位丢失，结果传送到 OUT 端	I0.0; SHL_W: EN, ENO; 16#0355 MW0-IN; OUT-MW4 16#0d54; 16#0002 MW2-N; Q0.0 (S) MW 0: 0000_0011_0101_0101; MW 2: 2; MW 4: 0000_1101_0101_0100
SHL_DW	SHL_DW: EN, ENO, ???-IN, OUT-???, ???-N 双字左移	当 EN =1 时，SHL_DW 指令执行左移，将 IN 端 32 位整数左移 N 位，右端空出的 N 位全部用 0 填充，左端移出的 N 位丢失，结果传送到 OUT 端	I0.0; SHR_DW: EN, ENO, MD0-IN, OUT-MD10, MW4-N; Q0.0 (S) 31 16 15 8 7 0 MD0 0000 0000 0000 0100 0011 0001 0001 1100 MW4=3 右移三位 MD10 0000 0000 0000 0000 1000 0110 0010 0011 100 高位空出三位用000填充; 低位移出三位丢失
SHR_DW	SHR_DW: EN, ENO, ???-IN, OUT-???, ???-N 双字右移	当 EN =1 时，SHR_DW 指令执行右移，将 IN 端 32 位整数右移 N 位，左端空出的 N 位全部用 0 填充，右端移出的 N 位丢失，结果传送到 OUT 端	I0.0; SHR_DW: EN, ENO; 16#0004311c MW0-IN; OUT-MD10 16#00008623; 16#0003 MW4-N; Q0.0 (S) MD 0: 4311C; MW 4: 3; MD 10: 8623

续表

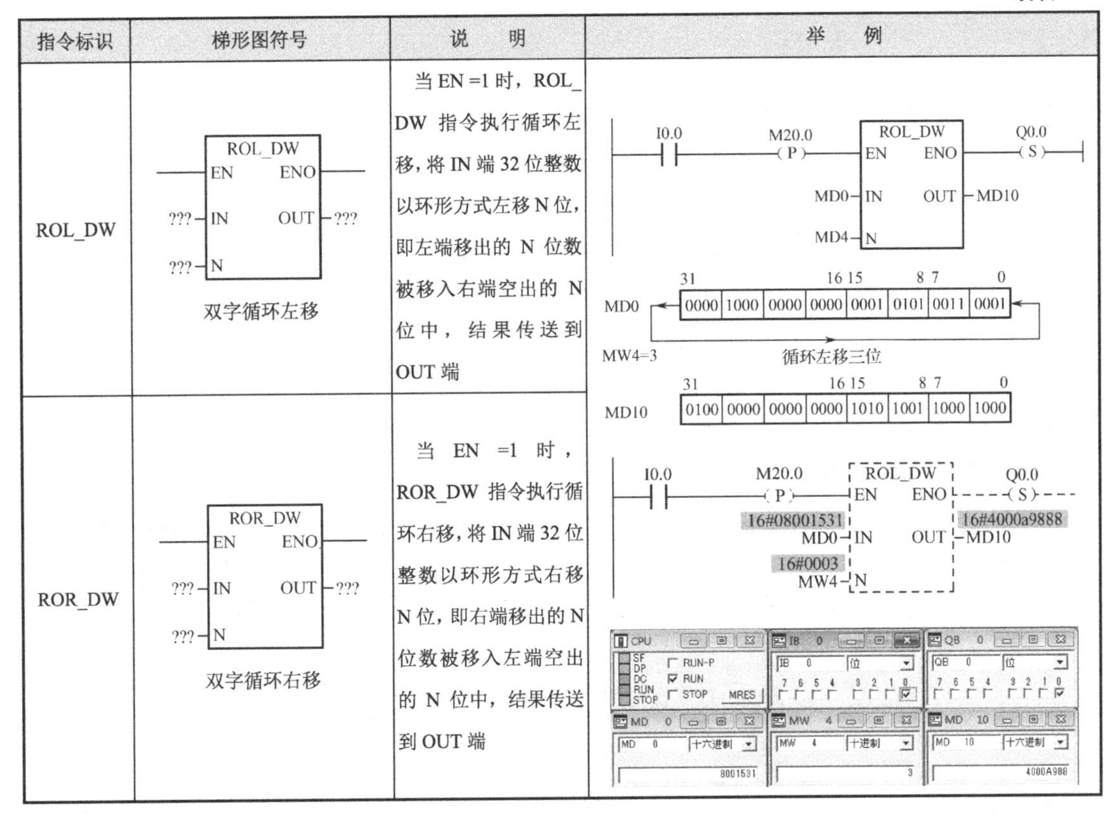

指令标识	梯形图符号	说　明	举　例
ROL_DW	ROL_DW EN ENO ???-IN OUT-??? ???-N 双字循环左移	当 EN =1 时，ROL_DW 指令执行循环左移，将 IN 端 32 位整数以环形方式左移 N 位，即左端移出的 N 位数被移入右端空出的 N 位中，结果传送到 OUT 端	I0.0 M20.0 (P) ROL_DW EN ENO Q0.0 (S) MD0-IN OUT-MD10 MD4-N MD0 0000 1000 0000 0000 0001 0101 0011 0001 MW4=3 循环左移三位 MD10 0100 0000 0000 0000 1010 1001 1000 1000
ROR_DW	ROR_DW EN ENO ???-IN OUT-??? ???-N 双字循环右移	当 EN =1 时，ROR_DW 指令执行循环右移，将 IN 端 32 位整数以环形方式右移 N 位，即右端移出的 N 位数移入左端空出的 N 位中，结果传送到 OUT 端	I0.0 M20.0 (P) ROL_DW EN ENO Q0.0 (S) 16#08001531 MD0-IN OUT-MD10 16#4000a9888 16#0003 MW4-N

【例 3-3-5】 设计一个按钮控制的 8 彩灯依次点亮的 PLC 控制系统。

控制要求：用 SB1 I0.0 启动按钮控制接在 Q0.0～Q0.7 上的 8 个彩灯循环移位，从右到左以 1s 的速度依次点亮，保持任意时刻只有一个指示灯亮，到达最左端后，再从右到左依次点亮。按钮 SB2 为停止按钮，按下停止按钮 SB2 时，所有的彩灯都熄灭。

1）I/O 端口分配

根据控制要求，一个按钮控制的 8 彩灯依次点亮的 PLC 控制系统的 I/O 端口分配如表 3-3-11 所示。

表 3-3-11　I/O 端口分配表

输入信号			输出信号		
变　量	地　址	功能说明	变　量	地　址	功能说明
SB1	I0.0	启动按钮，常开	L1～L8	Q0.0～Q0.7	8 个彩灯
SB2	I0.1	停止按钮，常开			

2）梯形图程序设计

根据控制要求，需要用到组织块 OB100 暖启动块（结构化程序设计中要详细介绍）。M100.5 是 CPU 自带的 1s 时钟脉冲，需要在 CPU 硬件中设置。其对应的梯形图程序分别用移位与循环移位来编写，如图 3-3-12 和图 3-3-13 所示。

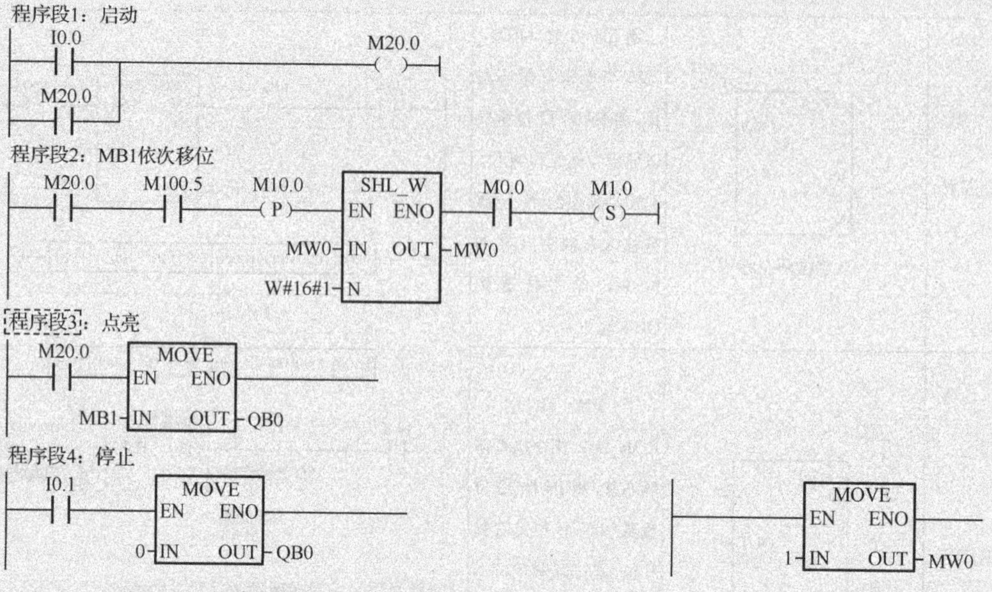

（a）OB1　　（b）OB100

图 3-3-12　梯形图程序方法一（移位指令）

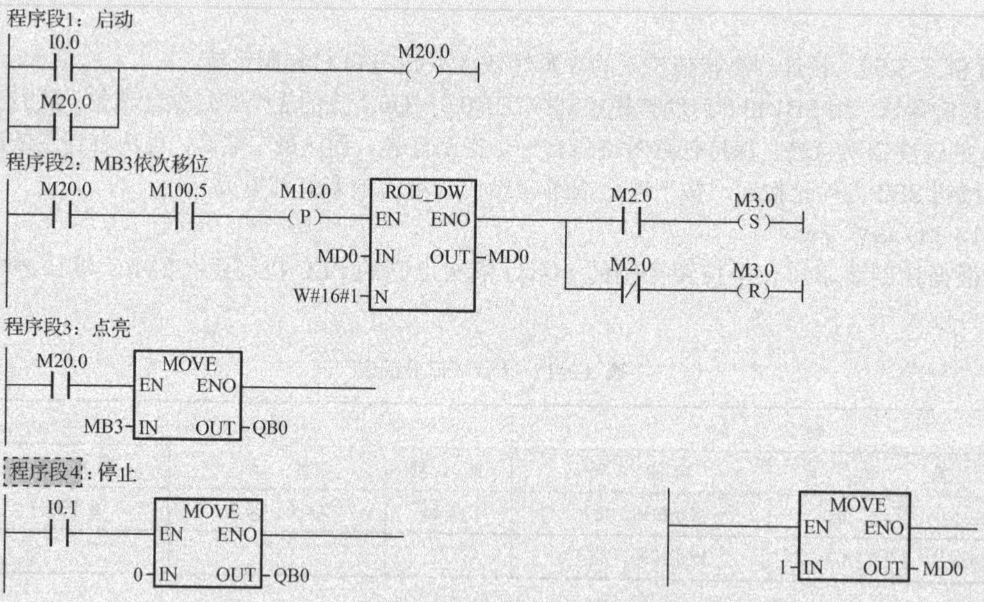

（a）OB1　　（b）OB100

图 3-3-13　梯形图程序方法二（循环移位指令）

任务实施

子任务 1 十字路口的交通灯 PLC 控制（比较指令）

1. 控制要求

在十字路口的东西南北方向装设红、绿、黄灯，它们按照一定时序轮流点亮。信号灯受一个启动开关控制，当启动开关接通时，信号灯系统开始工作，首先南北红灯亮，东西绿灯亮，南北红灯亮维持 15s，东西绿灯亮维持 10s；到 10s 时，东西绿灯闪亮，绿灯闪亮周期为 1s（亮 0.5s，熄 0.5s），绿灯闪亮 3s 后熄灭，东西黄灯亮，并维持 2s；到 2s 时，东西黄灯熄灭，东西红灯亮，同时南北红灯熄灭，南北绿灯亮，绿灯亮维持 10s；到 10s 时，南北绿灯闪亮，绿灯闪亮周期为 1s（亮 0.5s，熄 0.5s），绿灯闪亮 3s 后熄灭，南北黄灯亮，并维持 2s；到 2s 时，南北黄灯熄灭，南北红灯亮，同时东西红灯熄灭，东西绿灯亮；开始第二周期的动作，以后周而复始地循环。当启动开关断开时，所有信号灯熄灭。十字路口交通灯控制系统的示意图和时序图如图 3-3-14 所示。

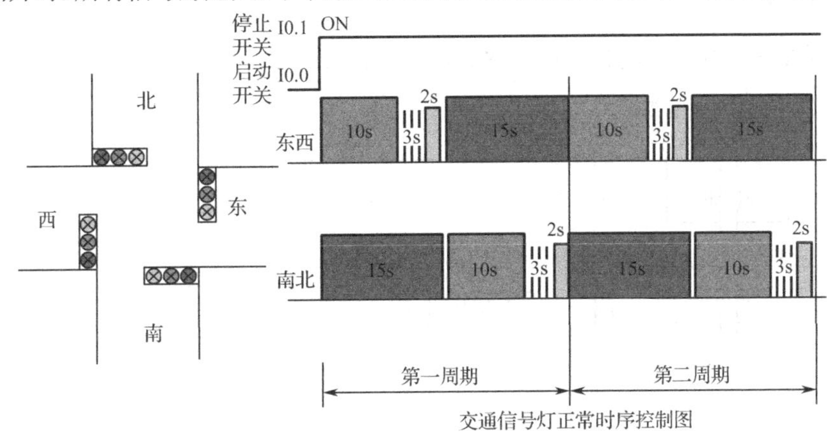

图 3-3-14 十字路口交通灯控制系统的示意图和时序图

2. I/O 分配

十字路口交通灯 PLC 控制系统的 I/O 端口分配如表 3-3-12 所示。

表 3-3-12 I/O 端口分配表

输入			输出		
变量	地址	说明	变量	地址	说明
SA1	I0.0	启动开关	HL1	Q0.1	东西红灯
SB1	I0.1	停止开关	HL2	Q0.2	东西绿灯
			HL3	Q0.3	东西黄灯
			HL4	Q0.4	南北红灯
			HL5	Q0.5	南北绿灯
			HL6	Q0.6	南北黄灯

3. 硬件接线图

PLC 硬件接线图如图 3-3-15 所示。

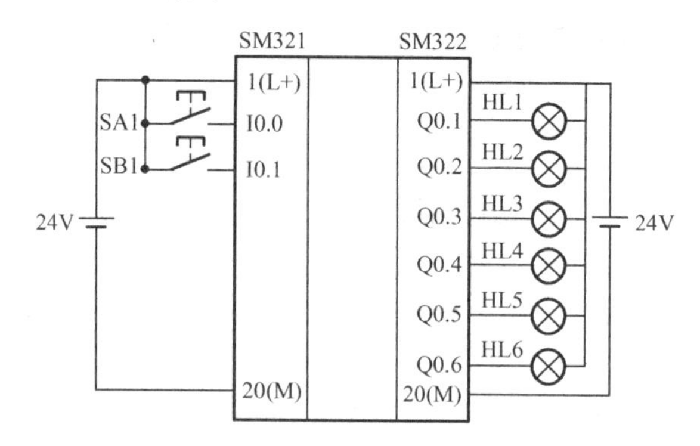

图 3-3-15 交通灯控制系统的 PLC 硬件接线图

4. 梯形图程序

根据控制要求，其对应的梯形图程序如图 3-3-16 所示。

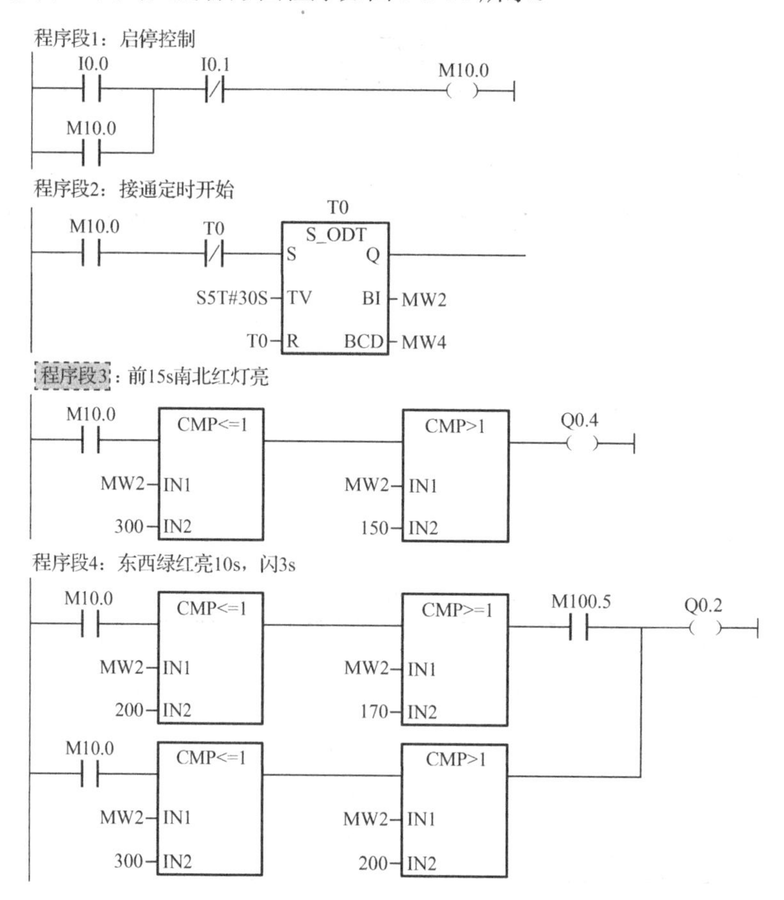

图 3-3-16 梯形图程序

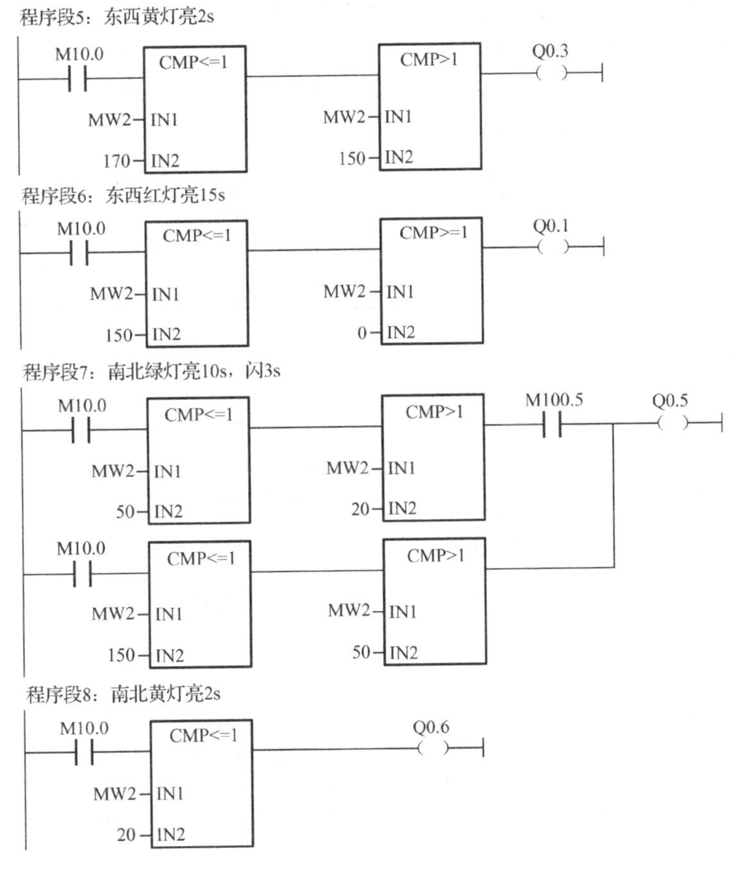

图 3-3-16　梯形图程序（续）

子任务 2　霓虹灯广告的循环 PLC 控制（移位类指令）

1. 控制要求

用 HL1～HL4 四个霓虹灯，分别做成“欢”“迎”“光”“临”四个字。其闪烁要求见表 3-3-13，时间间隙为 1s，反复循环进行。按启动按钮开始工作，按停止按钮全部熄灭。

表 3-3-13　“欢”“迎”“光”“临”闪烁流程表

灯号＼步序	1	2	3	4	5	6	7	8
HL1	亮				亮		亮	
HL2		亮			亮		亮	
HL3			亮		亮		亮	
HL4				亮	亮		亮	

2. I/O 端口分配

根据控制要求，霓虹灯闪烁的 PLC 控制系统的 I/O 端口分配如表 3-3-14 所示。

表 3-3-14 I/O 端口分配

输入			输出		
变量	地址	说明	变量	地址	说明
SA1	I0.0	启动按钮	HL1	Q0.0	“欢”字灯
SB1	I0.1	停止按钮	HL2	Q0.1	“迎”字灯
			HL3	Q0.2	“光”字灯
			HL4	Q0.3	“临”字灯

3. 硬件接线图

按钮控制的 8 彩灯依次点亮的控制系统的 PLC 外部接线如图 3-3-17 所示。

SM321
SM322
1(L+)
1(L+)
SA1
SB1
I0.0
I0.1
24V
Q0.0
Q0.1
Q0.2
Q0.3
HL1
HL2
HL3
HL4
24V
20(M)
20(M)

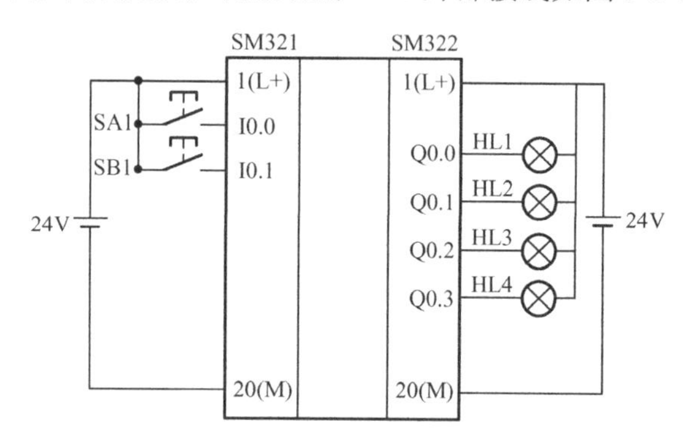

图 3-3-17 8 彩灯依次点亮的控制系统的 PLC 外部接线

4. 程序设计

根据控制要求，其对应的梯形图程序如图 3-3-18 所示。

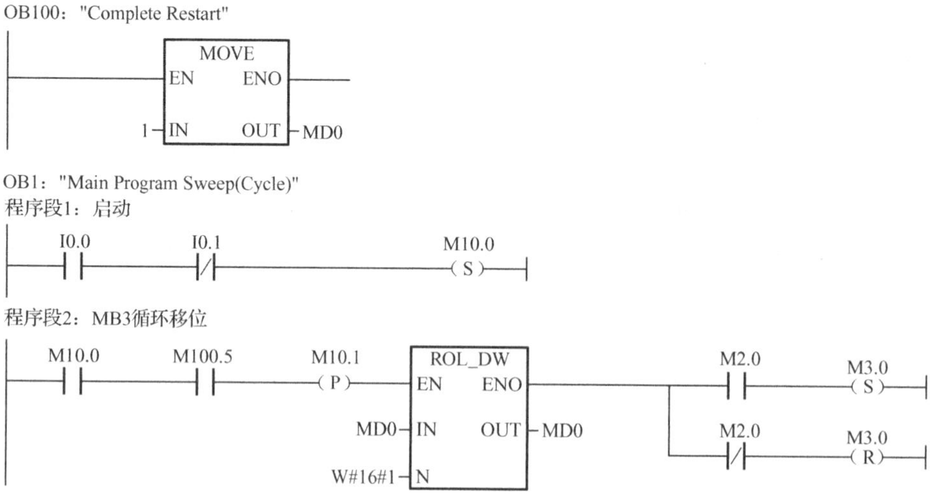

OB100："Complete Restart"
MOVE
EN
ENO
1
IN
OUT
MD0
OB1："Main Program Sweep(Cycle)"
程序段1：启动
I0.0
I0.1
M10.0
S
程序段2：MB3循环移位
M10.0
M100.5
M10.1
P
ROL_DW
EN
ENO
MD0
IN
OUT
MD0
W#16#1
N
M2.0
M3.0
S
M2.0
M3.0
R

图 3-3-18 梯形图程序

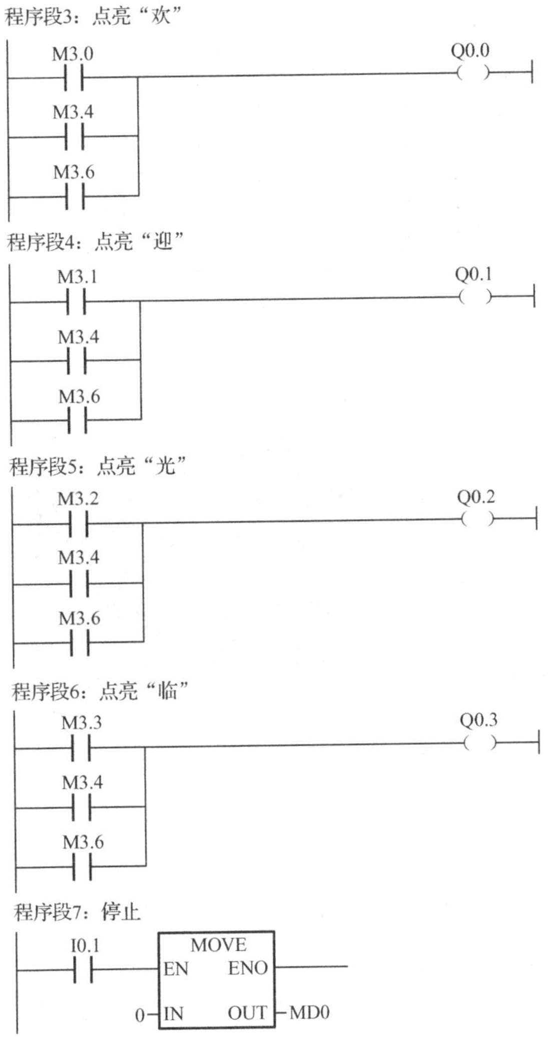

程序段3：点亮“欢”

M3.0　Q0.0
M3.4
M3.6

程序段4：点亮“迎”

M3.1　Q0.1
M3.4
M3.6

程序段5：点亮“光”

M3.2　Q0.2
M3.4
M3.6

程序段6：点亮“临”

M3.3　Q0.3
M3.4
M3.6

程序段7：停止

I0.1　MOVE
EN　ENO
0 IN　OUT MD0

图 3-3-18　梯形图程序（续）

子任务 3　灌装生产线包装 PLC 控制（数据转换与数据运算指令）

1. 控制要求

工程中经常会遇到数据设定、数据显示的情形，此时就需要通过 BCD 码与整数或长整数转换指令来实现。如图 3-3-19 所示，用户程序利用拨轮按钮输入的值执行数学运算功能，并把结果显示在数据显示窗口中，数学运算功能不能用 BCD 格式执行，所以必须先转换格式。

在灌装生产线中，需要对瓶数做统计，以 12 个为单位打一个包装，包装数需要计算并显示，空瓶数减去满瓶数得到废瓶数，废瓶数除以空瓶数乘以 100 得到百分数的废品率。当废品率超过 2%时，传送带终端指示灯亮，工作示意图如图 3-3-20 所示。本任务就利用转换指令完成这个功能。

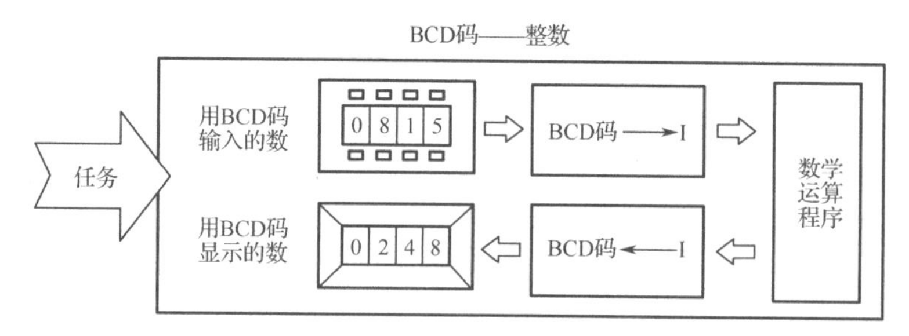

图 3-3-19　拨轮按钮输入的值和显示值

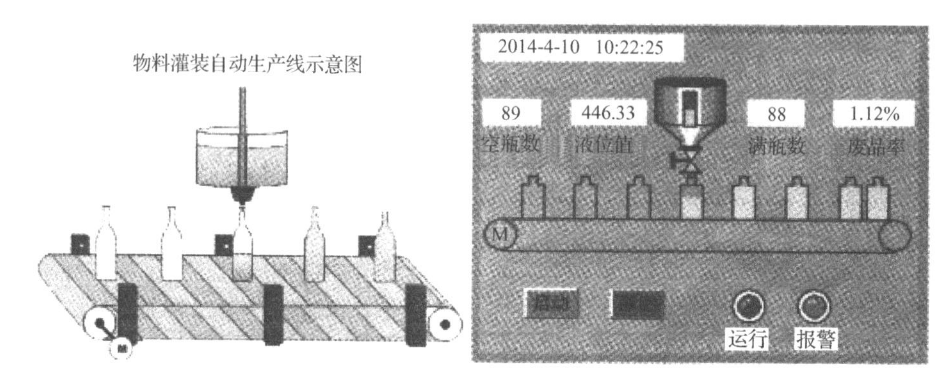

图 3-3-20　灌装生产线工作示意图

2. I/O 分配表

由控制要求分析可知，该设计需要 8 个输入和 3 个输出，其 I/O 分配见表 3-3-15。

图 3-3-15　I/O 分配表

输　入			输　出		
变　量	地　址	说　明	变　量	地　址	说　明
SB0	I0.0	清零按钮	KM1	Q2.0	生产线运行指示器
SB1	I0.1	停止按钮	KM2	Q2.1	终端报警指示灯
SB2	I0.2	启动按钮		QW0	包装箱数显示
SQ1	I0.3	终端位置检测开关			
SQ2	I0.4	空瓶检测开关			
SQ3	I0.5	满瓶检测开关			
K1	I0.6	计数器 C1 清零开关			
K2	I0.7	计数器 C2 清零开关			

3. PLC 程序设计

数学运算功能不能用 BCD 格式执行，计数器统计的空瓶数 MW2（BCD 码）、满瓶数 MW6（BCD 码）要转换成整数的空瓶数 MW10、满瓶数 MW20；计算废品率为空瓶数减去满瓶数得到废瓶数（MD30），废瓶数除以空瓶数乘以 100 得到百分数的废品率。由于废品率是实数，

因此，要先将废瓶数和空瓶数转换成实数，再做除法运算。废品率保存在 MD64 中。当废品率超过 2%时，传送带终端指示灯亮。

计算包装箱数（1 箱 12 瓶），保存在 MW22，将包装箱数显示在数码管上。数据显示要用 BCD 码，故要进行整数转 BCD 码操作。

按下清零按钮 I0.0，使空瓶数 MW10、满瓶数 MW20、废瓶数 MW30 和数码显示值 QW0 清零。PLC 梯形图如图 3-3-21 所示。

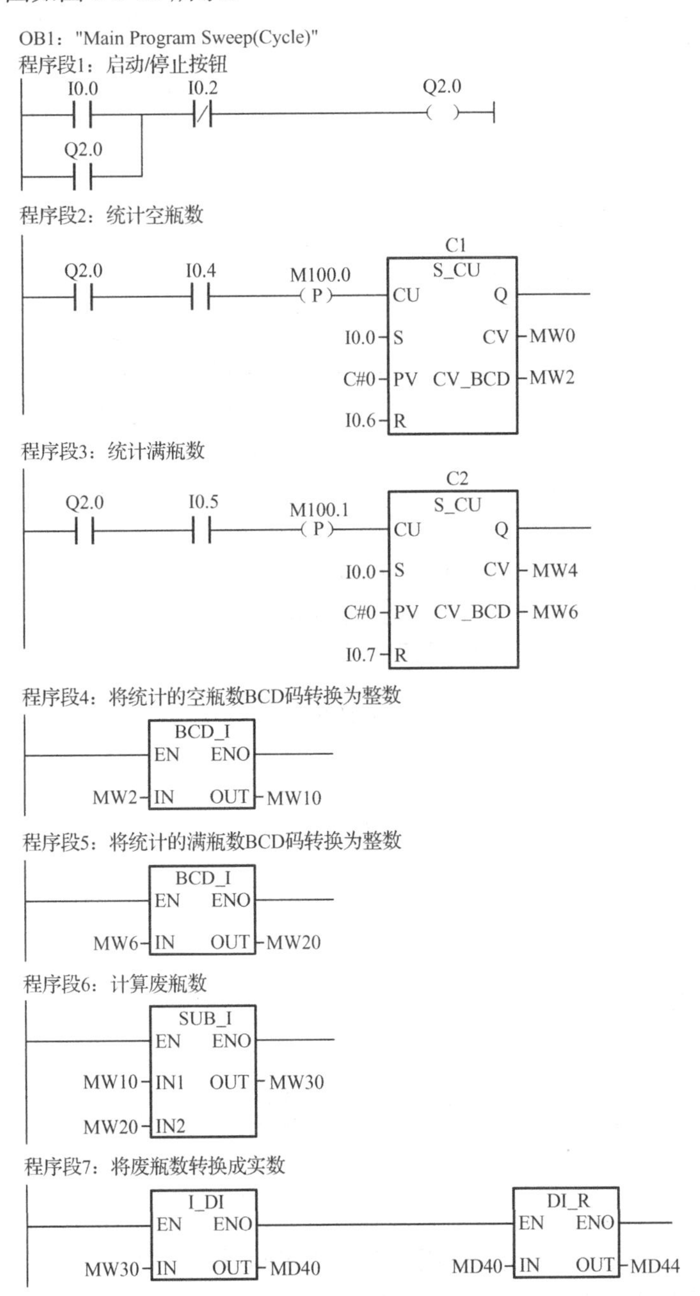

图 3-3-21　梯形图程序

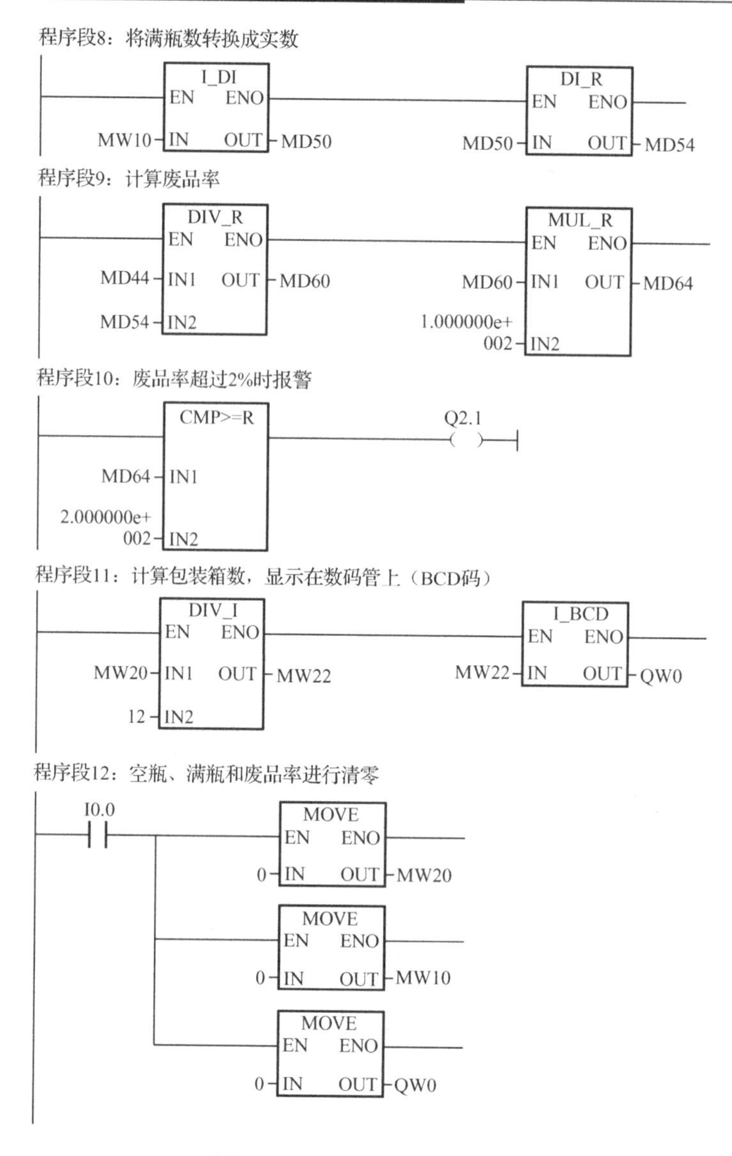

图 3-3-21　梯形图程序（续）

技能训练

技能训练 3　压力设定与显示的 PLC 控制（运算类指令）

1. 控制要求

如图 3-3-22 所示，压力变送器的量程为 0～1.6MPa，输出信号为 4～20mA，模拟量输入模块的量程为 4～20mA，转换后的数字量为 0～27648；在触摸屏上设定压力（MD24）送 S7-300 PLC，现场管道上压力变送器 0～1.6MPa 传送的 4～20mA 的压力信号进入 PLC 的 PIW256 模拟通道，经程序进行量值整定成与压力相符的数值，在人机界面上作为压力显示，当压力

值大于 1.55 MPa 或小于 0.50 MPa 时，用 Q0.0 发出报警信号，列出压力值的转换，并编写转换后的 PLC 程序。图 3-3-23 是压力、电流、数字量的关系。

图 3-3-22　变送器、A/D 转换器输入、输出关系

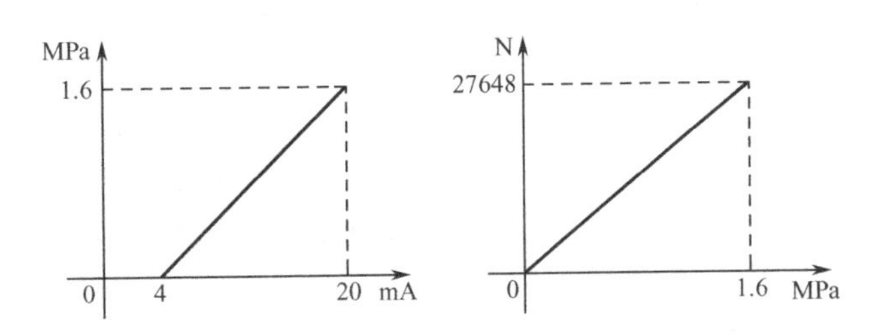

图 3-3-23　压力、电流、数字量的关系

2. 训练要求

（1）进行硬件组态。
（2）根据要求，列出压力、电流、数字量的对应关系式。
（3）根据控制要求，设计梯形图程序。

3. 技能训练考核标准

序号	主要内容	考核要求	评分标准	配分	扣分	
1	方案设计	根据控制要求，画出 I/O 分配表，设计梯形图程序及接线图	1. 输入/输出地址遗漏或错误，每处扣 1 分； 2. 梯形图表达不正确或画法不规范，每处扣 2 分； 3. 接线图表达不正确或画法不规范，每处扣 2 分； 4. 指令有错误，每处扣 2 分	20		
2	计算电流与压力、数字量与压力关系	电流与压力关系式、数字量与压力关系式要正确	1. 电流与压力关系式不正确扣 10 分； 2. 数字量与压力关系式不正确扣 10 分	20		
3	程序设计与调试	设计程序要正确，按动作要求模拟调试，达到设计要求	1. 调试步骤不正确扣 5 分； 2. 设定压力不正确扣 15 分； 3. 显示压力不正确扣 15 分； 4. 不能报警扣 15 分	50		
4	安全与文明生产	遵守国家相关安全文明生产规程，遵守学院纪律	1. 不遵守教学场所规章制度，扣 2 分； 2. 出现重大事故或人为损坏设备，扣 10 分	10		
备注			合计	100		
小组成员签名						
教师签名						
日期						

巩 固 练 习

1．填空题。

（1）每位 BCD 码用（　　）位二进制数来表示，其取值范围为二进制数 2#（　　）～2#（　　）。BCD 码 2#0100 0001 1000 0101 对应的十进制数是（　　）。

（2）二进制数 2#0100 0001 1000 0101 对应的十六进制数是 16#（　　），对应的十进制数是（　　）。

（3）Q4.2 是输出字节（　　）的第（　　）位。

（4）MW 4 由 MB（　　）和 MB（　　）组成，MB（　　）是它的高位字节。

（5）MD104 由 MW（　　）和 MW（　　）组成，MB（　　）是它的最低位字节。

（6）16 位常数 21 的数据类型为（　　），16 位常数 16#21 的数据类型为（　　），常数 21.0 的数据类型为（　　），L#21 是（　　）位的（　　）。

（7）RLO 是（　　）的简称。

（8）如果方框指令的 EN 输入端有能流流入且执行时无错误，则 ENO 输出端（　　）。状态字的（　　）位与方框指令的使能输出 ENO 的状态相同。

（9）状态字的（　　）位与位逻辑指令中的位变量的状态相同。

（10）算术运算有溢出或执行了非法的操作，状态字的（　　）位被置 1。

（11）接通延时定时器的 SD 线圈（　　）时开始定时，定时时间到时剩余时间值为（　　），其常开触点（　　），常闭触点（　　）。定时期间如果 SD 线圈断电，定时器的剩余时间（　　）。线圈重新通电时，又从（　　）开始定时。复位输入信号为 1 时 SD 线圈断电时，定时器的常开触点（　　）。

（12）在加计数器的设置输入端 S 的（　　），将预设值 PV 指定的值送入计数器字。在加计数脉冲输入信号 CU 的（　　），如果计数值小于（　　），计数值加 1 。复位输入信号 R 为 1 时，计数值被（　　）。计数值大于 0 时计数器状态位（即输出 Q）为（　　）；计数值为 0 时，计数器状态位为（　　）。

（13）S5T#和 T#二者之一能用于梯形图的是（　　）。

（14）整数 MW0 的值为 2#1011 0110 1100 0010，右移 4 位后为 2#（　　）。

2．编写程序，在 I0.0 的上升沿将 MW10～MW58 清零。

3．如果 MW4 中的数小于等于 IW2 中的数，将 M0.1 置位为 1，反之将 M0.1 复位为 0。设计满足上述要求的程序。

4．设计循环程序，求 MD20～MD40 中的浮点数的平均值。

5．频率变送器的输入量程为 45～55Hz，输出信号为直流 4～20mA，AI 模块的通道地址为 PIW320，额定输入电流为 4～20mA。编写程序，求以 0.01Hz 为单位的频率值，运算结果用 MW20 保存。

6．半径（小于 10000 的整数）在 DB2.DBW2 中，取圆周率为 3.1416，编写程序，用整型运算指令计算圆的周长，运算结果转换为整数，存放在 DB2.DBW4 中。

7．设计程序，将 Q 4.5 的值立即写入到对应的输出模块。

8．用整数除法指令将 MW10 中的数据 72 除以 8 后存放到 MW20 中。

9．做式子 x=[(10.0 × 2.0+50.0)/5]−0.4 的运算，并将结果送入 MD100 中存储。

10．压力变送器的量程为 0～10MPa，输出信号为 0～20mA，模拟量输入模块的量程为 0～20mA，转换后的数字量为 0～27648，设转换后的数字为 N，计算以 kPa 为单位的压力值的转换值，并编写转换后的 PLC 程序。变送器、A/D 转换器输入、输出关系如图 3-3-24 所示。

图 3-3-24　变送器、A/D 转换器输入、输出关系

11．压力变送器的量程为 0～10MPa，输出信号为 0～20mA，模拟量输入模块的量程为 4～20mA，转换后的数字量为 0～27648，设转换后的数字为 *N*，计算以 kPa 为单位的压力值的转换，并编写转换后的 PLC 程序，变送器、A/D 转换器输入、输出关系如图 3-3-25 所示。

图 3-3-25　变送器、A/D 转换器输入、输出关系

12．要求用循环移位指令实现 8 个彩灯的循环左移和右移。其中 I0.0 为启停控制开关，MD20 为设定的初始值，MW12 为移位位数，输出为 Q4.0～Q4.7。

13．用 PLC 控制彩灯，要求如下：

按下启动按钮时，彩灯 L1、L2 同时亮；过 1s 后，L1 熄灭，L2 保持亮；过 1s 后，L1、L2 同时灭；过 1s 后，L1 亮，L2 保持灭；再过 1s 后，L1、L2 又同时亮，如此循环闪烁，直到按下停止按钮，彩灯工作终止。

14．PLC 控制加热炉，操作员按启动按钮开始加热，如图 3-3-26 所示的加热炉，操作员能够使用拨码开关设定加热时间，操作员设定的值用 BCD 格式以秒为单位显示。

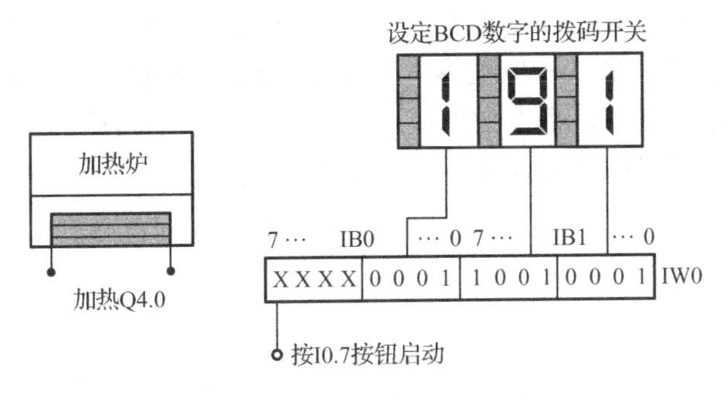

图 3-3-26　拨码开关加热炉

模块4　S7-300/400 结构化程序设计及调试

任务目标

（1）会建立数据块、组织块、功能、功能块。
（2）能建立子程序，会编程及调用。
（3）掌握用户程序基本结构。
（4）能编写数据块、组织块、功能、功能块综合应用程序。

任务描述

在工业生产的控制中，有时工艺流程复杂，控制的参数多，在一个程序中用线性化方法编程工作量较大，也容易出错；故应根据工艺控制要求把控制任务分成几个子任务，几个人同时完成一个项目的编程任务，提高效率；本任务通过工厂中常用的星/三角降压启动、大型设备的运行、分频器、彩灯与交通灯等不同PLC控制方法，学习用户程序结构指令的组织块（OB）、功能（FC）、功能块（FB）、数据块（DB）编程。

知识准备

S7-300/400 PLC 的程序分为系统程序和用户程序。系统程序固化在 CPU 内，主要完成 PLC 的启动、刷新输入的过程映像表和输出的过程映像表、调用用户程序、检测并处理错误、检测中断并调用中断程序、管理存储区域和与其他设备通信等。用户程序是指由用户在 STEP 7 中编写并下载到 CPU 中的程序。

1. 三种编程方式

在 STEP 7 中，可采用三种方式来编写用户程序，分别是线性化编程方式、模块化编程方式和结构化编程方式，三种编程方式如图 4-0-1 所示。

1）线性化编程

线性化编程是指将所有的用户程序都写在组织块 OB1 中，程序从前到后按顺序循环运行，如图 4-0-1（a）所示。线性化编程不使用功能块（FB）、功能（FC）和数据块（DB）等，比较容易掌握，特别适合初学者使用。

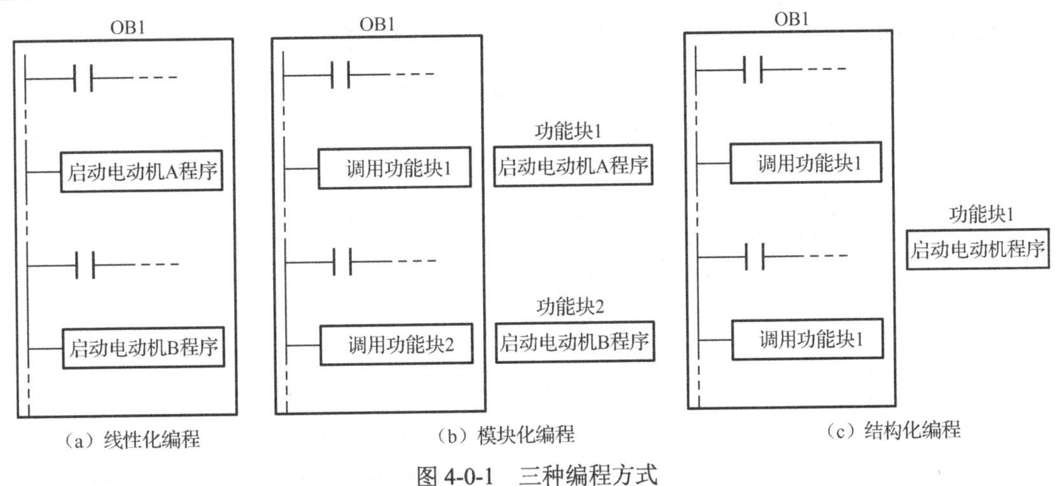

（a）线性化编程　（b）模块化编程　（c）结构化编程

图 4-0-1　三种编程方式

对于简单的程序，通常使用线性化编程，如果复杂程序也采用这种方式编程，不但程序可读性变差，调试查错也比较麻烦，另外，每个周期 CPU 都要从前往后扫描冗长的程序会降低 CPU 的工作效率。

2）模块化编程

模块化编程是指将整个程序中具有一定功能的程序段独立出来，写在功能（FC）或功能块（FB）中，然后在主程序（写在组织块 OB1 中）的相应位置调用这些功能块。模块化编程如图 4-0-1（b）所示，程序中启动电动机 A 和启动电动机 B 两个程序段被分离出来，分别写在功能块 1 和功能块 2 内，在主程序中执行该程序段的位置放置了调用功能块的指令。

在模块化编程时，程序被划分为若干块，很容易实现多个人同时对一个项目编程，程序易于阅读和调试，又因为只在需要时才调用有关的功能块，所以提高了 CPU 的工作效率。

3）结构化编程

结构化编程是一种更高效的编程方式，虽然与模块化编程一样都用到功能块，但在结构化编程时，将功能类似而参数不同的多个程序段写成一个通用程序段，放在一个功能块中，在调用时，只需赋予该功能块不同的输入、输出参数，就能完成功能类似的不同任务。

结构化编程如图 4-0-1（c）所示，启动电动机 A 与启动电动机 B 的过程相同，只是使用了不同的输入点（输入参数）或输出点（输出参数），故可为这两台电动机写一个通用启动程序，放在一个功能块中。当需要启动电动机 A 时，调用该功能块，同时将启动电动机 A 的输入参数和输出参数赋予该功能块，该功能块完成启动电动机 A 的任务；当需要启动电动机 B 时，也调用该功能块，同时将启动电动机 B 的输入参数和输出参数赋予该功能块，该功能块就能完成启动电动机 B 的任务。

结构化编程可简化设计过程，缩短程序代码长度，提高编程效率，阅读、调试和查错都比较方便，比较适合编写复杂的自动化控制任务程序。

2. 用户程序的块结构

在 STEP 7 软件中，具体的程序写在块中，各种块有机组合起来就构成了用户程序。块是一些独立的程序或者数据单元，STEP 7 软件中的块有：组织块（Organization Block，OB）、功能块（Function Block，FB）、系统功能块（System Function Block，SFB）、功能（Function，FC）、系统功能（System Function，SFC）、背景数据块（Instance Data Block，DI）和共享数据块（Share Data Block，DB)。各种块的简要说明如表 4-0-1 所示。

表 4-0-1　各种块的简要说明

块	简 要 描 述
组织块 OB	操作系统与用户程序的接口，决定用户程序的结构
功能块 FB	用户编写的包含经常使用的功能的子程序，有专用的存储区
功能 FC	用户编写的包含经常使用的功能的子程序，无专用的存储区
系统功能块 SFB	集成在 CPU 模块中，用于调用系统功能，有专用的存储区
系统功能 SFC	集成在 CPU 模块中，用于调用系统功能，无专用的存储区
背景数据块 DI	用于保存 FB 和 SFB 的输入、输出变量和静态变量，其数据在编译时自动生产
共享数据块 DB	存储用户数据的数据区域，供所有逻辑块共享

S7-300/400 PLC 的用户程序块结构之间的关系如图 4-0-2 所示。组织块 OB1 是程序的主体，它可以调用功能块 FB，也可以调用功能 FC，功能或功能块还可以调用其他的功能或功能块，这种被调用的功能或功能块再调用其他的功能或功能块的方式称为嵌套，嵌套深度（允许调用的层数）可查 CPU 模块手册。功能与功能块的主要区别在于：**功能没有数据块，而功能块有用做存储的数据块（DI 或 DB)。**

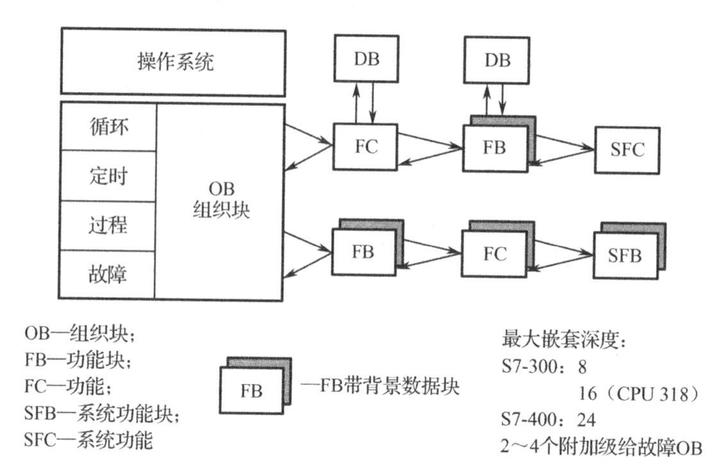

图 4-0-2　用户程序块结构之间的关系

3. 数据块的数据结构

数据块（DB）有三种数据类型，共享数据块、背景数据块和用户定义数据块。

共享数据块又称全局数据块，用于存储全局数据，所有逻辑块（OB、FC、FB）都可以访问共享数据块存储的数据。

背景数据块用作“私有存储器区”，即用作功能块（FB）的“存储器”。FB 的参数和静态变量安排在它的背景数据块中。背景数据块不是用户编辑的，而是由编辑器伴随功能块生成的。

用户定义数据块（DB of Type）是以 UDT 为模板生成的数据块。创建用户定义数据块之前，必须先创建一个用户定义数据类型，如 UDT1，并在 LAD/STL/FBD S7 程序编辑器内定义。

利用 LAD/STL/FBD S7 程序编辑器，或用已经生成的用户定义数据类型可建立共享数据块。CPU 有两种数据块寄存器：DB 和 DI 寄存器。

在 STEP 7 中数据块的数据类型可以采用基本数据类型、复杂数据类型或用户定义数据类型（UDT）。在前面我们已学习过数据类型，下面仅对数据块的数据类型进行介绍。

（1）基本数据类型。基本数据类型根据 IEC 1131-3 定义，长度不超过 32 位，可利用 STEP 7 基本指令处理，能完全装入 S7 处理器的累加器中。基本数据类型包括：

- 位数据类型：BOOL、BYTE、WORD、DWORD、CHAR。
- 算术数据类型：INT、DINT、REAL。
- 定时器类型：S5TIME、TIME、DATE、TIME_OF_DAY。

（2）复杂数据类型。复杂数据类型只能结合共享数据块的变量声明使用。复杂数据类型可大于 32 位，用装入指令不能把复杂数据类型完全装入累加器，一般利用库中的标准块（“IEC” S7 程序）处理复杂数据类型。复杂数据类型包括：

- 时间（DATE_AND_TIME）类型。
- 数组（ARRAY）类型。
- 结构（STRUCT）类型。
- 字符串（STRING）类型。

（3）用户定义数据类型（User-Defined data Type，UDT）。STEP 7 允许利用数据块编辑器，将基本数据类型和复杂数据类型组合成长度大于 32 位的用户定义数据类型。用户定义数据类型不能存储在 PLC 中，只能存放在硬盘上的 UDT 块中。可以用用户定义数据类型做“模板”建立数据块，以节省录入时间。可用于建立结构化数据块，建立包含几个相同单元的矩阵，在带有给定结构的 FC 和 FB 中建立局部变量。

下面我们来详细学习各个块的编程与应用。

任务 4.1　功能 FC 的编程与应用

任务目标

（1）掌握 OB100、OB1 块、FC 的建立；理解它们之间的关系。

（2）了解 FC 的变量参数类型，会设置 FC 变量参数。

（3）了解模块化编程方式，会用不带参数的 FC 模块化编程。

（4）了解结构化编程方式，会用带参数的 FC 结构化编程。

（5）应用 OB100、OB1 块、FC 建立子程序、编写子程序及调用。

（6）会用 PLCSIM 软件进行仿真调试各个子任务。

任务描述

在工业生产的控制中，有时工艺流程复杂，控制的参数多，在一个程序中用线性化方法编程工作量较大，也容易出错；故应根据工艺控制要求把控制任务分成几个子任务，几个人同时完成一个项目编程任务，提高效率；本任务通过基于 FC（不带参数）搅拌控制系统 PLC 控制、工厂中常用的基于 FC（不带参数）星/三角降压启动 PLC 控制、基于 FC（带参数）多级分频器 PLC 控制和基于 FC(带参数)星/三角降压启动 PLC 控制几个子任务来实现 PLC-300 的用户结构化 FC 编程控制方法，学习用户程序结构指令的组织块(OB1、OB100)及功能(FC)不带参数与带参数编程。

知识准备

1. 功能（FC）

功能是不带“记忆”的逻辑块。所谓不带“记忆”表示没有背景数据块。当完成操作后，数据不能保持。这些数据为临时变量，对于那些需要保存的数据只能通过共享数据块（Share Block）来存储。**调用功能时，需用实参来代替形参。**

FC 有两个作用：**一是作为子程序用，二是作为函数用**，函数中程序的最大容量 S7-300 PLC 为 16 KB，S7-400 PLC 为 64 KB。FC 的形参通常称为接口区，参数类型分为输入参数、输出参数、输入/输出参数和临时数据区。

变量声明表：每个逻辑块前部都有一个变量声明表，在变量声明表中定义逻辑块用到局部数据。

在变量声明表中，用户可以设置变量的各种参数，如变量的名称、数据类型、地址和编译，FC 的变量声明表如图 4-1-1 所示，**变量声明表不能用汉字做变量的名称。**

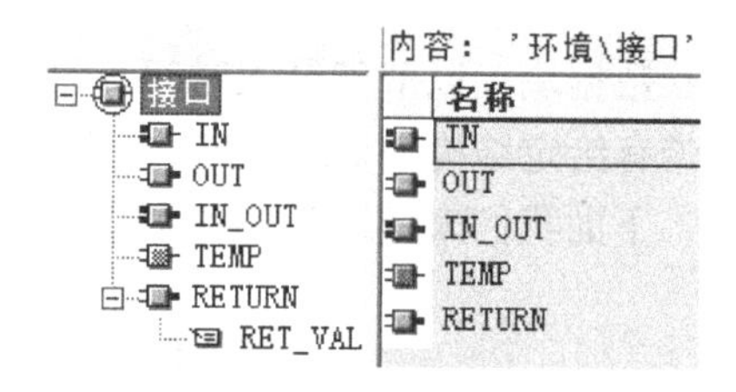

图 4-1-1　FC 的变量声明表

FC 的变量类型有 IN(输入)、OUT(输出)、IN_OUT（输入/输出）、TEMP（临时变量）和 RETURN（返回值变量）。在 FC 结束调用时将输出 RETURN 变量（如果有定义），使用 OUT 类型的变量可以输出多个变量，比 RETURN 有更大的灵活性。TEMP 变量为临时局部数据存储区，在 CPU 内部，由 CPU 根据所执行的程序块的情况临时分配，一旦程序块执行完成，该区域将被收回，在下一个扫描周期，执行到该程序块时再重新分配 TEMP 存储区。

2. 块（FC）的结构

块（**FC**）由两部分组成：变量声明表和程序，如图 4-1-2 所示。

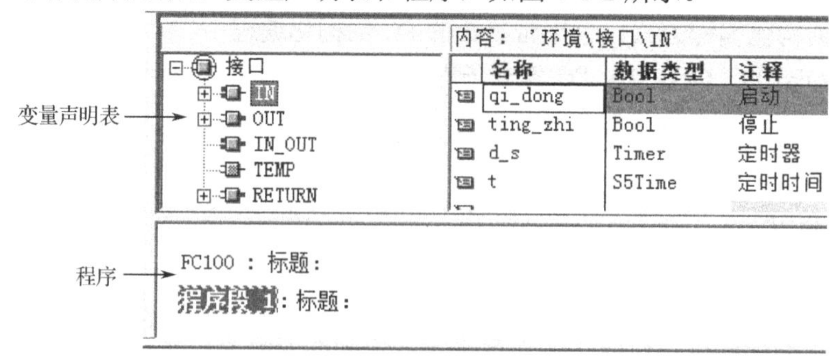

图 4-1-2　块的结构

变量类型：

输入 IN：由调用 FC 的块提供的输入参数。

输出 OUT：返回给调用 FC 的块的输出参数。

输入/输出 IN_OUT：初值由调用 FC 的块提供，被 FC 修改后返回调用它的块。

临时变量 TEMP：暂时保存在局部数据区中的变量，只有在使用块时使用临时变量，执行完后不再保存临时变量的数值。

3. 功能（FC）的编程步骤

第一步：定义局部变量。首先定义形参和临时变量名（如果是无参数的则不需要定义）。之后确定变量的类型及变量注释。

第二步：编写执行程序。在编程中若使用变量名，则变量名标识显示为**前缀“#”加变量名**。若使用全局符号则显示为全局符号加引号的形式。

下面通过具体的任务来学习功能（FC）的编程设计。

任务实施

子任务 1　基于 FC（不带参数）星/三角降压启动 PLC 控制

所谓不带参数功能（FC），是指在编辑功能（FC）时，在局部变量声明表不进行形式参数的定义，在功能（FC）中直接使用绝对地址完成控制程序的编程。这种方式一般应用于模块式结构的程序编写，每个功能（FC）实现整个控制任务的一部分，不重复调用。

用不带参数功能（FC）进行编程，方便实现分步程序设计。下面以单台电动机手动/自动星/三角降压启动 PLC 控制程序设计为例，介绍编辑不带参数功能（FC）的方法。

1. 控制要求

某个车间，有一台设备的电动机要用星/三角降压启动，其控制线路如图 4-1-3 所示，要求用 PLC 控制，采用 FC 编程实现手动/自动控制。

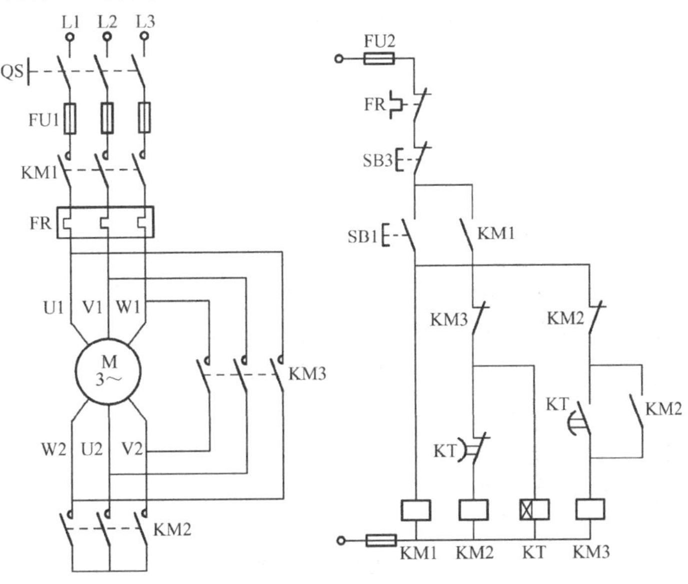

图 4-1-3　星/三角降压启动控制线路

2. 程序结构与组态图

程序结构如图 4-1-4 所示，硬件组态如图 4-1-5 所示。

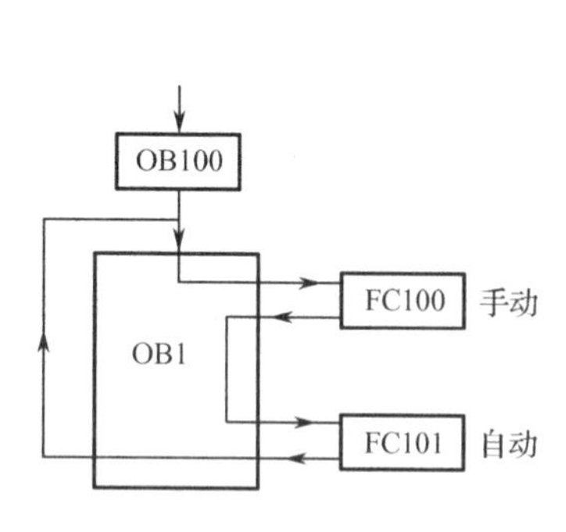

图 4-1-4　程序结构图

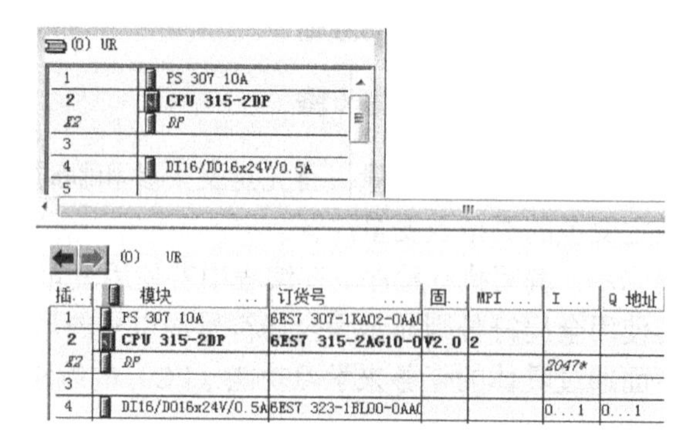

图 4-1-5　硬件组态

3. I/O 分配表

PLC 的 I/O 分配见表 4-1-1。

表 4-1-1　I/O 分配表

输　入			输　出		
变量	地址	说明	变量	地址	说明
SA	I0.0	手动/自动转换挡位开关	KM1	Q00	主接触器输出
SB1	I0.1	手动启动按钮	KM2	Q0.1	星形接触器输出
SB2	I0.2	手动星/三角转换按钮	KM3	Q0.2	三角形接触器输出
SB3	I0.3	停止按钮			
SB4	I0.4	自动启动按钮			

4. 符号表

PLC 程序的符号表如图 4-1-6 所示。

	状态	符号 /	地址	数据类型	注释
1		COMPLETE RESTART	OB 100	OB 100	
2		CYCL_EXC	OB 1	OB 1	
3		三角接	Q 0.2	BOOL	
4		手/自动转换开关	I 0.0	BOOL	
5		手_启动按钮	I 0.1	BOOL	
6		手动星三角转换按钮	I 0.2	BOOL	
7		手动子程序	FC 100	FC 100	
8		停止按钮	I 0.3	BOOL	
9		星接	Q 0.1	BOOL	
10		主接	Q 0.0	BOOL	
11		自_启动按钮	I 0.4	BOOL	
12		自动子程序	FC 101	FC 101	
13					

图 4-1-6　PLC 程序的符号表

5. PLC 程序

1）开机启动程序 OB100

启动程序如图 4-1-7 所示。

2）主程序 OB1

主程序如图 4-1-8 所示。

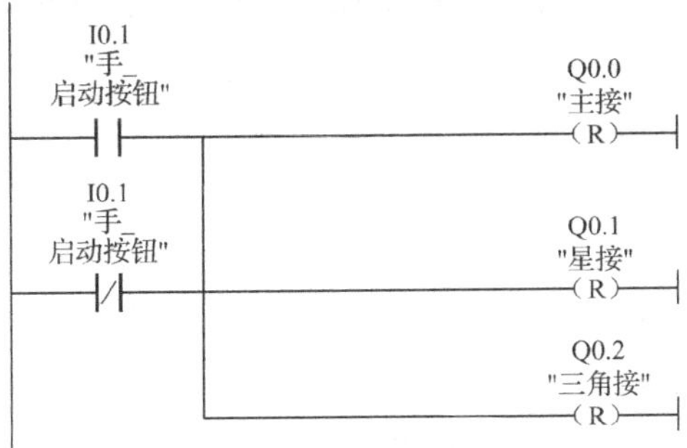

图 4-1-7　启动程序 OB100

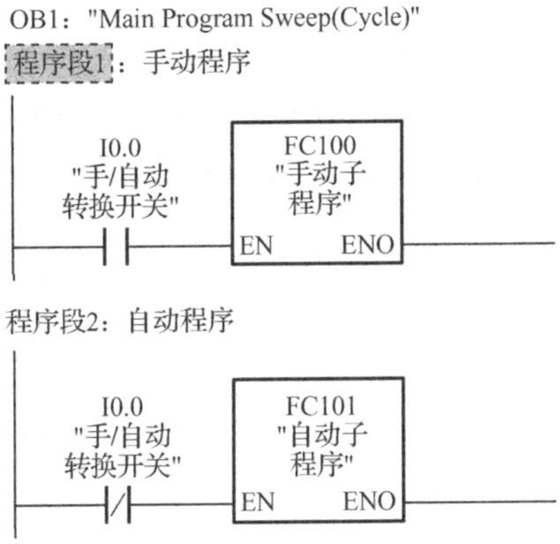

OB1："Main Program Sweep(Cycle)"

程序段1：手动程序

I0.0 "手/自动转换开关"　FC100 "手动子程序" EN ENO

程序段2：自动程序

I0.0 "手/自动转换开关"　FC101 "自动子程序" EN ENO

图 4-1-8　主程序 OB1

3）FC100 程序

手动子程序 FC100 如图 4-1-9 所示。

4）FC101 程序

自动子程序 FC101 如图 4-1-10 所示。

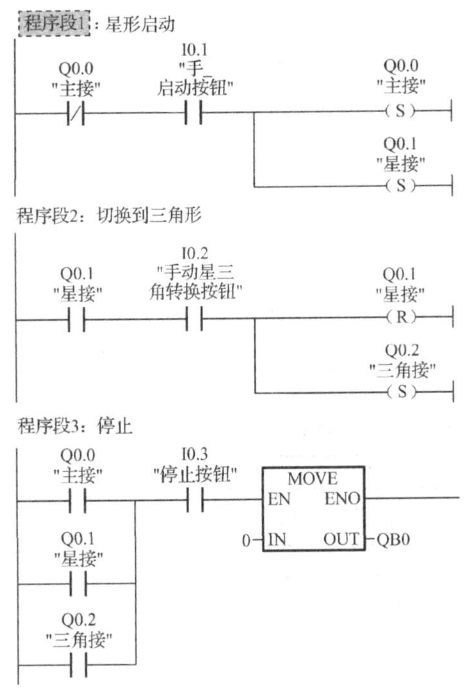

图 4-1-9　手动子程序 FC100

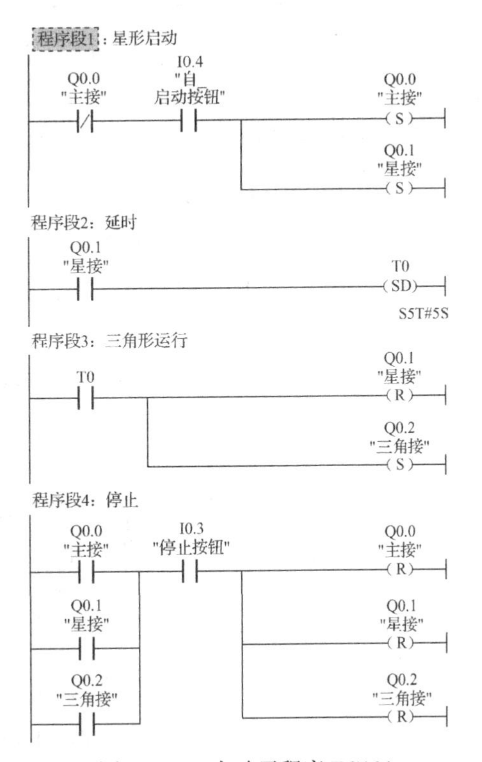

图 4-1-10　自动子程序 FC101

子任务 2　基于 FC（不带参数）搅拌控制系统 PLC 控制

1. 控制要求

图 4-1-11 所示为搅拌控制系统，由 3 个开关量液位传感器，分别检测液位的高、中和低。现要求对 A、B 两种液体原料按等比例混合，控制要求如下：

按启动按钮后系统自动运行，首先打开进料泵 1，开始加入液料 A→中液位传感器动作后，则关闭进料泵 1，打开进料泵 2，开始加入液料 B→高液位传感器动作后，关闭进料泵 2，启动搅拌器→搅拌 10s 后，关闭搅拌器，开启放料泵→当低液位传感器动作后，延时 5s 后关闭放料泵，同时打开进料泵，循环运行。按停止按钮，系统应立即停止运行。

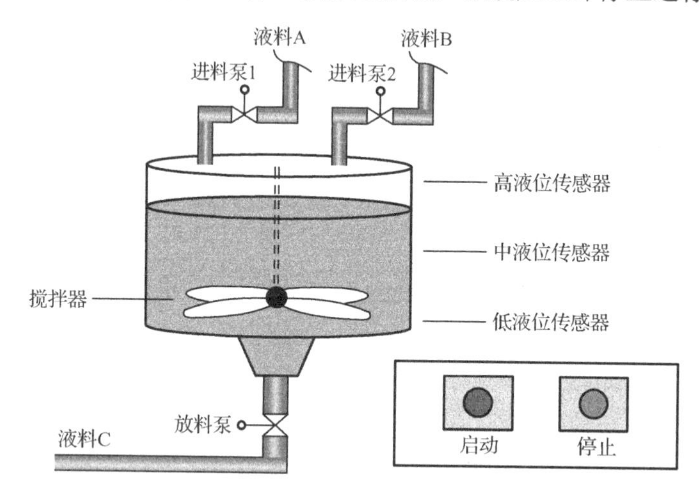

图 4-1-11　搅拌控制系统

2. 程序结构与组态图

程序结构如图 4-1-12 所示，硬件组态如图 4-1-13 所示。

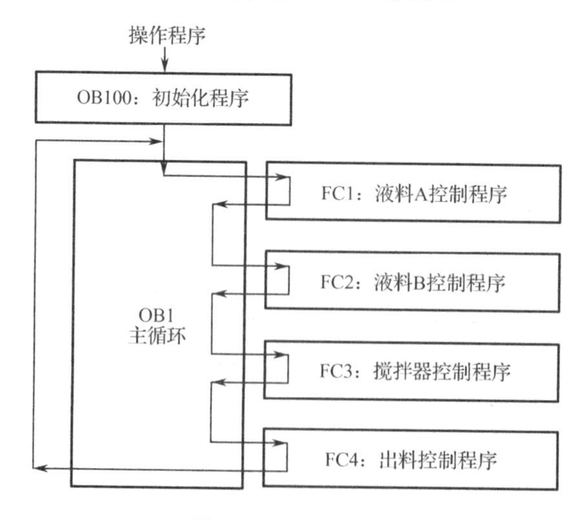

图 4-1-12　程序结构

插...	模块	订货号	固...	MPI 地址	I ...	Q 地址	注释
1	PS 307 5A	6ES7 307-1EA00-0AA0					
2	CPU 315-2 DP	6ES7 315-2AG10-0	V2.6	2			
X2	DP				2047*		
3							
4	DI32xDC24V	6ES7 321-1BL00-0AA0			0...3		
5	DO32xDC24V/0.5A	6ES7 322-1BL00-0AA0				4...7	

图 4-1-13　硬件组态

3. 符号表

PLC 程序的符号表如图 4-1-14 所示。

S7 程序(3) (符号) -- 不带参搅拌控制\SIMATIC 300(1)\CPU 315-2 DP

	状态	符号 /	地址		数据类型		注释
1		启动	I	0.0	BOOL		按钮
2		停止	I	0.1	BOOL		按钮
3		高液位检测	I	0.2	BOOL		有料时为“1”
4		中液位检测	I	0.3	BOOL		有料时为“1”
5		低液位检测	I	0.4	BOOL		有料时为“1”
6		原始标志	M	0.0	BOOL		表示进料泵、放料泵及排料泵均处于停机状态
7		最低液位标志	M	0.1	BOOL		表示液料即将放空
8		进料泵1	Q	4.0	BOOL		“1”有效
9		进料泵2	Q	4.1	BOOL		“1”有效
10		搅拌器M	Q	4.2	BOOL		“1”有效
11		放料泵	Q	4.3	BOOL		“1”有效
12		搅拌定时器	T	1	TIMER		SD定时器，搅拌10s
13		排空定时器	T	2	TIMER		SD定时器，延时5s
14		液料A控制	FC	1	FC	1	液料A进料控制
15		液料B控制	FC	2	FC	2	液料B进料控制
16		搅拌器控制	FC	3	FC	3	
17		出料控制	FC	4	FC	4	

图 4-1-14　符号表

4. PLC 程序

1）开机启动程序 OB100

启动程序如图 4-1-15 所示。

2）程序 FC1

液料 A 进料控制程序 FC1 如图 4-1-16 所示。

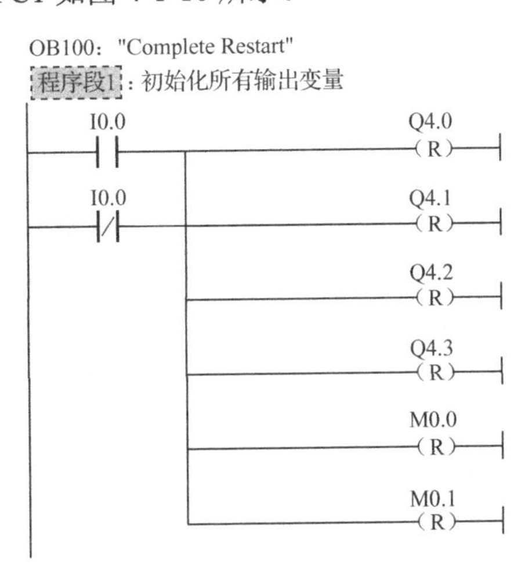

图 4-1-15　开机启动程序 OB100

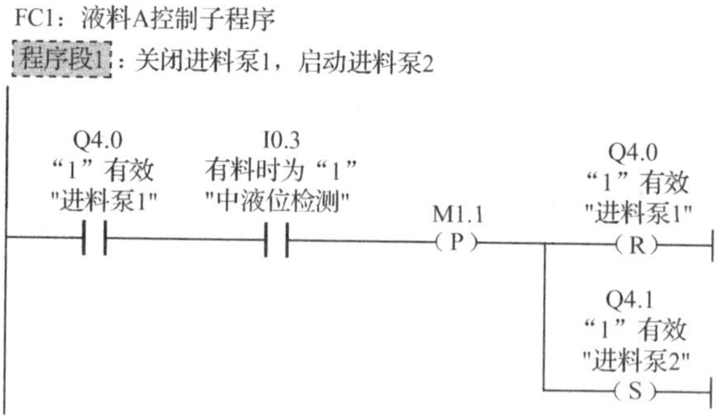

FC1：液料A控制子程序
程序段1：关闭进料泵1，启动进料泵2
Q4.0
"1"有效
"进料泵1"
I0.3
有料时为"1"
"中液位检测"
M1.1
P
Q4.0
"1"有效
"进料泵1"
R
Q4.1
"1"有效
"进料泵2"
S

图 4-1-16　液料 A 进料控制程序 FC1

3）程序 FC2

液料 B 进料控制程序 FC2 如图 4-1-17 所示。

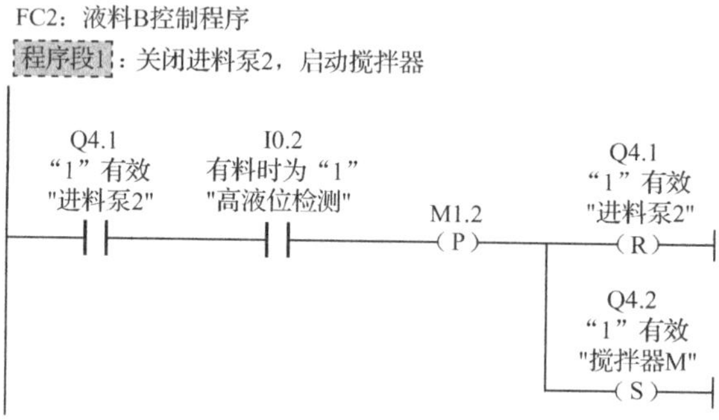

FC2：液料B控制程序
程序段1：关闭进料泵2，启动搅拌器
Q4.1
"1"有效
"进料泵2"
I0.2
有料时为"1"
"高液位检测"
M1.2
P
Q4.1
"1"有效
"进料泵2"
R
Q4.2
"1"有效
"搅拌器M"
S

图 4-1-17　液料 B 进料控制程序 FC2

4）程序 FC3

搅拌器控制程序 FC3 如图 4-1-18 所示。

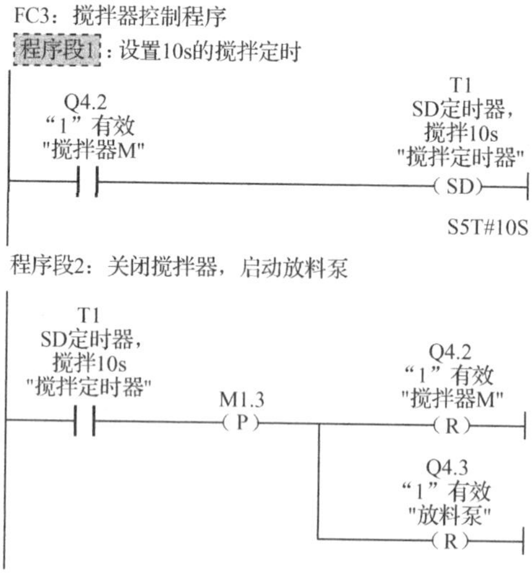

FC3：搅拌器控制程序
程序段1：设置10s的搅拌定时
Q4.2
"1"有效
"搅拌器M"
T1
SD定时器，
搅拌10s
"搅拌定时器"
SD
S5T#10S
程序段2：关闭搅拌器，启动放料泵
T1
SD定时器，
搅拌10s
"搅拌定时器"
M1.3
P
Q4.2
"1"有效
"搅拌器M"
R
Q4.3
"1"有效
"放料泵"
R

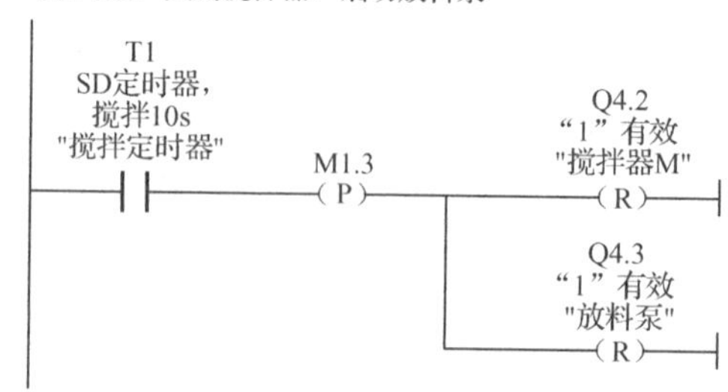

图 4-1-18　搅拌器控制程序 FC3

5）程序 FC4

放料控制程序 FC4 如图 4-1-19 所示。

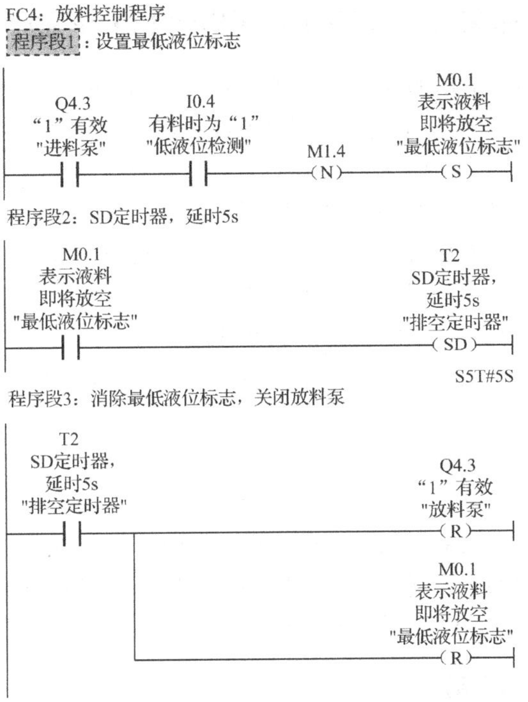

FC4：放料控制程序

程序段1：设置最低液位标志

Q4.3 “1”有效 "进料泵" — I0.4 有料时为“1” "低液位检测" — M1.4 (N) — M0.1 表示液料即将放空 "最低液位标志" (S)

程序段2：SD定时器，延时5s

M0.1 表示液料即将放空 "最低液位标志" — T2 SD定时器，延时5s "排空定时器" (SD) S5T#5S

程序段3：消除最低液位标志，关闭放料泵

T2 SD定时器，延时5s "排空定时器" — Q4.3 “1”有效 "放料泵" (R)

— M0.1 表示液料即将放空 "最低液位标志" (R)

图 4-1-19　放料控制程序 FC4

6）主程序 OB1

主程序如图 4-1-20 所示。

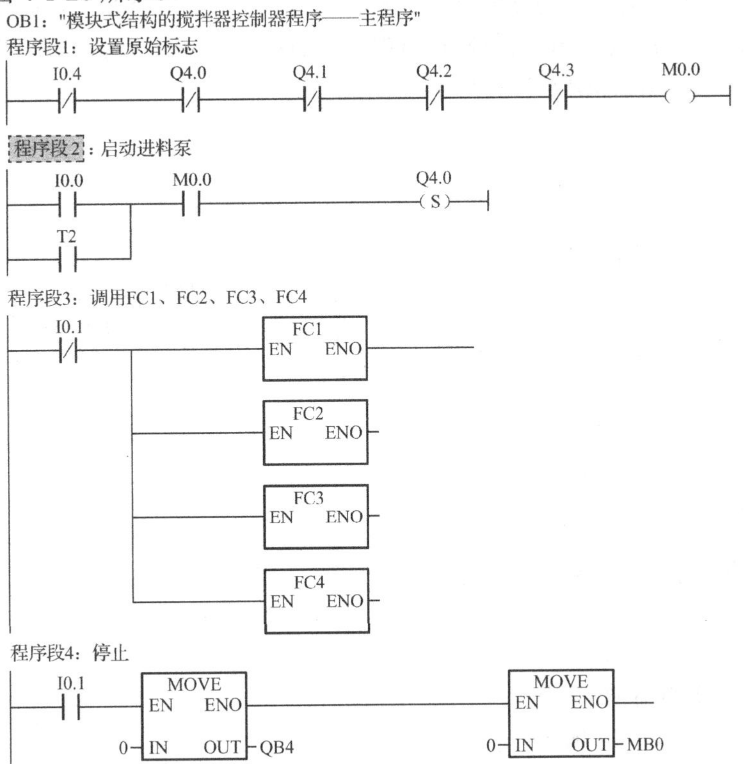

图 4-1-20　主程序 OB1

子任务 3　基于 FC（带参数）星/三角降压启动 PLC 控制

所谓带参功能（FC），是指编辑功能（FC）时，在局部变量声明表内定义了形式参数，在功能（FC）中使用了符号地址完成控制程序的编程，以便在其他块中能重复调用有参功能（FC）。这种方式一般应用于结构化程序编写。它具有以下优点：

（1）程序只需生成一次，显著地减少了编程时间。

（2）该块只在用户存储器中保存一次，降低了存储器的用量。

（3）该块可以被程序任意次调用，每次使用不同的地址。该块采用形式参数编程，当用户程序调用该块时，要用实际参数赋值给形式参数。

下面以星/三角降压启动 PLC 控制程序的设计为例，介绍带参数 FC 的编程与应用。

1. 控制要求

某一车间，两台设备由两台电动机带动，两台电动机要实现星/三角降压启动，设备 1 星形转换到三角形的时间为 5s，设备 2 星形转换到三角形的时间为 10s，用 FC 带参数编程（只编自动控制部分），当多种设备实现同一功能时可用该方式编程。

2. 程序结构与硬件组态图

所谓带参功能的 FC，是指在编辑功能（FC）时，在局部变量声明表中定义形式参数，在 FC 程序中使用符号地址完成程序的编程，在 OB 块中重复调用 FC。

因为每台设备的电动机启动过程一样，所以设计一个 FC 功能来实现电动机的启动，然后在主程序 OB1 中多次调用 FC 就可实现对电动机的星/三角降压启动控制。其程序结构如图 4-1-21 所示，硬件组态图如图 4-1-22 所示。

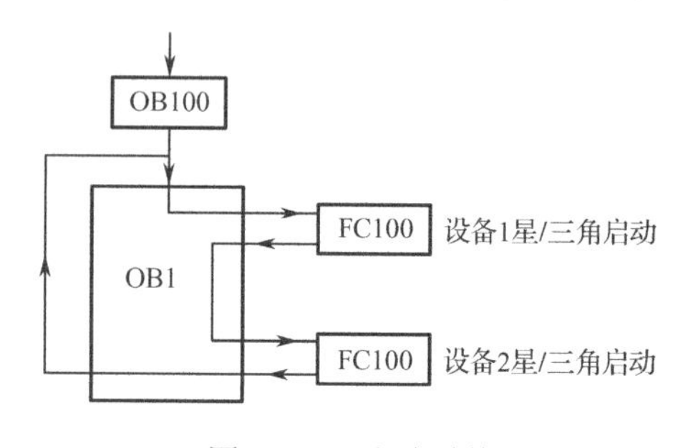

图 4-1-21　程序结构

插...	模块	订货号	固...	MPI 地址	I ...	Q 地址	注释
1	PS 307 10A	6ES7 307-1KA02-0AA0					
2	CPU 315-2DP	6ES7 315-2AG10-0	V2.0	2			
X2	DP				2047*		
3							
4	DI16/DO16x24V/0.5A	6ES7 323-1BL00-0AA0			0...1	0...1	

图 4-1-22　硬件组态图

3. 符号表

PLC 程序的符号表如图 4-1-23 所示。

4. PLC 程序

1）初始化程序 OB100

初始化程序如图 4-1-24 所示。

2）FC 程序

（1）编辑 FC 的变量声明表。

在 FC100 的接口 IN 定义了 4 个参数，在接口 OUT 定义了 3 个参数，注意名称不能用汉字，如图 4-1-25 所示。

（2）FC 程序。

FC100 程序如图 4-1-26 所示。

S7 程序(1) (符号) -- 基于FC的星-三角\SIMATIC 300(1)\CPU 315-2DP

	状态	符号	地址		数据类型		注释
1		COMPLETE RESTART	OB	100	OB	100	
2		CYCL_EXC	OB	1	OB	1	
3		FC程序	FC	100	FC	100	
4		定时器1	T	1	TIMER		
5		定时器2	T	2	TIMER		
6		设备1启动	I	0.1	BOOL		
7		设备1三角接	Q	0.3	BOOL		
8		设备1停止	I	0.2	BOOL		
9		设备1星接	Q	0.2	BOOL		
10		设备1主接	Q	0.1	BOOL		
11		设备2启动	I	0.3	BOOL		
12		设备2三角接	Q	0.6	BOOL		
13		设备2停止按钮	I	0.4	BOOL		
14		设备2星接	Q	0.5	BOOL		
15		设备2主接	Q	0.4	BOOL		
16							

图 4-1-23　PLC 程序的符号表

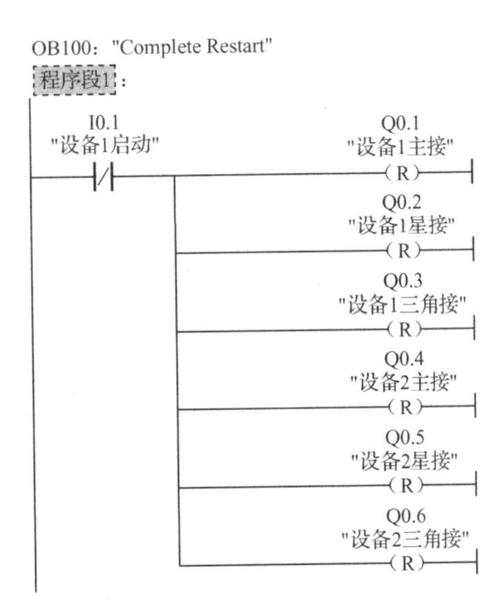

图 4-1-24　初始化程序

内容：'环境\接口\IN'

接口：IN（qi_dong、ting_zhi、d_s、t）、OUT、IN_OUT、TEMP、RETURN

名称	数据类型	注释
qi_dong	Bool	启动
ting_zhi	Bool	停止
d_s	Timer	定时器
t	S5Time	定时时间

内容：'环境\接口\OUT'

接口：IN（qi_dong、ting_zhi、d_s、t）、OUT（zhu、xing、san）、IN_OUT、TEMP、RETURN

名称	数据类型	注释
zhu	Bool	主接
xing	Bool	星接
san	Bool	三角接

图 4-1-25　变量声明表

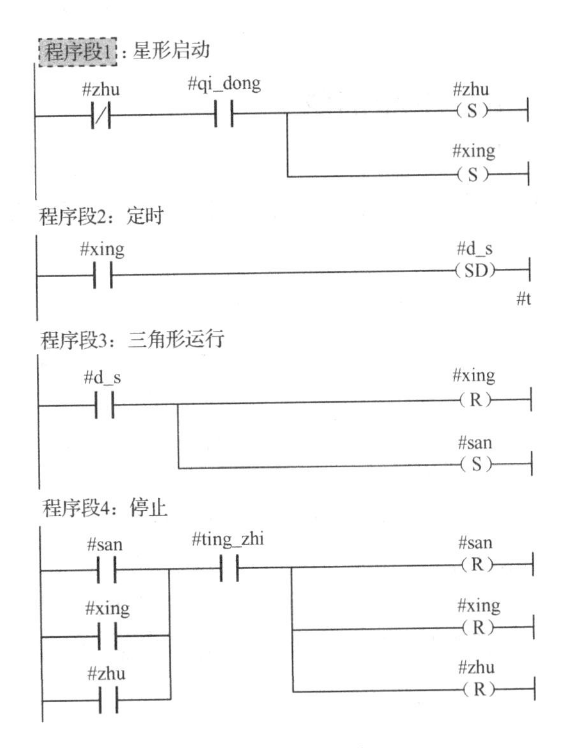

图 4-1-26　FC 程序

3）OB1 程序

主程序 OB1 如图 4-1-27 所示。

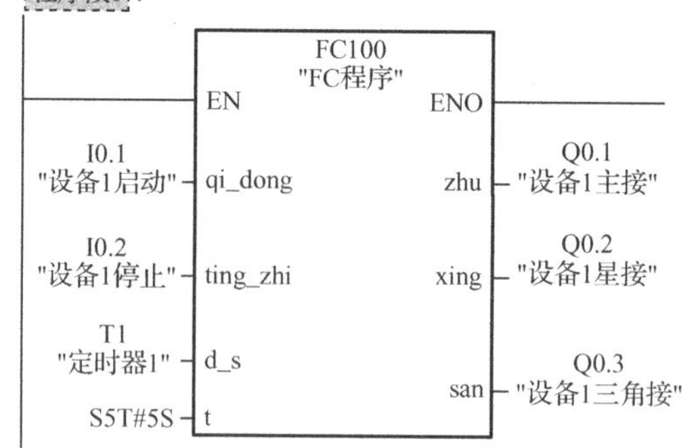

程序段2：

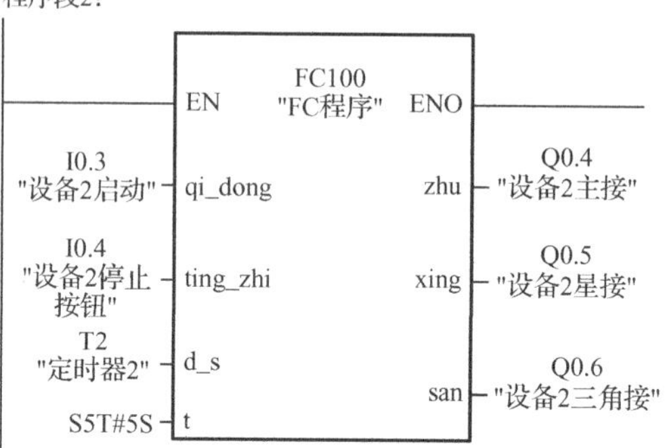

图 4-1-27　主程序 OB1

技能训练

技能训练 1　四台电动机顺序启动与逆序停止

1. 控制要求

基于 S7-300 PLC 的多机组控制，电动机组控制要求如下：

（1）该机组总共有 4 台电动机，每台电动机都要求星/三角降压启动。

（2）启动时，按下启动按钮，M1 电动机启动，然后每隔 10s 启动一台，最后 M1～M4 四台电动机全部启动。

（3）停止时实现逆序停止。即按下停止按钮，M4 先停止，过 10s 后 M3 停止，再过 10s 后 M2 停止，再过 10s 后 M1 电动机也停止。这样电动机全部停止。

（4）任一台电动机启动时，控制电源的接触器和星形接法的接触器接通电源 6s 后，星形接触器断开，1s 后三角形接法接触器动作接通。

2. 训练要求

（1）画出程序结构图。

（2）列出符号表。

（3）根据控制要求，设计梯形图。

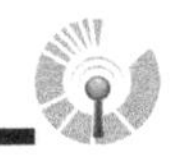

（4）运行、调试程序。
（5）汇总整理文档。

3. 技能训练考核标准

序号	主要内容	考核要求	评分标准	配分	扣分	得分
1	方案设计	根据控制要求，画出I/O分配表，设计程序结构图、接线图	1．输入/输出地址遗漏或错误，每处扣1分； 2．梯形图表达不正确或画法不规范，每处扣2分； 3．接线图表达不正确或画法不规范，每处扣2分； 4. 结构图有错误，每处扣2分	20		
2	功能 FC参数定义与程序设计	根据控制要求，设计FC 的参数与梯形图程序	1．参数定义不正确扣10分； 2．程序设计表达不正确扣10分	20		
3	程序设计与调试	设计程序要正确，按动作要求模拟调试，达到设计要求	1．调试步骤不正确扣5分； 2．顺序启动不正确扣15分； 3．逆序停止不正确扣15分； 4．不能按时间启动扣15分	50		
4	安全与文明生产	遵守国家相关安全文明生产规程，遵守学院纪律	1. 不遵守教学场所规章制度，扣2分； 2．出现重大事故或人为损坏设备，扣10分	10		
备注			合计	100		
小组成员签名						
教师签名						
日期						

巩 固 练 习

1．用FC编程实现数学公式：Y=(X +100)×2÷5，并能在OB1主程序中对该FC多次调用。

2．手动/自动方式编程。手动/自动控制三只灯，控制要求如下：

（1）三只灯可进行手动、自动控制，手动/自动由I0.0进行切换。

（2）三只灯分别可用三个开关进行手动控制。三只灯分别由Q0.0～Q0.2驱动。用I0.1手动控制Q0.0，I0.2手动控制Q0.1，I0.3手动控制Q0.2。

（3）自动控制时，三只灯实现每隔 1s 轮流点亮，并循环。

3．多级分频器控制程序设计。

要求在功能 FC1 中编写二分频器控制程序，然后在 OB1 中通过调用 FC1 实现多级分频器的功能。多级分频器的时序关系如图 4-1-28 所示。其中 I0.0 为多级分频器的脉冲输入端；Q4.0～Q4.3 分别为 2、4、8、16 分频的脉冲输出端；Q4.4～Q4.7 分别为 2、4、8、16 分频指示灯驱动输出端。

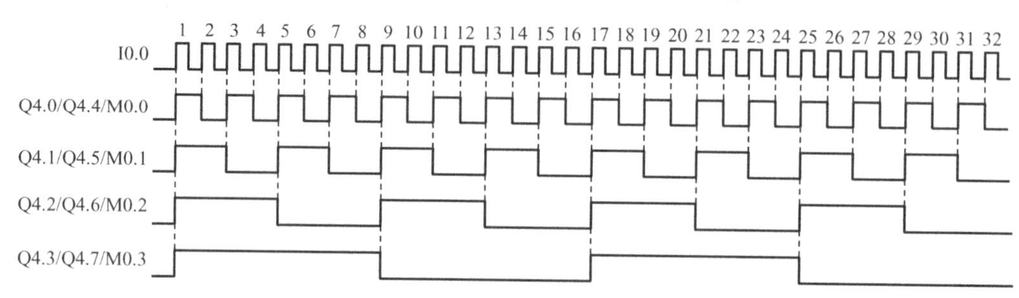

图 4-1-28　多级分频器时序图

任务 4.2　功能 FB 的编程与应用

任务目标

（1）掌握 OB100、OB1 块、FB 和 DB 的建立；理解它们之间的关系。

（2）了解 FB 的变量参数类型，会设置 FB 变量参数。

（3）掌握 FB 背景数据块的结构化编程。

（4）掌握 FB 多重背景数据块的结构化编程。

（5）应用 OB100、OB1 块、FB 和 DB 块建立子程序、编写子程序及调用。

（6）会用 PLCSIM 软件进行仿真调试各个子任务。

任务描述

在工业生产的控制中，有时工艺流程复杂，控制的参数多，在一个程序中用线性化方法编程工作量较大，也容易出错；故应根据工艺控制要求把控制任务分成几个子任务，几个人同时完成一个项目编程任务，提高效率。本任务通过基于 FB 背景数据的星/三角降压启动 PLC 控制、基于 FB 背景数据交通信号灯 PLC 控制、基于 FB 多重背景数据的星/三角降压启动 PLC 控制和水泵、油泵、气泵星/三角降压启动与大型设备运行的 PLC 控制几个子任务来实现 PLC-300 的用户结构化 FB 编程控制方法，学习用户程序结构指令的组织块（OB1、OB100）、功能块（FB）背景与多重背景数据的编程。

知识准备

1. 功能块（FB）

功能块是用户所编写的有固定存储区的块。FB 为带“记忆”的逻辑块。它有一个数据结构与功能块参数表完全相同的数据块（DB），通常称该数据块为背景数据块（Instance Data Block）。当功能块被执行时，数据块被调用，功能块结束，调用随之结束。存放在背景数据块中的数据在 FB 块结束以后，仍能继续保持，具有“记忆”功能。一个功能块可以有多个背景数据块，使功能块可以被不同的对象使用。

功能块（FB）在程序的体系结构中位于组织块之下。它包含程序的部分，在 OB1 中可以多次调用。FB 与 FC 相比，FB 每次调用都必须分配一个背景数据块，功能块的所有形参和静态数据都存储在一个单独的、被指定给该功能块的数据块（DB）中，用来存储接口数据区（TEMP 类型除外）和运算的中间数据。当调用 FB 时，该背景数据块会自动打开，实际参数的值被存储在背景数据块中；当块退出时，背景数据块中的数据仍然保持。FB 中程序的最大容量：S7-300 PLC 是 16 KB，S7-400 PLC 是 64 KB。

FB 的接口区比 FC 多了一个静态数据区（STAT），用来存储中间变量。程序调用 FB 时，形参不像 FC 那样必须赋值，可以通过背景数据块直接赋值。

FB 和 FC 一样，都是用户自己编写的程序块，块插入方式与 FC 操作相同。FB 块也是由变量声明表和程序指令组成的。FB 的变量声明表如图 4-2-1 所示。

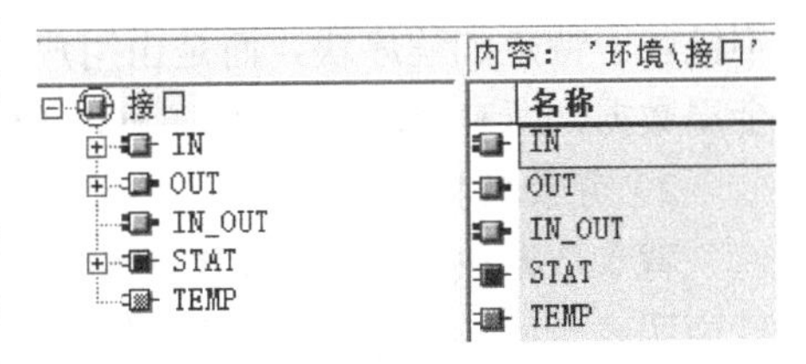

图 4-2-1　FB 的变量声明表

FB 和 FC 相同的变量类型有 IN（输入）、OUT（输出）、IN_OUT（输入/输出）和 TEMP（临时变量）。FB 没有返回值变量（RETURN），而有静态（STAT）变量类型，静态变量类型存储在 FB 的背景数据块中，当 **FB 调用完以后，静态变量的数据仍然有效，其内容被保留，在 PLC 运行期间，能读出或修改它的值。**

可以在 FB 的变量声明表中给形参赋初值，它们被自动写入相应的背景数据块中。

功能（FC）没有背景数据块，不能给变量分配初值，所以必须给 FC 分配实参。STEP 7 为 FC 提供了一个特殊的输出参数返回值（RET_VAL），调用 FC 时，可以指定一个地址作为实参来存储返回值。

功能和功能块的调用必须用实参代替形参，因为形参是在功能或功能块的变量声明表中定义的。为保证功能或功能块对同一类设备的通用性，在编程中不能使用实际对应的存储区地址参数，而是使用抽象参数，这就是形参。而块在调用时，必须将实际参数（实参）代替形参，从而可以通过功能或功能块实现对具体设备的控制。这里必须注意：**实参的数据类型必须与形参一致。**

2. 数据块（DB）

数据块（DB）用来分类存储用户程序运行所需的大量数据或变量值，也是用来实现各逻辑块之间的数据交换、数据传递和共享数据的重要途径。与逻辑块不同，数据块只有变量声明部分，没有程序指令部分。DB 的最大容量：S7-300 PLC 为 32 KB，S7-400 PLC 为 64 KB。

数据块定义在 S7 系列 PLC 的 CPU 的存储器中，用户可在存储器中建立一个或多个数据块，每个数据块可大可小，但 CPU 对数据块数量及数据总量有限制，如对于 CPU 314，用做数据块的存储器最多为 8KB，用户定义的数据总量不能超出这个限制。在编写程序时，对数据块必须遵循先定义后使用的原则，否则，将造成系统错误。

根据访问方式的不同，这些数据可以在全局符号表或共享数据块（又称为全局数据块）中声明，称为全局变量；也可以在 OB、FC 和 FB 的变量声明表中声明，称为局部变量。数据块分为共享数据块（DB）和背景数据块（DI）两种，如图 4-2-2 所示。

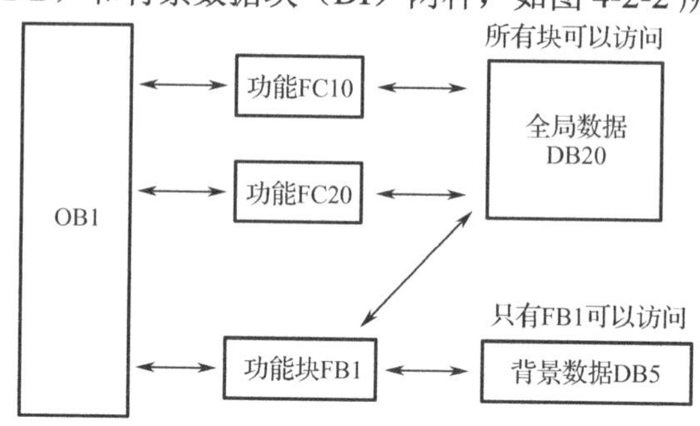

图 4-2-2　共享数据块（DB）和背景数据块（DI）

1）共享数据块

共享数据块的主要目的是为用户程序提供一个可保存的数据区，它的数据结构和大小并不依赖于特定的程序块，而是由用户自己定义的。共享数据块又称为全局数据块，用于存储全局数据，所有逻辑块（OB、FC、FB）都可以访问共享数据块存储的信息。

2）背景数据块

背景数据块是与某个 FB 或 SFB 相关联的，其内部数据的结构与对应的 FB 或 SFB 的变量声明表一致。背景数据块用做“私有存储器区”，即用做功能块（FB）的“存储器”，FB 的参数和静态变量安排在它的背景数据块中。背景数据块不是由用户编辑的，而是由程序编辑器自动生成的。背景数据块只能被指定的功能块 FB 使用。

背景数据块与共享数据块的区别在于，在背景数据块中不可以增加或删除变量，在共享数据块中可增加或删除变量。

3. 功能块（FB）的编程步骤

功能块（FB）的编程步骤与 FC 块是一样的，只是多了一个背景数据块，下面我们通过具体的任务来学习功能块（FB）的编程设计与应用。

子任务 1　基于 FB 背景数据的星/三角降压启动 PLC 控制

1. 控制要求

某一车间，两台设备由两台电动机带动，两台电动机要实现星/三角降压启动，设备 1 星

形转换到三角形的时间为 5s，设备 2 星形转换到三角形的时间为 10s，用 FB 背景数据编程（只编自动控制部分）。

2. 程序结构与硬件组态图

功能块 FB 在 OB 块中可以多次调用，功能块 OB 的所有形参和静态数据都存储在一个单独的、被指定给该功能块的数据块 DB 中，该数据块称为背景数据块。当调用 FB 时，该背景数据块自动打开，实际参数的值被存储在背景数据块中；当块退出时，背景数据块中的数据仍然保持。

因为每台设备的电动机启动过程一样，所以设计一个 FB 功能来实现电动机的启动，然后在主程序 OB1 中多次调用 FB 就可实现对电动机的星/三角降压启动控制。其程序结构与硬件组态图如图 4-2-3 所示。

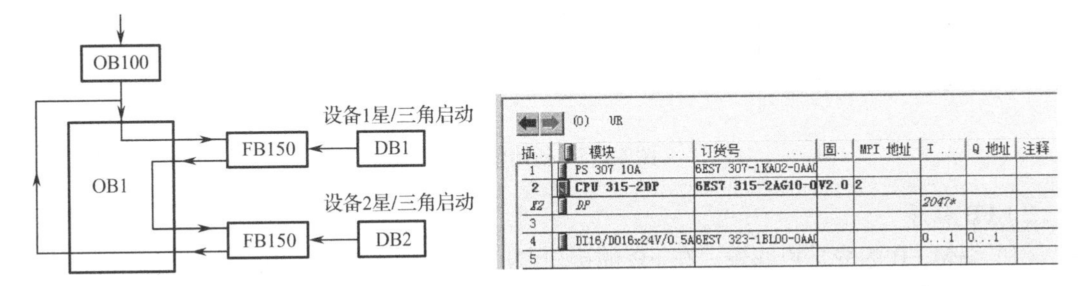

插...	模块	订货号	固...	MPI 地址	I ...	Q 地址	注释
1	PS 307 10A	6ES7 307-1KA02-0AA					
2	CPU 315-2DP	6ES7 315-2AG10-0	V2.0	2			
X2	DP				2047*		
3							
4	DI16/DO16x24V/0.5A	6ES7 323-1BL00-0AA			0...1	0...1	
5							

图 4-2-3 程序结构与硬件组态图

3. 符号表

PLC 符号表如图 4-2-4 所示。

S7 程序(1) (符号) -- 基于FB背景星三角\SIMATIC 300(1)\CPU 315-2DP

	状态	符号 /	地址		数据类型		注释
1		COMPLETE RESTART	OB	100	OB	100	
2		CYCL_EXC	OB	1	OB	1	
3		FB程序	FB	150	FB	150	
4		定时器1	T	1	TIMER		
5		定时器2	T	2	TIMER		
6		设备1启动按钮	I	0.1	BOOL		
7		设备1三角接	Q	0.3	BOOL		
8		设备1数据	DB	1	FB	150	
9		设备1停止按钮	I	0.2	BOOL		
10		设备1星接	Q	0.2	BOOL		
11		设备1主接	Q	0.1	BOOL		
12		设备2启动按钮	I	0.3	BOOL		
13		设备2三角接	Q	0.6	BOOL		
14		设备2数据	DB	2	FB	150	
15		设备2停止按钮	I	0.4	BOOL		
16		设备2星接	Q	0.5	BOOL		
17		设备2主接	Q	0.4	BOOL		
18							

图 4-2-4 PLC 符号表

4. PLC 程序

1）初始化程序 OB100

初始化程序如图 4-2-5 所示。

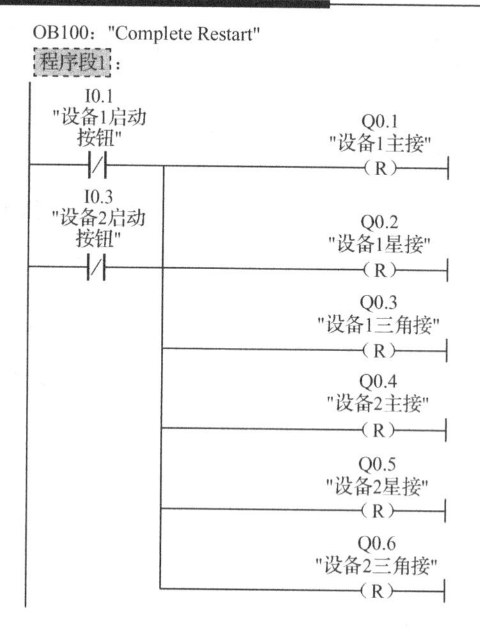

图 4-2-5　初始化程序

2）FB 程序

（1）编辑 FB 的变量声明表。在 FB 的接口 IN 定义了 3 个参数，在 FB 的接口 OUT 定义了 3 个参数，临时变量 STAT 定义定时时间，注意名称不能用汉字，如图 4-2-6 所示。

接口
- IN
  - qi_dong
  - ting_zhi
  - ter
- OUT
  - zhu
  - xing
  - san
- IN_OUT
- STAT
  - shj
- TEMP

内容： '环境\接口\IN'

名称	数据类型	地址	初始值	排除地址	终端地址	注释
qi_dong	Bool	0.0	FALSE	□	□	启动
ting_zhi	Bool	0.1	FALSE	□	□	停止
ter	Timer	2.0		□	□	定时器
				□	□	

内容： '环境\接口\OUT'

名称	数据类型	地址	初始值	排除地址	终端地址	注释
zhu	Bool	4.0	FALSE	□	□	主接
xing	Bool	4.1	FALSE	□	□	星接
san	Bool	4.2	FALSE	□	□	三角接
				□	□	

内容： '环境\接口\STAT'

名称	数据类型	地址	初始值	排除地址	终端地址	注释
shj	S5Time	6.0	S5T#0MS	□	□	定时时间
				□	□	

图 4-2-6　变量声明表

（2）FB150 程序。FB150 程序如图 4-2-7 所示。

3）OB1 程序

OB1 程序如图 4-2-8 所示。

4）背景数据块 DB

背景数据块 DB 可以在编制 FB150 时产生，如图 4-2-9 所示；也可在管理器中插入 DB，如图 4-2-10 所示。在调试程序时可在 DB1、DB2 中设定定时时间，如图 4-2-11 所示。

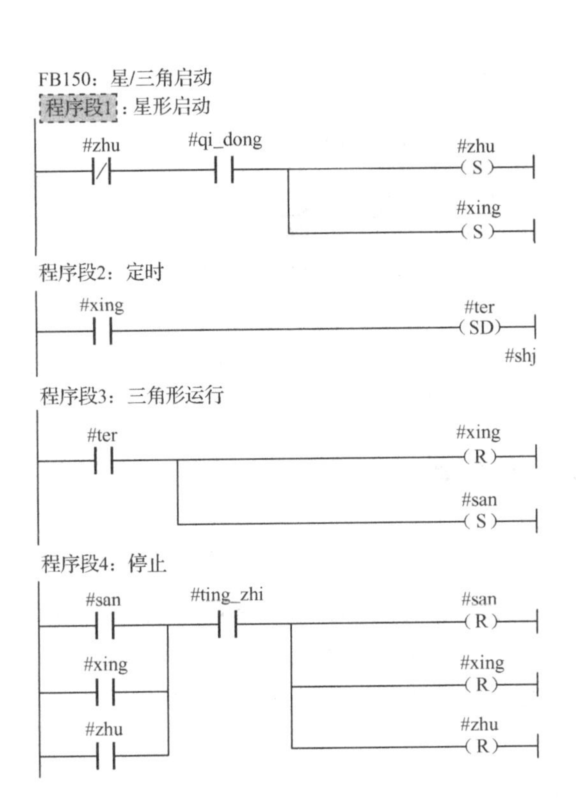

图 4-2-7　FB150 程序

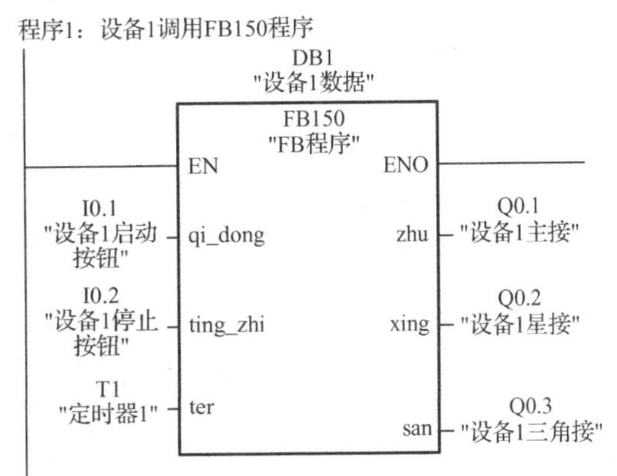

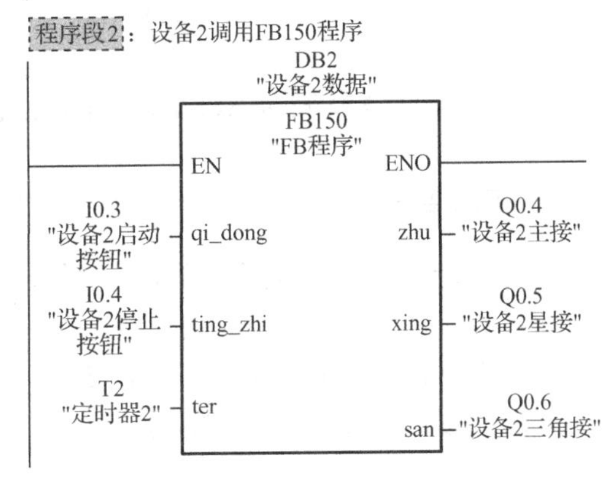

图 4-2-8　OB1 程序

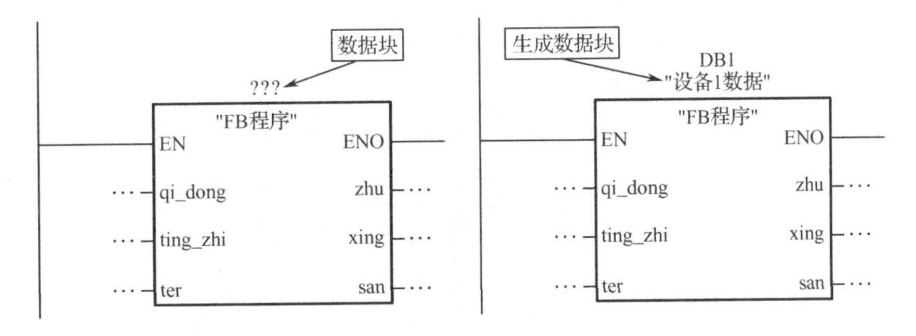

图 4-2-9　编制 FB 时产生 DB

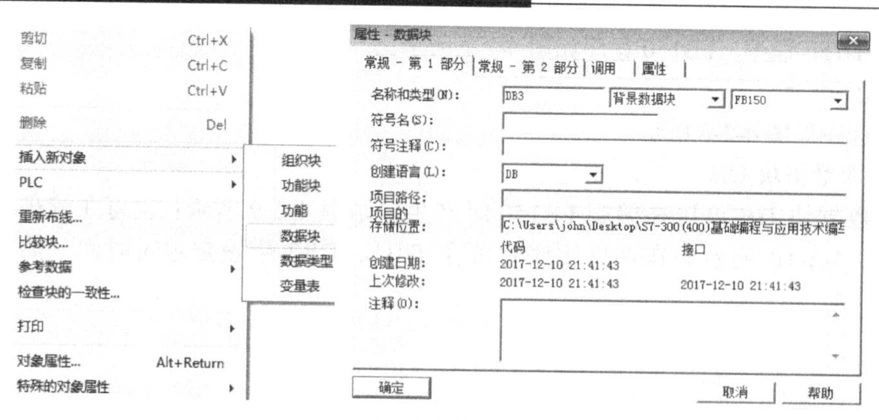

图 4-2-10　管理器中插入 DB

DB1 -- 基于FB背景星三角\SIMATIC 300(1)\CPU 315-2DP

	地址	声明	名称	类型	初始值	实际值
1	0.0	in	qi_dong	BOOL	FALSE	FALSE
2	0.1	in	ting_zhi	BOOL	FALSE	FALSE
3	2.0	in	ter	TIMER	T 0	T 0
4	4.0	out	zhu	BOOL	FALSE	FALSE
5	4.1	out	xing	BOOL	FALSE	FALSE
6	4.2	out	san	BOOL	FALSE	FALSE
7	6.0	stat	shj	S5TIME	S5T#0MS	S5T#5S

设定设备1定时时间

DB2 -- 基于FB背景星三角\SIMATIC 300(1)\CPU 315-2DP

	地址	声明	名称	类型	初始值	实际值
1	0.0	in	qi_dong	BOOL	FALSE	FALSE
2	0.1	in	ting_zhi	BOOL	FALSE	FALSE
3	2.0	in	ter	TIMER	T 0	T 0
4	4.0	out	zhu	BOOL	FALSE	FALSE
5	4.1	out	xing	BOOL	FALSE	FALSE
6	4.2	out	san	BOOL	FALSE	FALSE
7	6.0	stat	shj	S5TIME	S5T#0MS	S5T#10S

设定设备2定时时间

图 4-2-11　数据表中设定定时时间

子任务 2　基于 FB 背景数据交通信号灯 PLC 控制

1. 控制要求

下面以交通信号灯控制系统的设计为例，进一步介绍如何编辑和调用有静态参数的功能块。

图 4-2-12 所示为双干道交通信号灯设置示意图。按一下启动按钮，信号灯系统开始工作，并周而复始地循环动作；按一下停止按钮，所有信号灯都熄灭。信号灯控制的具体要求如表 4-2-1 所示，试编写信号灯控制程序。

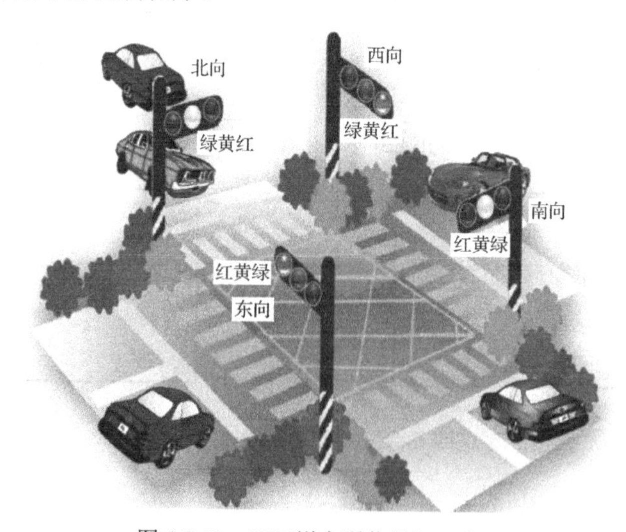

图 4-2-12　双干道交通信号灯示意图

表 4-2-1　交通信号灯的控制要求

<table>
<tr><td rowspan="2">南北方向</td><td>信号</td><td>SN_G 亮</td><td>SN_G 闪</td><td>SN_Y 亮</td><td colspan="3">SN_R 亮</td></tr>
<tr><td>时间</td><td>45s</td><td>3s</td><td>2s</td><td colspan="3">30s</td></tr>
<tr><td rowspan="2">东西方向</td><td>信号</td><td colspan="3">BW_R 亮</td><td>BW_G 亮</td><td>BW_G 闪</td><td>BW_Y 亮</td></tr>
<tr><td>时间</td><td colspan="3">50s</td><td>25s</td><td>3s</td><td>2s</td></tr>
</table>

2. 程序结构与硬件组态图

功能块 FB 在 OB 块中可以多次调用，功能块 OB 的所有形参和静态数据都存储在每个单独的、被指定给该功能块的数据块 DB 中。当调用 FB 时，该背景数据块自动打开，实际参数的值被存储在背景数据块中；当块退出时，背景数据块中的数据仍然保持。

分析交通灯的控制要求可知，东西向与南北向的交通灯具有相似的变化规律，因此可由一个功能块 FB 赋予不同的实参来实现。采用结构化编程。其程序结构与硬件组态图如图 4-2-13、图 4-2-14 所示。

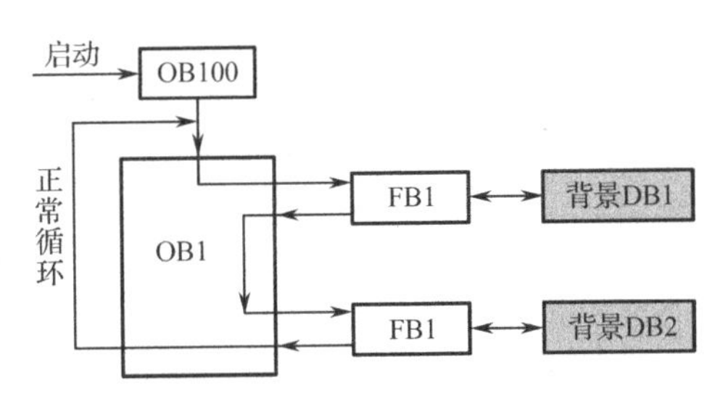

图 4-2-13　程序结构

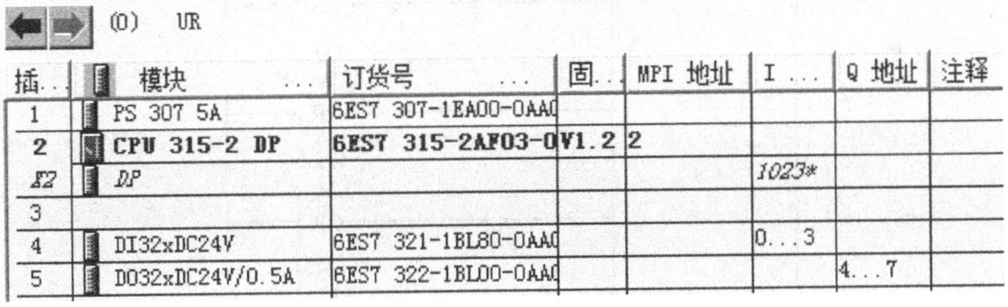

(0)　UR

插..		模块 ...	订货号 ...	固..	MPI 地址	I ...	Q 地址	注释
1		PS 307 5A	6ES7 307-1EA00-0AA0					
2		CPU 315-2 DP	6ES7 315-2AF03-0	V1.2	2			
X2		DP				1023*		
3								
4		DI32xDC24V	6ES7 321-1BL80-0AA0			0...3		
5		DO32xDC24V/0.5A	6ES7 322-1BL00-0AA0				4...7	

图 4-2-14　硬件组态图

3. 符号表

PLC 符号表如图 4-2-15 所示。

4. PLC 程序

1）初始化程序 OB100

初始化程序如图 4-2-16 所示。

S7 程序(1) (符号) -- 有静参的FB交通灯\SIMATIC 300(1)\CPU 315-2 DP

	符号 /	地址		数据类型		注释
1	Complete Restart	OB	100	OB	100	
2	Cycle Execution	OB	1	OB	1	
3	EW_G	Q	4.1	BOOL		东西向的绿灯
4	EW_R	Q	4.0	BOOL		东西向的红灯
5	EW_Y	Q	4.2	BOOL		东西向的黄灯
6	F_1Hz	M	100.5	BOOL		1Hz的时钟信号
7	MB100	MB	100	BYTE		CPU时钟存储器
8	SF	M	0.0	BOOL		系统启动标志
9	SN_G	Q	4.4	BOOL		南北向绿灯
10	SN_R	Q	4.3	BOOL		南北向红灯
11	SN_Y	Q	4.5	BOOL		南北向黄灯
12	Start	I	0.0	BOOL		启动按钮
13	Stop	I	0.1	BOOL		停止按钮
14	T_EW_G	T	1	TIMER		东西向绿灯常亮定时器
15	T_EW_GF	T	6	TIMER		东西向绿灯闪烁定时器
16	T_EW_R	T	0	TIMER		东西向红灯常亮定时器
17	T_EW_Y	T	2	TIMER		东西向黄灯常亮定时器
18	T_SN_G	T	4	TIMER		南北向绿灯常亮定时器
19	T_SN_GF	T	7	TIMER		南北向绿灯闪烁定时器
20	T_SN_R	T	3	TIMER		南北向红灯常亮定时器
21	T_SN_Y	T	5	TIMER		南北向黄灯常亮定时器
22	东西数据	DB	1	FB	1	为东西向红灯及南北向绿黄灯提供实参
23	红绿灯	FB	1	FB	1	红绿灯控制无静态参数FB
24	南北数据	DB	2	FB	1	为南北向红灯及东西向绿黄灯提供实参
25						

图 4-2-15　PLC 符号表

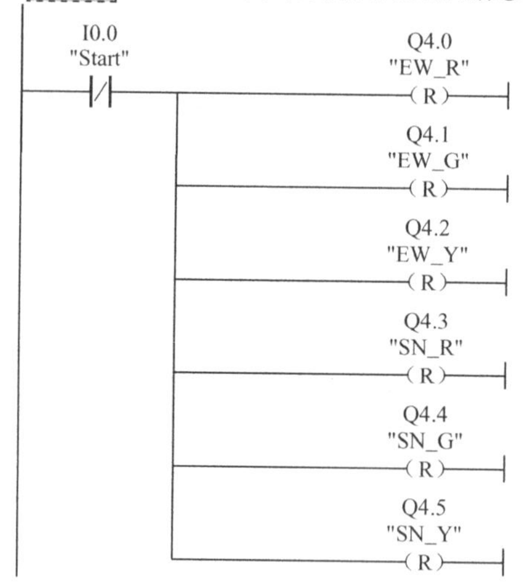

图 4-2-16　初始化程序 OB100

2）FB1 程序

（1）编辑 FB1 的变量声明表。在 FB1 的接口 IN 定义了 8 个参数，在 FB1 的接口 OUT 定义了 3 个参数，临时变量 STAT 定义了 2 个定时时间，注意名称不能用汉字，如图 4-2-17 所示。

（2）FB1 程序如图 4-2-18 所示。

3）OB1 程序

OB1 程序如图 4-2-19 所示。

内容：'环境\接口\IN'

接口：IN、OUT、IN_OUT、STAT、TEMP

名称	数据类型	地址	初始值	排除地址	终端地址	注释
R_ON	Bool	0.0	FALSE	□	□	当前方向红灯开始亮
T_R	Timer	2.0		□	□	当前方向红灯常亮定时器
T_G	Timer	4.0		□	□	另一方向绿灯常亮定时器
T_Y	Timer	6.0		□	□	另一方向黄灯常亮定时器
T_GF	Timer	8.0		□	□	另一方向绿灯闪烁定时器
T_RW	S5Time	10.0	S5T#0MS	□	□	T_R定时器初值
STOP	Bool	12.0	FALSE	□	□	停止
T_GW	S5Time	14.0	S5T#0MS	□	□	T_G定时器初值

内容：'环境\接口\OUT'

接口：IN、OUT、IN_OUT、STAT、TEMP

名称	数据类型	地址	初始值	排除地址	终端地址	注释
LED_R	Bool	16.0	FALSE	□	□	当前方向红灯
LED_G	Bool	16.1	FALSE	□	□	另一方向绿灯
LED_Y	Bool	16.2	FALSE	□	□	另一方向黄灯
				□	□	

内容：'环境\接口\STAT'

接口：IN、OUT、IN_OUT、STAT（T_GF_W、T_Y_W）、TEMP

名称	数据类型	地址	初始值	排除地址	终端地址	注释
T_GF_W	S5Time	18.0	S5T#3S	□	□	绿灯闪定时器初值
T_Y_W	S5Time	20.0	S5T#2S	□	□	黄灯常亮定时器初值
				□	□	

图 4-2-17　FB1 的局部变量

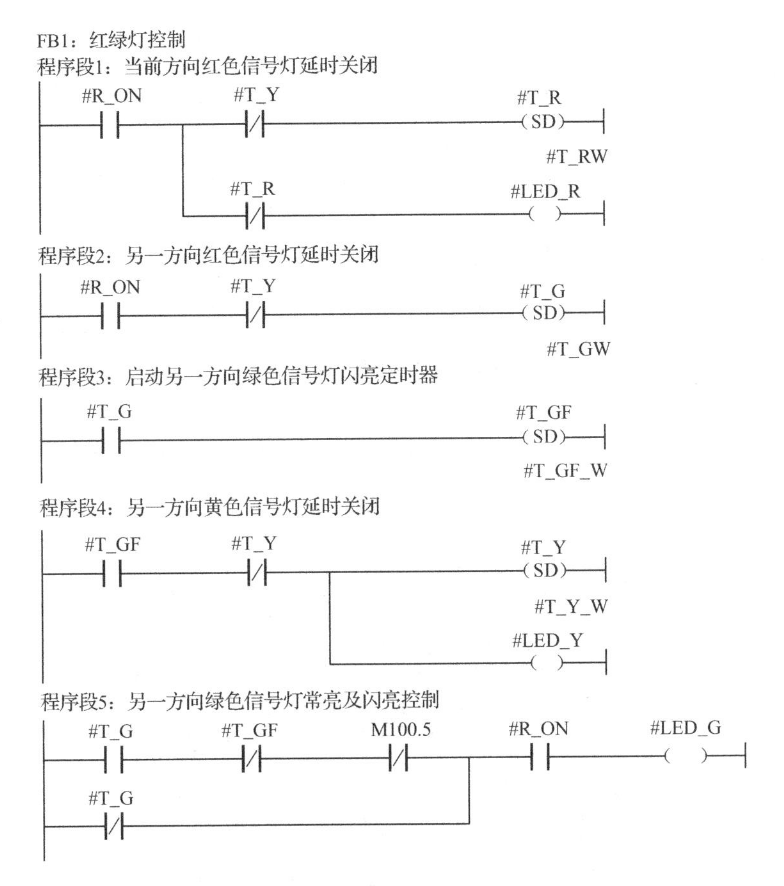

图 4-2-18　FB1 程序

OB1: "Main Program Sweep(Cycle)"

程序段1：设置启动标志

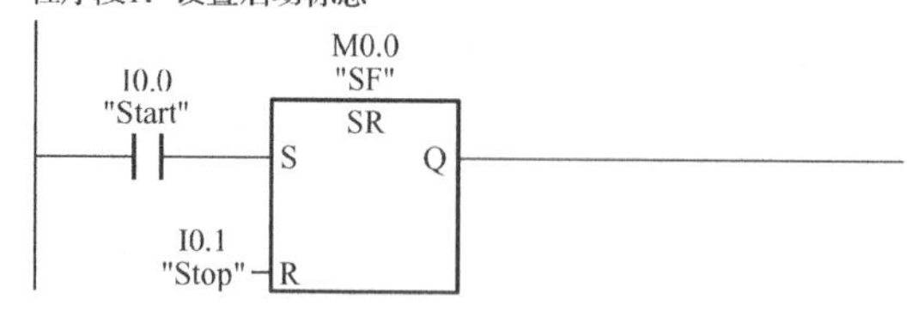

程序段2：设置转换定时器

程序段3：东西向红灯及南北向绿灯和黄灯控制

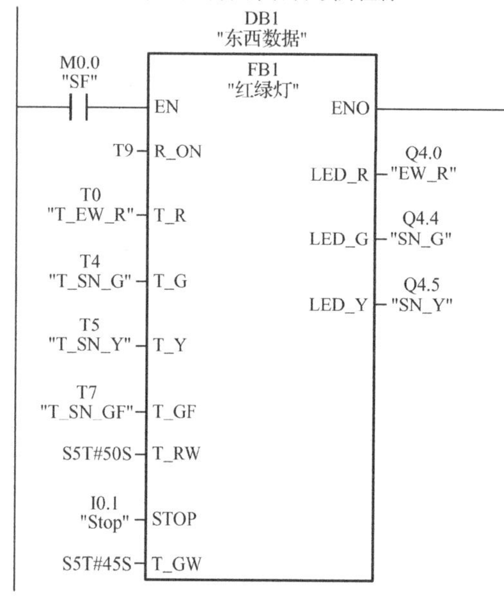

程序段4：南北向红灯及东西向绿灯和黄灯控制

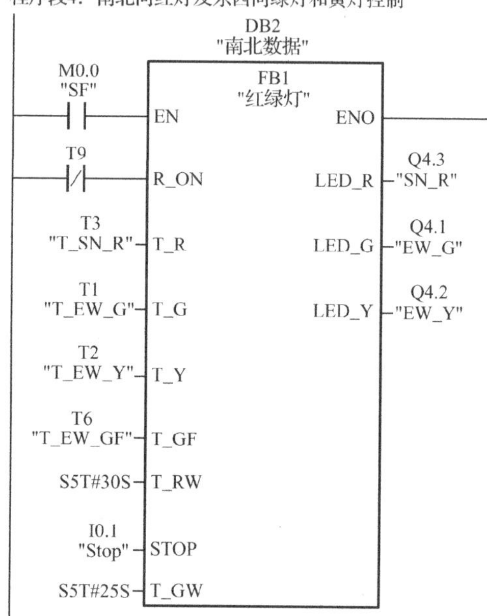

图 4-2-19　OB1 程序

4）背景数据块 DB

在调试程序时可在背景数据块 DB1、DB2 中设定定时时间，DB1 和 DB2 的数据结构完全相同，如图 4-2-20 所示。

DB1 -- 有静参的FB交通灯\SIMATIC 300(1)\CPU 315-2 DP

	地址	声明	名称	类型	初始值	实际值	备注
1	0.0	in	R_ON	BOOL	FALSE	FALSE	当前方向红灯开始亮
2	2.0	in	T_R	TIMER	T 0	T 0	当前方向红灯常亮定时器
3	4.0	in	T_G	TIMER	T 0	T 0	另一方向绿灯常亮定时器
4	6.0	in	T_Y	TIMER	T 0	T 0	另一方向黄灯常亮定时器
5	8.0	in	T_GF	TIMER	T 0	T 0	另一方向绿灯闪烁定时器
6	10.0	in	T_RW	S5TIME	S5T#0MS	S5T#0MS	T_R定时器初值
7	12.0	in	STOP	BOOL	FALSE	FALSE	停止
8	14.0	in	T_GW	S5TIME	S5T#0MS	S5T#0MS	T_G定时器初值
9	16.0	out	LED_R	BOOL	FALSE	FALSE	当前方向红灯
10	16.1	out	LED_G	BOOL	FALSE	FALSE	另一方向绿灯
11	16.2	out	LED_Y	BOOL	FALSE	FALSE	另一方向黄灯
12	18.0	s..	T_GF_W	S5TIME	S5T#3S	S5T#3S	绿灯闪定时器初值
13	20.0	s..	T_Y_W	S5TIME	S5T#2S	S5T#2S	黄灯常亮定时器初值

图 4-2-20　在 DB1 中设定定时时间

子任务 3　基于 FB 多重背景数据的星/三角降压启动 PLC 控制

1. 控制要求

某一车间，3 台设备由 3 台电动机带动，3 台电动机要实现星/三角降压启动，设备 1 星形连接转换到三角形连接的时间为 6s，设备 2 星形连接转换到三角形连接的时间为 8s，设备 3 星形连接转换到三角形连接的时间为 10s，用 FB 多重背景数据编程。

2. 程序结构与硬件组态图

在背景数据块中，调用 FB150 时，用 DB1、DB2、DB3 实现；当 FB150 要调用很多次时，会占用更多的数据块（DB1、DB2、DB3、DB4…），**用多重背景数据可减少数据块数量**。

多重背景数据编程设计思路：建一个比 FB150 级别更高的 FB151，原来的 FB150 不用修改，作为一个局部背景数据，在 FB151 中调用 FB150 来实现对 FB150 每次的使用，将数据存放在 FB151 的背景数据块 DB1 中。

程序结构和硬件组态如图 4-2-21 所示。

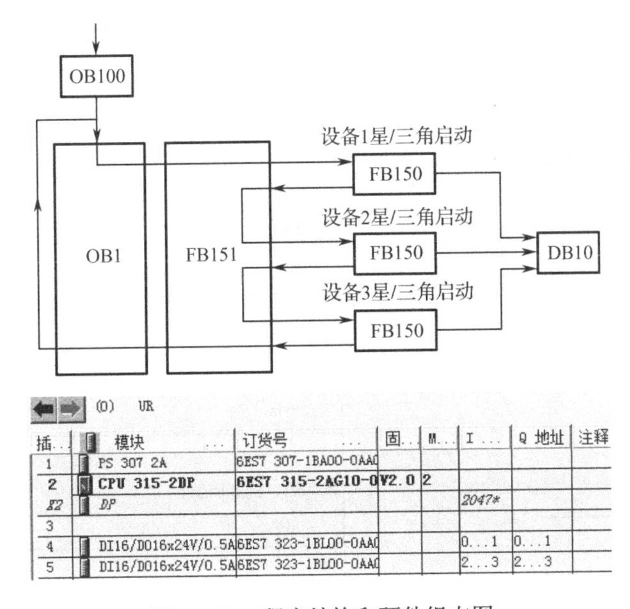

插...	模块	订货号	固...	M...	I ...	Q 地址	注释
1	PS 307 2A	6ES7 307-1BA00-0AA0					
2	CPU 315-2DP	6ES7 315-2AG10-0	V2.0	2			
X2	DP				2047*		
3							
4	DI16/DO16x24V/0.5A	6ES7 323-1BL00-0AA0			0...1	0...1	
5	DI16/DO16x24V/0.5A	6ES7 323-1BL00-0AA0			2...3	2...3	

图 4-2-21　程序结构和硬件组态图

3. 符号表

符号表如图 4-2-22 所示。

4. PLC 程序

1）OB100 程序

初始化程序如图 4-2-23 所示。

S7 程序(1) (符号) -- FB多重背景P134\SIMATIC 300(1)\CPU 315-2DP

	符号 /	地址		数据类型		注释
1	COMPLETE RESTART	OB	100	OB	100	
2	CXCL_EXE	OB	1	OB	1	
3	FB150	FB	150	FB	150	
4	FB151	FB	151	FB	151	
5	定时器	T	2	TIMER		
6	定时器1	T	1	TIMER		
7	定时器3	T	3	TIMER		
8	设备1启动按钮	I	1.1	BOOL		
9	设备1三角接	Q	1.3	BOOL		
10	设备1停止按钮	I	1.2	BOOL		
11	设备1星接	Q	1.2	BOOL		
12	设备1主接	Q	1.1	BOOL		
13	设备2启动按钮	I	2.1	BOOL		
14	设备2三角接	Q	2.3	BOOL		
15	设备2停止按钮	I	2.2	BOOL		
16	设备2星接	Q	2.2	BOOL		
17	设备2主接	Q	2.1	BOOL		
18	设备3启动按钮	I	3.1	BOOL		
19	设备3三角接	Q	3.3	BOOL		
20	设备3停止按钮	I	3.2	BOOL		
21	设备3星接	Q	3.2	BOOL		
22	设备3主接	Q	3.1	BOOL		
23	数据	DB	10	FB	151	
24						

图 4-2-22 符号表

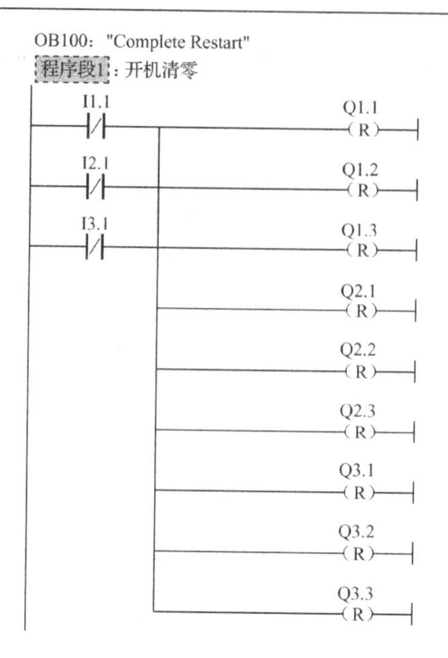

图 4-2-23 初始化程序

2）FB150 程序

（1）FB150 程序变量声明表如图 4-2-24 所示。

（2）FB150 程序如图 4-2-25 所示。

- 接口
  - IN
    - qi_dong
    - ting_zhi
    - ter
  - OUT
    - zhu
    - xin
    - san
  - IN_OUT
  - STAT
    - shi
  - TEMP

图 4-2-24 FB150 程序变量声明表

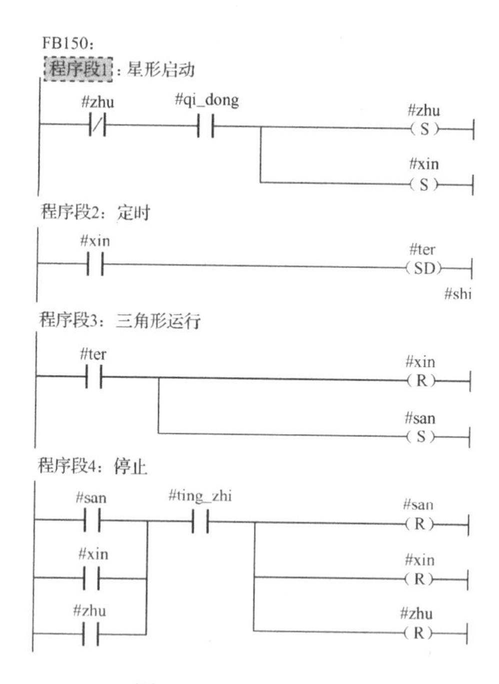

图 4-2-25 FB150 程序

3）FB151 程序

（1）FB151 程序变量声明表如图 4-2-26 所示。

内容： '环境\接口\STAT'

接口：IN、OUT、IN_OUT、STAT（X1、X2、X3）、TEMP

名称	数据类型	地址	初始值	排除地址	终端地址
X1	FB150	0.0		□	□
X2	FB150	8.0		□	□
X3	FB150	16.0		□	□
				□	□

设备 1（X1）的 IN（设备 2、设备 3 一样）

内容： '环境\接口\STAT\X1\IN'

名称	数据类型	地址	初始值	排除地址	终端地址	注释
qi_dong	Bool	0.0	FALSE	□	□	
ting_zhi	Bool	0.1	FALSE	□	□	
ter	Timer	2.0		□	□	
				□	□	

设备 1（X1）的 OUT（设备 2、设备 3 一样）

内容： '环境\接口\STAT\X2\OUT'

名称	数据类型	地址	初始值	排除地址	终端地址	注释
zhu	Bool	4.0	FALSE	□	□	
xin	Bool	4.1	FALSE	□	□	
san	Bool	4.2	FALSE	□	□	
				□	□	

设备 1（X1）的 STAT（设备 2、设备 3 一样）

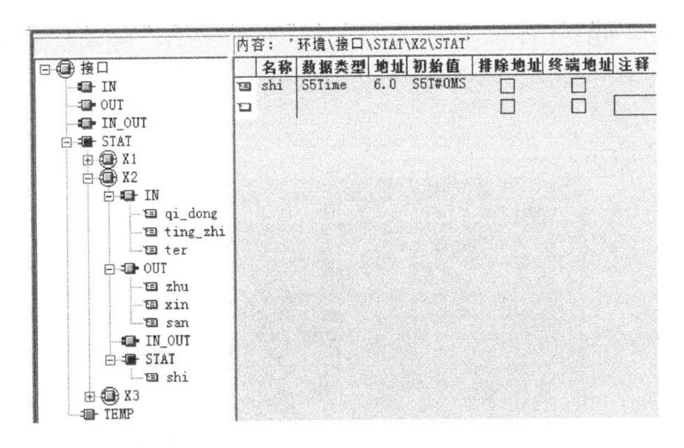

内容： '环境\接口\STAT\X2\STAT'

名称	数据类型	地址	初始值	排除地址	终端地址	注释
shi	S5Time	6.0	S5T#0MS	□	□	
				□	□	

图 4-2-26 变量声明表

（2）FB151 程序如图 4-2-27 所示。

4）OB1 主程序

主程序如图 4-2-28 所示。

FB151：

程序段1：设备1星/三角降压启动

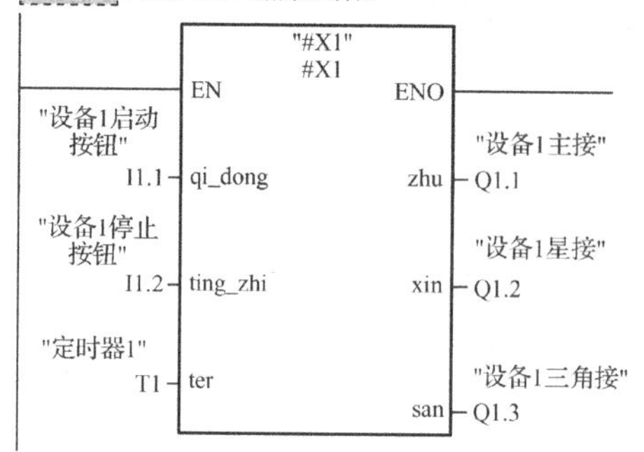

程序段2：设备2星/三角降压启动

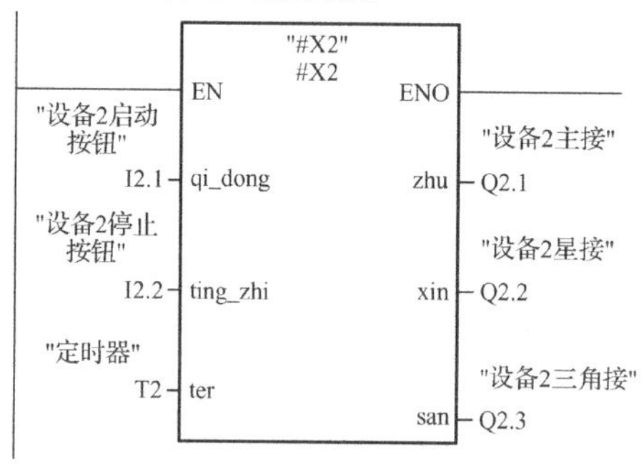

程序段3：设备3星/三角降压启动

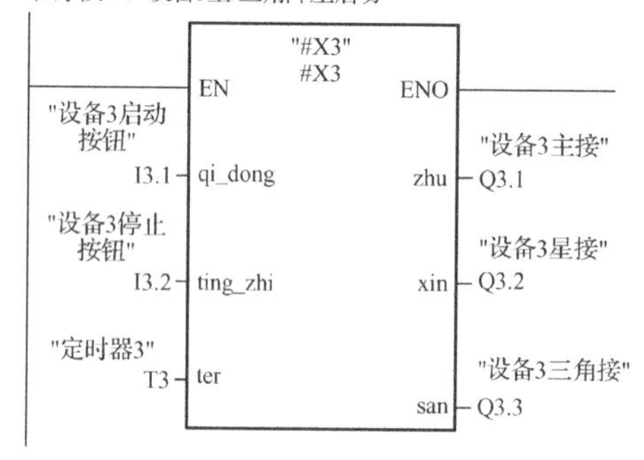

图 4-2-27　FB151 程序

OB1："Main Program Sweep(Cycle)"

程序段1：

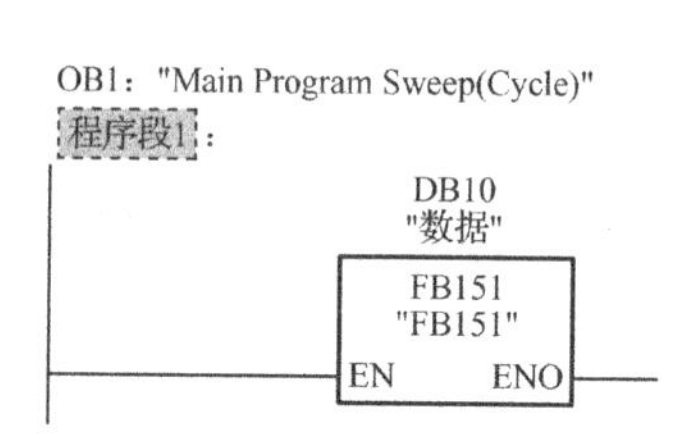

图 4-2-28　OB1 主程序

5）DB10 数据表

数据表如图 4-2-29 所示。

DB10 -- FB多重背景P134\SIMATIC 300(1)\CPU 315-2DP

	地址	声明	名称	类型	初始值	实际值
1	0.0	stat:in	X1.qi_dong	BOOL	FALSE	FALSE
2	0.1	stat:in	X1.ting_zhi	BOOL	FALSE	FALSE
3	2.0	stat:in	X1.ter	TIMER	T 0	T 0
4	4.0	stat:out	X1.zhu	BOOL	FALSE	FALSE
5	4.1	stat:out	X1.xin	BOOL	FALSE	FALSE
6	4.2	stat:out	X1.san	BOOL	FALSE	FALSE
7	6.0	stat	X1.shi	S5TIME	S5T#0MS	S5T#6S
8	8.0	stat:in	X2.qi_dong	BOOL	FALSE	FALSE
9	8.1	stat:in	X2.ting_zhi	BOOL	FALSE	FALSE
10	10.0	stat:in	X2.ter	TIMER	T 0	T 0
11	12.0	stat:out	X2.zhu	BOOL	FALSE	FALSE
12	12.1	stat:out	X2.xin	BOOL	FALSE	FALSE
13	12.2	stat:out	X2.san	BOOL	FALSE	FALSE
14	14.0	stat	X2.shi	S5TIME	S5T#0MS	S5T#8S
15	16.0	stat:in	X3.qi_dong	BOOL	FALSE	FALSE
16	16.1	stat:in	X3.ting_zhi	BOOL	FALSE	FALSE
17	18.0	stat:in	X3.ter	TIMER	T 0	T 0
18	20.0	stat:out	X3.zhu	BOOL	FALSE	FALSE
19	20.1	stat:out	X3.xin	BOOL	FALSE	FALSE
20	20.2	stat:out	X3.san	BOOL	FALSE	FALSE
21	22.0	stat	X3.shi	S5TIME	S5T#0MS	S5T#10S

T1定时时间

T2定时时间

T3定时时间

图 4-2-29　DB10 数据表

子任务 4 水泵、油泵、气泵星/三角降压启动与大型设备运行的 PLC 控制

1. 控制要求

在工业生产中都存在一些大型电气设备，这些大型设备的启动均以水泵、油泵和气泵的启动准备为前提，而水泵、油泵和气泵又需要星/三角降压启动控制。下面讨论水泵、油泵、气泵星/三角降压启动的 PLC 控制、大型设备运行控制及其故障报警的编程实现。

星/三角启动控制的时序图如图 4-2-30 所示。

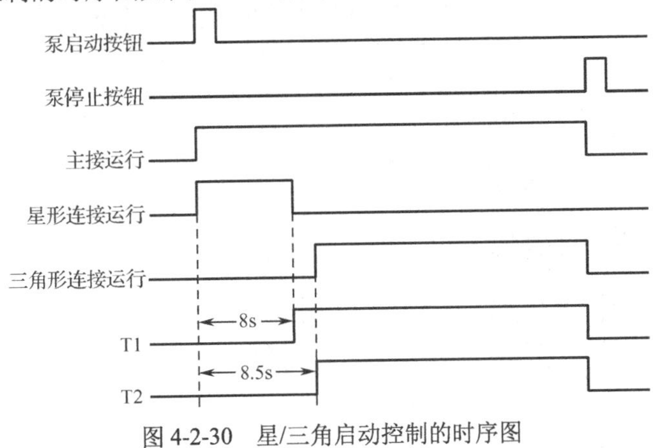

图 4-2-30 星/三角启动控制的时序图

2. 程序结构图与硬件组态图

本例调用 FB1 三次，完成水泵、油泵、气泵星/三角启动控制，每次调用不同的背景数据块 DB1、DB2、DB3，FC2 是大型设备启停控制的子程序，FB2 是报警子程序，DB4 是其背景数据块；程序结构图与硬件组态图如图 4-2-31 所示。

3. 符号表

符号表如图 4-2-32 所示。

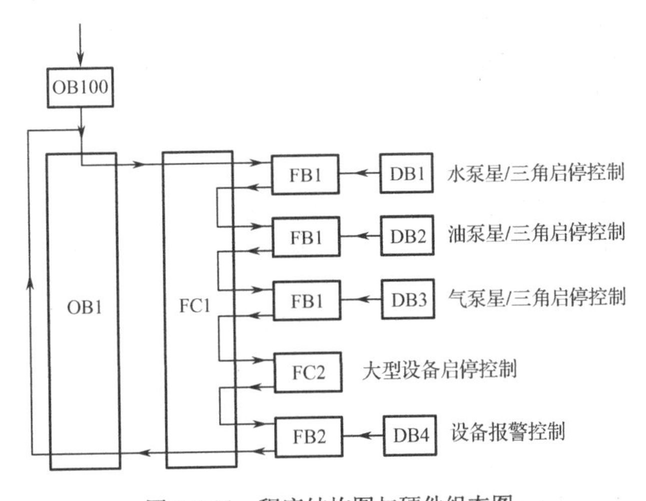

图 4-2-31 程序结构图与硬件组态图

(0) UR

插...	模块	订货号	固...	MPI 地址	I ...	Q 地址	注释
1	PS 307 10A	6ES7 307-1KA02-0AA0					
2	**CPU 315-2DP**	**6ES7 315-2AG10-0**	**V2.0**	**2**			
X2	*DP*				*2047**		
3							
4	DI16/DO16x24V/0.5A	6ES7 323-1BL00-0AA0			0...1	0...1	
5	DI16/DO16x24V/0.5A	6ES7 323-1BL00-0AA0			2...3	2...3	
6	DI16/DO16x24V/0.5A	6ES7 323-1BL00-0AA0			4...5	4...5	

图 4-2-31 程序结构图与硬件组态图（续）

S7 程序(1) (符号) -- 水泵油泵星三角大型设备\SIMATIC 300(1)\CPU 315-2DP

	符号	地址 /		数据类型		注释
1	星三角启停子程序	FB	1	FB	1	
2	报警子程序	FB	2	FB	2	
3	FB参数传递子程序	FC	1	FC	1	
4	大型设备启停?..	FC	2	FC	2	
5	大型设备启动	I	0.1	BOOL		
6	大型设备停止	I	0.2	BOOL		
7	水泵启动	I	1.1	BOOL		
8	水泵停止	I	1.2	BOOL		
9	油泵启动	I	2.1	BOOL		
10	油泵停止	I	2.2	BOOL		
11	气泵启动	I	3.1	BOOL		
12	气泵停止	I	3.2	BOOL		
13	故障确认	I	4.1	BOOL		
14	灯光测试	I	4.2	BOOL		
15	蜂鸣器测试	I	4.3	BOOL		
16	水泵油泵气泵?..	M	1.0	BOOL		
17	水泵准备就绪	M	1.1	BOOL		
18	油泵准备就绪	M	1.2	BOOL		
19	气泵准备就绪	M	1.3	BOOL		
20	报警标志	M	2.0	BOOL		
21	故障信号	M	10.0	BOOL		
22	CYCL_EXC	OB	1	OB	1	Cycle Execution
23	COMPLETE RESTART	OB	100	OB	100	
24	大型设备运行输出	Q	0.0	BOOL		
25	大型设备运行指示	Q	0.1	BOOL		
26	水泵主接	Q	1.0	BOOL		
27	水泵星接	Q	1.1	BOOL		
28	水泵三角接	Q	1.2	BOOL		
29	水泵运行输出	Q	1.3	BOOL		
30	水泵报警输出	Q	1.4	BOOL		
31	油泵主接	Q	2.0	BOOL		
32	油泵星接	Q	2.1	BOOL		
33	油泵三角接	Q	2.2	BOOL		
34	油泵运行输出	Q	2.3	BOOL		
35	油泵报警输出	Q	2.4	BOOL		
36	气泵主接	Q	3.0	BOOL		
37	气泵星接	Q	3.1	BOOL		
38	气泵三角接	Q	3.2	BOOL		
39	气泵运行输出	Q	3.3	BOOL		
40	气泵报警输出	Q	3.4	BOOL		
41	水泵未启动指示	Q	4.1	BOOL		
42	油泵未启动指示	Q	4.2	BOOL		
43	气泵未启动指示	Q	4.3	BOOL		
44	报警灯光指示	Q	4.4	BOOL		
45	报警蜂鸣器	Q	4.5	BOOL		
46						

图 4-2-32 符号表

4. PLC 程序

1）OB100 程序

初始化程序 OB100 如图 4-2-33 所示。

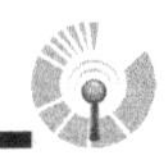

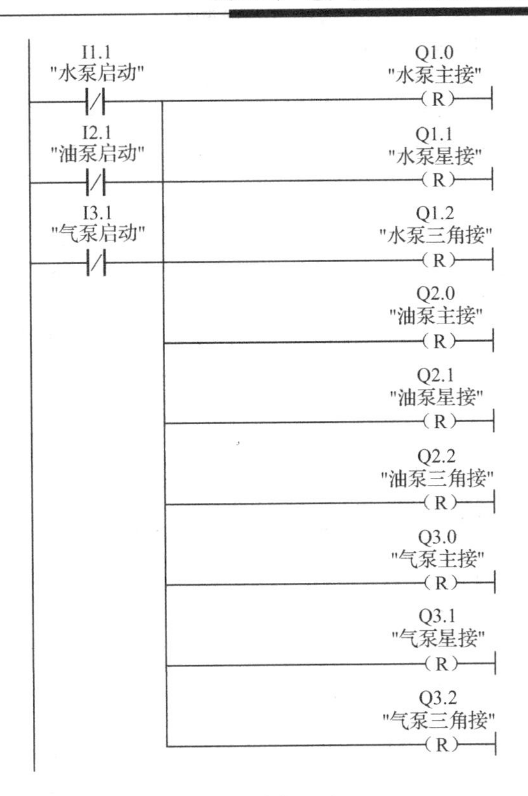

图 4-2-33　初始化程序 OB100

2）FB1 程序

（1）FB1 变量声明表如图 4-2-34 所示。

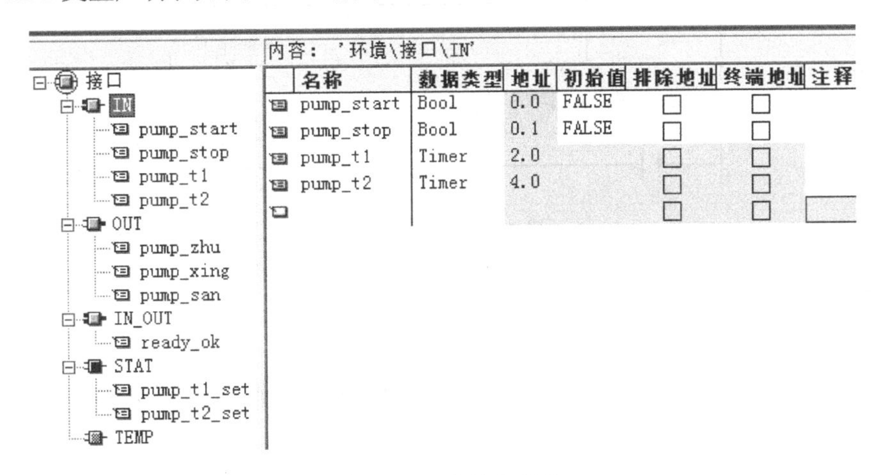

图 4-2-34　变量声明表

（2）FB1 程序如图 4-2-35 所示。

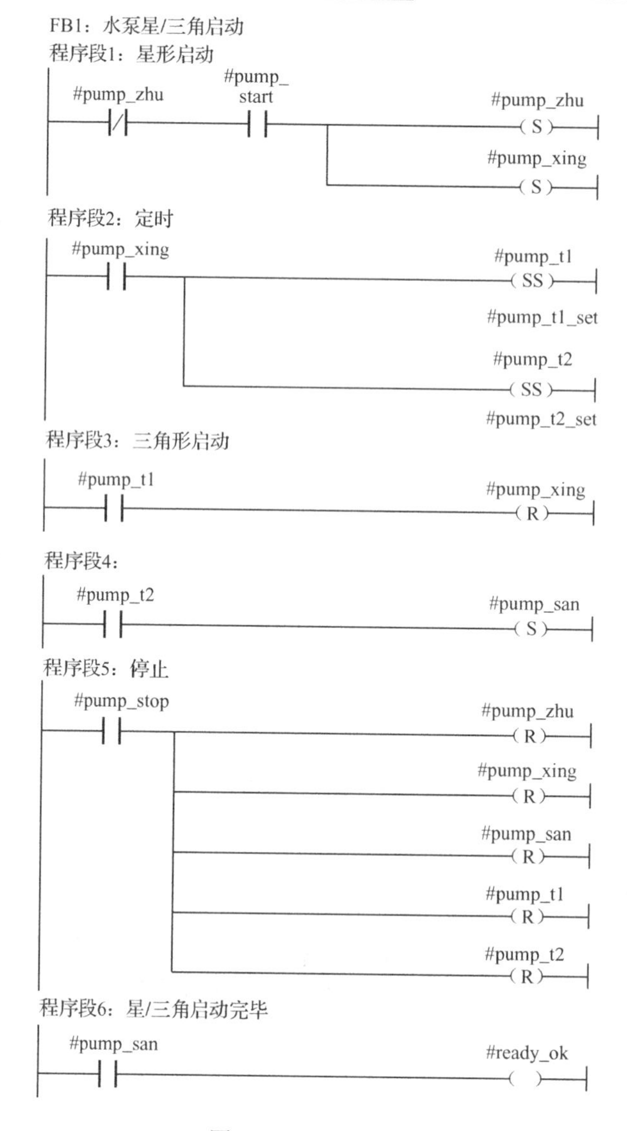

图 4-2-35 FB1 程序

3）FB2 程序

（1）FB2 程序变量声明表如图 4-2-36 所示。

接口
- IN
  - G_Z_Signal
  - G_Z_Acknow
  - Test_Light
  - Test_Speaker
- OUT
  - Alarm_Light
  - Alarm_Speaker
- IN_OUT
- STAT
- TEMP

名称	数据类型	地址	初始值	排除地址	终端地址	注释
G_Z_Signal	Bool	0.0	FALSE	☐	☐	故障信号
G_Z_Acknow	Bool	0.1	FALSE	☐	☐	故障确认
Test_Light	Bool	0.2	FALSE	☐	☐	测试灯光
Test_Speaker	Bool	0.3	FALSE	☐	☐	测试蜂鸣器
				☐	☐	

图 4-2-36 变量声明表

（2）FB2 程序如图 4-2-37 所示。

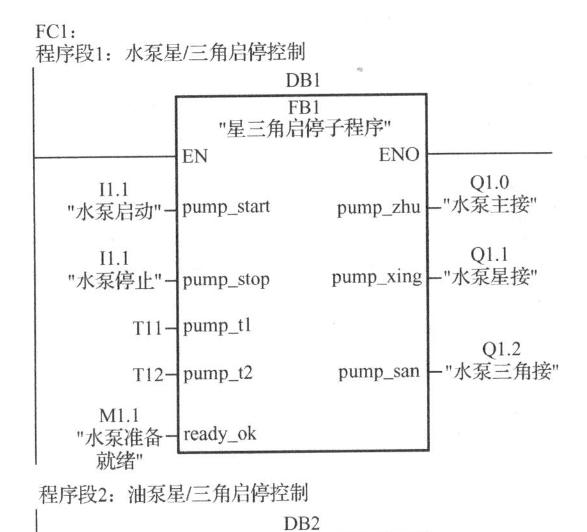

图 4-2-37　FB2 程序

4）FC1 程序

程序如图 4-2-38 所示。

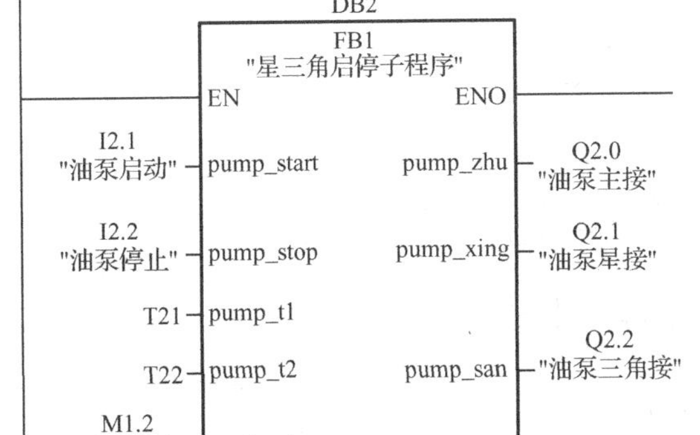

图 4-2-38　FC1 程序

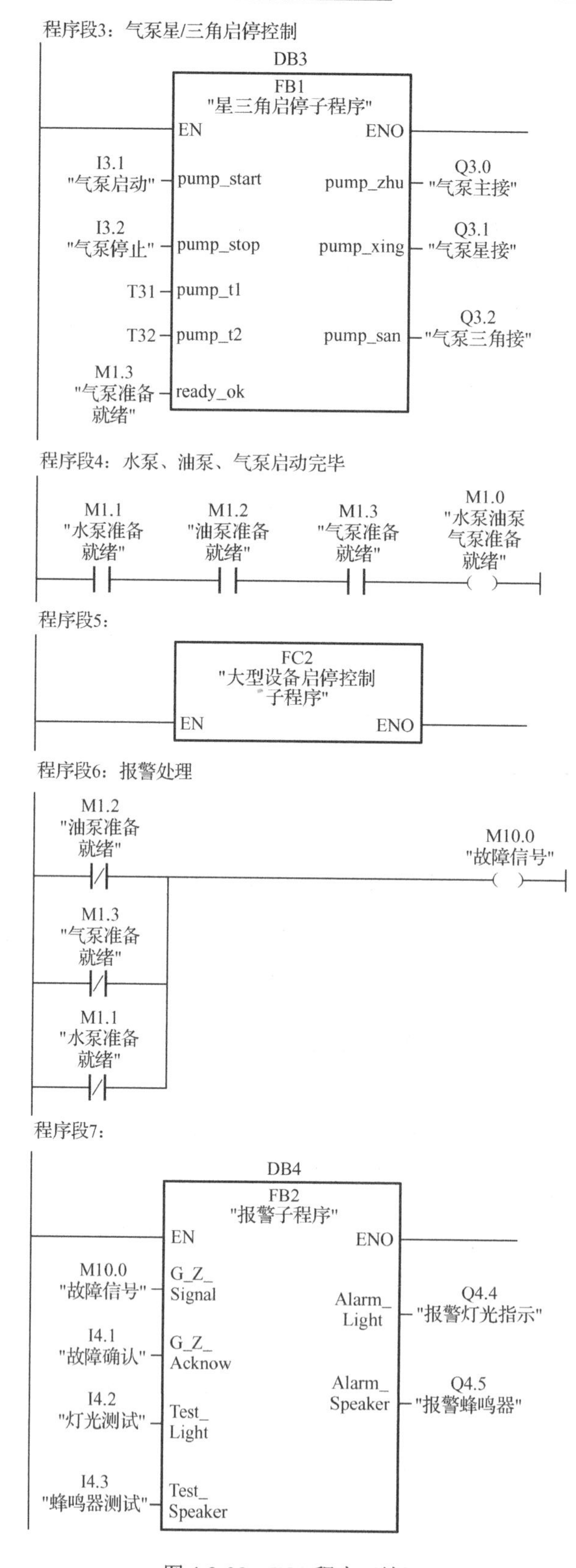

图 4-2-38　FC1 程序（续）

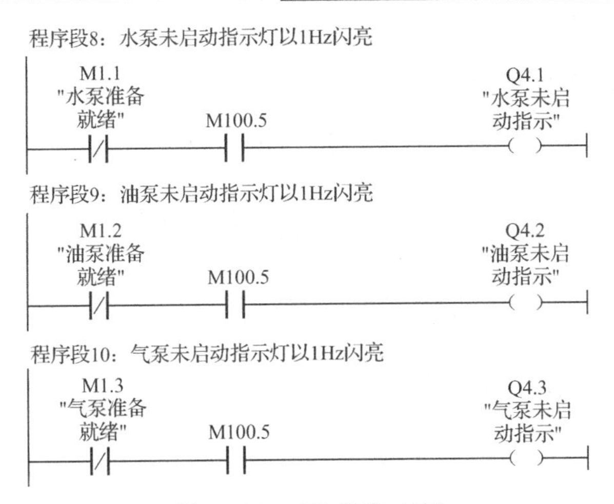

图 4-2-38　FC1 程序（续）

5）FC2 程序

程序如图 4-2-39 所示。

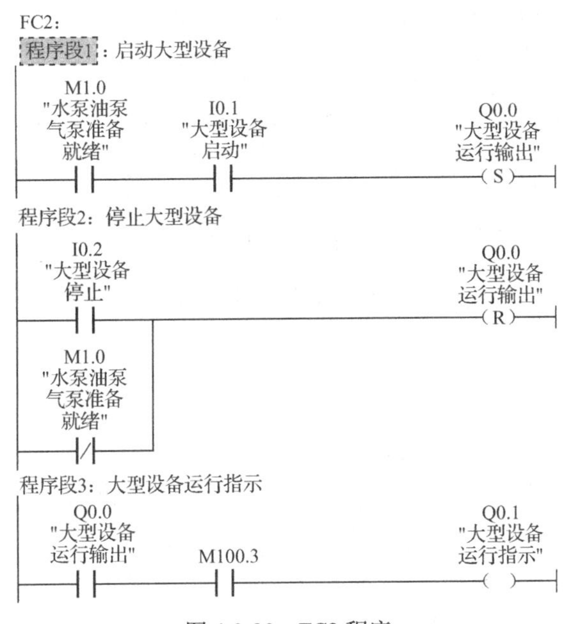

图 4-2-39　FC2 程序

6）数据块 DB1

数据块 DB1 如图 4-2-40 所示。

DB1 -- 水泵油泵星三角大型设备\SIMATIC 300(1)\CPU 315-2DP

	地址	声明	名称	类型	初始值	实际值	备注
1	0.0	in	pump_start	BOOL	FALSE	FALSE	
2	0.1	in	pump_stop	BOOL	FALSE	FALSE	
3	2.0	in	pump_t1	TIMER	T 0	T 11	
4	4.0	in	pump_t2	TIMER	T 0	T 12	
5	6.0	out	pump_zhu	BOOL	FALSE	FALSE	
6	6.1	out	pump_xing	BOOL	FALSE	FALSE	
7	6.2	out	pump_san	BOOL	FALSE	FALSE	
8	8.0	in_out	ready_ok	BOOL	FALSE	FALSE	
9	10.0	stat	pump_t1_set	S5TIME	S5T#0MS	S5T#8S	
10	12.0	stat	pump_t2_set	S5TIME	S5T#0MS	S5T#8S500MS	

图 4-2-40　数据块 DB1

7）数据块 DB2

数据块 DB2 如图 4-2-41 所示。

DB2 -- 水泵油泵星三角大型设备\SIMATIC 300(1)\CPU 315-2DP

	地址	声明	名称	类型	初始值	实际值	备注
1	0.0	in	pump_start	BOOL	FALSE	FALSE	
2	0.1	in	pump_stop	BOOL	FALSE	FALSE	
3	2.0	in	pump_t1	TIMER	T 0	T 21	
4	4.0	in	pump_t2	TIMER	T 0	T 22	
5	6.0	out	pump_zhu	BOOL	FALSE	FALSE	
6	6.1	out	pump_xing	BOOL	FALSE	FALSE	
7	6.2	out	pump_san	BOOL	FALSE	FALSE	
8	8.0	in_out	ready_ok	BOOL	FALSE	FALSE	
9	10.0	stat	pump_t1_set	S5TIME	S5T#0MS	S5T#6S	
10	12.0	stat	pump_t2_set	S5TIME	S5T#0MS	S5T#6S500MS	

图 4-2-41　数据块 DB2

8）数据块 DB3

数据块 DB3 如图 4-2-42 所示。

DB3 -- 水泵油泵星三角大型设备\SIMATIC 300(1)\CPU 315-2DP

	地址	声明	名称	类型	初始值	实际值	备注
1	0.0	in	pump_start	BOOL	FALSE	FALSE	
2	0.1	in	pump_stop	BOOL	FALSE	FALSE	
3	2.0	in	pump_t1	TIMER	T 0	T 31	
4	4.0	in	pump_t2	TIMER	T 0	T 32	
5	6.0	out	pump_zhu	BOOL	FALSE	FALSE	
6	6.1	out	pump_xing	BOOL	FALSE	FALSE	
7	6.2	out	pump_san	BOOL	FALSE	FALSE	
8	8.0	in_out	ready_ok	BOOL	FALSE	FALSE	
9	10.0	stat	pump_t1_set	S5TIME	S5T#0MS	S5T#10S	
10	12.0	stat	pump_t2_set	S5TIME	S5T#0MS	S5T#10S500MS	

图 4-2-42　数据块 DB3

9）数据块 DB4

数据块 DB4 如图 4-2-43 所示。

DB4 -- 水泵油泵星三角大型设备\SIMATIC 300(1)\CPU 315-2DP

	地址	声明	名称	类型	初始值	实际值	备注
1	0.0	in	G_Z_Signal	BOOL	FALSE	FALSE	故障信号
2	0.1	in	G_Z_Acknow	BOOL	FALSE	FALSE	故障确认
3	0.2	in	Test_Light	BOOL	FALSE	FALSE	测试灯光
4	0.3	in	Test_Speaker	BOOL	FALSE	FALSE	测试蜂鸣器
5	2.0	out	Alarm_Light	BOOL	FALSE	FALSE	报警灯指示
6	2.1	out	Alarm_Speaker	BOOL	FALSE	FALSE	报警蜂鸣器

图 4-2-43　数据块 DB4

技能训练

技能训练 2　基于 FC 和 FB 的化工反应过程 PLC 控制

1. 控制要求

如图 4-2-44 所示化工混合液反应过程。A 料先进反应灌达到 50%，然后 B 料加入达到

100%，搅拌电动机启动开始搅拌，到一定时间后，打开放料阀放 C 料，1 min 后放料完毕关闭，直到下一批次反应。

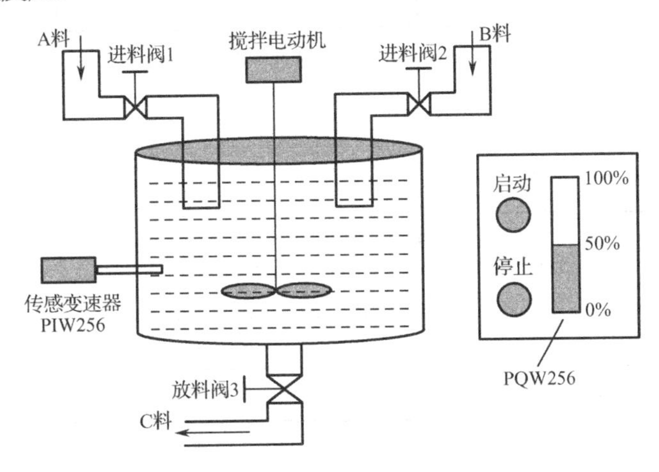

图 4-2-44　化工混合液反应过程

2. 训练要求

（1）画出程序结构图。
（2）列出符号表。
（3）根据控制要求，设计梯形图。
（4）运行、调试程序。
（5）汇总整理文档。

3. 技能训练考核标准

序号	主要内容	考核要求	评分标准	配分	扣分	得分
1	方案设计	根据控制要求，画出 I/O 分配表，设计程序结构图、接线图	1. 输入/输出地址遗漏或错误，每处扣 1 分； 2. 梯形图表达不正确或画法不规范，每处扣 2 分； 3. 接线图表达不正确或画法不规范，每处扣 2 分； 4. 结构图有错误，每处扣 2 分	30		
2	功能块 FB 参数定义与程序设计	根据控制要求，设计 FB 块的参数与梯形图程序	1. 参数定义不正确扣 10 分； 2. 程序设计表达不正确扣 10 分	20		
3	程序设计与调试	设计程序要正确，按动作要求模拟调试，达到设计要求	1. 调试步骤不正确扣 5 分； 2. 进料不正确扣 15 分； 3. 搅拌不正确扣 15 分； 4. 排料不正确扣 15 分	50		

续表

序号	主要内容	考核要求	评分标准	配分	扣分	得分
4	安全与文明生产	遵守国家相关安全文明生产规程，遵守学院纪律	1. 不遵守教学场所规章制度，扣 2 分； 2. 出现重大事故或人为损坏设备，扣 10 分	10		
备注			合计	100		
小组成员签名						
教师签名						
日期						

巩固练习

1．填空题。

（1）CPU 可以同时打开（　　）个共享数据块和（　　）个背景数据块。用（　　）指令打开 DB2 后，DB2.DBB0 可以用（　　）来访问。

（2）背景数据块中的数据是功能块的（　　）中的数据（不包括临时数据）。

（3）调用（　　）和（　　）时需要指定其背景数据块。

（4）在梯形图中调用功能块时，方框内是功能块的（　　），方框外是对应的（　　）。方框的左边是块的（　　）参数，右边是块的（　　）参数。

2．功能和功能块有什么区别？

3．怎样生成多重背景功能块？怎样调用多重背景？

4．简述共享数据块与背景数据块的区别。

5．采用编辑并调用有静态参数的功能块实现电动机启停控制系统。控制要求如下：用输入参数“Start”（启动按钮）和“Stop”（停止按钮）控制输出参数“Motor”（电动机）。按下停止按钮，输入参数 TOF 指定的断开延时定时器开始定时，输出参数“Brake”（制动器）为“1”状态，经过设置的时间预置值后，停止制动。

6．编程实现 Y=(A+X)×3÷4 的算法。其中 A 为常数，它的值在应用时可根据需要改变，设初始值分别为 3、4、5。该算法能在程序中多次调用。

（编程思路：Y= (A+X)×3÷4 算法能在程序中多次调用，可用功能块 FB1 来实现，然后在主程序中实现对 FB1 的多次调用，可把常数 A 设置成静态变量，赋初始值分别为 3、4、5。）

任务 4.3　组织块与中断处理的编程与应用

任务目标

（1）了解 OB 块的组成。

（2）会查找组织块事件及对应的优先级。

（3）会使用循环中断 OB35、时间中断 OB10 和硬件中断 OB40。

（4）了解延时中断组织块 OB20 的时间读取。

（5）会用 PLCSIM 软件进行仿真调试各个子任务。

任务描述

我们在编程中，常常要用到组织块，如前面经常要使用的 OB100 与 OB1。除了这两个组织块，S7-300 还有其他的组织块。本节我们通过使用循环中断 OB35 的彩灯 PLC 控制、使用时间中断组织块 OB10 的设备启动 PLC 控制、使用硬件中断组织块 OB40 的输入硬件中断 PLC 控制、使用延时中断组织块 OB20 的时间读取 PLC 控制 4 个子任务实操编程来了解中断块的使用。

知识准备

组织块（OB）是 CPU 操作系统和用户程序的接口，操作系统可以调用，用于控制的循环扫描和中断程序的执行、PLC 的热启动和错误处理等。

STEP 7 提供了大量的组织块用于执行用户程序。OB 被嵌套在用户程序中，根据某个事件的发生，执行相应的中断，并自动调用相应的 OB 块。例如循环中断 OB10、硬件错误中断 OB40、机架故障 OB86 等。因此，用户的主程序必须写在 OB1 组织块中，中断组织块中需要编写用户中断程序。

在 PLC 处于 RUN 状态时，循环处理的主程序 OB1 在每个扫描周期都要执行一次，当 OB1 正在执行而需要调用其他组织块时，OB1 的执行被中断。由于 OB1 的优先级最低，因此任何其他的 OB 都可以中断主程序并执行自己的程序，执行完毕后，再从断点处开始恢复执行 OB1。当有比当前执行的程序优先级更高的 OB 被调用时，CPU 将中止当前正在运行的 OB，转而调用更高优先级的 OB，这种处理方式称为中断程序的嵌套调用。

大多数中断事件发生时，如果没有下载对应的组织块，CPU 将会进入 STOP 模式。即使下载一个空的组织块，出现对应的中断事件时，CPU 也不会进入 STOP 模式。

1. 组织块的组成

组织块结构如图 4-3-1 所示，组织块只能由操作系统启动，它由变量声明表和用户编制的程序组成。

组织块的启动事件及对应优先级如表 4-3-1 所示。

组织块（OB）是操作系统调用的，OB 没有背景数据块，也不能为 OB 声明输入、输出变量和静态变量。因此，OB 的变量声明表中只有临时变量。OB 的临时变量可以是基本数据类型、复合数据类型或 ANY 数据类型。操作系统为所有的 OB 块声明了一个 2KB 的包含 OB 启动信息的变量声明表，声明表中变量具体内容与组织块的类型有关。临时变量前 20B 提供了触发该 OB 的事件的详细信息，这些信息在 OB 启动时由操作系统提供，如表 4-3-2 所示。

用户也可以在局部数据的前 20B 之后定义自己使用的临时局部变量。

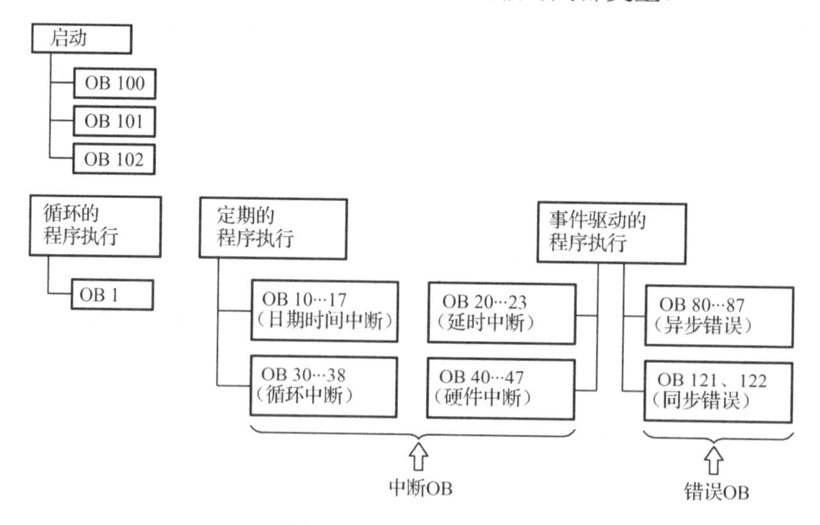

图 4-3-1　组织块的组成

表 4-3-1　组织块的启动事件及对应优先级

OB 号	启 动 事 件	默认优先级	说　明
OB1	启动或上一次循环结束时执行 OB1	1	主程序循环
OB10～OB17	日期时间中断 0～7	2	在设置的日期时间启动
OB20～OB23	时间延时中断 0～3	3～6	延时后启动
OB30～OB38	循环中断 0～8，时间间隔分别为 5s，2s，1s，500ms，200ms，100ms，50ms，20ms，10ms	7～15	以设定的时间为周期运行
OB40～OB47	硬件中断 0～7	16～23	检测外部中断请求时启动
OB55	状态中断	2	DPV1 中断（PROFIBUS-DP）
OB56	刷新中断	2	
OB57	制造厂特殊中断	2	
OB60	多处理中断，调用 SFC35 时启动	25	多个 CPU 的同步操作
OB61～OB64	同步循环中断 1～4	25	用于等时模式程序段的编程
OB70	I/O 冗余错误	25	冗余故障中断只用于 H 系列的 CPU
OB72	CPU 冗余错误，如一个 CPU 发生故障	28	
OB73	通信冗余错误中断，如冗余连接的冗余丢失	25	
OB80	时间错误	25	异步错误中断
OB81	电源故障	（如果启动程序中出现错误，则为 28）	
OB82	诊断中断		
OB83	插入/拔出模块中断		
OB84	CPU 硬件故障		
OB85	优先级错误		
OB86	扩展机架、DP 主站系统或分布式 I/O 站故障		

续表

OB 号	启 动 事 件	默认优先级	说　明
OB87	通信故障		
OB90	冷、热启动，删除或背景循环	29	背景循环
OB100	暖启动	27	启动
OB101	热启动（S7-300 和 S7-400H 不具备）	27	
OB102	冷启动	27	
OB121	编程错误	与引起中断的 OB 相同	同步错误中断
OB122	I/O 访问错误		

表 4-3-2　OB 的临时变量

地址（字节）	内　容
0	事件级别与标识符，如 OB40 为 B#16#11，表示硬件中断被激活
1	用代码表示与启动 OB 的事件有关的信息
2	优先级，如 OB40 的优先级为 16
3	OB 块号，如 OB40 的块号为 40
4～11	事件的附加信息，如 OB40 的 LB5 为产生中断的模块的类型，LW6 为产生中断的模块的起始地址，LD8 为产生中断的通道号
12～19	OB 被启动的日期和时间（年、月、日、时、分、秒、毫秒与星期）

2. 组织块的分类

组织块分为如下几类。

（1）循环执行的组织块：需要连续执行的程序安排在 OB1 中，执行完后又开始新的循环。

（2）启动组织块：用于系统的初始化，在 CPU 通电或操作模式改为 RUN 时，根据不同的启动方式来执行 OB100～OB102 中的一个。

（3）定期执行的组织块：有日期时间中断组织块（OB10～OB17）和循环中断组织块（OB30～OB38），可以根据日期时间或时间间隔执行中断。

（4）事件驱动的组织块：有延时中断（OB20～OB23）、硬件中断（OB40～OB47）、异步错误中断（OB80～OB87）和同步中断（OB121～OB122）。

（5）背景组织块：避免循环等待时间（OB90）。

3. 组织块的启动方式

CPU 有三种启动方式：暖启动、热启动和冷启动，可以在 STEP 7 中设置 CPU 的属性时选择其一。组织块 OB100 用于暖启动，OB101 用于热启动，OB102 用于冷启动，当 PLC 接通电源以后，首先处理启动 OB 后，才执行 OB1。

对于 OB100～OB102，CPU 只在启动运行时对其进行一次扫描，其他时间只对 OB1 进行循环扫描。S7-300 CPU（不包含 CPU 318）只有暖启动，用 STEP 7 可以指定存储器位、定时器、计数器和数据块在电源断电后的保持范围。

（1）暖启动。暖启动时，过程映像数据以及非保持的存储器位、定时器和计数器复位，具有保持功能的存储器位、定时器、计数器和所有数据块将保留原数值。程序将重新开始运行，执行启动 OB1。一般 S7-300 CPU 采用此种启动方式。手动暖启动时，将模式开关扳到 STOP 位置，STOP LED 亮，然后再扳到 RUN 或 RUN-P 位置。

（2）热启动。启动时所有数据（无论是保持还是非保持型）都将保持原状态，在 RUN 状态时如果电源突然丢失，然后又重新通电，S7-400 CPU 将执行一个初始化程序，自动地完成热启动。热启动从上次 RUN 模式结束时程序被中断之处继续执行，不对计数器等复位。热启动只能在 STOP 状态时设有修改用户程序的条件下才能进行。

（3）冷启动。冷启动适用于 CPU 417 和 CPU 417H。冷启动时，过程数据区的所有数据均被清零，包括有保持功能的数据。用户程序将重新开始运行，执行 OB 和 OB1。手动冷启动时将模式开关选择扳到 STOP 位置，STOP LED 亮，再扳到 MRES 位置，STOP LED 灭 1s，亮 1s，再灭 1s 后保持亮，最后将它扳到 RUN 或 RUN-P 位置。

子任务 1　使用循环中断 OB35 的彩灯 PLC 控制

循环中断组织块用于按精确的时间间隔循环执行中断程序，如周期性地执行闭环控制系统的 PID 控制程序，间隔时间从 STOP 模式切换到 RUN 模式时开始计算。部分 S7-300 CPU 只能使用 OB35，其余的 CPU 可以使用的循环中断 OB 的个数与 CPU 的型号和订货号有关。

1. 控制要求

控制要求如下：

（1）用循环中断组织块 OB35 实现控制 8 彩灯循环移位（QB4.0～QB4.7），每次点亮相邻的 3 盏彩灯。用 I0.0 控制移位的方向，I0.0 为 1 状态时彩灯左移，为 0 状态时彩灯右移。

（2）能用 SFC40“EN_IRT”和 SFC39“DIS_IRT”禁止和激活中断。

（3）能观察 OB100 执行的次数。

2. 硬件组态图

硬件组态与循环中断的设置如图 4-3-2 所示。

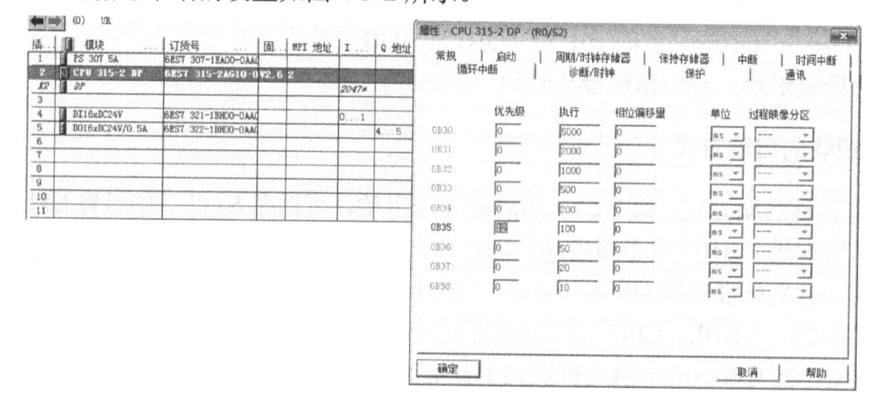

图 4-3-2　硬件组态与循环中断的设置

双击硬件组态 CPU 315-2 DP，打开 CPU 属性对话框，由“循环中断”选项卡（见图 4-3-2）可知，该 CPU 只能使用 OB35，其循环的时间间隔 1～6000ms 的默认值为 100ms，将它修改为 1000ms，**将组态数据编译保存并下载到 CPU 后生效**。如果没有做上述的硬件组态，时间间隔为默认值 100ms。

如果两个循环中断 OB 的时间间隔为整倍数，它们可能同时请求中断。相位偏移量（默认值为 0）用于错开不同时间间隔的几个循环中断 OB，以减少连续执行循环中断 OB 的时间。相位偏移应小于 OB 的循环时间间隔。

3. OB100 的程序

OB100 程序如图 4-3-3 所示。

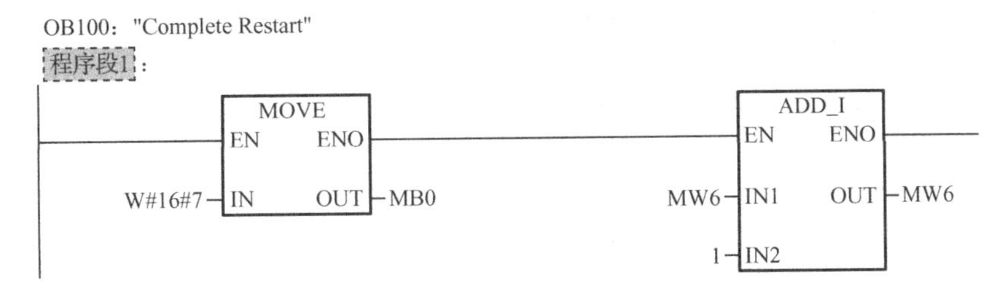

图 4-3-3　OB100 程序

用 MOVE 指令将 MB0 的初值设置为 7，即低 3 位置 1，其余各位为 0。此外用 ADD_I 指令将 MW6 加 1，可以观察 CPU 执行 OB100 的次数。

4. OB35 程序

OB35 程序用于控制 8 彩灯循环移位，用 I0.0 控制移位的方向。I0.0 为 1 时彩灯左移，为 0 时彩灯右移。

S7-300/400 只有双字循环移位指令，MB0 是双字 MD0 的最高字节（见图 4-3-4（a））。在 MD0 每次循环左移 1 位之后，最高位 M0.7 的数据被移到 MD0 最低位的 M3.0。为了实现 MB0 的循环移位，移位后如果 M3.0 为 1 状态，将 MB0 的最低位 M0.0 置位为 1（见图 4-3-5 的程序段 1），反之将 M0.0 复位为 0，相当于 MB0 的最高位 M0.7 移到了 MB0 的最低位 M0.0。

在 MD0 每次循环右移 1 位之后（见图 4-3-4（b）），MB0 的最低位 M0.0 的数据被移到 MB1 最高位的 M1.7。移位后根据 M1.7 的状态，将 MB0 的最高位 M0.7 置位或复位（见图 4-3-5 的程序段 2），相当于 MB0 的最低位 M0.0 移到了 MB0 的最高位 M0.7。

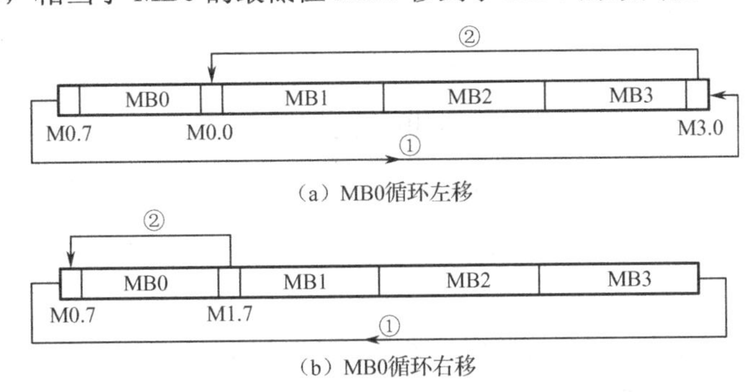

图 4-3-4　MB0 循环左移和右移

在程序段3，用MOVE指令将MB0的值传送到QB4，用QB4来控制8彩灯。

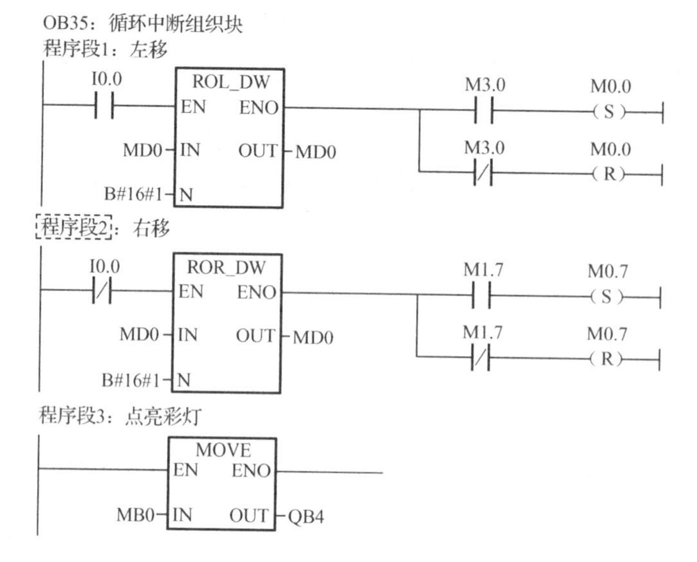

图4-3-5　OB35的程序

5. 激活和禁止硬件中断

SFC40“EN_IRT”和SFC39“DIS IRT”分别是激活、禁止中断和异步错误的系统功能。它们的参数MODE(模式)为2时激活或禁止OB_NR指定的OB编号对应的中断。因为MODE的数据类型为BYTE，它的实参为十六进制常数16#2。

在OB1中编写图4-3-6所示的程序，在I0.2的上升沿调用SFC“EN_IRT”，来激活OB35对应的循环中断，在I0.3的上升沿调用SFC“DIS_IRT”来禁止OB35对应的循环中断。

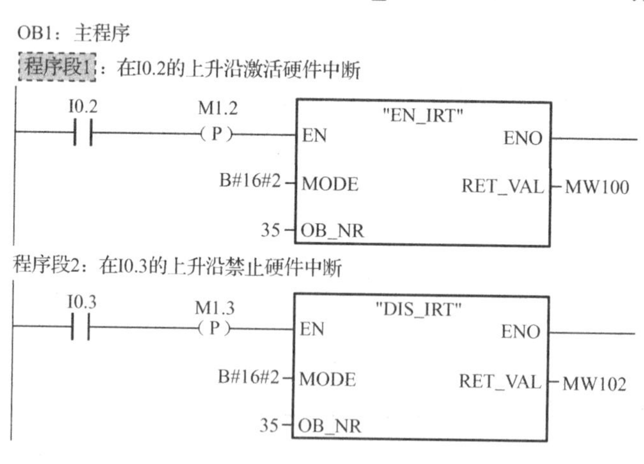

图4-3-6　OB1程序

6. 仿真实验

打开仿真软件PLCSIM（见图4-3-7），下载系统数据和所有的块以后，切换到RUN-P模式。MB0和QB4被设置为初始值7，其低3位被初始化为1，MW6的值一直为1。因为只在

OB100 中访问了 MW6，说明只调用了一次 OB100。OB35 被自动激活，CPU 每 1s 调用一次 OB35。因为 I0.0 的初始值为 0 状态，QB4 的值每 1s 循环右移 1 位。将 I0.0 设置为 1 状态，QB4 由循环右移变为循环左移。

单击两次 I0.3 对应的小方框，在 I0.3 的上升沿，循环中断被禁止，CPU 不再调用 OB35，QB4 的值保持不变。单击两次 I0.2 对应的小方框，在 I0.2 的上升沿，循环中断被激活，QB4 的值又开始循环移位。

改变 OB100 中 MB0 的初始值后，下载到仿真 PLC，观察运行的效果。

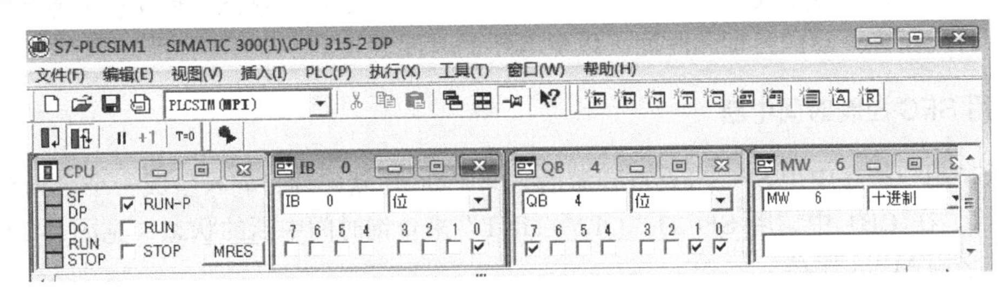

图 4-3-7　PLCSIM 仿真

子任务 2　使用时间中断组织块 OB10 的设备启动 PLC 控制

可以设置在某一特定的日期和时间产生一次时间中断，也可以设置从设定的日期时间开始，周期性地重复产生中断，如每分钟、每小时、每天、每周、每月、每月末、每年产生一次时间中断。可以用组态或编程的方法来启动时间中断。用专用的 SFC28～SFC30 设置、取消和激活时间中断。大多数 S7-300 CPU 只能使用 OB10。

1. 基于硬件组态的时间中断

要求在到达设置的日期和时间时，用 Q4.0 自动启动某台设备。用新建项目向导生成一个名为“OB10_1”的项目，CPU 模块的型号为 CPU 315-2 DP。

打开硬件组态，双击机架中的 CPU，打开 CPU 的属性对话框。在“时间中断”选项卡（见图 4-3-8），设置自动启动设备的日期和时间，执行方式为“一次”。用复选框激活中断，按“确定”按钮结束设置。保存和编译组态信息并下载。

图 4-3-8　组态时间中断

在 SIMATIC 管理器中生成 OB10，下面是用语句表编写的 OB10 的程序，设置的时间到时，将需要启动的设备对应的输出点 Q4.0 置位：

```
SET        //将 RLO 置为 1
=Q4.0      //将 RLO 写入 Q4.0
```

下面是 OB1 中的程序，用 I0.0 将 Q4.0 复位：

```
A    I 0.0
R    Q4.0
```

打开 PLCSIM，生成 QB4 的视图对象。下载所有的块和系统数据后，将仿真 PLC 切换到 RUN-P 模式。达到设置的日期和时间时，可以看到 Q4.0 变为 1 状态。做实验时设置比当前的日期和时间稍晚一点的日期和时间，以免等待的时间太长。

2. 用 SFC 控制时间中断

可以在用户程序中用 SFC 来设置和激活时间中断。用新建项目向导生成一个名为“OB10_2”的项目。在 OB1 中调用 SFC31“QRY_TINT”来查询时间中断的状态（见图 4-3-9），读取的状态字用 MW8 保存。

OB1：主程序

程序段1：调用SFC31查询OB10的状态，调用IEC功能FC3合并日期和时间值

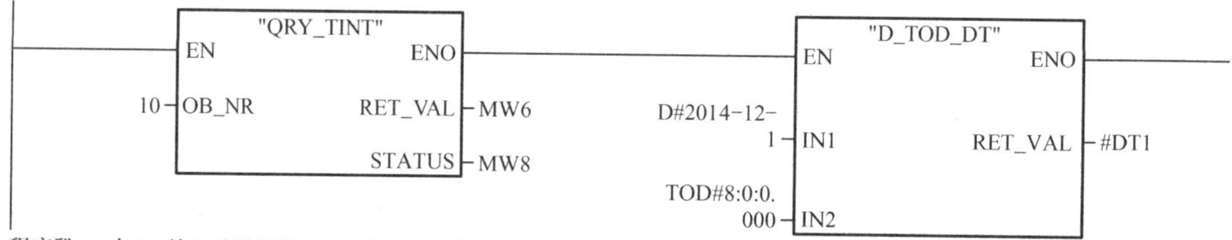

程序段2：在I0.0的上升沿调用SFC28和SFC30设置和激活日期时间中断

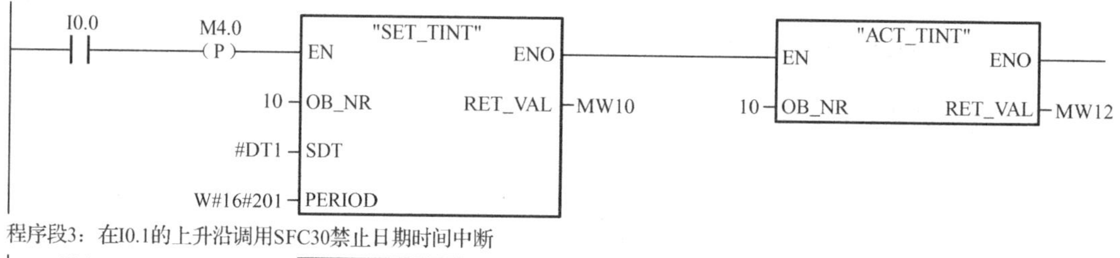

程序段3：在I0.1的上升沿调用SFC30禁止日期时间中断

I0.1　M4.1 (P)　"CAN_TINT"　EN　ENO　10 OB_NR　RET_VAL MW14

图 4-3-9　OB1 主程序

IEC 功能 FC3“D_TOD_DT”用于合并日期和时间值，它在程序编辑器左边窗口的文件夹“库\Standard Library\IEC Function Blocks”中。首先生成 OB1 的临时局部变量（TEMP）“DT1”，其数据类型为 Date_ And_ Time，“D_TOD_DT”的执行结果用 DT1 保存。

在 I0.0 的上升沿，调用 SFC28“SET_TINT”和 SFC30“ACT_TINT”来分别设置和激活时间中断 OB10。在 I0.1 的上升沿，调用 SFC29“CAN_TINT”来取消时间中断。

各 SFC 的参数 OB_NR 是组织块的编号，SFC28“SET_TINT”用来设置时间中断，它的参数 SDT 是“D_TOD_DT”定义的开始产生中断的日期和时间。PERIOD 用来设置执行的方式，W#16#201 表示每分钟产生一次时间中断。RET_VAL 是执行时可能出现的错误代码，为

0 时无错误。

下面是 OB10 中将 MW2 加 1 的 STL 程序：

```
L    MW    2
+     1
T    MW    2
```

3. 仿真实验

打开仿真软件 PLCSIM，生成 MB9、IB0 和 MW2（见图 4-3-10）的视图对象，MB9 是 SFC31 读取的状态字 MW8 的低位字节。

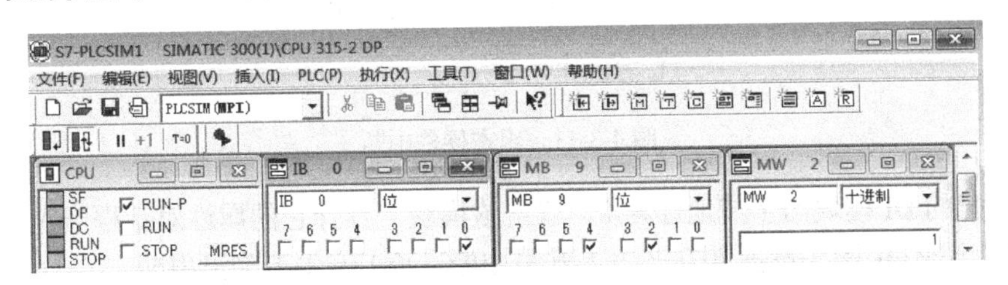

图 4-3-10　PLCSIM

下载所有的块后，将仿真 PLC 切换到 RUN-P 模式，M9.4 变为 1 状态，表示已经下载了 OB10。令 I0.0 为 1 状态，M9.2 变为 1 状态，表示时间中断已被激活，如果设置的是已经过去的日期和时间，CPU 每分钟调用一次 OB10，将 MW2 加 1。两次单击 I0.1 对应的小方框，在 I0.1 的上升沿，时间中断被禁止，M9.2 变为 0 状态，MW2 停止加 1。两次单击 I0.0 对应的小方框，在 I0.0 的上升沿，时间中断被重新激活，M9.2 变为 1 状态，MW2 每分钟又被加 1。

子任务 3　使用硬件中断组织块 OB40 的输入硬件中断 PLC 控制

硬件中断组织块（OB40～OB47）用于快速响应信号模块（SM）、通信处理器（CP）和功能模块（FM）的状态变化。具有中断能力的上述模块将中断信号传送到 CPU 时，将触发硬件中断。绝大多数 S7-300 CPU 只能使用 OB40，S7-400 CPU 可以使用的硬件中断 OB 的个数与 CPU 的型号有关。

为了产生硬件中断，在组态时应启用有硬件中断功能的模块的硬件中断。产生硬件中断时，如果没有生成和下载硬件中断组织块，操作系统将会向诊断缓冲区输入错误信息，并执行异步错误处理组织块 OB80。

1. 硬件组态

用新建项目向导生成一个名为“OB40 例程”的项目，CPU 模块的型号为 CPU 315-2 DP。打开硬件组态工具（见图 4-3-11），将硬件目录中型号为“DI4×NAMUR，Ex”的 4 点 DI 模块插入 4 号槽，16 点 DO 模块插入 5 号槽。

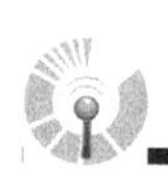

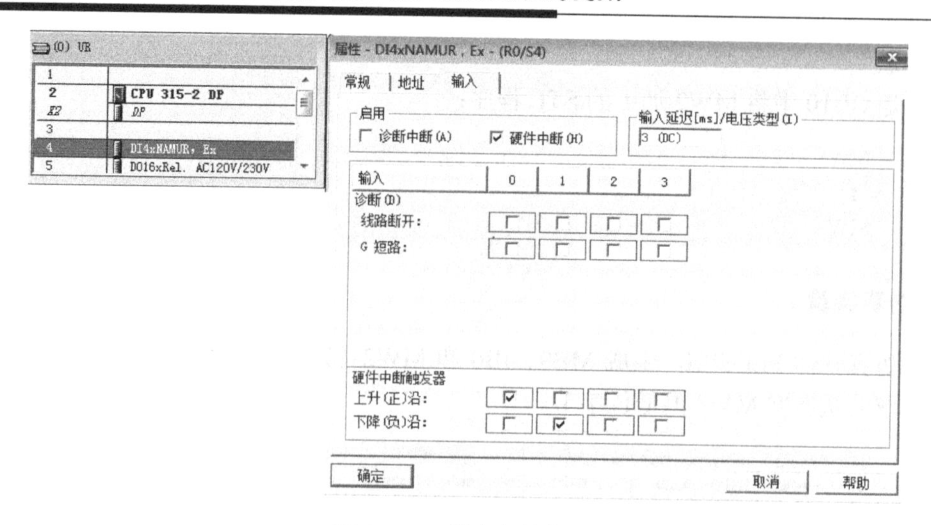

图 4-3-11 组态硬件中断

自动分配的 DI 模块的字节地址为 0。双击该模块，打开它的属性对话框（见图 4-3-11）。用复选框启用硬件中断，设置 I0.0 产生上升沿中断，I0.1 产生下降沿中断。

2. 编写 OB40 中的程序

OB40 中的程序（见图 4-3-12）用来判断是哪个模块的哪个点产生的中断，然后执行相应的操作。临时局部变量 OB40_MDL_ADDR 和 OB40_POINT_ADDR 分别是产生中断的模块的起始字节地址和模块内的位地址，数据类型分别为 WORD 和 DWORD，这两个变量不能直接用于整数比较指令和双整数比较指令。

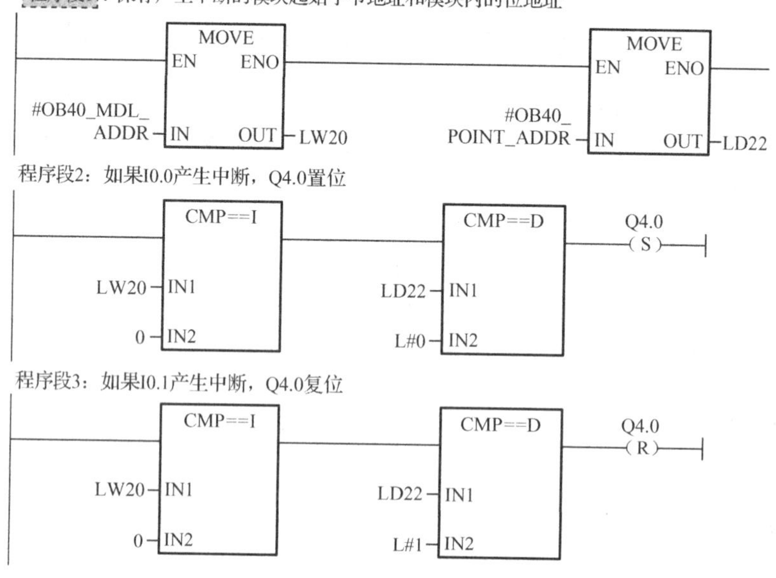

图 4-3-12 OB40 中的程序

首先用 MOVE 指令将这两个变量保存到 LW20 和 LD22，然后才能用比较指令判别是哪

个模块和模块中的哪点产生的中断。如果是 I0.0 产生的中断，LW20 和 LD22 均为 0，程序段 2 的两条比较指令等效的触点同时闭合，将 Q4.0 置位。如果是在 I0.1 的下降沿产生的中断，程序段 3 将 Q4.0 复位。

3. 硬件中断的仿真实验

打开 PLCSIM，下载所有的块，将仿真 PLC 切换到 RUN-P 模式。执行 PLCSIM 的菜单命令“执行”→“触发错误 OB”→“硬件中断（OB40-OB47）”，打开“硬件中断 OB（40-47）”对话框（见图 4-3-13），在“模块地址”文本框中输入模块的起始字节地址 0，在“模块状态（POINT_ADDR）”文本框中输入模块内的位地址 0。

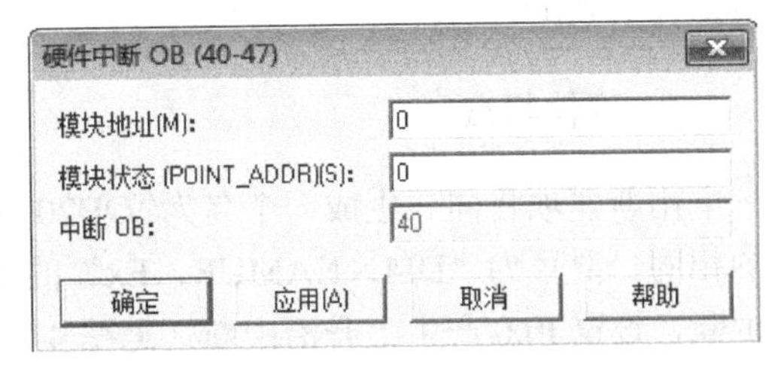

图 4-3-13　模拟产生硬件中断的对话框

单击“应用”按钮，触发 I0.0 的上升沿中断，CPU 调用 OB40，Q4.0 被置位为 1 状态，同时在“中断 OB”显示框内自动显示出对应的 OB 编号 40。将位地址（POINT_ ADDR）改为 1，模拟 I0.1 产生的下降沿中断，单击“应用”按钮，在放开按钮时，Q4.0 被复位为 0 状态。单击“确定”按钮，将执行与“应用”按钮同样的操作，同时关闭对话框。

4. 禁止和激活硬件中断

图 4-3-14 是 OB1 中的程序，在 I0.2 的上升沿调用 SFC40（EN_IRT）激活 OB40 对应的硬件中断，在 I0.3 的上升沿调用 SFC39（DIS_IRT）禁止 OB40 对应的硬件中断。输入参数 MODE（模式）为 2 时，OB_NR 的实参为 OB 的编号。

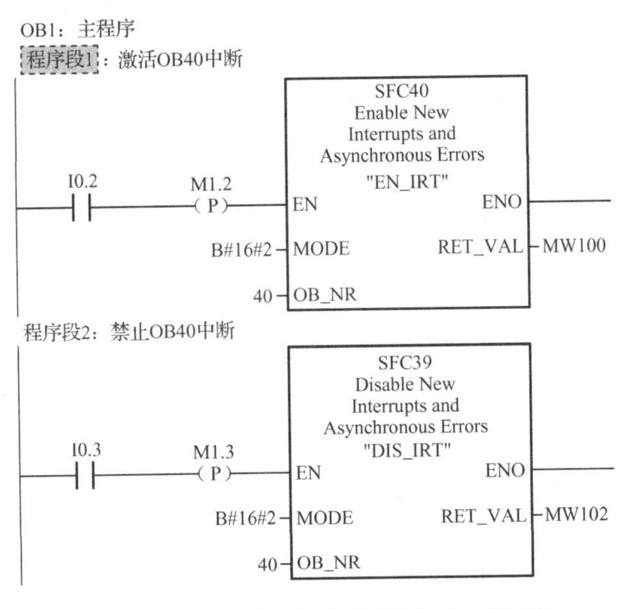

图 4-3-14　OB1 中激活和禁止硬件中断的程序

单击两次 PLCSIM 中 I0.3 对应的小方框，OB40 被禁止执行。这时用图 4-3-13 中的对话框模拟产生硬件中断，不会调用 OB40。单击两次 I0.2 对应的小方框，OB40 被允许执行。又可以用 I0.0 和 I0.1 产生的硬件中断来控制 Q4.0 了。

子任务 4　使用延时中断组织块 OB20 的时间读取 PLC 控制

PLC 的普通定时器的工作与扫描工作方式有关，其定时精度较差。如果需要高精度的延时，可以使用延时中断 OB。用 SFC32“SRT_DINT”启动延时中断，延迟时间为 1～60000ms，精度为 1ms。延时时间到时触发延时中断，调用 SFC32 指定的组织块。S7-300 的部分 CPU 只能使用 OB20。

1. 硬件组态

用新建项目向导生成一个名为“OB20 例程”的项目，硬件结构和组态方法与例程“OB40”的相同。型号为“DI4×NAMUR，Ex”的 4 点 DI 模块的字节地址为 0，用复选框启用硬件中断，设置 I0.0 产生上升沿中断（见图 4-3-13）。

2. 程序设计

在 I0.0 的上升沿触发硬件中断，CPU 调用 OB40，在 OB40 中调用 SFC32“SRT_DINT”启动延时中断（见图 4-3-15，延时时间为 10s。从 LD12 开始的 8B 临时局部变量是调用 OB40 的日期时间值，用 MOVE 指令将其中的后 4 个字节 LD16（min、s、ms 和星期的代码）保存到 MD20。

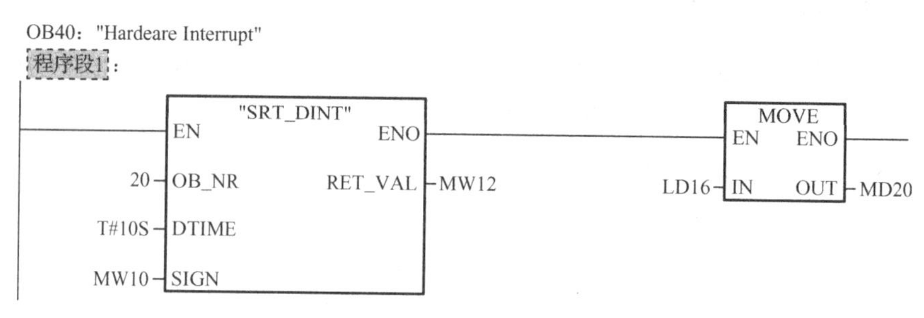

图 4-3-15　OB40 中的程序

10s 后延时时间到，CPU 调用 SFC32 指定的 OB20。在 OB20 中将它的局部变量的日期时间值的后 4 个字节保存到 MD24（见图 4-3-16）。同时将 Q4.0 置位，并通过 PQB4 立即输出 Q4.0 的新值，可以用 I0.2 将 Q4.0 复位（见图 4-3-17）。

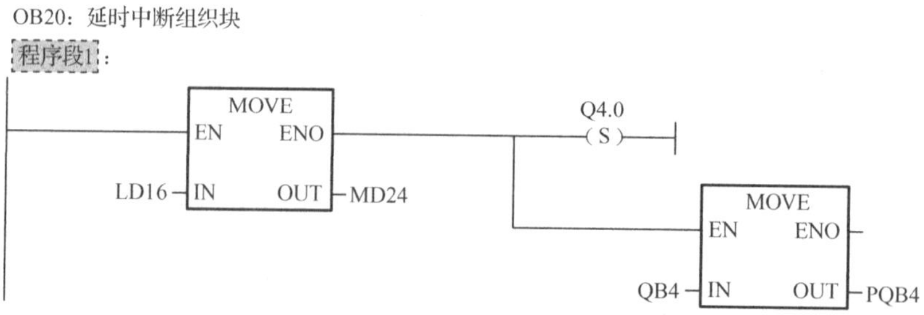

OB20：延时中断组织块
程序段1：
MOVE EN ENO；LD16 IN OUT MD24
Q4.0 (S)
MOVE EN ENO；QB4 IN OUT PQB4

图 4-3-16　OB20 中的程序

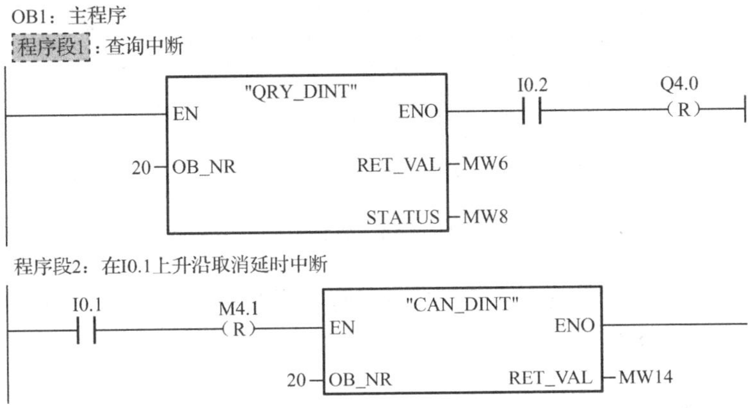

OB1：主程序

程序段1：查询中断

"QRY_DINT"
EN　ENO　I0.2　Q4.0 (R)
20 — OB_NR　RET_VAL — MW6
STATUS — MW8

程序段2：在I0.1上升沿取消延时中断

I0.1　M4.1 (R)　"CAN_DINT"
EN　ENO
20 — OB_NR　RET_VAL — MW14

图 4-3-17　OB1 中的程序

在 OB1 中调用 SFC34“QRY_DINT”来查询延时中断的状态字 STATUS（见图 4-3-17），查询的结果保存在 MW8，其低字节为 MB9。OB_NR 是延时中断 OB 的编号，RET_VAL 为 SFC 执行时的错误代码，为 0 时无错误。

在延时过程中，可以用 I0.1 调用 SFC33“CAN_DINT”来取消延时中断过程。

3. 仿真实验

打开仿真软件 PLCSIM，将程序和组态信息下载到仿真 PLC。切换到 RUN-P 模式时，M9.4 马上变为 1 状态（见图 4-3-18），表示 OB20 已经下载到 CPU。

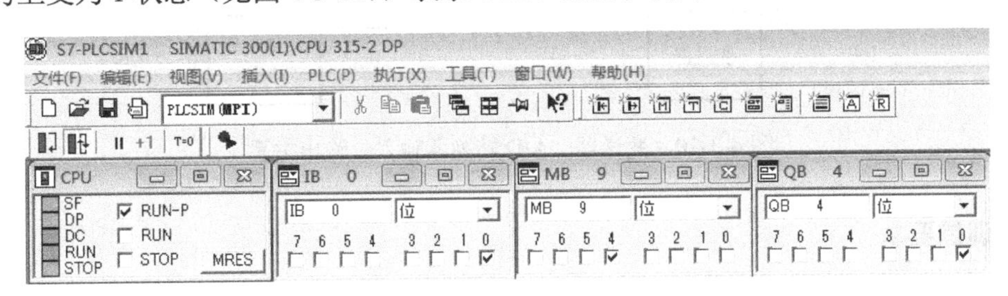

图 4-3-18　PLCSIM

执行 PLCSIM 的菜单命令“执行”→“触发错误 OB”→“硬件中断（OB40-OB47）”，在“硬件中断 OB（40-47）”对话框中（见图 4-3-13），输入 DI 模块的起始字节地址 0 和模块内的位地址 0。单击“应用”按钮，I0.0 产生硬件中断，CPU 调用 OB40，M9.2 变为 1 状态，表示正在执行 SFC32 启动的时间延时。

在 SIMATIC 管理器中生成变量表（见图 4-3-19），单击工具栏上的按钮，启动监控功能。MD20 保存的是在 OB40 中读取的 BCD 格式的时间值（00 分 24 秒 192 毫秒），最后 1 位为星期的代码，6 表示星期五。

10s 的延时时间到时，CPU 调用 OB20，M9.2 变为 0 状态，表示延时结束。OB20 中的程序将 Q4.0 置位为 1 状态（见图 4-3-16），并且用 MOVE 指令立即写入 DO 模块。可以用 I0.2 复位 Q4.0（见图 4-3-17）。在 OB20 中保存在 MD24 的当前时间值为 00 分 34 秒 192 毫秒，与 OB40 中用 MD20 保存的启动延时的时间值相减，差值（即实际的延时时间）为 10.000s，由此可知定时精度是相当高的。

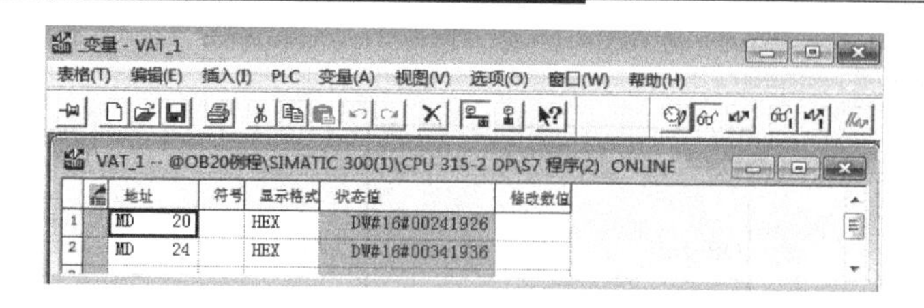

图 4-3-19 变量表

在延时过程中用仿真软件将 I0.1 置位为 1，M9.2 变为 0 状态，表示 OB20 的延时被取消，定时时间到不会调用 OB20。

技能训练

技能训练 3 使用循环中断 OB35 进行数据采集 PLC 控制

1. 控制要求

某温度变送器的量程为-100～500℃，输出信号为 4～20mA，某模拟量输入将 0～20mA 的电流信号转换为数字量 0～27648。设转换后得到的数字为 N，求以 0.1 ℃为单位的温度值，**使用循环中断 OB35 进行数据采集**，每隔 1s 进行温度采集。编写转换后的 PLC 程序，转换结果存放在 MD20 中。变送器、A/D 转换器输入、输出关系如图 4-3-20 所示。

图 4-3-20 变送器、A/D 转换器输入、输出关系

2. 训练要求

（1）进行硬件组态，并设置 OB35。
（2）根据要求，列出温度、电流、数字量的对应关系式。
（3）根据控制要求，设计梯形图程序。

3. 技能训练考核标准

序号	主要内容	考核要求	评分标准	配分	扣分	
1	方案设计	根据控制要求，画出 I/O 分配表，设计梯形图程序及接线图	1. 输入/输出地址遗漏或错误，每处扣 1 分； 2. 梯形图表达不正确或画法不规范，每处扣 2 分； 3. 接线图表达不正确或画法不规范，每处扣 2 分； 4. 指令有错误，每处扣 2 分	20		

续表

序号	主要内容	考核要求	评分标准	配分	扣分	
2	计算电流与温度、数字量与压力关系	电流与温度关系式、数字量与温度关系式要正确	1. 电流与温度关系式不正确扣 10 分； 2. 数字量与温度关系式不正确扣 10 分	20		
3	程序设计与调试	设计程序要正确，按动作要求模拟调试，达到设计要求	1. 调试步骤不正确扣 15 分； 2. OB35 设置不正确扣 10 分； 3. 显示温度不正确扣 15 分； 4. 整体调试不正确扣 10 分	50		
4	安全与文明生产	遵守国家相关安全文明生产规程，遵守学院纪律	1. 不遵守教学场所规章制度，扣 2 分； 2. 出现重大事故或人为损坏设备，扣 10 分	10		
备注			合计	100		
小组成员签名						
教师签名						
日期						

巩 固 练 习

1. 填空题。

（1）S7-300 在启动时调用 OB（　　）。

（2）CPU 检测到故障或错误时，如果没有下载对应的错误处理 OB，CPU 将进入（　　）模式。

（3）异步错误是与 PLC 的（　　）或（　　）有关的错误。

（4）同步错误是与（　　）有关的错误，OB（　　）和 OB（　　）用于处理同步错误。

2. 延时中断与定时器都可以实现延时，它们有什么区别？

3. 组织块与其他逻辑块有什么区别？

4. 什么原因会产生块的时间标记冲突，应怎样处理？

5. 用指针 Pointer 做输入变量，编写功能 FC3，用循环程序求同一地址区中相邻的若干个整数的平均值。在 OB1 中调用 FC3，求 DB1 中 DBW0～DBW38 的平均值，运算结果用 DB1.DBW40 保存。

6. 本模块子任务 1 中要求每 2s 调用一次 OB35，每次调用时将 MW30 加 1。编写程序后下载到仿真 PLC，调试程序直到满足要求。

7. 要求每 750ms 在 OB35 中将 MW50 加 1，在 I0.1 的上升沿停止调用 OB35，在 I0.0 的上升沿允许调用 OB35 生成项目，组态硬件，编写程序，用 PLCSIM 调试程序。

模块 5　S7-300/400 顺序控制编程与 S7 Graph 应用

任务 5.1　顺序控制 PLC 编程

任务目标

1. 了解顺序功能图及其控制的三个要素。
2. 掌握 S7-300/400 PLC 顺序控制单序列、选择序列和并行序列表示方法。
3. 掌握用置位、复位指令来编制 S7-300/400 PLC 顺序控制程序。
4. 掌握顺序控制功能图的绘制方法。
5. 会用 PLCSIM 软件进行仿真调试顺序控制程序。

任务描述

顺序控制法是 PLC 中一种实用有效的编程方法。在工业生产的顺序控制任务中，一个复杂的任务往往要分成若干个小任务，当按一定的顺序完成这些小任务后，整个大任务就完成了。在生产实践中，顺序控制是指按照一定的顺序逐步执行来完成各个工序的控制方式。在采用顺序控制时，为了直观表示出控制过程，可以绘制顺序控制图。下面我们通过三条运输带 PLC 控制、物料混合装置 PLC 控制、专用钻床 PLC 控制三个子任务来学习顺序控制编程。

知识准备

一个复杂的任务往往要分成若干个小任务，当按一定的顺序完成这些小任务后，整个大任务也就完成了。在生产实践中，顺序控制是指按照一定的顺序逐步执行来完成各个工序的控制方式。在采用顺序控制时，为了直观表示出控制过程，可以绘制顺序控制图。

图 5-1-1 所示是一个三台电动机启停控制的顺序功能图，由于**每个步骤称作一个工艺**，所以又称为**工序图**，如图 5-1-1（a）所示。在 PLC 编程时，绘制的顺序控制图又称为**顺序功能图**，也称为状态转移图，图 5-1-1（b）为图 5-1-1（a）对应的顺序功能图。

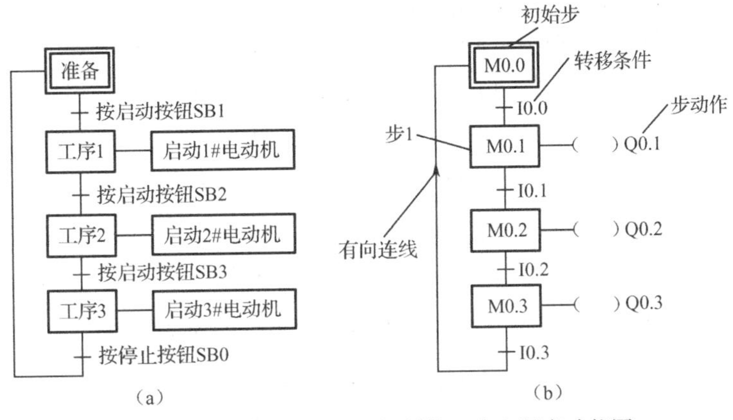

图 5-1-1　三台电动机启停控制的工序和顺序功能图

顺序控制有三个要素：**转换条件、转移目标（转移步）和工作任务（步动作）**。如图 5-1-1（a）中，当上一个工序需要转到下一个工序时必须满足一定的转移条件（或称为**转换条件**），如工序 1 要转到下一个工序 2 时，需按下启动按钮 SB2，若不按下 SB2，就无法进行下一个工序 2，按下 SB2 即为转移条件。当转移条件满足后，需要确定转移目标，如工序 1 转移目标是工序 2。每个工序都有具体的工作任务，如工序 1 的工作任务是“启动 1#电动机”。

在 PLC 编程时绘制的顺序功能图与工序图相似，图 5-1-1（b）中的步 1（M0.1）相当于工序 1，步 1 的动作是将 Q0.1 置位，对应工序 1 的工作任务——启动 1#电动机，步 1（M0.1）的转移目标是步 2（M0.2），步 3（M0.3）的转移目标是步 0（M0.0），步 0（M0.0）用来完成准备工作，该步用双线矩形框表示。

S7-200 PLC 有专用于编写顺序控制的指令，而 S7-300/400 PLC 没有这样的指令。要给 S7-300/400 PLC 编写顺序控制程序，可采用两种方式：一是采用常规指令（如置位、复位指令）编写，二是在 STEP 7 软件中调用 S7 Graph 工具来编写。

顺序控制有单序列、选择序列和并行序列三种方式，这三种顺序控制既可以用置位、复位指令编程，也可以使用 S7 Graph 工具来编程，本节主要介绍用置位、复位指令的编程方法。

1. 单序列顺序控制方式及编程

单序列顺序功能图如图 5-1-2 所示。单序列顺序功能图的每个步后面只有一个转换，每个转换后面只有一个步。下面以编写图 5-1-2 单序列顺序功能图的具体程序为例来说明其常规编程方法，图 5-1-3 是 OB100（初始化）程序，图 5-1-4 是 OB1 梯形图程序。

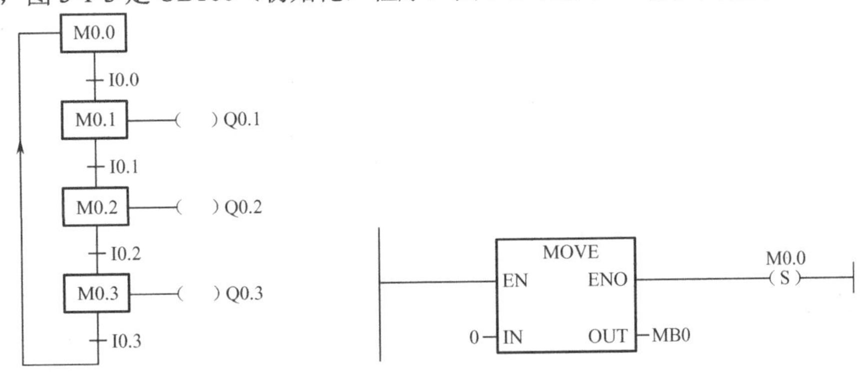

图 5-1-2　单序列顺序功能图

图 5-1-3　OB100 程序

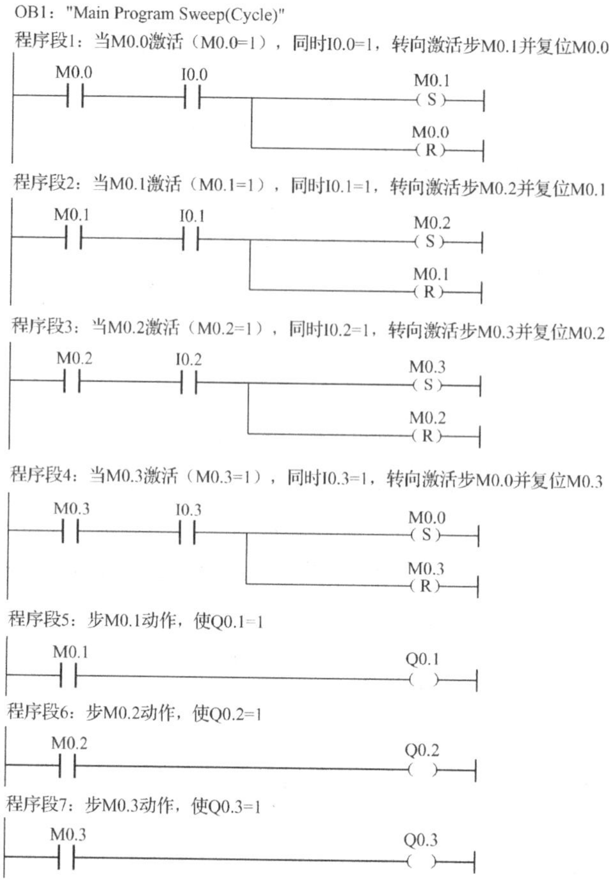

OB1："Main Program Sweep(Cycle)"

程序段1：当M0.0激活（M0.0=1），同时I0.0=1，转向激活步M0.1并复位M0.0

M0.0　I0.0　M0.1 (S)　M0.0 (R)

程序段2：当M0.1激活（M0.1=1），同时I0.1=1，转向激活步M0.2并复位M0.1

M0.1　I0.1　M0.2 (S)　M0.1 (R)

程序段3：当M0.2激活（M0.2=1），同时I0.2=1，转向激活步M0.3并复位M0.2

M0.2　I0.2　M0.3 (S)　M0.2 (R)

程序段4：当M0.3激活（M0.3=1），同时I0.3=1，转向激活步M0.0并复位M0.3

M0.3　I0.3　M0.0 (S)　M0.3 (R)

程序段5：步M0.1动作，使Q0.1=1

M0.1　Q0.1 ( )

程序段6：步M0.2动作，使Q0.2=1

M0.2　Q0.2 ( )

程序段7：步M0.3动作，使Q0.3=1

M0.3　Q0.3 ( )

图 5-1-4　OB1 梯形图程序

2. 选择序列顺序控制方式及编程

选择序列顺序功能图如图 5-1-5 所示。在 M0.0 步后面有两个可选择的分支，当 I0.0 触点闭合时，执行 M0.1 步所在分支，当 I0.3 触点闭合时，执行 M0.3 步所在分支，两个分支不能同时进行。下面以编写图 5-1-5 所示选择序列顺序功能图的具体程序为例来说明其常规编程方法，图 5-1-6 是 OB100（初始化）程序，图 5-1-7 是 OB1 梯形图程序。

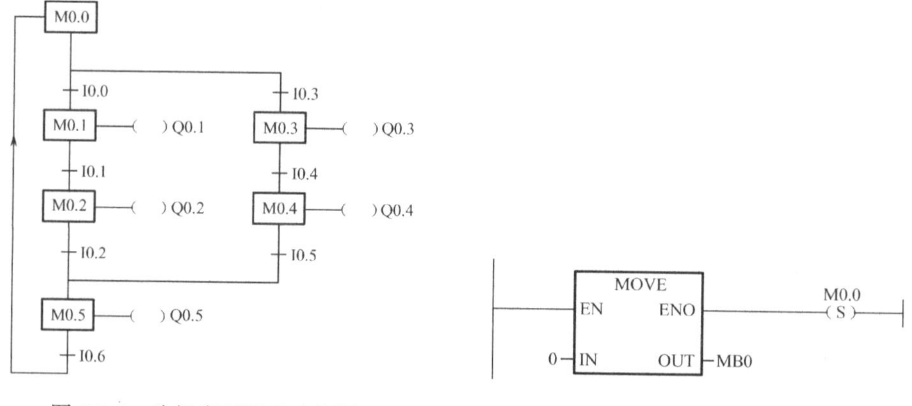

图 5-1-5　选择序列顺序功能图　　图 5-1-6　OB100 程序

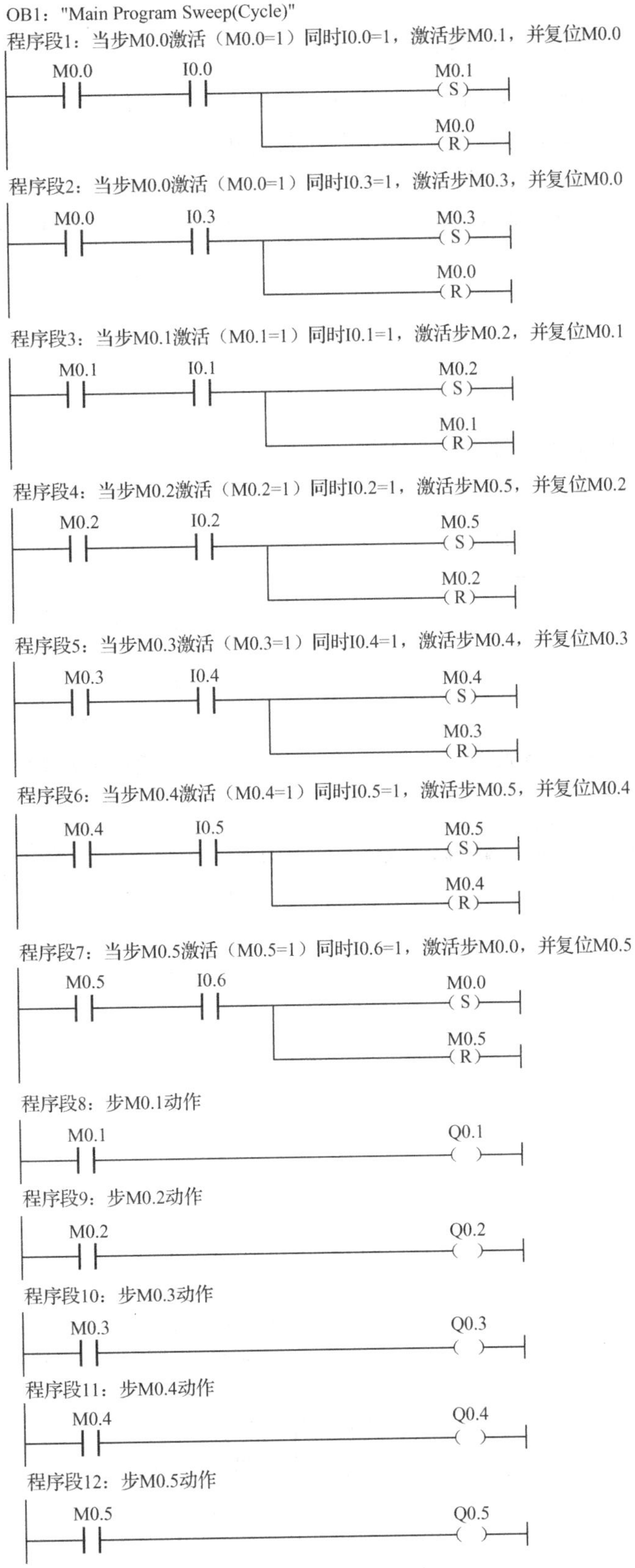

OB1："Main Program Sweep(Cycle)"

程序段1：当步M0.0激活（M0.0=1）同时I0.0=1，激活步M0.1，并复位M0.0

M0.0　I0.0　M0.1 (S)　M0.0 (R)

程序段2：当步M0.0激活（M0.0=1）同时I0.3=1，激活步M0.3，并复位M0.0

M0.0　I0.3　M0.3 (S)　M0.0 (R)

程序段3：当步M0.1激活（M0.1=1）同时I0.1=1，激活步M0.2，并复位M0.1

M0.1　I0.1　M0.2 (S)　M0.1 (R)

程序段4：当步M0.2激活（M0.2=1）同时I0.2=1，激活步M0.5，并复位M0.2

M0.2　I0.2　M0.5 (S)　M0.2 (R)

程序段5：当步M0.3激活（M0.3=1）同时I0.4=1，激活步M0.4，并复位M0.3

M0.3　I0.4　M0.4 (S)　M0.3 (R)

程序段6：当步M0.4激活（M0.4=1）同时I0.5=1，激活步M0.5，并复位M0.4

M0.4　I0.5　M0.5 (S)　M0.4 (R)

程序段7：当步M0.5激活（M0.5=1）同时I0.6=1，激活步M0.0，并复位M0.5

M0.5　I0.6　M0.0 (S)　M0.5 (R)

程序段8：步M0.1动作

M0.1　Q0.1 ( )

程序段9：步M0.2动作

M0.2　Q0.2 ( )

程序段10：步M0.3动作

M0.3　Q0.3 ( )

程序段11：步M0.4动作

M0.4　Q0.4 ( )

程序段12：步M0.5动作

M0.5　Q0.5 ( )

图 5-1-7　OB1 梯形图程序

3. 并行序列顺序控制方式及编程

并行序列顺序功能图如图 5-1-8 所示。在 M0.0 步后面有两个分支，当 I0.0 触点闭合时，两个分支同时执行，两个分支执行完且 I0.3 触点闭合时，才能往下执行，任意一个分支未执行完，即使 I0.3 触点闭合，也不会执行后面的分支。下面以编写图 5-1-8 并行序列顺序功能图的具体程序为例来说明其常规编程方法，图 5-1-9 是 OB100（初始化）程序，图 5-1-10 是 OB1 梯形图程序。

M0.0
I0.0
M0.1
Q0.1
M0.3
Q0.3
I0.1
I0.2
M0.2
Q0.2
M0.4
Q0.4
I0.3
M0.5
Q0.5
I0.4

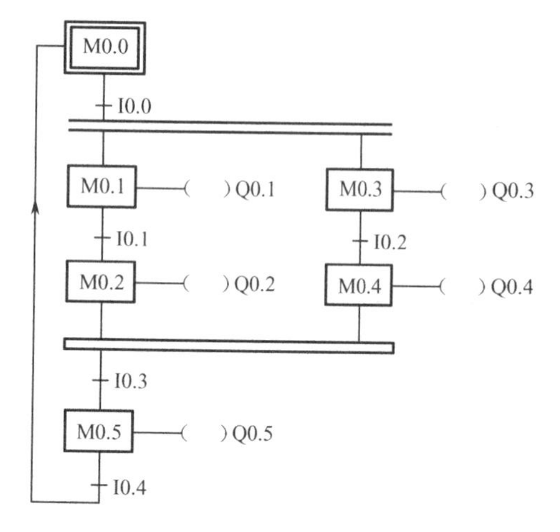

图 5-1-8 并行序列顺序功能图

MOVE
EN
ENO
0
IN
OUT
MB0
M0.0
S

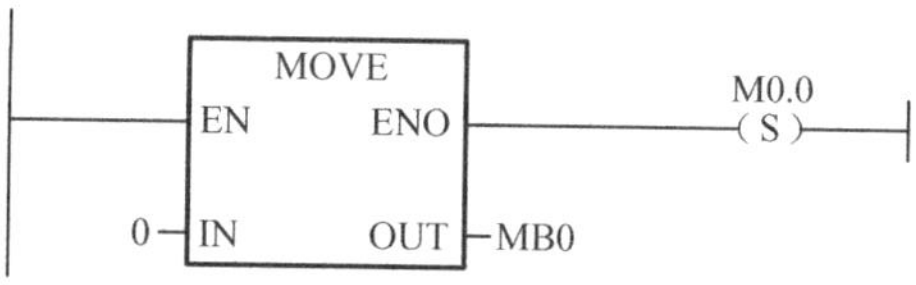

图 5-1-9 OB100 程序

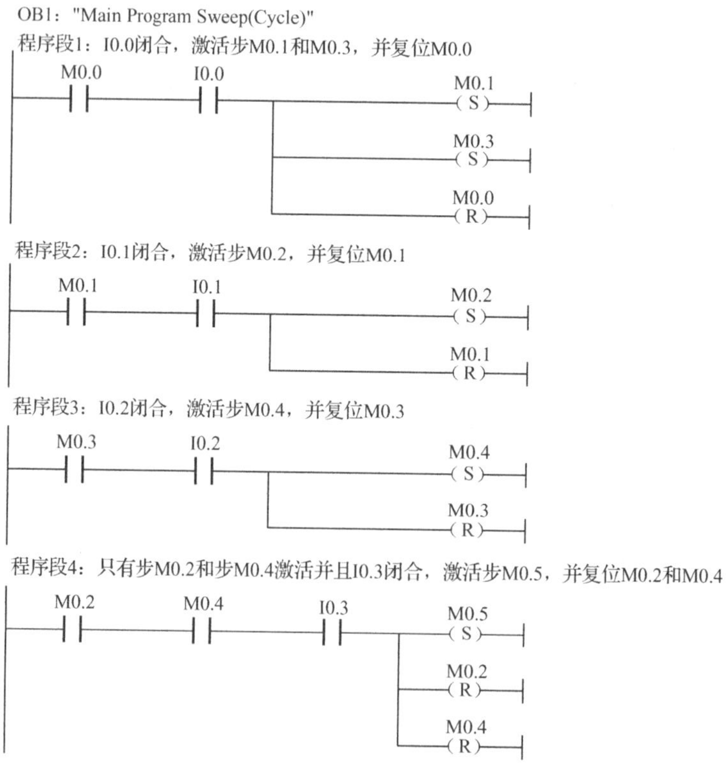

OB1: "Main Program Sweep(Cycle)"
程序段1：I0.0闭合，激活步M0.1和M0.3，并复位M0.0
M0.0
I0.0
M0.1
S
M0.3
S
M0.0
R
程序段2：I0.1闭合，激活步M0.2，并复位M0.1
M0.1
I0.1
M0.2
S
M0.1
R
程序段3：I0.2闭合，激活步M0.4，并复位M0.3
M0.3
I0.2
M0.4
S
M0.3
R
程序段4：只有步M0.2和步M0.4激活并且I0.3闭合，激活步M0.5，并复位M0.2和M0.4
M0.2
M0.4
I0.3
M0.5
S
M0.2
R
M0.4
R

图 5-1-10 OB1 梯形图程序

程序段5：I0.4闭合，激活步M0.0，并复位M0.5

M0.5　I0.4　M0.0 (S)　M0.5 (R)

程序段6：步M0.1动作

M0.1　Q0.1

程序段7：步M0.2动作

M0.2　Q0.2

程序段8：步M0.3动作

M0.3　Q0.3

程序段9：步M0.4动作

M0.4　Q0.4

程序段10：步M0.5动作

M0.5　Q0.5

图 5-1-10　OB1 梯形图程序（续）

任务实施

子任务 1　三条运输带 PLC 控制

1. 控制要求

三条运输带顺序相连（见图 5-1-11），按下启动按钮 I0.2，1 号运输带开始运行，5s 后 2 号运输带自动启动，再过 5s 后 3 号运输带自动启动。按下停止按钮 I0.3 后，先停 3 号运输带，5s 后停 2 号运输带，再过 5s 停 1 号运输带。Q4.2～Q4.4 分别控制 1～3 号运输带。画出三条运输带控制的顺序功能图，根据顺序功能图，设计出梯形图程序。

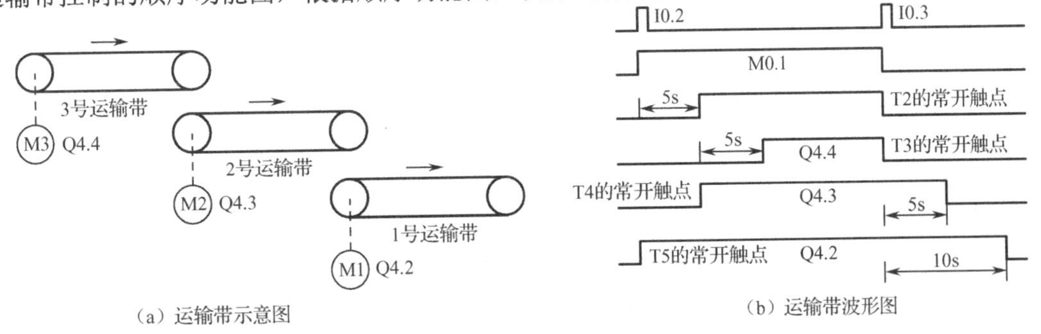

图 5-1-11　运输带示意图和波形图

2. I/O 分配表

PLC 控制系统的 I/O 端口分配如表 5-1-1 所示。

表 5-1-1　PLC 控制系统的 I/O 端口分配表

输　入			输　出		
变量	地址	说明	变量	地址	说明
SA1	I0.2	启动按钮	M1	Q4.2	1 号运输带电机
SB1	I0.3	停止按钮	M2	Q4.3	2 号运输带电机
			M3	Q4.4	3 号运输带电机

3. 顺序功能控制图

顺序功能控制图如图 5-1-12 所示。

4. 梯形图程序

1）OB100 程序

OB100 程序如图 5-1-13 所示。

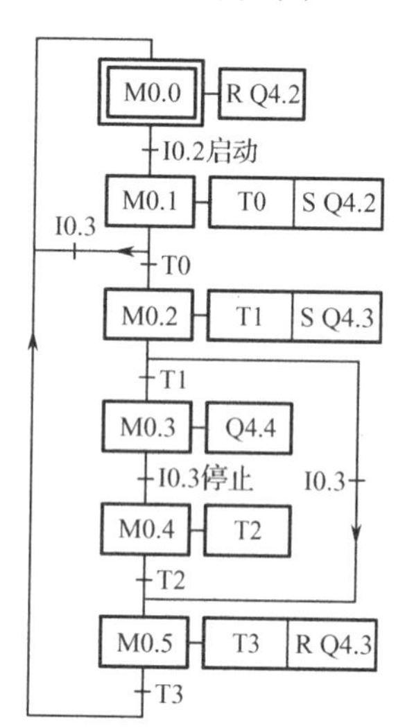

图 5-1-12　顺序功能控制图

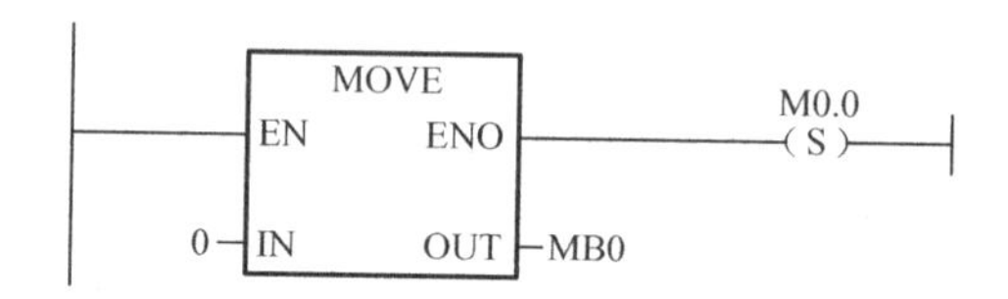

图 5-1-13　OB100 程序

2）OB1 程序

OB1 程序如图 5-1-14 所示。

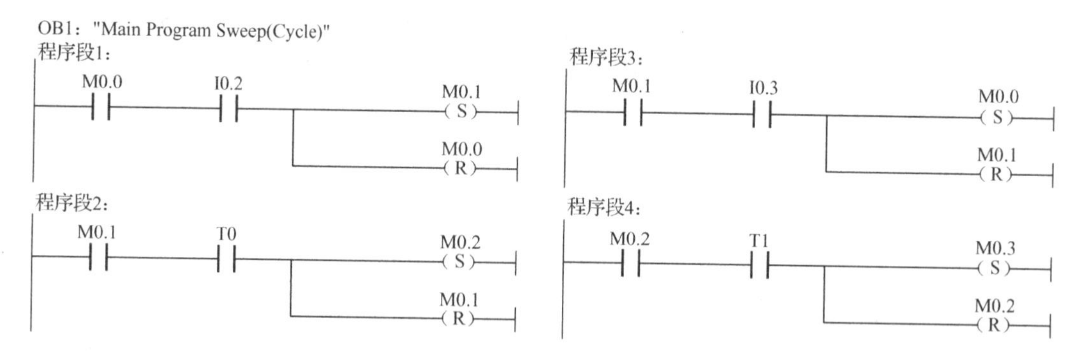

图 5-1-14　OB1 程序

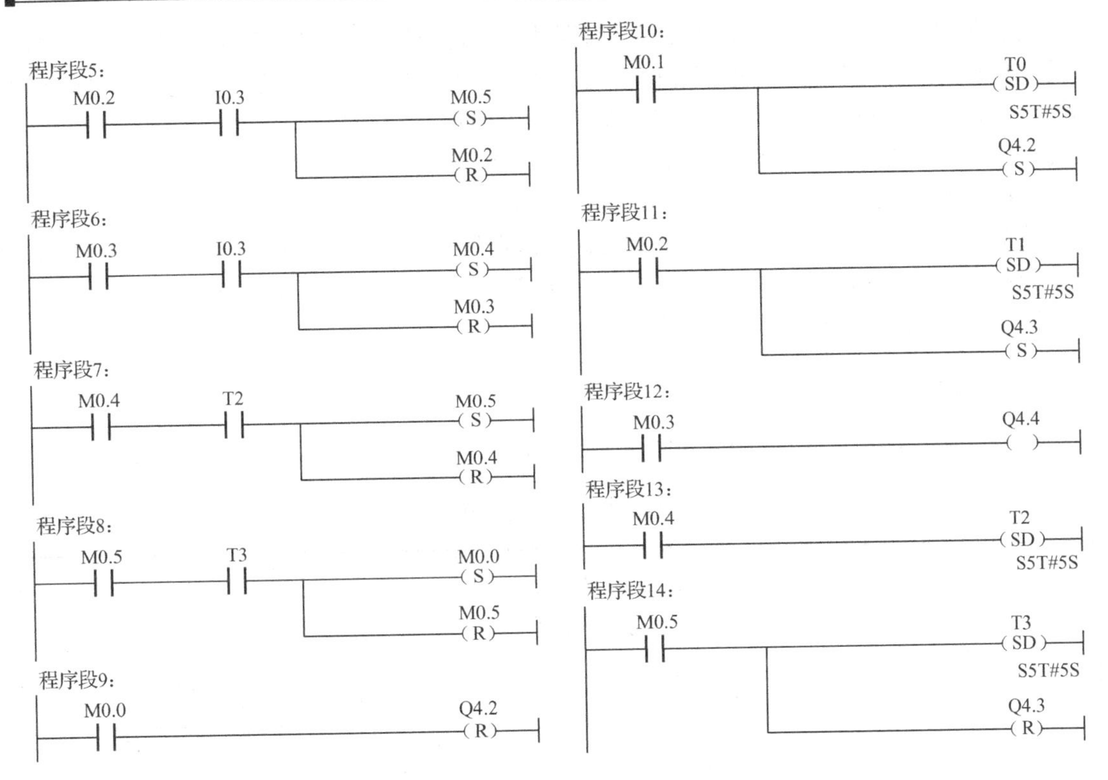

图 5-1-14　OB1 程序（续）

子任务 2　物料混合装置 PLC 控制

1. 控制要求

如图 5-1-15 中的物料混合装置用来将粉末状的固体物料（粉料）和液体物料（液料）按一定的比例混合在一起，经过定时器设定时间的搅拌后便得到成品，粉料和液料都用电子称来计量。

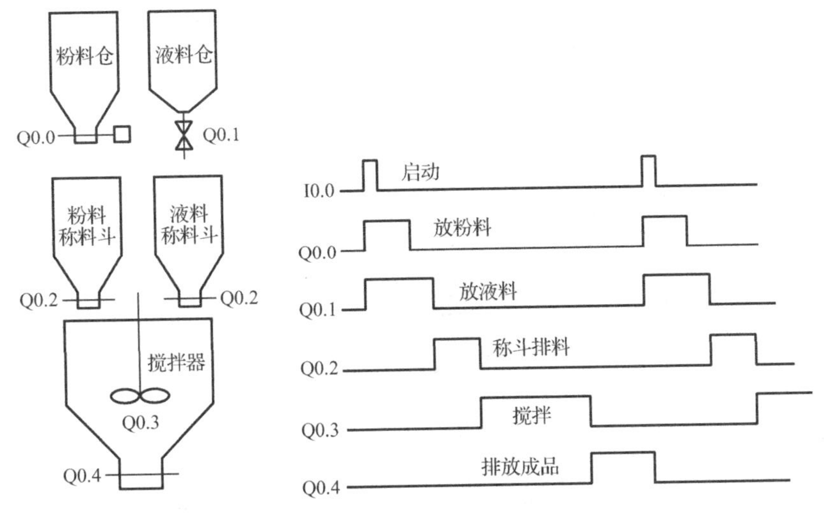

图 5-1-15　物料混合装置示意图及时序图

初始状态时粉料称料斗、液料称料斗和搅拌器都是空的，它们底部的排料阀关闭；液料仓的放料阀关闭，粉料仓下部的螺旋输送机的电动机和搅拌机的电动机停转；Q0.0～Q0.4 均为 0 状态。PLC 开机后用 OB100 将初始步对应的 M0.0 置为 1 状态，将其余各步对应的存储器位复位为 0 状态，并将 MW20 和 MW22 中的计数预置值分别送给减计数器 C0 和 C1。按下启动按钮 I0.0，Q0.0 与 Q0.1 变为 1 状态，开始进料，电子称的光电码盘输出与称斗内物料重量成正比的脉冲信号，减计数器 C0 和 C1 分别对粉料称料斗和液料称料斗产生脉冲计数，脉冲计数值减至 0 时，其常闭触点闭合，称料斗内的物料等于预置值，Q0.0、Q0.1 变为 0 状态，停止进料，进入等待步后预置计数器。

2. I/O 分配表

由控制要求分析可知，该设计需要 4 个输入和 5 个输出，其 I/O 分配见表 5-1-2。

表 5-1-2　I/O 分配表

输　入			输　出		
变量	地址	说明	变量	地址	说明
SB1	I0.0	启动按钮		Q0.0	粉料仓输送机
SB2	I0.1	停止按钮		Q0.1	液料仓的放料阀
K1	I0.2	粉料称重传感器		Q0.2	粉料称料斗排料阀，液料称料斗排料阀
K2	I0.3	液料称重传感器		Q0.3	搅拌器搅拌机
				Q0.4	搅拌器排料阀

3. 顺序控制图

顺序控制图如图 5-1-16 所示。

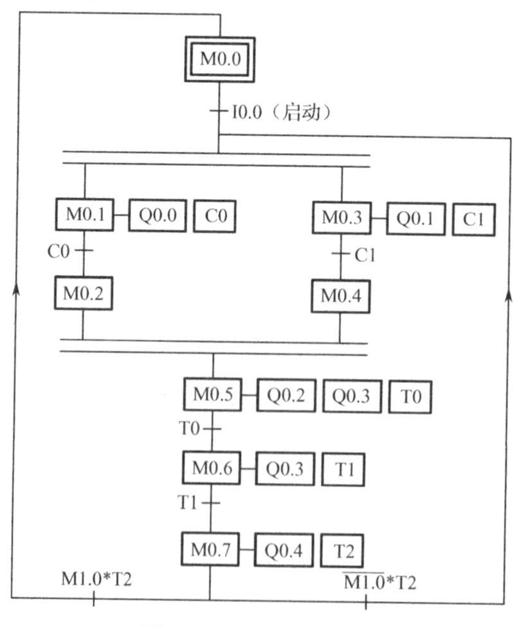

图 5-1-16　顺序控制图

4. 梯形图程序

1）初始化程序 OB100

初始化程序 OB100 如图 5-1-17 所示。

OB100："Complete Restart"
程序段1：将步清零，启动M0.0
MOVE EN ENO　M0.0 (S)
0 IN OUT MW0
程序段2：置计数初值
MOVE EN ENO　MOVE EN ENO
3 IN OUT MW20　4 IN OUT MW22

图 5-1-17　OB100 程序

2）主程序

主程序 OB1 如图 5-1-18 所示。

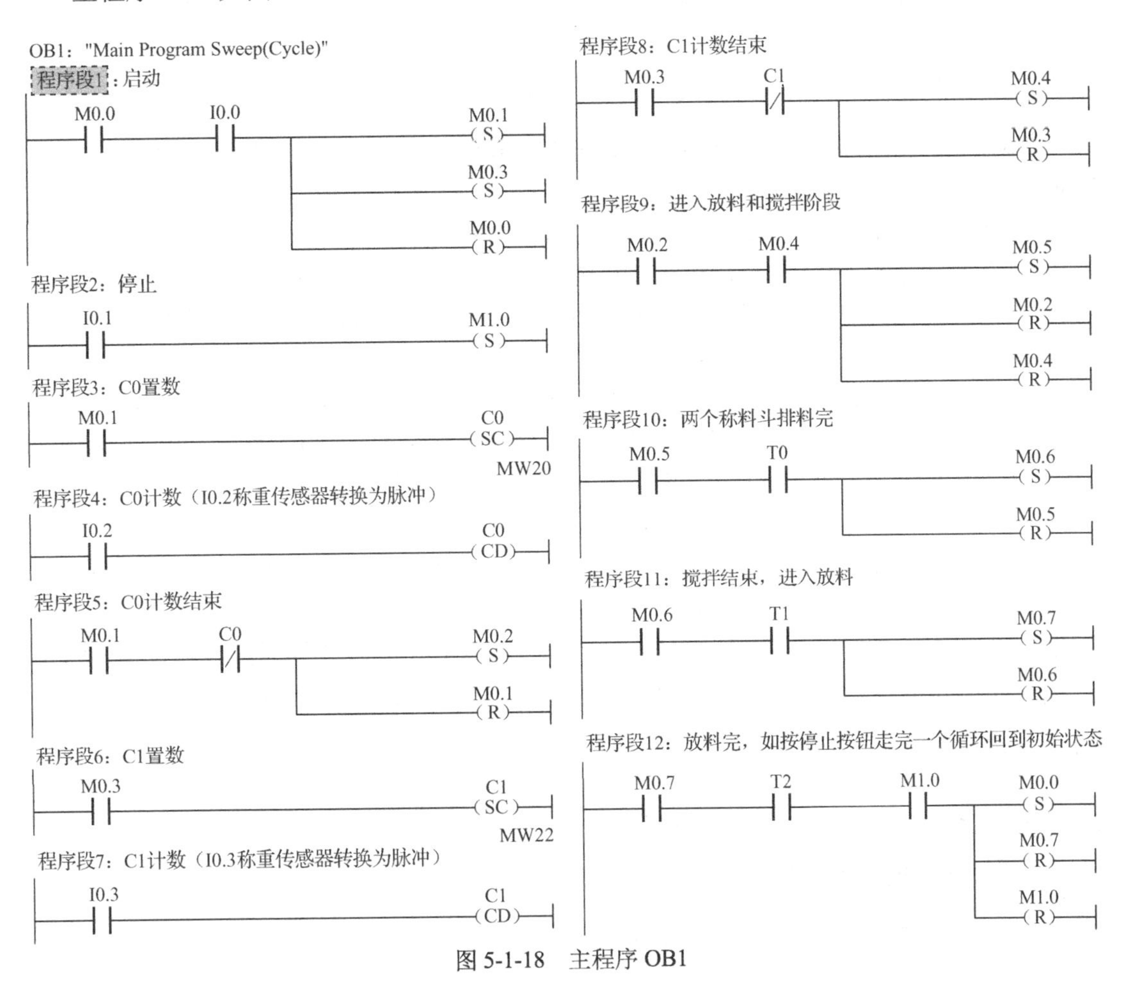

图 5-1-18　主程序 OB1

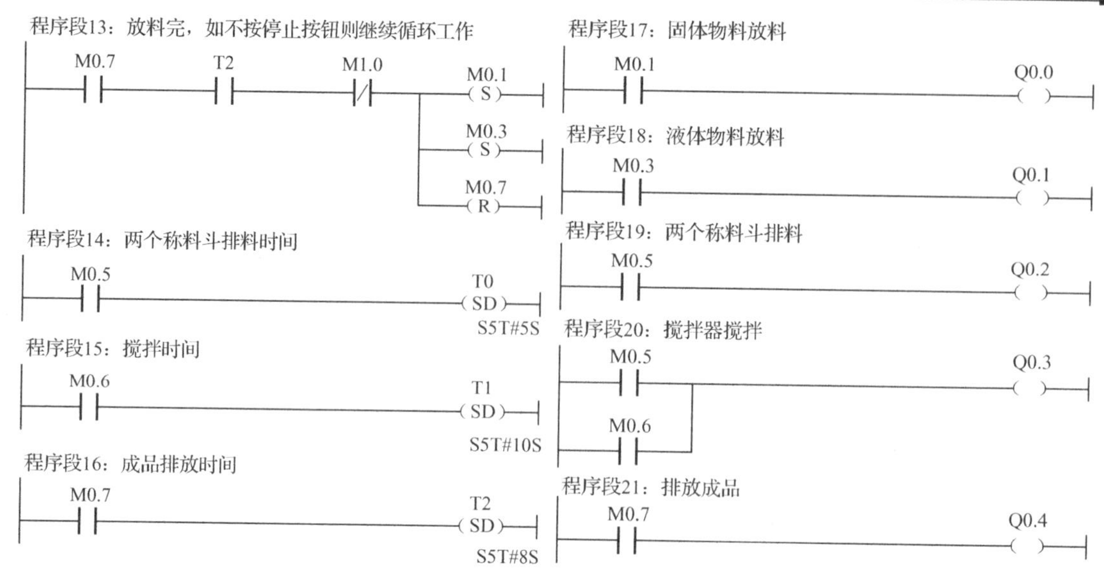

图 5-1-18 主程序 OB1（续）

子任务 3 专用钻床的 PLC 控制

1. 控制要求

某专用钻床用来加工圆盘状零件上均匀分布的 6 个孔，如图 5-1-19 所示，上面是侧视图，下面是工件的俯视图。要求如下：

（1）能实现手动与自动方式。自动方式用顺序功能图来实现。

（2）在手动方式，用 8 个手动按钮分别独立操作大、小钻头的升降，工件的旋转和夹紧、松开。每对相反操作的输出位用对方的常闭触点实现互锁，用限位开关对常闭触点对钻头的升降限位。

（3）在进入自动运行之前，两个钻头在最上面，上限位开关 I0.3 和 I0.5 为 ON，系统处于初始步，减计数器 C0 的设定值 3 被送入计数器字。操作人员放好工件后，按下启动按钮 I0.0，初始位 I0.0*I0.3*I0.5 满足，工件被夹紧。夹紧后压力继电器 I0.1 为 ON，两个钻头同时开始向下钻孔。钻到由下限位开关（I0.2 和 I0.4）设定的深度时，钻头上升，升到由上限位开关设定的起始位置时停止上升，进入等待。在钻孔时，设定值为 3 的计数器 C0 的当前值减 1，当前值非 0，C0 的常开触点闭合，转换条件 C0 满足。两个钻头都上升到位后，工件旋转 120 度，到位时返回开始钻孔状态，开始钻第二对孔。3 对孔都钻完后，计数器的当前值变为 0，其常闭触点闭合，工件松开。松开到位时，I0.7 为 ON，系统返回初始步。

2. I/O 分配表

由控制要求分析可知，I/O 分配见图 5-1-20 中的符号表。

3. 自动方式的顺序功能图

自动方式的顺序功能图如图 5-1-21 所示。

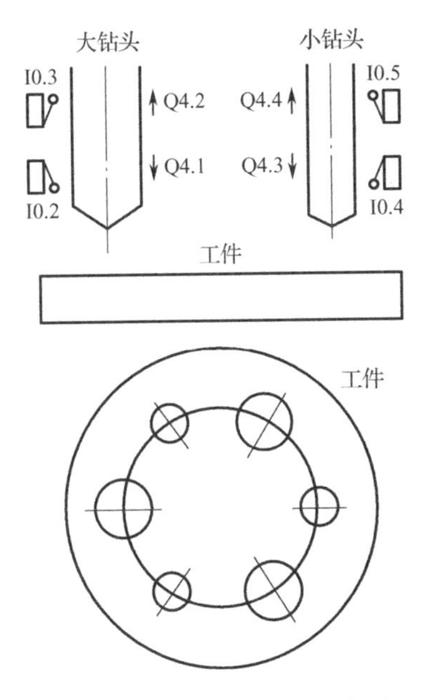

图 5-1-19　专用钻床示意图

S7 程序(1) (符号) -- 钻床控制\SIMATIC 300 站点\CPU312C(1)

	符号	地址		数据类型	注释
1	启动按钮	I	0.0	BOOL	
2	已夹紧	I	0.1	BOOL	
3	大孔钻完	I	0.2	BOOL	
4	大钻升到位	I	0.3	BOOL	
5	小孔钻完	I	0.4	BOOL	
6	小钻升到位	I	0.5	BOOL	
7	旋转到位	I	0.6	BOOL	
8	已松开	I	0.7	BOOL	
9	大钻升按钮	I	1.0	BOOL	
10	大钻降按钮	I	1.1	BOOL	
11	小钻升按钮	I	1.2	BOOL	
12	小钻降按钮	I	1.3	BOOL	
13	正转按钮	I	1.4	BOOL	逆时针
14	反转按钮	I	1.5	BOOL	
15	夹紧按钮	I	1.6	BOOL	
16	松开按钮	I	1.7	BOOL	
17	自动开关	I	2.0	BOOL	ON为自动
18	夹紧阀	Q	4.0	BOOL	
19	大钻头下	Q	4.1	BOOL	
20	大钻头上	Q	4.2	BOOL	
21	小钻头下	Q	4.3	BOOL	
22	小钻头上	Q	4.4	BOOL	
23	工件正转	Q	4.5	BOOL	
24	松开阀	Q	4.6	BOOL	
25	工件反转	Q	4.7	BOOL	

图 5-1-20　符号表

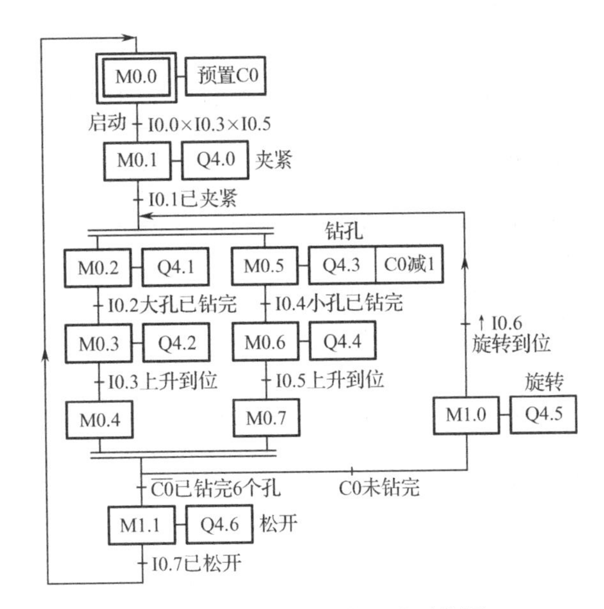

图 5-1-21　自动方式的顺序功能图

4. 梯形图程序

1）初始化程序 OB100

初始化程序 OB100 如图 5-1-22 所示。

2）手动方式控制程序 FC2

手动方式控制程序 FC2 如图 5-1-23 所示。

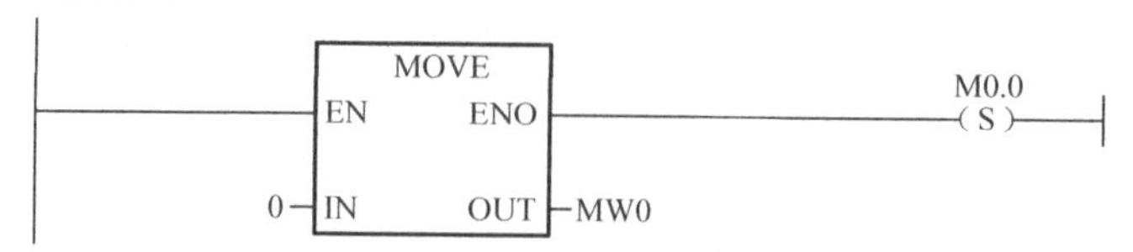

图 5-1-22　初始化程序 OB100

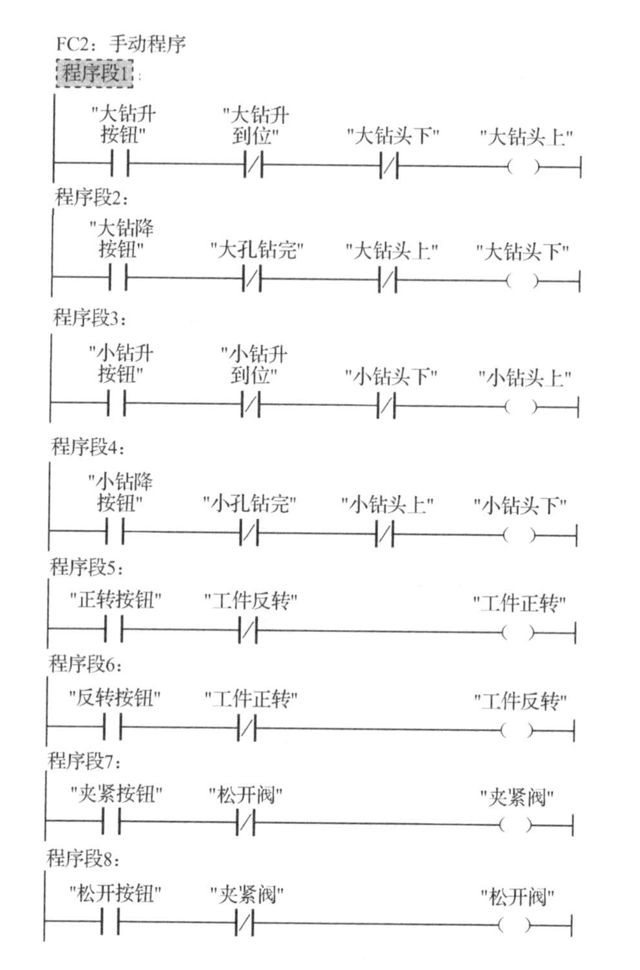

图 5-1-23　手动方式控制程序 FC2

3）自动方式控制程序 FC1

自动方式控制程序 FC1 如图 5-1-24 所示。

4）主程序 OB1

主程序 OB1 如图 5-1-25 所示。

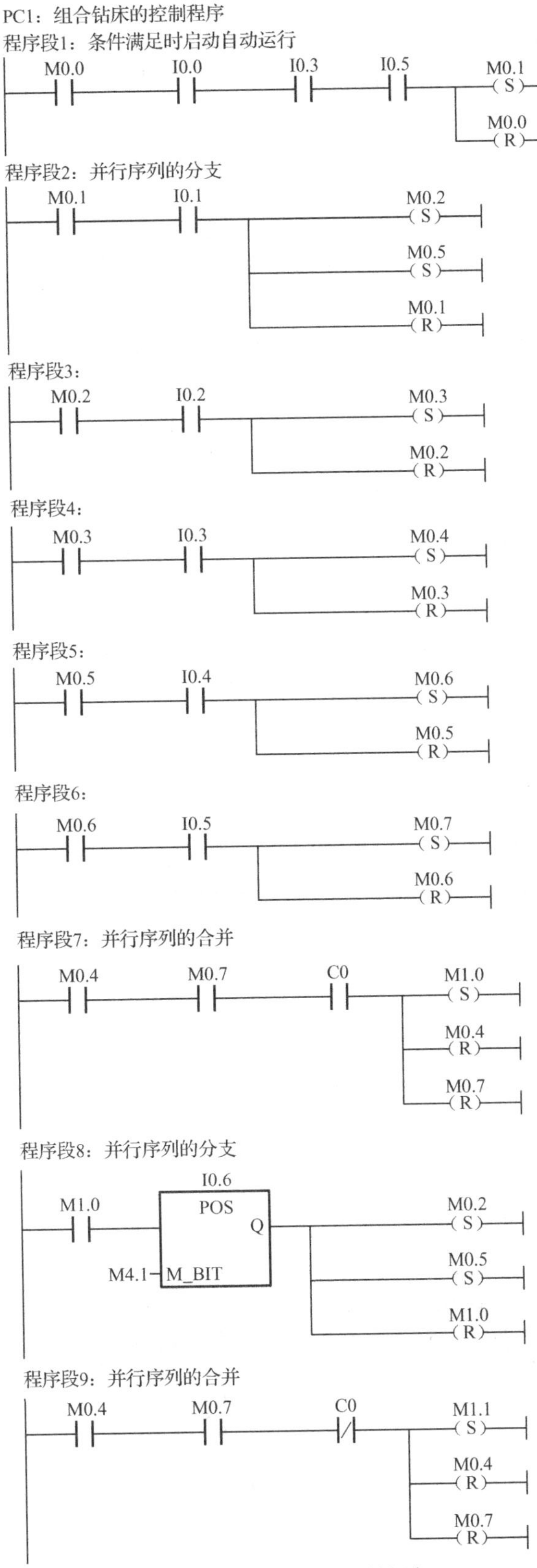

PC1：组合钻床的控制程序

程序段1：条件满足时启动自动运行

M0.0　I0.0　I0.3　I0.5　M0.1 (S)　M0.0 (R)

程序段2：并行序列的分支

M0.1　I0.1　M0.2 (S)　M0.5 (S)　M0.1 (R)

程序段3：

M0.2　I0.2　M0.3 (S)　M0.2 (R)

程序段4：

M0.3　I0.3　M0.4 (S)　M0.3 (R)

程序段5：

M0.5　I0.4　M0.6 (S)　M0.5 (R)

程序段6：

M0.6　I0.5　M0.7 (S)　M0.6 (R)

程序段7：并行序列的合并

M0.4　M0.7　C0　M1.0 (S)　M0.4 (R)　M0.7 (R)

程序段8：并行序列的分支

M1.0　I0.6 POS Q　M4.1 M_BIT　M0.2 (S)　M0.5 (S)　M1.0 (R)

程序段9：并行序列的合并

M0.4　M0.7　C0　M1.1 (S)　M0.4 (R)　M0.7 (R)

图 5-1-24　自动方式控制程序 FC1

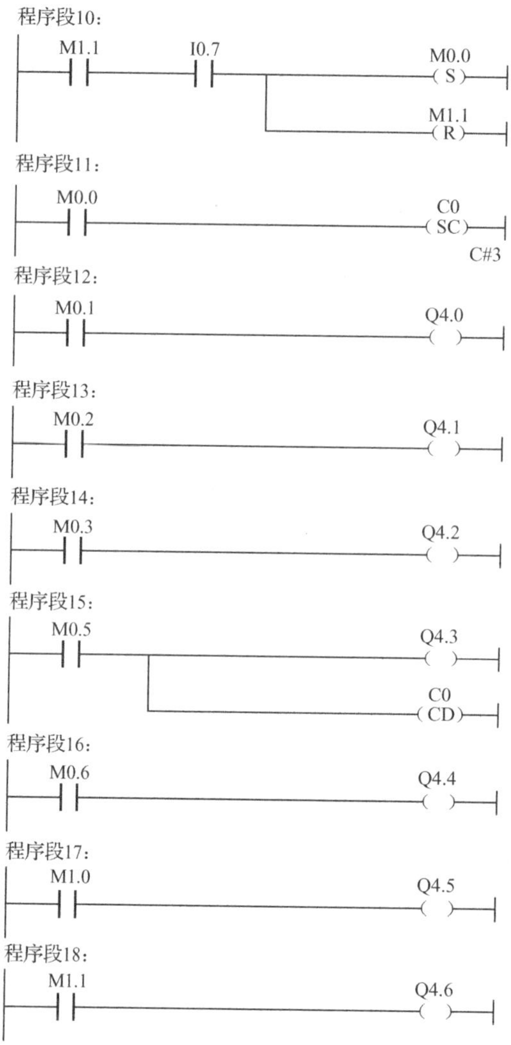

程序段10:
M1.1
I0.7
M0.0
S
M1.1
R
程序段11:
M0.0
C0
SC
C#3
程序段12:
M0.1
Q4.0
程序段13:
M0.2
Q4.1
程序段14:
M0.3
Q4.2
程序段15:
M0.5
Q4.3
C0
CD
程序段16:
M0.6
Q4.4
程序段17:
M1.0
Q4.5
程序段18:
M1.1
Q4.6

图 5-1-24　自动方式控制程序 FC1（续）

OB1：组合钻床控制程序
程序段1：I2.0为1时调用自动程序FC1
I2.0
FC1
EN
ENO
程序段2：调用手动程序FC2，将代表的MWO复位，置位初始步M0.0
I2.0
FC2
EN
ENO
MOVE
EN
ENO
0
IN
OUT
MW0
M0.0
S

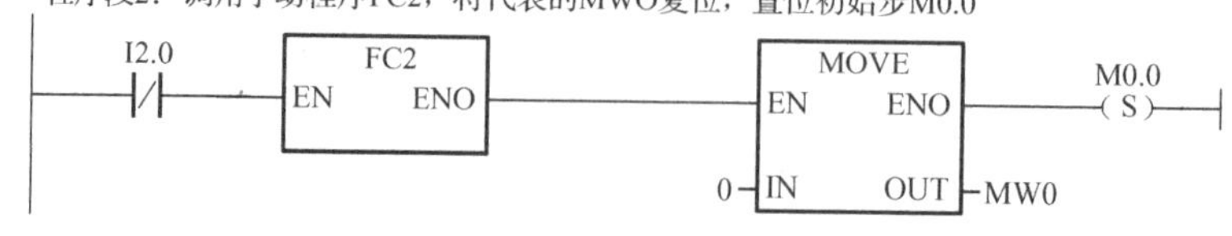

图 5-1-25　主程序 OB1

技能训练

技能训练 1　自动搅拌装置的 PLC 控制

1. 控制要求

有一台自动搅拌装置，该装置有高液位、中液位和低液位 3 挡（用三个开关分别表示液位检测开关）；系统有进液电磁阀和排液电磁阀。搅拌过程：进液→液位到达高液位，停止进液→搅拌（搅拌电动机以 30 Hz 的频率正转 5s，停 2s，以 25 Hz 的频率反转 5s，停 3s。此为搅拌过程的一个工作周期，工作两个工作周期）→排液→到达低液位 4s 后停止排液→停止 2s 后又进液，如此循环 3 次结束。

2. 训练要求

（1）列出 I/O 分配表。
（2）画出 PLC 的 I/O 接线图。
（3）根据控制要求，设计梯形图。
（4）运行、调试程序。
（5）汇总整理文档。

3. 技能训练考核标准

序号	主要内容	考核要求	评分标准	配分	扣分	得分
1	方案设计	根据控制要求，画出 I/O 分配表，设计程序结构图、接线图	1. 输入/输出地址遗漏或错误，每处扣 1 分； 2. 梯形图表达不正确或画法不规范，每处扣 2 分； 3. 接线图表达不正确或画法不规范，每处扣 2 分； 4. 指令有错误，每处扣 2 分	30		
2	安装与接线	按 I/O 接线图在板上正确安装，接线要正确、紧固、美观	1. 接线不紧固、不美观，每根扣 2 分； 2. 接点松动，每处扣 1 分； 3. 不按 I/O 接线图操作，每处扣 2 分	10		
3	程序设计与调试	熟练操作计算机，能将程序正确输入 PLC，按动作要求模拟调试，达到设计要求	1. 调试步骤不正确扣 5 分； 2. 不能实现小循环，扣 10 分； 3. 不能实现大循环，扣 10 分； 4. 定时不对，扣 10 分； 5. 计数次数不对，扣 10 分	50		

续表

序号	主要内容	考核要求	评分标准	配分	扣分	得分
4	安全与文明生产	遵守国家相关安全文明生产规程，遵守学院纪律	1. 不遵守教学场所规章制度，扣 2 分； 2. 出现重大事故或人为损坏设备，扣 10 分	10		
备注			合计	100		
小组成员签名						
教师签名						
日期						

巩 固 练 习

1. 现有甲地装货运输到乙地卸货的物料运输控制系统，其工艺流程如图 5-1-26 所示。

（1）控制要求

① 按下启动按钮，小车在甲地开始装料经 6s 后，小车从甲地向乙地运行，经过 C 点时，启动 1 号运输带，延时 6s 后自动启动 2 号运输带；到达乙地后，开始卸货，经过 10s 完成卸货，小车自动返回甲地继续装料。为了避免物料在运输带上堆积，应尽量将余料清理干净，使下一次可以轻载启动，小车返回时经过 C 点自动停止运输带，停止顺序应与启动的顺序相反，即先停 2 号运输带，5s 后再停 1 号运输带。小车经过 10 次循环后自动停在甲地。② 当系统出现故障时以 0.8 Hz 频率闪烁显示。

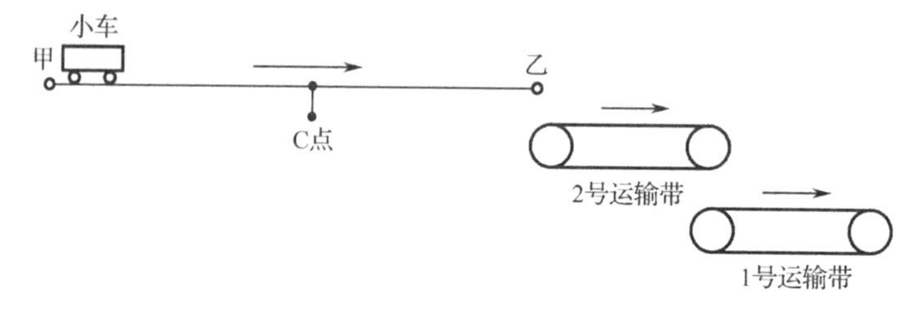

图 5-1-26　物料运输控制系统工艺流程图

（2）设计要求

按 PLC 控制系统设计的步骤进行完整的设计。

2. 某自动生产线上，使用有轨小车来运转工序之间的物件，小车的驱动采用电动机拖动，其行驶示意图如图 5-1-27 所示。

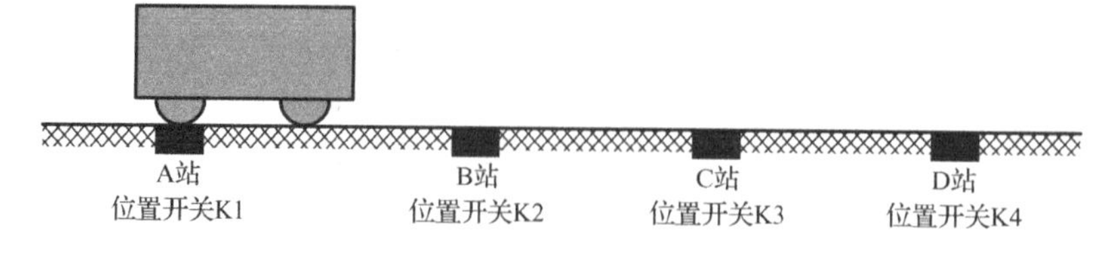

图 5-1-27　有轨小车运动行驶示意图

控制过程：

① 小车从 A 站出发驶向 B 站，抵达后，立即返回 A 站；

② 接着一直向 C 站驶去，到达后立即返回 A 站；

③ 第三次出发一直驶向 D 站，到达后返回 A 站；

④ 必要时，小车按上述要求出发三次运行一个周期后能停下来；

⑤ 根据需要，小车能重复上述过程，不停地运行下去，直到按下停止按钮为止。

要求：按 PLC 控制系统设计的步骤进行完整的设计。

3．某液体混合装置，在初始状态时，3 个容器都是空的，所有的阀门均关闭，搅拌器未运行（如图 5-1-28 所示）。按下启动按钮 I0.0，Q0.0 和 Q0.1 变为 ON，阀 1 和阀 2 打开，液体 A 和液体 B 分别流入上述的两个容器。当某个容器中的液体到达上液位开关时，对应的进料电磁阀关闭，放料电磁阀（阀 3 或阀 4）打开，液体放到下面的容器。分别经过定时器 T1、T2 的延时后，液体放完，阀 3 或阀 4 关闭。它们均关闭后，搅拌器开始搅拌。120 s 后搅拌器停机，Q0.5 变为 ON，开始放混合液。经过 10 s 延时后，混合液放完，Q0.5 变为 OFF，放料阀关闭。循环工作 3 次后，系统停止运行，返回初始步。画出系统的顺序功能图，并设计梯形图。

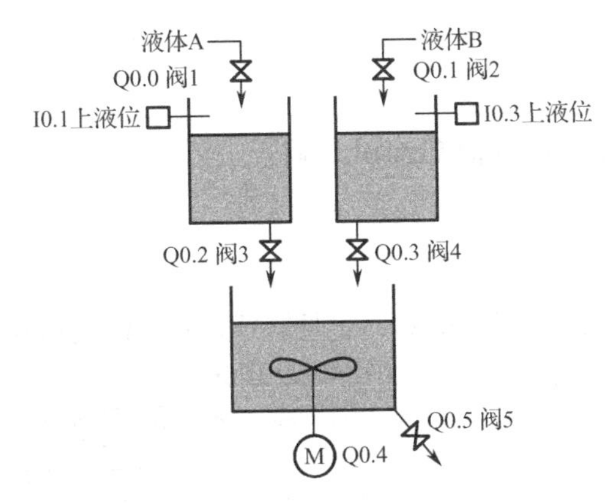

图 5-1-28　液体混合装置工作示意图

任务 5.2　S7 Graph 的编程与应用

任务目标

1．掌握顺序控制功能图的绘制方法。
2．熟练使用 S7 Graph 的界面操作。
3．学会使用 S7 Graph 编写顺序控制程序。
4．会用 PLCSIM 软件进行仿真调试顺序控制程序。

任务描述

上节我们编写 S7-300/400 PLC 的顺序控制程序，是采用常规指令（如置位、复位指令）

编写的，实际上在 STEP 7 软件中可调用 S7 Graph 编程语言来实现图形化的直观编写。下面我们通过交通信号灯 PLC 控制和机械手控制子任务来学习 S7 Graph 编程语言顺序控制编程。

知识准备

利用 S7 Graph 编程语言，可以清楚快速地组织和编写 PLC 系统的顺序控制程序。它根据功能将控制任务分解为若干步，其顺序用图形方式显示出来并且可形成图形和文本方式的文件，可非常方便地实现全局、单页或单步显示及互锁控制和监视条件的图形分离。

在每一步中要执行相应的动作并且根据条件决定是否转换为下一步。它们的定义、互锁或监视功能用 STEP 7 的编程语言 LAD 或 FBD 来实现。

下面在结合子任务 1 交通信号灯顺序控制编程介绍 S7 Graph 编辑功能图的方法。

任务实施

子任务 1　交通信号灯顺序控制 Graph 编程

1. 控制要求

如图 5-2-1 所示为交通信号灯示意图。交通信号灯的动作受总开关控制，按下启动按钮，交通信号灯系统开始工作，其工作流程如图 5-2-2 所示。

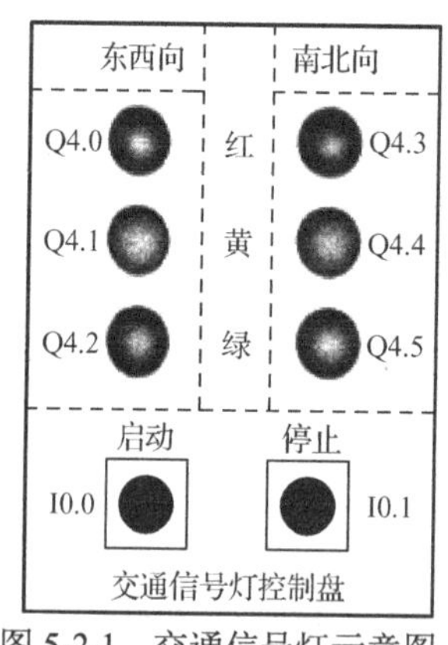

图 5-2-1　交通信号灯示意图

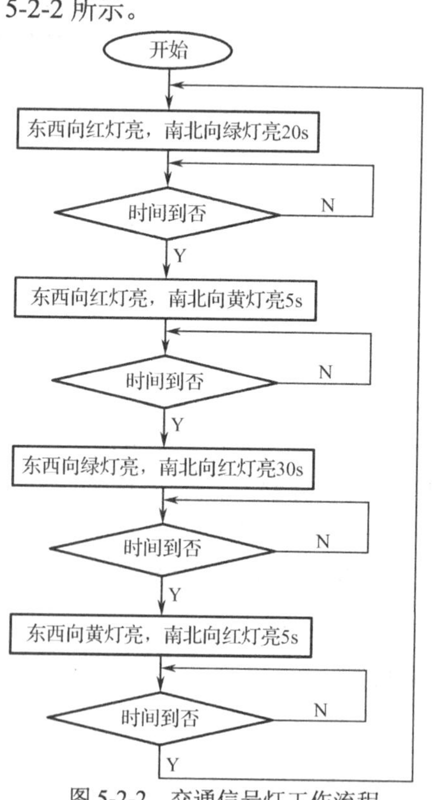

图 5-2-2　交通信号灯工作流程

2. 顺序功能图

分析交通信号灯的变化规律，可将工作过程分成 4 个依设定时间而顺序循环执行的状态：S2、S3、S4 和 S5，另设一个初始状态 S1。由于控制比较简单，可用单流程实现，如图 5-2-3 所示。

编写程序时，可将顺序功能图放置在一个功能块（FB）中，而将停止作用的部分程序放置在另一个功能（FC）或功能块（FB）中。这样在系统启动运行期间，只要停止按钮（Stop）被按下，立即将所有状态 S2～S5 复位，并返回到待命状态 S1。

在待命状态下，只要按下启动按钮（Start），系统即开始按顺序功能图所描述的过程循环执行。

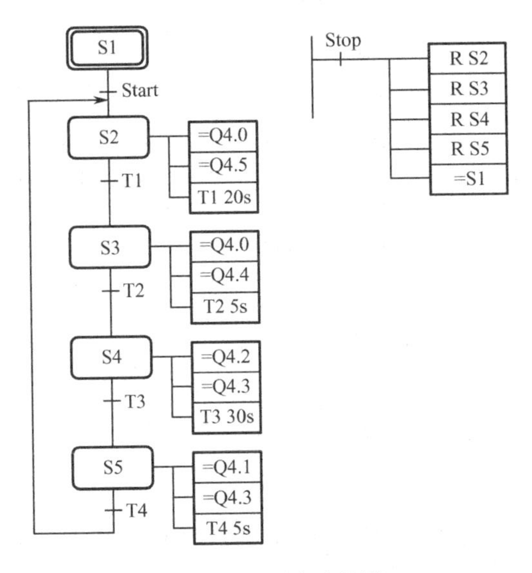

图 5-2-3　顺序功能图

3. 硬件组态与符号表

交通信号灯的硬件组态如图 5-2-4 所示，I/O 分配符号表如图 5-2-5 所示。

(0)　UR

插··	模块 ···	订货号 ···	固件	MPI···	I···	Q···	注释
1	PS 307 2A	6ES7 307-1BA01-0AA0					
2	**CPU 315-2DP**	**6ES7 315-2AG10-0AB0**	**V2.0**	2			
X2	*DP*				*2047**		
3							
4	DI32xDC24V	6ES7 321-1BL00-0AA0			0···3		
5	DO32xDC24V/0.5A	6ES7 322-1BL00-0AA0				4···7	

图 5-2-4　交通信号灯的硬件组态

4. S7 Graph 编辑器

1）插入 S7 Graph 功能块

新建功能块 FB1，弹出属性对话框，选择创建语言“GRAPH”，如图 5-2-6 所示。

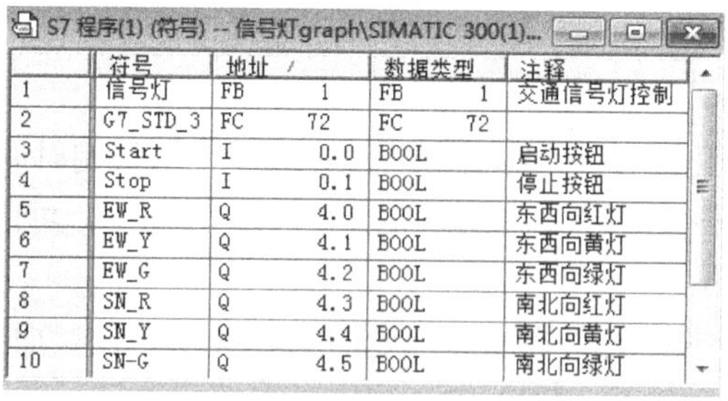

S7 程序(1) (符号) -- 信号灯graph\SIMATIC 300(1)...

	符号	地址		数据类型		注释
1	信号灯	FB	1	FB	1	交通信号灯控制
2	G7_STD_3	FC	72	FC	72	
3	Start	I	0.0	BOOL		启动按钮
4	Stop	I	0.1	BOOL		停止按钮
5	EW_R	Q	4.0	BOOL		东西向红灯
6	EW_Y	Q	4.1	BOOL		东西向黄灯
7	EW_G	Q	4.2	BOOL		东西向绿灯
8	SN_R	Q	4.3	BOOL		南北向红灯
9	SN_Y	Q	4.4	BOOL		南北向黄灯
10	SN-G	Q	4.5	BOOL		南北向绿灯

图 5-2-5　I/O 分配符号表

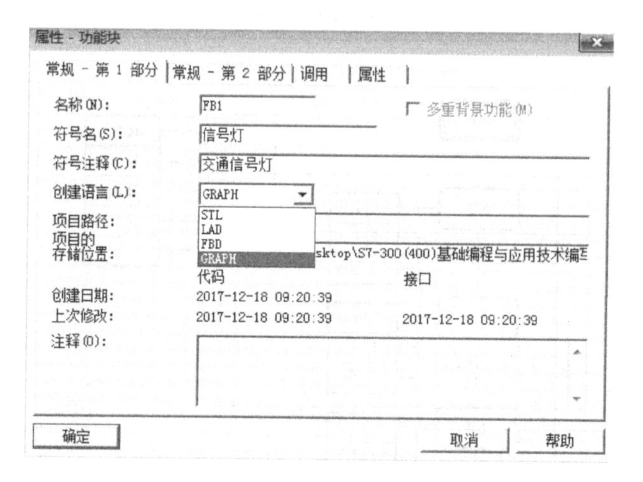

图 5-2-6　FB 属性对话框

2）S7 Graph 编辑器

在 Blocks 文件夹中打开功能块 FB1，打开 S7 Graph 编辑器。编辑器为 FB1 自动生成了第一步“S1 Step1”和第一个转换“T1 Trans1”，如图 5-2-7 所示。

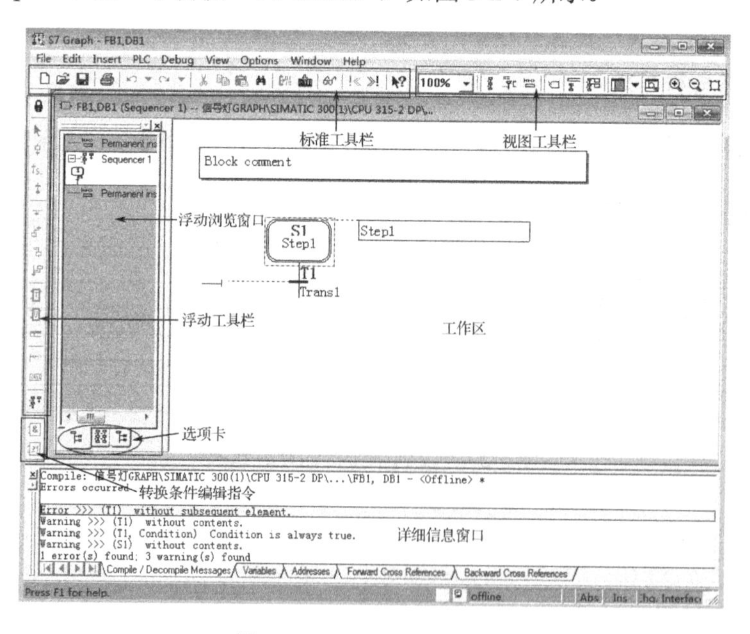

图 5-2-7　S7 Graph 编辑器

S7 Graph 编辑器由生成和编辑程序的工作区、标准工具栏、视窗工具栏、浮动工具栏、详细信息窗口和浮动浏览窗口（Overview Window）等组成。

（1）视窗工具栏。视窗工具栏上各按钮的作用如图 5-2-8 所示。

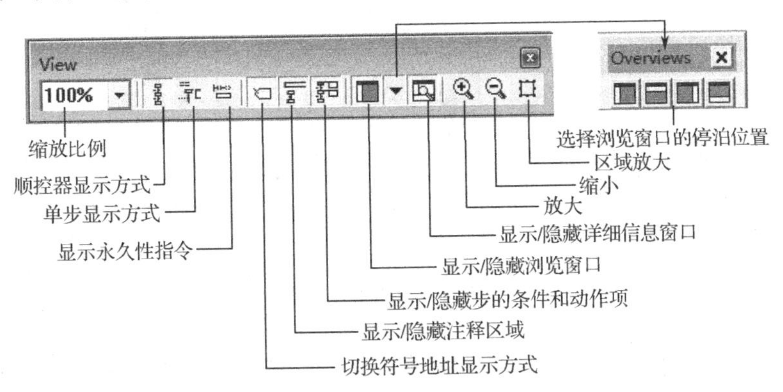

图 5-2-8　视窗工具栏

（2）Sequencer 浮动工具栏。Sequencer 浮动工具栏上各按钮的作用如图 5-2-9 所示。

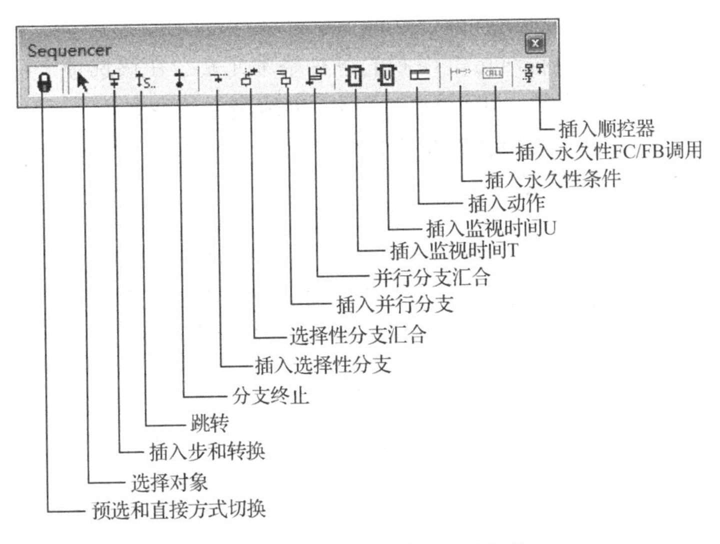

图 5-2-9　Sequencer 浮动工具栏

（3）转换条件编辑工具栏。转换条件编辑工具栏上各按钮的作用如图 5-2-10 所示。

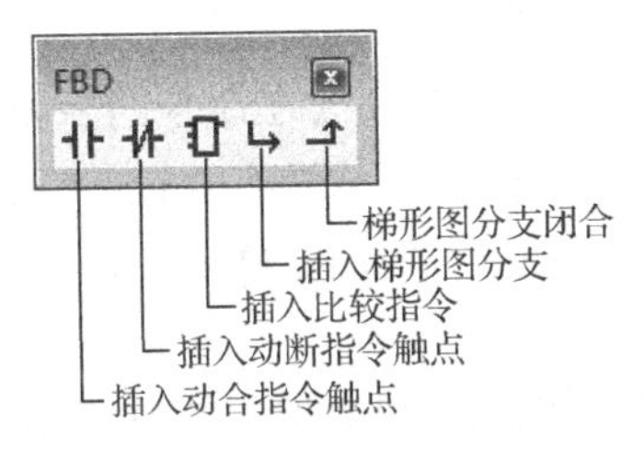

图 5-2-10　转换条件编辑工具栏

（4）浮动浏览窗口。单击标准工具栏上的按钮可显示或隐藏左视窗。左视窗有三个选项卡：图形选项卡（Graphic）、顺控器选项卡（Sequencer）和变量选项卡（Variables），如图

5-2-11 所示。

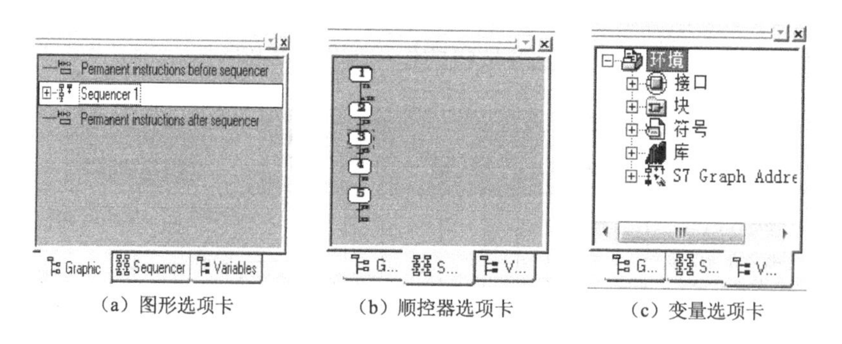

（a）图形选项卡　（b）顺控器选项卡　（c）变量选项卡

图 5-2-11　浮动浏览窗口选项卡

在图形选项卡内可浏览正在编辑的顺控器的结构，图形选项卡由顺控器之前的永久性指令（Permanent instructions before sequencer）、顺控器（Sequencer）和顺控器之后的永久性指令三部分组成。

在顺控器选项卡内可浏览多个顺控器的结构，当一个功能块内有多个顺控器时，可使用该选项卡。

在变量选项卡内可浏览编程时可能用到的各种基本元素。在该选项卡可以编辑和修改现有的变量，也可以定义新的变量。可以删除，但不能编辑系统变量。

（5）步与步的动作命令。顺控器的步由步序、步名、转换编号、转换名、转换条件和步的动作等组成，如图 5-2-12 所示。

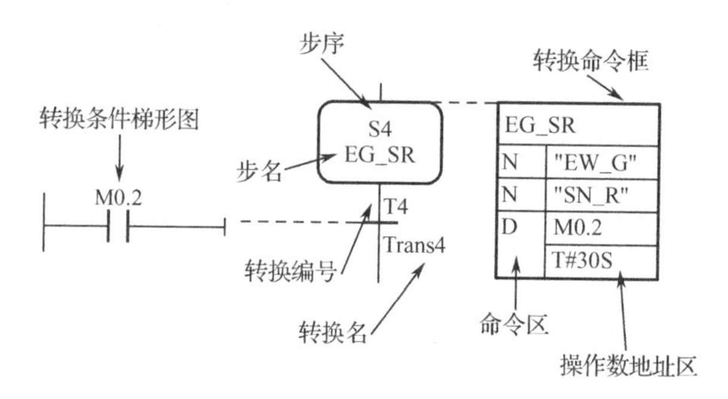

图 5-2-12　步的组成

步的动作行由命令和地址组成，图 5-2-12 中右边的方框为操作数地址，左边的方框用来写入命令，动作中可以有定时器、计数器和算术运算。

① 标准动作。对标准动作可以设置互锁（在命令的后面加“C”），仅在步处于活动状态和互锁条件满足时，有互锁的动作才被执行。没有互锁的动作在步处于活动状态时就会被执行。标准动作中的命令如表 5-2-1 所示，表中的 Q、I、M、D 均为位地址，括号中的内容用于有互锁的动作。

② 与事件有关的动作。动作可以与事件结合，事件是指步、监控信号、互锁信号的状态变化、信息（Message）的确认（Acknowledgment）或记录（Registration）信号被置位，事件的意义如表 5-2-2 所示。

命令只能在事件发生的那个循环周期执行。

表 5-2-1　标准动作中的命令

命　令	地 址 类 型	说　明
N（或 NC）	Q、I、M、D	只要步为活动步（且互锁条件满足），动作对应的地址为 1 状态，无锁存功能
S（或 SC）	Q、I、M、D	置位：只要步为活动步（且互锁条件满足），该地址被置为 1 并保持为 1 状态
R（或 RC）	Q、I、M、D	复位：只要步为活动步（且互锁条件满足），该地址被置为 0 并保持为 0 状态
D（或 DC）	Q、I、M、D	延迟：（如果互锁条件满足）步变为活动步 *n* 秒后，如果步仍然是活动的，该地址被置 1 状态，无锁存功能
	T#（常数）	有延迟动作的下一行为时间常数
L（或 LC）	Q、I、M、D	脉冲限制：步为活动步（且互锁条件满足），该地址在 *n* 秒内为 ON 状态，无锁存功能
	T#（常数）	有脉冲限制动作的下一行为时间常数
CALL（或 CALLC）	FC、FB、SFC、SFB	块调用：只要步为活动步（且互锁条件满足），指定的块被调用

表 5-2-2　控制动作中的事件

事件	事件的意义	事件	事件的意义
S1	步变为活动步	S0	步变为非活动步
V1	发生监控错误（有干扰）	V0	监控错误消失（无干扰）
L1	互锁条件解除	L0	互锁条件变为 1
A1	信息被确认	R1	在输入信号（REG_EF/REG_S）的上升沿，记录信号被置位

除了命令 D（延迟）和 L（脉冲限制）外，其他命令都可以与事件进行逻辑组合。

在检测到事件，并且互锁条件被激活（对于有互锁的命令 NC、RC、SC 和 CALLC）在下一个循环内，使用 N（NC）命令的动作为 1 状态，使用 R（RC）命令的动作被置位一次，使用 S（SC）命令的动作被复位一次。使用 CALL（CALLC）命令的动作的块被调用一次。

③ ON 命令与 OFF 命令。用 ON 命令或 OFF 命令可以使命令所在步之外的其他步变为活动步或非活动步。

ON 命令或 OFF 命令取决于“步”事件，即该事件决定了该步变为活动步或变为非活动步的时间，这两个命令可以与互锁条件组合，即可使用命令 ONC 和 OFFC。

指定的事件发生时，可以将指定的步变为活动步或非活动步。如果命令 OFF 的地址标识符为 S_ALL，将除了命令“OFF”所在的步之外其他的步变为非活动步。

在图 5-2-13 中的步 S8 变为活动步后，各动作按下述方式执行：

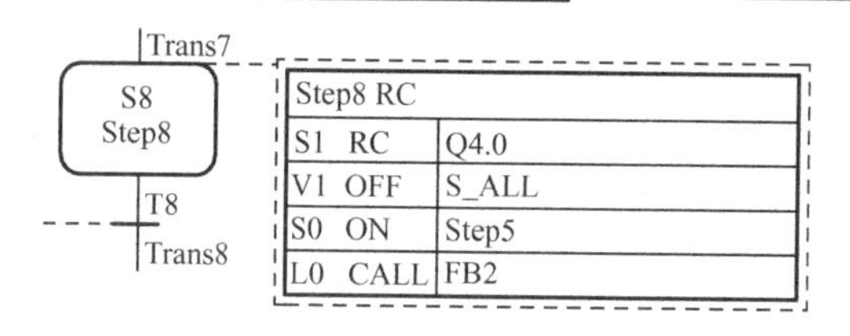

图 5-2-13　步的动作

● 一旦 S8 变为活动步和互锁条件满足，指令“S1 RC”使输出 Q2.1 复位为 0 并保持为 0。

● 一旦监控错误发生（出现 V1 事件），除了动作中的命令“V1 OFF”所在的步 S8，其他的活动步变为非活动步。

● S8 变为非活动步时（出现事件 S0），将步 S5 变为活动步。只要互锁条件满足（出现 L0 事件），就调用指定的功能块 FB2。

④ 动作中的计数器。动作中的计数器的执行与指定的事件有关。互锁功能可以用于计数器，对于有互锁功能的计数器，只有在互锁条件满足和指定的事件出现时，动作中的计数器才会计数。计数值为 0 时计数器位为 0，计数值为非 0 时计数器位为 1。

事件发生时，计数器指令 CS 将初值装入计数器。CS 指令下面一行是要装入的计数器的初值，它可以由 IW、QW、MW、LW、DBW、BIW 来提供，或用常数 C#0～C#999 的形式给出。

事件发生时，CU、CD、CR 指令使计数值分别加 1、减 1 或将计数值复位为 0。计数器命令与互锁组合时，命令后面要加上“C”。

⑤ 动作中的定时器。动作中的定时器与计数器的使用方法类似，事件出现时定时器被执行。互锁功能也可以用于定时器。

● TL 命令为扩展的脉冲定时器命令，该命令的下面一行是定时器的定时时间“time”，定时器位没有闭锁功能。定时器的定时时间可以由字元件来提供，也可用 S5 时间格式，如 S5T#5S。

● TD 命令用来实现定时器位有闭锁功能的延迟。一旦事件发生定时器即被启动。互锁条件 C 仅仅在定时器被启动的那一时刻起作用。定时器被启动后将继续定时，而与互锁条件和步的活动性无关。在 time 指定的时间内，定时器位为 0。定时时间到时，定时器位变为 1。

● TR 是复位定时器命令，一旦事件发生定时器立即停止定时，定时器位与定时值被复位为 0。

在图 5-2-14 中，步 S3 变为活动步时，事件 S1 使计数器 C4 的值加 1。C4 可以用来计数步 S3 变为活动步的次数。只要步 S3 变为活动步，事件 S1 使 MW0 的值加 1。S3 变为活动步后 T3 开始定时，T3 的位为 0 状态，5s 后 T1 的定时器位变为 1 状态。

Trans3
S3
Step3
T1
Trans1

Step3	
S1 CU	C4
S1 N	MW0：=MW0+1
S1 TD	T3
	S5T#5S

图 5-2-14　步的动作

⑥ 顺序控制器中的条件。

- 转换条件：转换中的条件使用顺序控制器从一步转换到下一步。
- 互锁条件：如果互锁条件的逻辑条件满足，受互锁控制的动作被执行。
- 监控条件：如果监控条件的逻辑条件满足，表示有干扰事件V1发生。顺序控制器不会转换到下一步，保持当前步为活动步。如果监控条件的逻辑条件不满足，表示没有干扰，如果转换条件满足，转换到下一步。只有活动步被监控。

（6）设置S7 Graph功能块的FB参数集。在S7 Graph编辑器中执行菜单命令"Option"→"Block Setting"，打开S7 Graph功能块参数设置对话框，如图5-2-15所示。

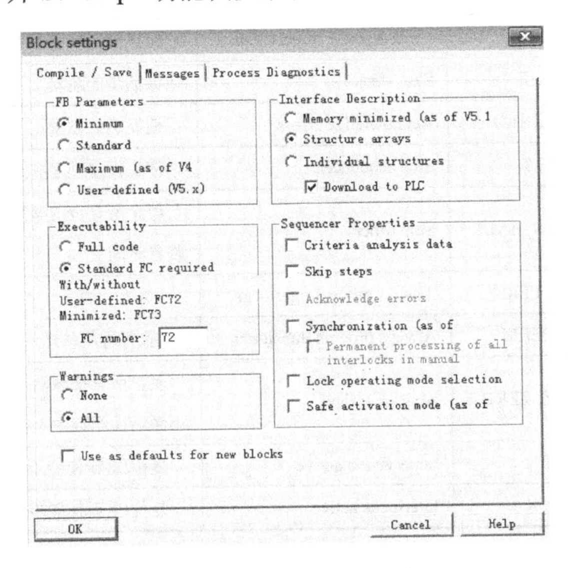

图5-2-15 设置FB参数集

在"FB Parameters"区域有4个参数集选项："Minimum"（最小参数集）、"Standard"（标准参数集）、"Maximum"（最大参数集）、"User-defined"（用户自定义参数集）。不同的参数集所对应的功能块图符不同。Graph的FB常用参数的含义如表5-2-3所示。

表5-2-3 Graph的FB常用参数

FB参数（上升沿有效）	内部变量（静态数据区名称）	顺序控制器（S7 Graph名称）	含义
ACK_EF	MOP.ACK	Acknowledge	故障信息得到确认
INIT_SQ	MOP.INIT	Initialize	激活初始步（顺控器复位）
OFF_SQ	MOP.OFF	Disable	停止顺控器，如使所有步失效
SW_AUTO	MOP.AUTO	Automatic（Auto）	模式选择：自动模式
SW_MAN	MOP.MAN	Manual mode（MAN）	模式选择：手动模式
SW_TAP	MOP.TAP	Inching mode（TAP）	模式选择：单步调节
SW_TOP	MOP.TOP	Automatic or switch to next（TOP）	模式选择：自动或切换到下一个
S_SEL		Step number	选择用于输出参数S_ON的指定的步，手动模式用S_ON/S_OFF激活或禁止步

续表

FB 参数（上升沿有效）	内部变量（静态数据区名称）	顺序控制器（S7 Graph 名称）	含　义
S_ON	—	Activate	手动模式：激活步显示
S_OFF	—	Deactivate	手动模式：去使能步显示
T_PUSH	MOP.T_PUSH	Continue	单步调节模式：如果传送条件满足，上升沿可以触发连续程序的传送
SQ_FLAGS.ERROR	—	Error display: Interlock	错误显示：“互锁”
SQ_FLAGS.FAULT	—	Error display: Supervision	错误显示：“监视”
EN_SSKIP	MOP.SSKIP	Skip steps	激活步的跳转
EN_ACKREQ	MOP.ACKREQ	Acknowledge errors	使能确认需求
HALT_SQ	MOP.HALT	Stop sequencer	停止程序顺序并且重新激活
HALT_TM	MOP.TMS_HALT	Stop timers	停止所有步的激活运行时间、块运行和重新激活临界时间
—	MOP.IL_ PERM	Always process interlocks	“执行互锁”
—	MOP.T_PERM	Always process transitions	“执行程序传送”
ZERO_OP	MOP.OPS_ZERO	Actions active	复位所有在激活步 N，D，L 操作到 0，在激活或不激活操作数中不执行 CALL 操作
EN_IL	MOP.SUP	Supervision active	复位/重新使能步互锁
EN_SV	MOP.LOCK	Interlocks active	复位/重新使能步监视

5. 编辑 S7 Graph 功能块（FB）

1）规划顺序功能图

（1）插入步及步的转换。在 S7 Graph 编辑器内，用鼠标选中 S1 的转换（S1 下面的“十”字），然后连续单击 4 次步和转换的插入工具图标，在 S1 的下面插入 4 个步及每步的转换，插入过程中系统自动为新插入的步及转换分配连续序号（S2～S5、T2～T5）。

注意：T1～T5 是转换 Trans1～Trans5 的缩写。

（2）插入跳转。用鼠标选中 S5 的转换（S5 下面的“十”字），然后单击步的跳转工具图标，此时在 T5 的下面出现一个向下的箭头，并显示 S 编号输入栏，如图 5-2-16 所示。

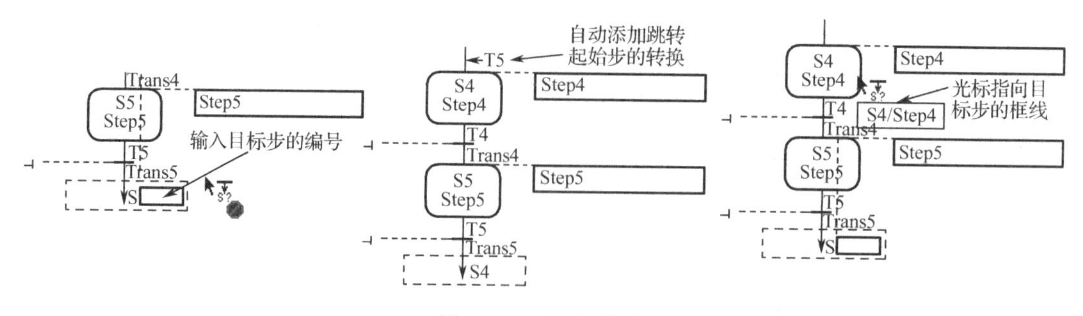

图 5-2-16　插入跳转

在 S 编号输入栏内可以直接输入要跳转的目标步的编号，如要跳到 S4 步，则可输入数字

"4"。也可以将鼠标直接指向目标步的框线，单击鼠标完成设置。设置完成自动在目标步 S4 的上面添加一个左向箭头，箭头的尾部标有起始跳转位置的转换，如 T5。这样就形成了单流程循环，如图 5-2-17 所示。

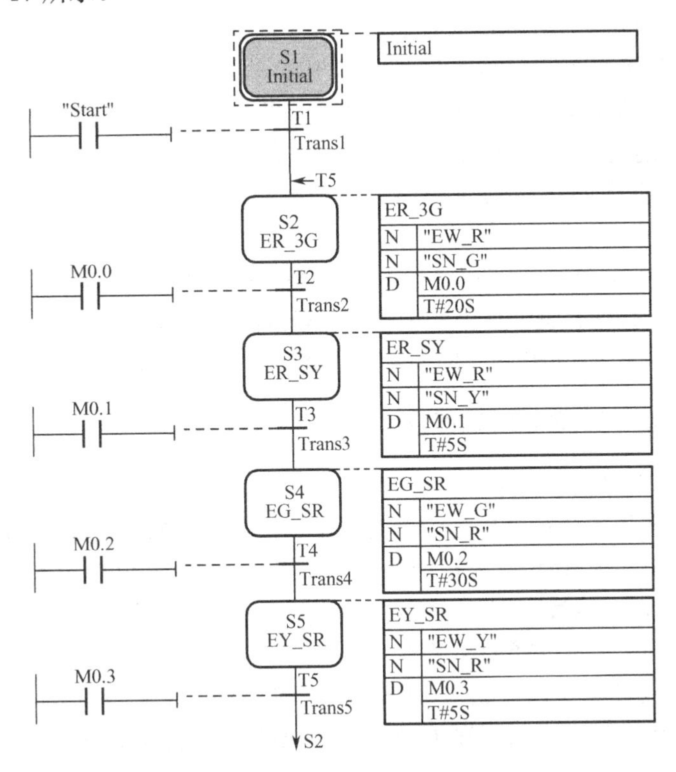

图 5-2-17　整个顺序功能图

2）编辑步的名称

表示步的方框内有步的编号（如 S1）和步的名称（如 Step1），单击相应项可以进行修改，不能用汉字做步和转换的名称。

将步 S1～S5 的名称依次改为"Initial（初始化）"、"ER_3G（东西向红灯-南北向绿灯）"、"ER_SY（东西向红灯-南北向黄灯）"、"EG_SR（东西向绿灯-南北向红灯）"、"EY_SR（东西向黄灯-南北向红灯）"，如图 5-2-17 所示。

3）动作的编辑

执行菜单命令"View"→"Display with"→"Conditions Actions"，可以显示或隐藏各步的动作和转换条件，用鼠标右键单击步右边的动作框线，在弹出的菜单中执行命令"Insert New Object"→"Action"，可插入一个空的动作行，也可以单击动作行工具图标插入动作行。

（1）用鼠标单击 S2 的动作框线，然后单击动作行工具，插入 3 个动作行；在第一个动作行中输入命令"N Q4.0"（Q4.0 对应的符号名为 EW_R）；在第二个行动作行中输入命令"N Q4.5"（Q4.5 对应的符号名为 SN_G）；在第三个动作行中输入命令"D"后按回车键，会自动变成两行，在第一行中输入位地址，如 M0.0，然后回车，在第二行内输入时间常数，如 T#20S（表示延时 20s），然后按回车键，如图 5-2-17 所示。

M0.0 是步 S2 和 S3 之间的转换条件，相当于定时器延时时间到时，M0.0 的动合触点闭合，程序从步 S2 转换到 S3。

（2）按以上操作方法，完成图 5-2-17 中 S3～S5 的动作命令输入。由于前面在符号表中已经对所用到的地址定义了符号名，所以当输入完绝对地址后，系统默认用符号地址显示，也可切换到绝对地址显示。

4）编程转换条件

转换条件可以用梯形图或功能块图来编辑，用菜单“View”→“LAD”或“View”→“FBD”命令可切换转换条件的编程语言，下面介绍用梯形图来编辑转换条件。

单击转换名右边与虚线相连的转换条件，在窗口最左边的浮动工具栏中单击动合触点、动断触点或方框形的比较器（相当于一个触点），可对转换条件进行编程，编辑方法同梯形图语言。

按图 5-2-17 所示编辑转换条件，并完成整个顺序功能图的编辑。

最后单击“保存”按钮并编译所做的编辑。若编译能通过，系统将自动在当前项目的 Blocks 文件夹下创建与该功能块（FB1）对应的背景数据块（如 DB1）。

6. 在 OB1 中调用 S7 Graph 功能块

1）设置 S7 Graph 功能块的参数集

在 S7 Graph 编辑器中执行菜单命令“Option”→“Block Setting”，打开 S7 Graph 功能块参数设置对话框，本例将 FB 设置为标准参数集。其他采用默认值，设置完毕保存 FB1。

2）调用 S7 Graph 功能块

打开 OB1，将编程语言选择为梯形图。

打开编辑器左侧浏览窗口中的“FB Blocks”文件夹，双击其中的 FB1 图标，在 OB1 的 Network1 中调用顺序功能图程序 FB1，在模块的上方输入 FB1 的背景功能块 DB1 的名称。

在“INIT_SQ”端口上输入“Start”，也就是用启动按钮激活顺控器的初始步 S1；在“OFF_SQ”端口上输入“Stop”，也就是用停止按钮关闭顺控器。最后用菜单命令“File”→“Save”保存 OB1。

3）用 S7-PLCSIM 仿真软件调试 S7 Graph 程序

使用 S7-PLCSIM 仿真软件调试 S7 Graph 程序的步骤如下：

（1）单击 SIMATIC 管理器工具栏中的按钮，或执行菜单命令 “Options”→“Simulate Modules”，打开 S7-PLCSIM 窗口。

（2）在 S7-PLCSIM 窗口中单击 CPU 视窗中的 STOP 框，令仿真 PLC 处于 Stop 模式。

（3）在 SIMATIC 管理器中，把 PLC 的硬件组态和 OB1、FB1、DB1 下载到仿真 PLC 中。

（4）单击仿真器工具栏中输入变量按钮，插入字节型输入变量，并将字节地址修改为 0，显示方式为 Bits（位）方式。单击输出变量按钮，插入字节型输出变量，并将字节地址修改为 4，显示方式为 Bits（位）方式。

（5）打开 FB1，监控按钮将 FB1 显示状态切换到监控模式。将仿真 CPU 模式切换到 RUN 或 RUN-P 模式，选中 I0.0，可看到 Q4.0～Q4.5 按顺序功能图设定的时间顺序点亮，如图 5-2-18 所示。

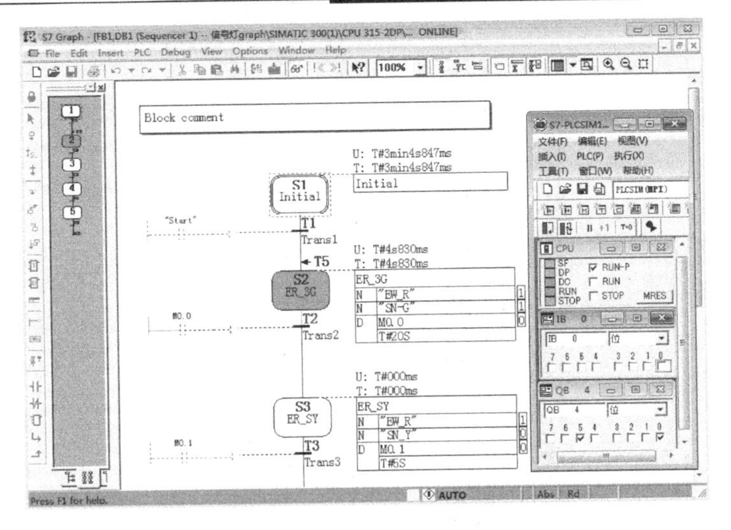

图 5-2-18　使用 PLCSIM 调试顺序功能图

子任务 2　多种工作方式机械手控制 Graph 编程

下面以简易机械手控制为例，介绍多种工作方式的系统如何实现顺序控制编程。机械手示意图如图 5-2-19 所示，实现把工件从 A 点搬到 B 点。机械手操作盘如图 5-2-20 所示，可以实现手动控制、回原点控制、单步控制、单周期自动控制和连续自动控制。

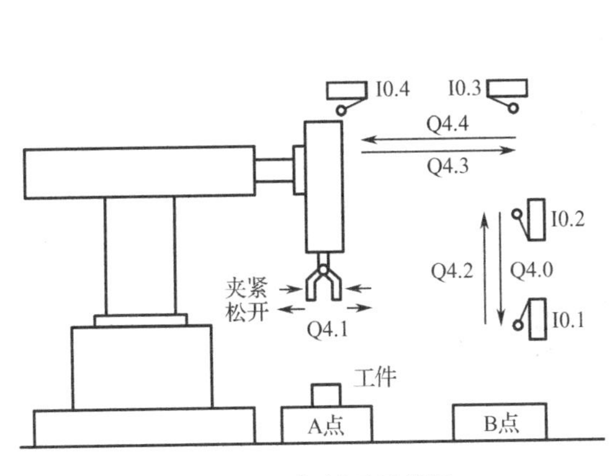

图 5-2-19　机械手示意图

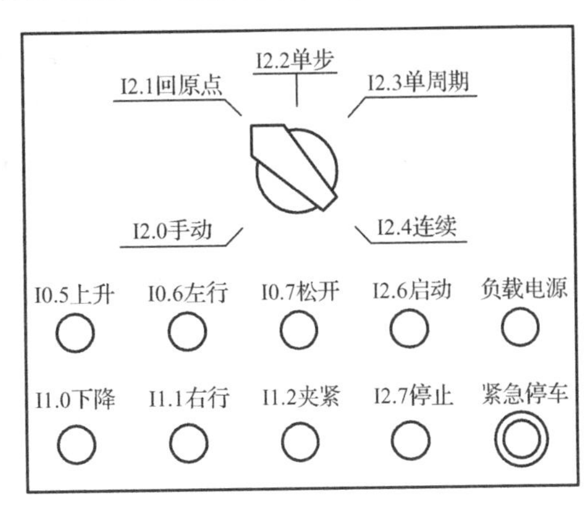

图 5-2-20　机械手操作盘

编辑符号表如图 5-2-21 所示，相应地对各 I/O 点进行分配定义。PLC 的接线图如图 5-2-22 所示。

整个程序结构如下：OB100 为初始化程序，OB1 为主程序。设计 FC1、FC2、FC3 三个功能。在功能 FC1 中编写公用程序。在功能 FC2 中编写手动控制程序。在 FC3 中编写回原点程序。自动程序（包括单周期和连续）由 FB1 实现，FB1 由顺序功能图编程实现。在 OB1 中调用 FC1、FC2、FC3 和 FB1。

OB100 初始化程序如图 5-2-23 所示，FC1 公用程序如图 5-2-24 所示，FC2 手动控制程序如图 5-2-25 所示，FC3 回原点程序如图 5-2-26 所示，OB1 主程序如图 5-2-27 所示。

	符号	地址		数据类型	
1	自动数据块	DB	2	FB	1
2	自动程序	FB	1	FB	1
3	公用程序	FC	1	FC	1
4	手动程序	FC	2	FC	2
5	回原点	FC	3	FC	3
6	G7_STD_3	FC	72	FC	72
7	下限位	I	0.1	BOOL	
8	上限位	I	0.2	BOOL	
9	右限位	I	0.3	BOOL	
10	左限位	I	0.4	BOOL	
11	上升按钮	I	0.5	BOOL	
12	左行按钮	I	0.6	BOOL	
13	松开按钮	I	0.7	BOOL	
14	下降按钮	I	1.0	BOOL	
15	右行按钮	I	1.1	BOOL	
16	夹紧按钮	I	1.2	BOOL	
17	确认故障	I	1.3	BOOL	
18	手动	I	2.0	BOOL	
19	回原点	I	2.1	BOOL	
20	单步	I	2.2	BOOL	
21	单周期	I	2.3	BOOL	
22	连续	I	2.4	BOOL	
23	启动按钮	I	2.6	BOOL	
24	停止按钮	I	2.7	BOOL	
25	自动允许	M	0.0	BOOL	
26	单周连续	M	0.2	BOOL	
27	自动方式	M	0.3	BOOL	
28	原点条件	M	0.5	BOOL	
29	转换允许	M	0.6	BOOL	
30	连续标志	M	0.7	BOOL	
31	回原点上升	M	1.0	BOOL	
32	回原点左行	M	1.1	BOOL	
33	夹紧延时	M	1.2	BOOL	
34	COMPLETE RESTART	OB	100	OB	100
35	下降阀	Q	4.0	BOOL	
36	夹紧阀	Q	4.1	BOOL	
37	上升阀	Q	4.2	BOOL	
38	右行阀	Q	4.3	BOOL	
39	左行阀	Q	4.4	BOOL	
40	错误报警	Q	4.5	BOOL	
41	TIME_TCK	SFC	64	SFC	64
42					

图 5-2-21　符号表

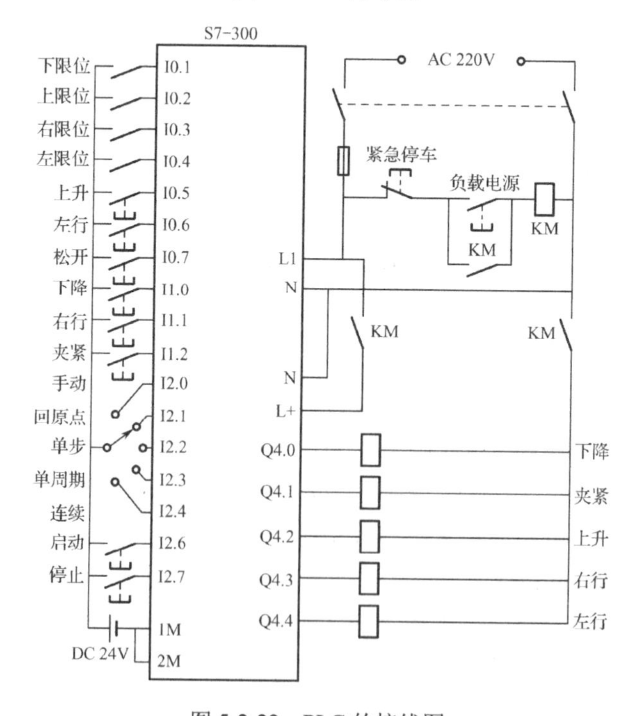

图 5-2-22　PLC 的接线图

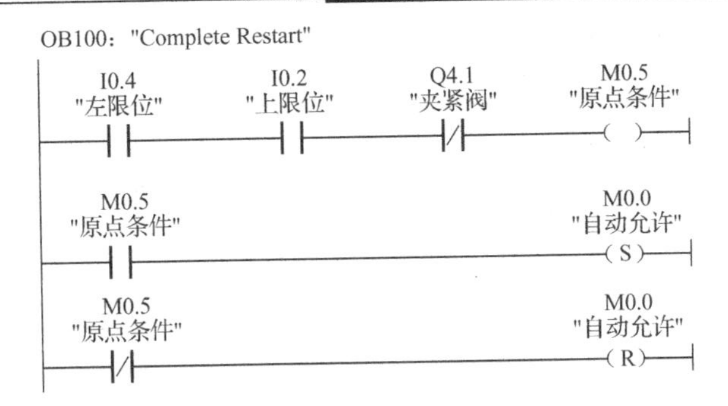

图 5-2-23 OB100 初始化程序

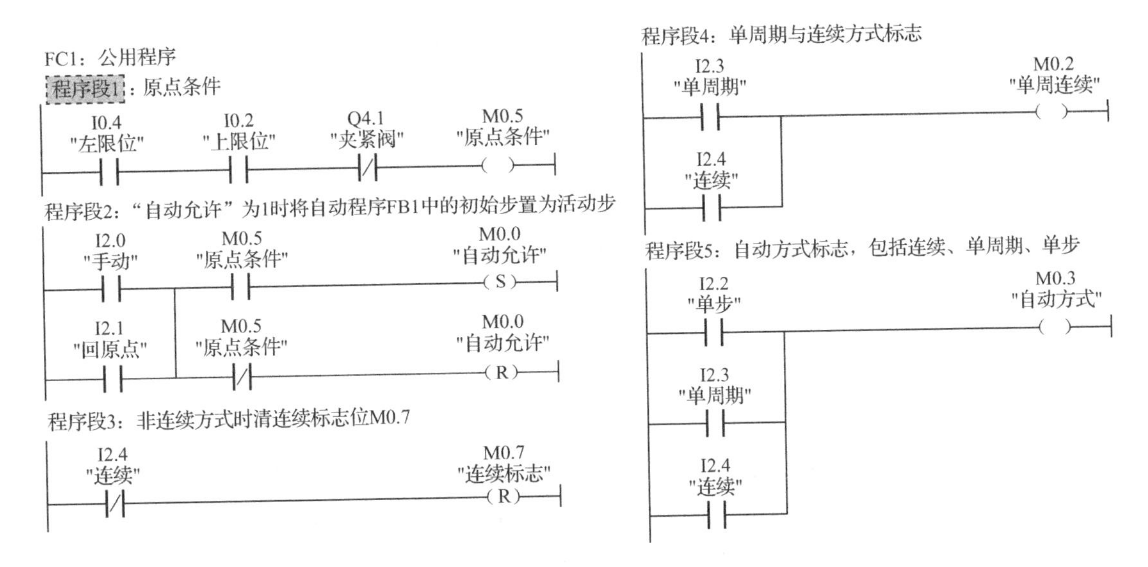

图 5-2-24 FC1 公用程序

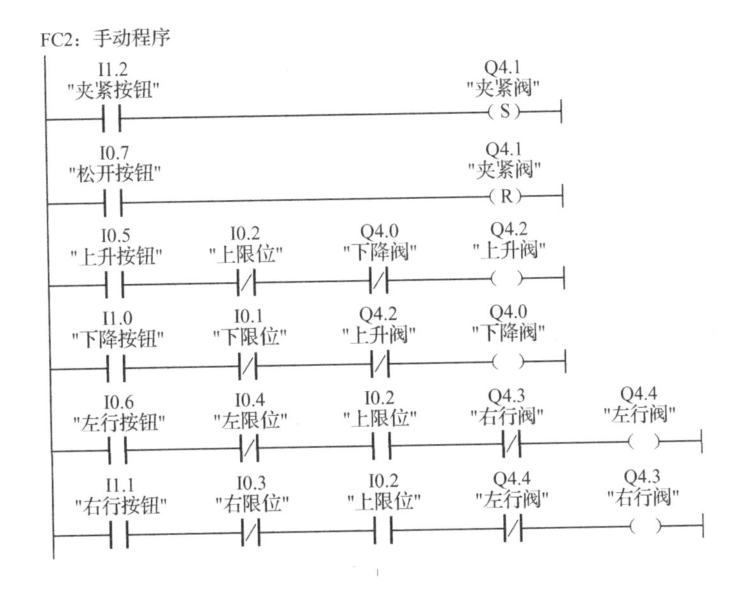

图 5-2-25 FC2 手动控制程序

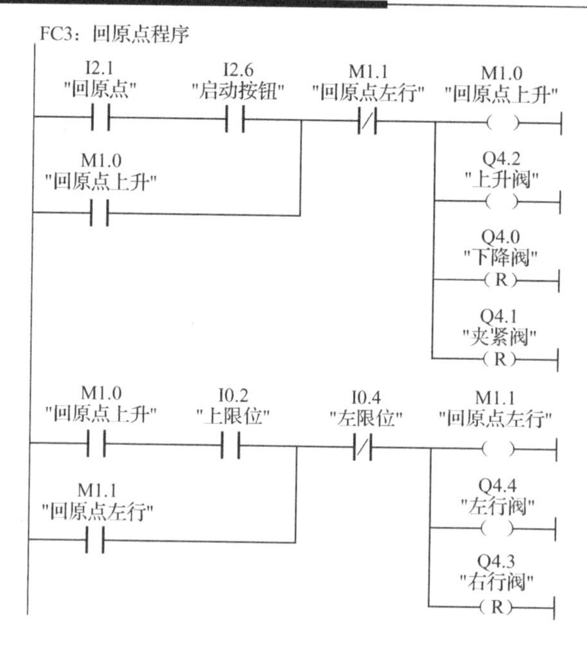

图 5-2-26　FC3 回原点程序

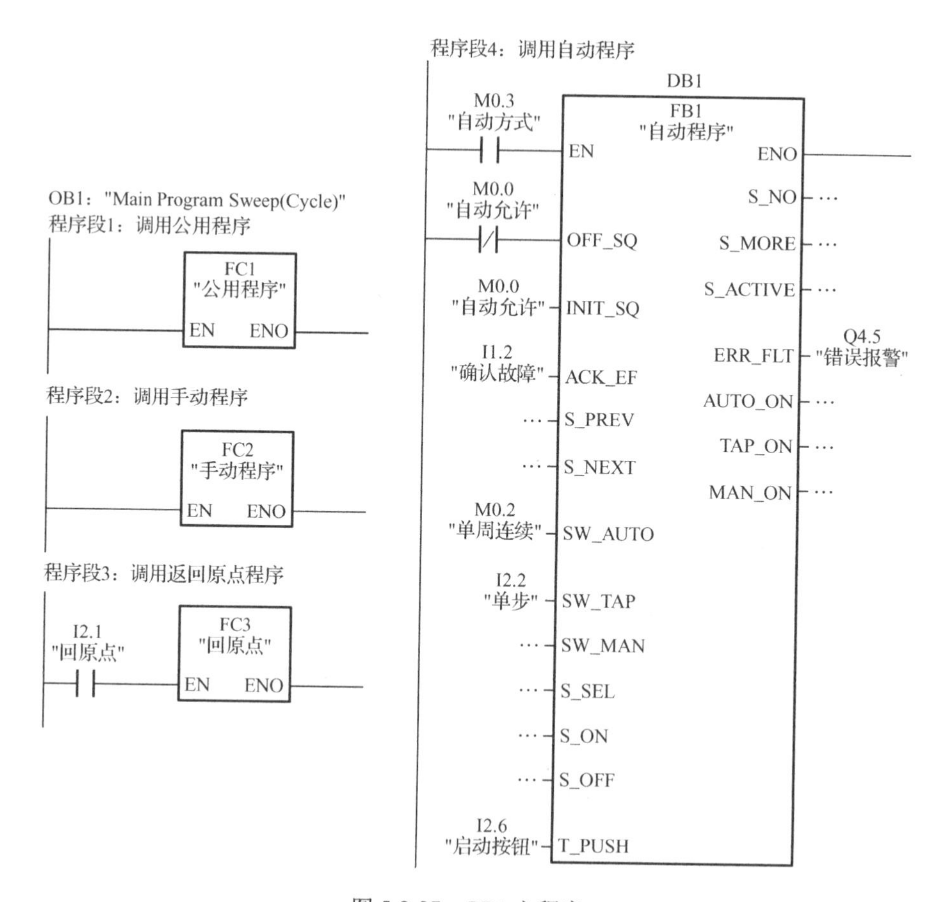

图 5-2-27　OB1 主程序

S7 Graph FB 的参数有许多，下面介绍图中使用的参数。

（1）连续、单周期或单步时“自动方式”M0.3 为 1，调用 FB1。

（2）参数 INIT_SQ（“自动允许”M0.0）为 1：原点条件满足，激活初始步，复位顺序控制器。

（3）参数 OFF_SQ 为 1（“自动允许”M0.0=0）：复位顺序控制器，所有的步变为不活动步。

（4）参数 ACK_EF（“确认故障”I1.3）为 1：确认错误和故障，强制切换到下一步。

（5）参数 SW_AUTO（“单周连续”M0.2）为 1：切换到自动模式。

（6）参数 SW_TAP（“单步”I2.2）为 1：切换到 Inching（单步）模式。

（7）参数 T_PUSH（“启动按钮”I2.6）：条件满足并且在 T_PUSH 的上升沿时，转换实现。

（8）参数 ERR_FLT（“错误报警”Q4.5）为 1：组故障。

连续标志 M0.7 的控制电路放在 FB1 的顺序控制器之前的永久性指令中，如图 5-2-28 所示。

FB1 是自动程序（单步、单周期、连续），Graph 状态图如图 5-2-29 所示。单步 I2.2=SW_TAP=1 时有单步功能。单周连续 M0.2=SW_AUTO=1 时顺序控制器正常运行。在顺序控制器中，用永久性指令中的 M0.7（连续标志）区分单周期和连续模式。

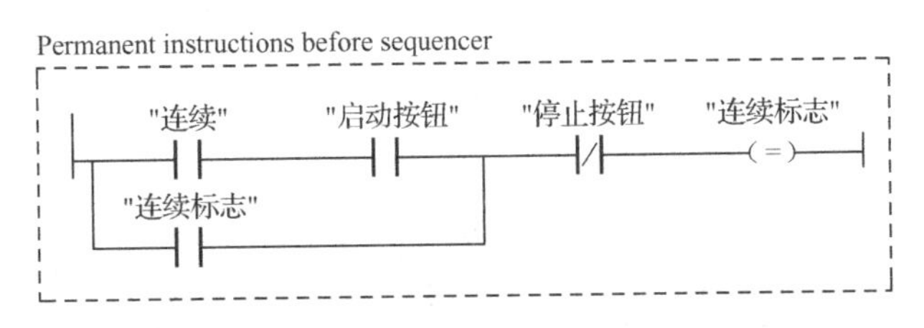

图 5-2-28　顺序控制器之前的永久性指令

技能训练

技能训练 2　传送机分检大小球控制系统的 Graph 编程

1. 控制要求

传送机分检大小球示意图如图 5-2-30 所示。传送机分检大小球装置可分别检出大、小铁球。如果传送机底下的电磁铁吸住小的铁球，则将小球放入装小球的箱子里；如果传送机底下的电磁铁吸住大的铁球，则将大球放入装大球的箱子里。

传送机电磁铁的上升和下降运动由一台电动机带动，传送机的左、右运动则由另外一台电动机带动。

初始状态时，传送机停在原位。当按下传送机的启动按钮后，电磁铁在传送机的带动下下降到混合球箱中。如果传送机在下降过程中压合行程开关 SQ2，电磁铁的电磁线圈通电后将吸住小球，然后上升右行至行程开关 SQ4 的位置，电磁铁下降，将小球放入小球箱中。如果电磁铁由原位下降后未压合行程开关 SQ2，则电磁铁的电磁线圈通电后将吸住大球，然后右行至行程开关 SQ5 位置，电磁铁下降，将大球放入大球箱中。左行回到 SQ1 处重复以上过程。

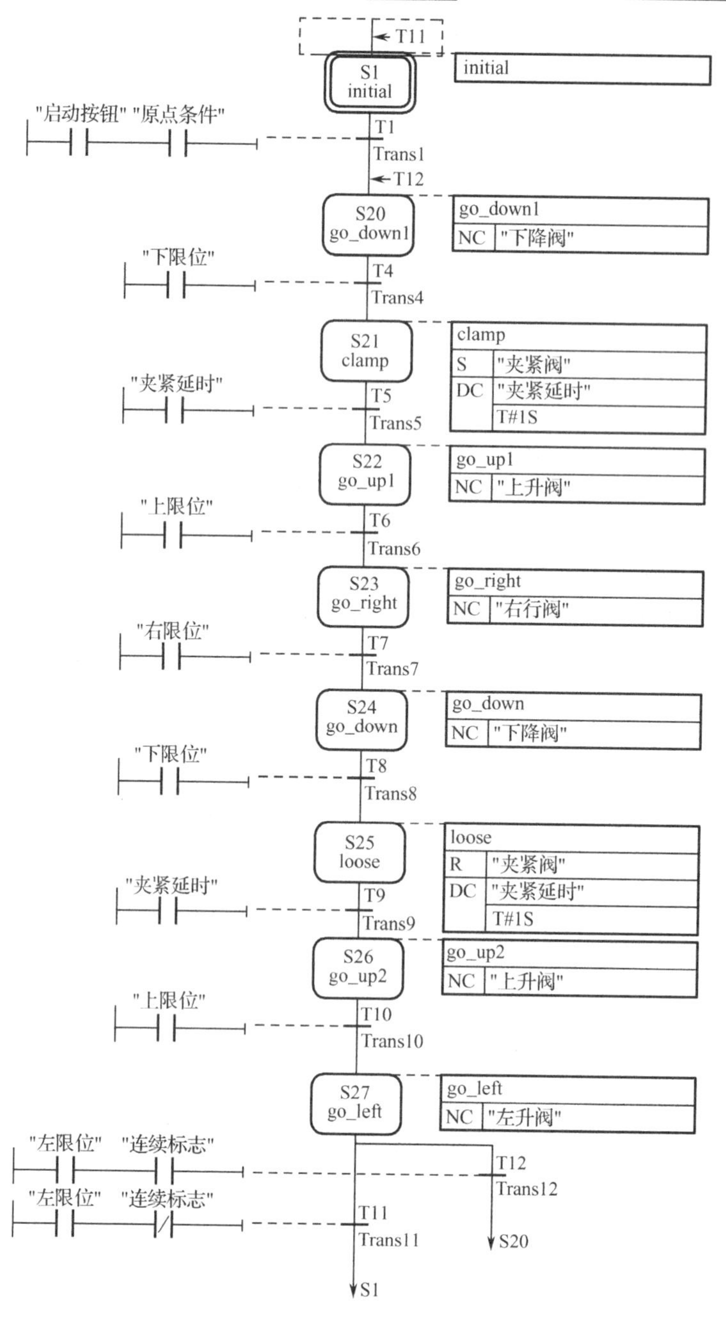

图 5-2-29　Graph 状态图

2. 训练要求

（1）列出 I/O 分配表。

（2）画出 PLC 的 I/O 接线图。

（3）根据控制要求，设计顺序功能图，并用 Graph 编程。

（4）运行、调试程序。

（5）汇总整理文档。

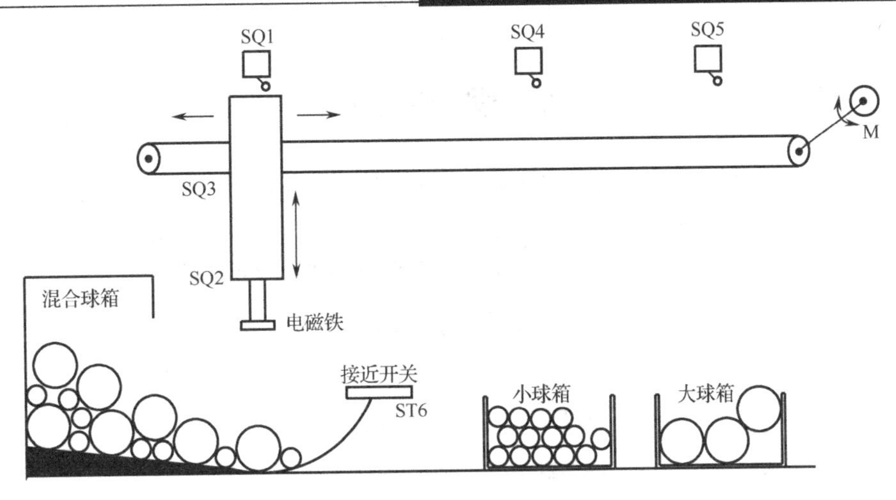

图 5-2-30 传送机分检大小球示意图

3. 技能训练考核标准

序号	主要内容	考核要求	评分标准	配分	扣分	得分
1	方案设计	根据控制要求，画出I/O 分配表，设计程序顺序功能图、接线图	1. 输入/输出地址遗漏或错误，每处扣1分； 2. 梯形图表达不正确或画法不规范，每处扣2分； 3. 接线图表达不正确或画法不规范，每处扣2分； 4. 指令有错误，每处扣2分	30		
2	安装与接线	按 I/O 接线图在板上正确安装，接线要正确、紧固、美观	1. 接线不紧固、不美观，每根扣2分； 2. 接点松动，每处扣1分； 3. 不按 I/O 接线图接线，每处扣2分	10		
3	程序设计与调试	熟练操作计算机，能正确将程序输入 PLC，按动作要求模拟调试，达到设计要求	1. 调试步骤不正确扣20分； 2. 不能实现 Graph 编程，扣20分； 3. 不能仿真 Graph 编程，扣10分	50		
4	安全与文明生产	遵守国家相关安全文明生产规程，遵守学院纪律	1. 不遵守教学场所规章制度，扣2分； 2. 出现重大事故或人为损坏设备，扣10分	10		
备注			合计	100		
小组成员签名						
教师签名						
日期						

巩 固 练 习

1．如图 5-2-31 为小车运动的示意图。请画出顺序功能图并用 Graph 编程实现。设小车在初始位置时停在左边，限位开关 I0.2 为 1 状态。当按下启动按钮 I0.0 后，小车向右运行，运动到位压下限位开关 I0.1 后，停在该处，3s 后开始左行，左行到位压下限位开关 I0.2 后返回初始步，停止运行。

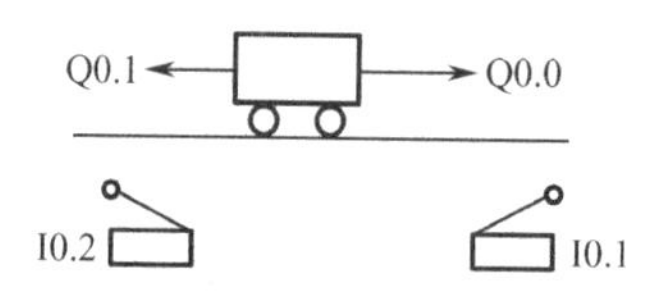

图 5-2-31　小车运动的示意图

2．请用 Graph 编程实现任务 5.1 中“子任务 1　三条运输带 PLC 控制”的控制要求。

3．请用 Graph 编程实现任务 3.3 中“子任务 1 十字路口的交通灯 PLC 控制”的控制要求。

4．请用 Graph 编程实现任务 5.1 中“子任务 2 物料混合装置 PLC 控制”的控制要求。

5．请用 Graph 编程实现任务 5.1 中“子任务 3　专用钻床的 PLC 控制”的控制要求。

模块 6　S7-300/400 在模拟量闭环控制中的程序设计及调试

任务目标

1．熟悉常用的模拟量模块。
2．掌握常用模拟量模块的使用、接线编程。
3．理解 PID 控制原理，掌握 PID 控制编程方法。
4．了解串级控制 PID 基本原理及编程方法。

任务描述

在工业过程控制中，某些输入量（如温度、压力、流量、液位、PH 值等）是模拟量，某些执行机构如电动阀、变频器等要求 PLC 输出模拟信号，最终实现对物理量的调节与控制。如污水处理厂循环池液位的 PID 控制和化工厂聚合釜温度和流量的串级 PID 控制两个子任务要用到模拟量指令及 PID 功能进行处理。

知识准备

1. 模拟量控制基本框图

如果生产过程要实现对温度、压力、流量、液位等物理量的控制，需先经测量传感器将物理量变换为电信号（如电压、电流、电阻、电荷等），再经测量变送器将测量结果（电信号）转换成标准的模拟量电信号（如±500mV、±10V、±20mA、4～20mA 等），然后再送入模拟量输入模块（AI）进行 A/D 转换成 CPU 能接受的二进制电平信号并送入 CPU 进行存储和数据处理。经 PLC 运算程序处理后，二进制电平信号再送入模拟量输出模块（AO）进行 D/A 转换，将二进制电平信号转换为模拟量电信号，然后用模拟量电信号驱动相应的模拟执行器（如加热器、电磁调节阀等），最终实现对物理量的调节与控制。图 6-0-1 所示为模拟量处理框图。

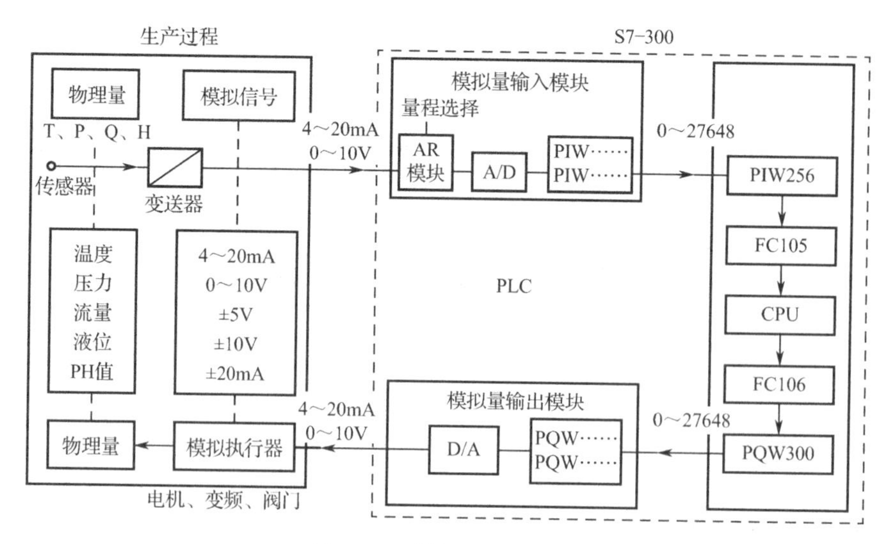

图 6-0-1　模拟量处理框图

2. 传感器和变送器

传感器和变送器本是热工仪表的概念。传感器是能够接收规定的被测量并按照一定的规律转换成可用输出信号的器件或装置的总称，通常由敏感元件和转换元件组成。当传感器的输出为规定的标准信号时，则称为变送器。变送器是将非标准电信号转换为标准电信号的仪器，传感器则是将物理信号转换为电信号的器件。传感器把非电物理量如温度、压力、液位、物料、气体特性等转换成电信号或把物理量如压力、液位等直接送到变送器。变送器则是把传感器采集到的微弱的电信号放大以便转送或启动控制元件，或将传感器输入的非电量转换成电信号同时放大，以便供远方测量和控制的信号源。

任务 6.1　模拟量模块接线及模拟量指令

1. 模拟量输入通道的量程调节

每个模拟量输入模块（AI）都有 2～8 个模拟量输入通道，在使用之前必须对所使用的模拟量输入模块进行相关设置：通过模拟量输入模块内部的跳线，同一个模拟量输入模块每个通道组间可以连接不同类型的传感器；通过使用 STEP 7 软件或量程卡可以设置模拟量模块的测量方法和测量范围。

配有量程卡的模拟量输入模块在安装之前，应先检查量程卡的测量方法和量程，并根据需要进行调整。模拟量输入模块的标签上提供了各种测量方法及量程的设置方法，量程卡可设置为“A”、“B"、“C”、“D” 4 个位型，其中：

“A”为热电阻、热电偶测量，测量值通常为毫伏信号，测量范围为-1000～1000mV；

“B”为电压测量，测量范围为-10～10V；

“C”为 4 线制变送器测量，传感器电源线与信号线分开，测量范围为 4～20mA；

“D”为 2 线制变送器测量，传感器电源线与信号线共用，传感器的电源通过模拟量输入

模块供给，测量范围为 4～20mA。

量程卡的调节方法如下：

（1）用螺钉旋具将量程卡从模拟量输入模块中卸下来，如图 6-1-1 所示。

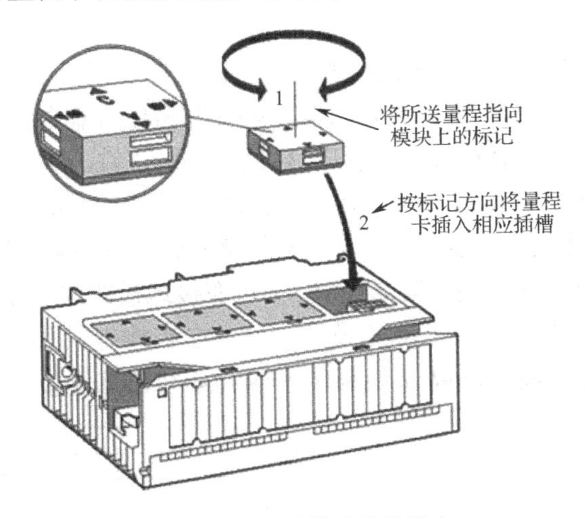

图 6-1-1　设置模拟量量程卡

（2）对量程卡进行正确设置，如在 4 号通道组，当 C 的箭头指向通道号时，说明 CH6、CH7 的输入信号为 4 线制变送器测量（4DUM），然后选择测量范围如 4～20mA，并按标记方向将量程卡插入模拟量输入模块中。

（3）在 STEP 7 中，对模拟量模块进行参数化。

设置时，所选测量传感器类型必须与模块上量程卡设定的类型相匹配。否则，模块上的 SF 指示灯将指示模块故障。

2. 模拟量输入模块的接线

在使用模拟量输入模块时，根据测量方法的不同，可以将电压、电流传感器（2 线制或 4 线制）、电阻和热电偶等不同类型的传感器连接到模拟量输入模块。**为了减少电子干扰，对于模拟信号应使用屏蔽双绞电缆。**模拟信号电缆的屏蔽层应该两端接地。如果电缆两端存在电位差，将会在屏蔽层中产生等电势耦合电流，造成对模拟信号的干扰，在这种情况下，应该让电缆的屏蔽层一点接地。

对于带隔离的模拟量输入模块，在 CPU 的 M 端和测量电路的参考点电压端 M_{ANA} 之间没有电气连接。如果测量电路参考点电压端 M_{ANA} 和 CPU 的 M 端存在一个电位差 U_{ISO}，则必须选用隔离模拟量输入模块。通过在 M_{ANA} 端子和 CPU 的 M 端子之间使用一根等电位连接导线，可以确保 U_{ISO} 不会超过允许值，如图 6-1-2（a）、图 6-1-3（a）所示。

对于不带隔离的模拟量输入模块，在 CPU 的 M 端和测量电路的参考点 M_{ANA} 之间必须建立电气连接。为此，应将 M_{ANA} 端子与 CPU 或 IM153 的 M 端子连接起来。M_{ANA} 和 CPU 或 IM153 的 M 端子之间的电位差会破坏模拟信号，如图 6-1-2（b）、图 6-1-3（b）所示。

- M：接地端子。
- L+：24 V 直流电源端子。
- S+：检测端子（正）。
- S−：检测端子（负）。

- Q_V：电压输出端。
- Q_I：电流输出端。
- R_L：负载阻抗。
- M_{ANA}：模拟测量电路的参考电压端。
- U_{ISO}：M_{ANA}和 CPU 的 M 端子之间的电位差。

传感器有电气隔离传感器和非隔离传感器。电气隔离传感器未连接到本地接地电位，电气隔离传感器之间可能产生电位差，干扰可能导致这些电位差，或传感器的本地分布可能会扩大这些电位差，在 EMC 干扰强烈的环境中，建议将 M−和 M_{ANA}连接，如图 6-1-2 所示；非隔离传感器与本地接地电位互连，使用非隔离传感器时，请务必始终将 M_{ANA} 和本地接地点互连，将非隔离传感器连接到电气隔离模块时，可在接地模式或未接地模式下操作 CPU/IM 153，如果将非隔离传感器连接到非隔离模块，请务必在接地模式下操作 CPU/IM153，如图 6-1-3 所示。**注意：不得将非隔离 2 线制传感器/电阻传感器连接到非隔离模拟量的输入。**

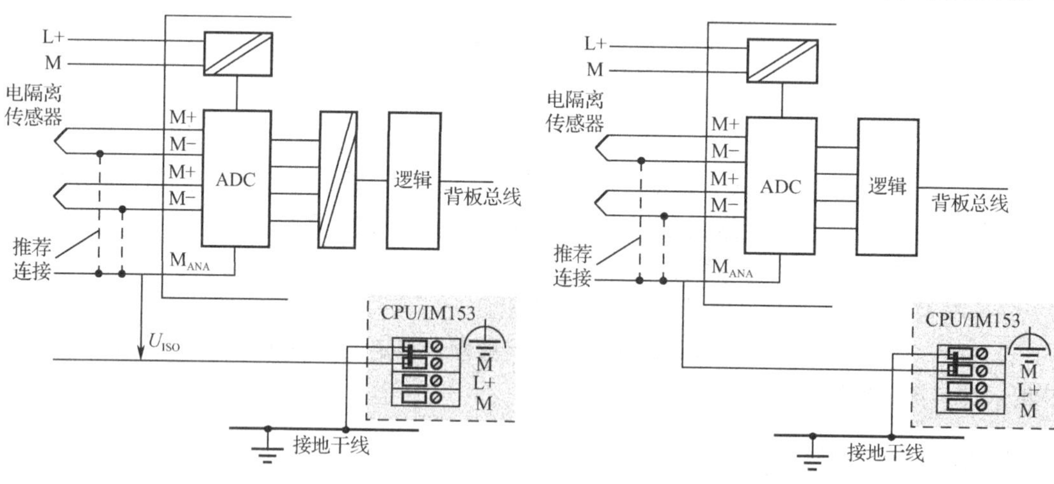

（a）电气隔离传感器连接到电气隔离AI　　（b）电气隔离传感器连接到非隔离AI

图 6-1-2　电气隔离传感器接线

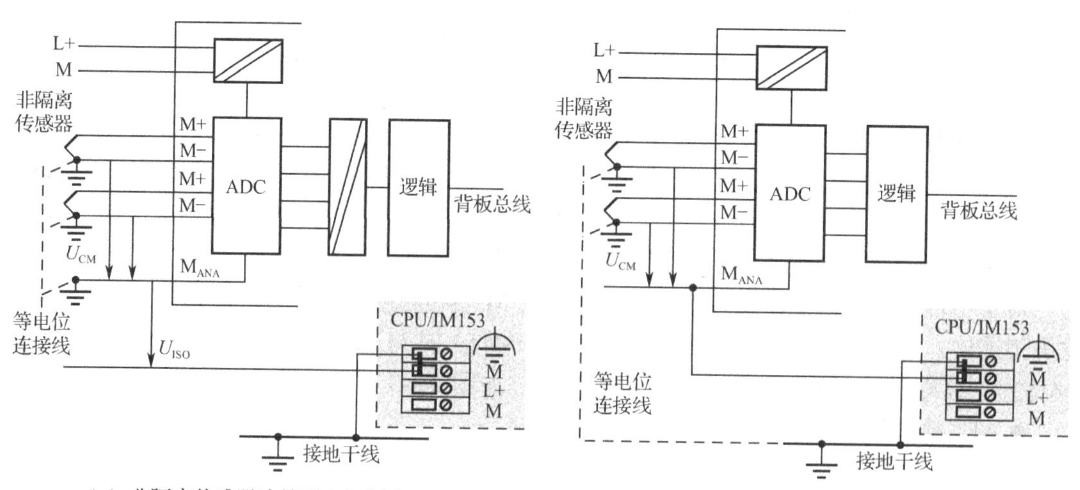

（a）非隔离传感器连接到电气隔离AI　　（b）非隔离传感器连接到非隔离AI

图 6-1-3　非隔离传感器接线

对于电压、电流传感器（2 线制或 4 线制）、电阻和热电偶等不同类型的传感器连接到模拟量输入模块（PLC）请具体参考西门子官网上的《S7-300 自动化系统模块数据设备手册》。下面我们归纳一下变送器（或传感器）与 PLC 的连接的几种常见形式。

在模拟量控制系统中，常常要对变送器和隔离模块进行选型，目前市场上有 2 线制与 3 线制（一根正电源线，两根信号线，其中一根共 GND）和 4 线制（两根正负电源线，两根信号线）变送器，其中 2 线制是指现场变送器与控制室仪表联系仅用两根导线，这两根线既是电源线，又是信号线。2 线制测量传感器也称为无源测量传感器，由于 2 线制传输的距离大和适用于防爆等场合，故现大多数变送器都向 2 线制发展。4 线制的多用于功率大的场合。4 线制测量传感器具有一个独立的供电电源和两根分别连接模拟模块的 M+和 M−端的测量电缆。因此它们也称为有源测量传感器。

我们从表面上不能以为接在设备上有 2 根线就是 2 线制，有 4 根线就是 4 线制，这样往往不准确。最好的方法是用万用表测量。方法如下：只有 2 根信号线时，拆下接入 PLC 卡的线，用电流挡测量线的两端是否有电流信号，如果有电流信号，则说明是 4 线制，如果没有任何显示，则说明是 2 线制。如果接入 PLC 卡的是 4 根信号线，那就一定是 4 线制。

图 6-1-4 是 2 线制、3 线制、4 线制变送器与 PLC 卡中接收仪表的接线示意图。

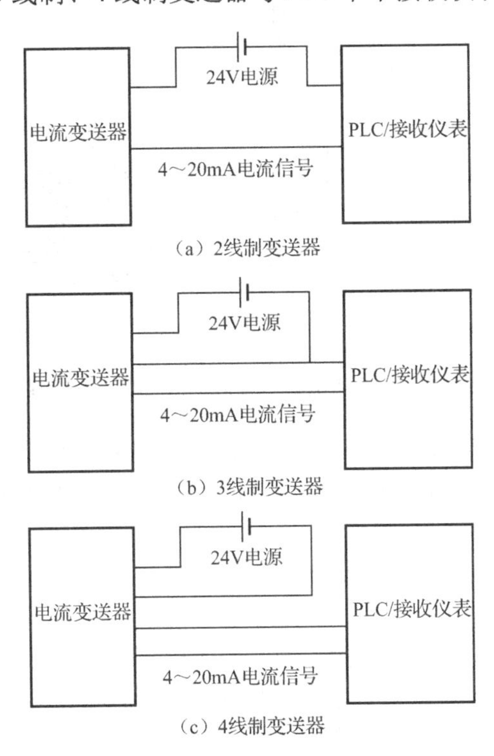

图 6-1-4　变送器与 PLC/接收仪器的接线示意图

需要注意的是，如果变送器出来的信号线需要经过隔离模块，隔离后进入 PLC 时则需要参照隔离模块的选型手册上的接线图，并需要注意隔离模块支持几线制的变送器。常规的隔离栅从供电上大致分为两类：一类是回路供电型，即不需外加电源就可以工作的；另一种是有源隔离栅，即需要单独供电的。有源隔离栅比较简单，分清楚电压与电流就可以了。但对于回路供电型的隔离栅需要稍微注意一下隔离栅在隔离两侧有一个压降，因此变送器的电压会降低，所以使用回路供电型隔离栅时应该考虑回路的电源电压能否承受隔离栅产生的压降，使变送器可以正常工作。例如，一个 24V 供电 R_L=250Ω，变送器输出 4～20mA 信号，需要在 12V 电压正常工作，当输出信号为 20mA 时，隔离栅产生的压降 U=24V−0.02A×250Ω−12V=7V，也就是说选用的隔离栅压降不应大于 7V。

3. 模拟输出模块与负载/执行器的接线

模拟量输出模块可用于驱动负载或执行器，也分为电气隔离与非隔离模拟量输出模块，始终使用屏蔽双绞线电缆连接。模拟信号输出有电流和电压两种形式。对于电压型模拟量输出模块，与负载的连接可以采用 2 线制或 4 线制电路：对于电流型模拟量输出模块，与负载的连接只能采用 2 线制电路。其各种参考连接如图 6-1-5、图 6-1-6 所示。

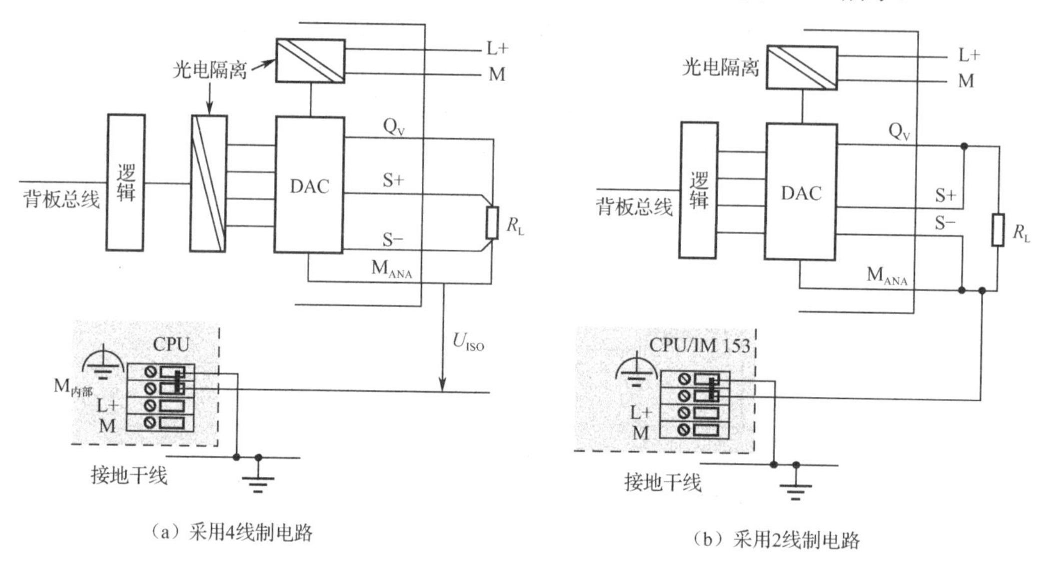

（a）采用4线制电路

（b）采用2线制电路

图 6-1-5　电压输出型模拟量输出模块的连接

（1）对于带隔离的电压输出型模拟量输出模块，采用 4 线制连接电路可实现高精度输出，连接时需要在输出检测接线端子（S+和 S−）之间连接负载，以便检测负载电压并进行修正，参考连接如图 6-1-6（a）所示。

（2）对于不带隔离的电压输出型模拟量输出模块，若采用 2 线制电路，则只需将 Q_V 和 M_{ANA} 端子与负载相连即可，但输出精度一般。参考连接如图 6-1-6（b）所示。

（3）对于带隔离的电流型模拟量输出模块，必须将负载连接到该模块的 Q_I 和 M_{ANA} 端，而 M_{ANA} 端与 CPU 的 M 端不能相连。参考连接如图 6-1-6（a）所示。

（4）对于不带隔离的电流型模拟量输出模块，必须将负载连接到该模块的 Q_I 和 M_{ANA} 端，而 M_{ANA} 端与 CPU 的 M 端相连。参考连接如图 6-1-6（b）所示。

图 6-1-7 是 CPU 314C-2 DP（订货号是 6ES7314-6CH04-0AB0）模拟量和开关量的接线图。

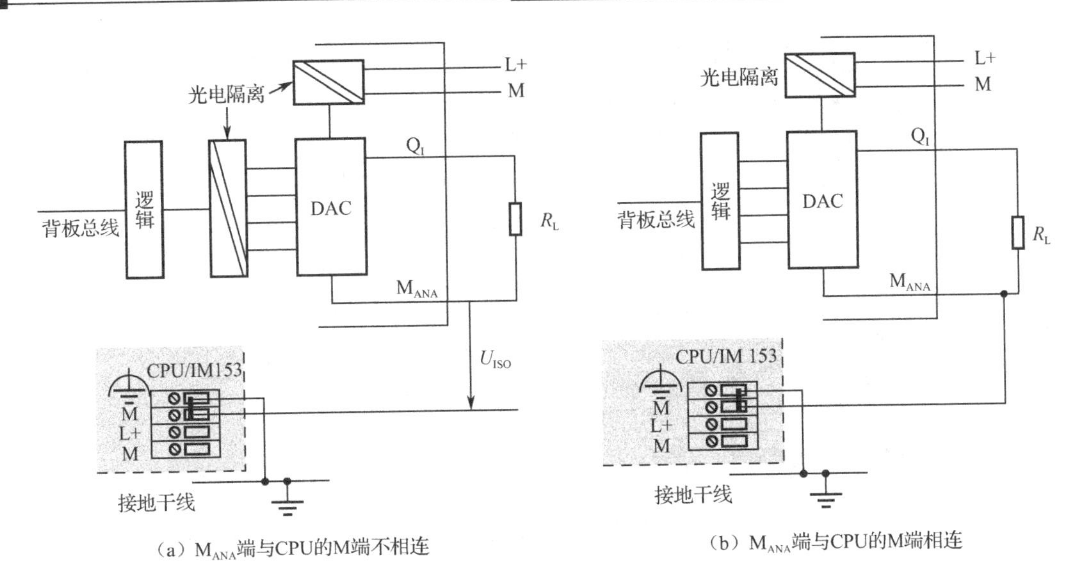

图 6-1-6　电流输出型模拟量输出模块连接

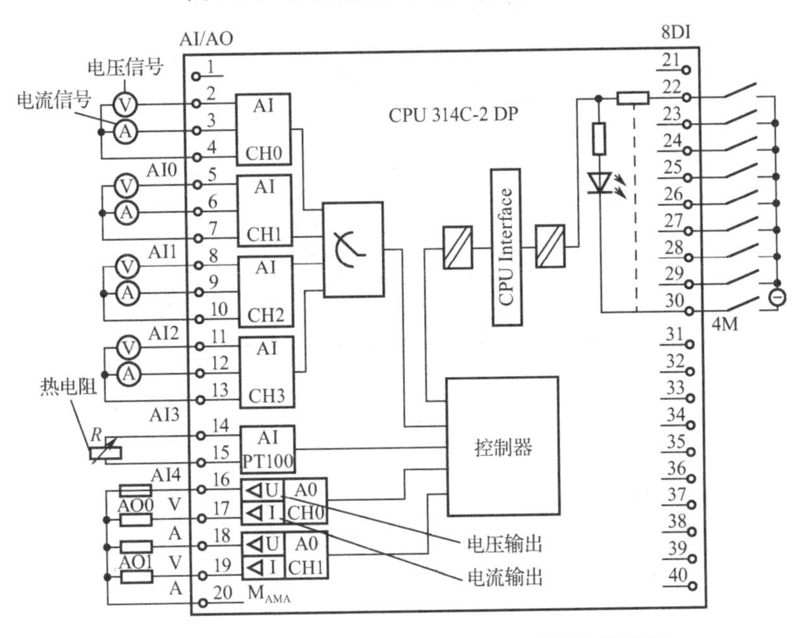

图 6-1-7　CPU 314C-2 DP 模拟量和开关量的接线图

4. 组态模拟量输入模块

在硬件组态窗口，双击模拟量输入模块，打开属性设置窗口，如图 6-1-8 所示。

1）设置参数

模拟量输入模块的参数设置如图 6-1-9 所示。

（1）测量型号。单击该选项可以显示和选择传感器的测量类型（电压、电流），对不使用的通道或通道组，选择“取消激活”，并在模块上将这些通道接地。

（2）测量范围。单击该选项可以显示和选择传感器输出信号的测量范围。

（3）量程卡的位置。当选择了测量型号和测量范围后，量程卡的特定位置就确定了。

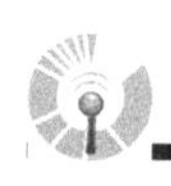

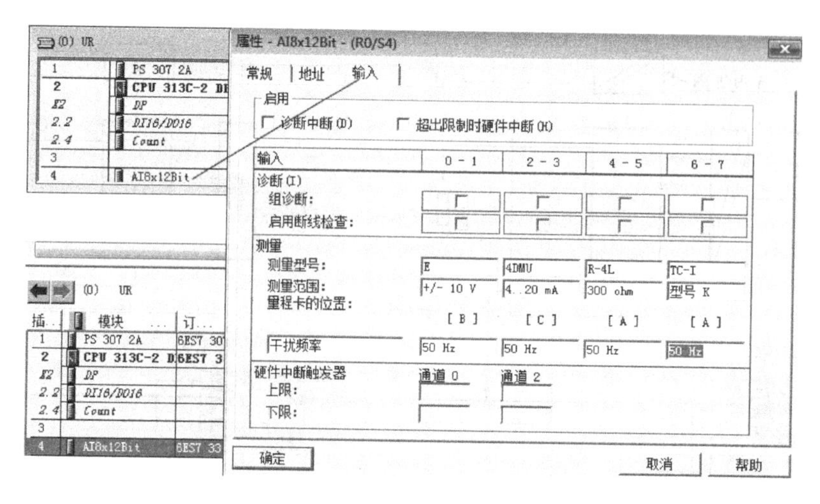

图 6-1-8　模拟量输入模块属性设置窗口

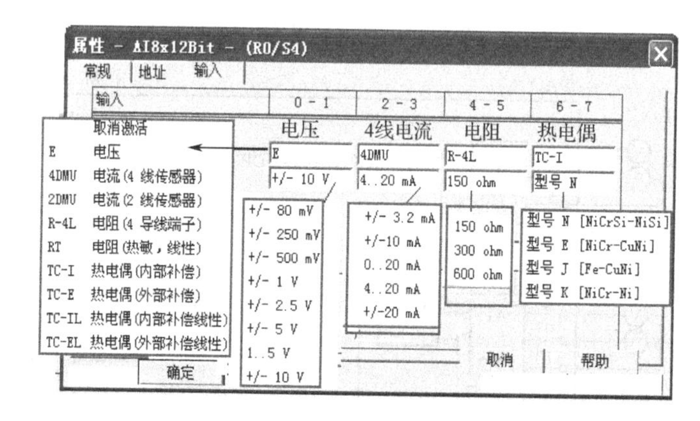

图 6-1-9　参数设置

2）诊断中断

具有故障诊断功能的模拟量输入模块可以触发 CPU 的诊断中断（OB82）。如果激活了“诊断中断”，当故障发生时，有关信息被记录在 CPU 的诊断缓冲区中，CPU 立即处理诊断中断组织块 OB82，在该块中编写故障出现时需要处理的指令。

模拟量输入模块可以诊断下列故障：

- 组态/参数分配错误；
- 共模错误；
- 断线（要求激活断线检查）；
- 测量值超下界值；
- 测量值超上界值；
- 无负载电压 L+。

3）硬件中断

具有检测功能的模拟量输入模块可以触发硬件中断（OB40～OB47）。如果激活了“超出限制时硬件中断”，可以设置被测量触发硬件中断的上、下限，如图 6-1-10 所示。当测量值（如温度）超出或低于这一测量范围时，该模块触发硬件中断。CPU 立即处理用户编写的 OB40～

OB47 的一个中断程序，以决定对该事件的反应。

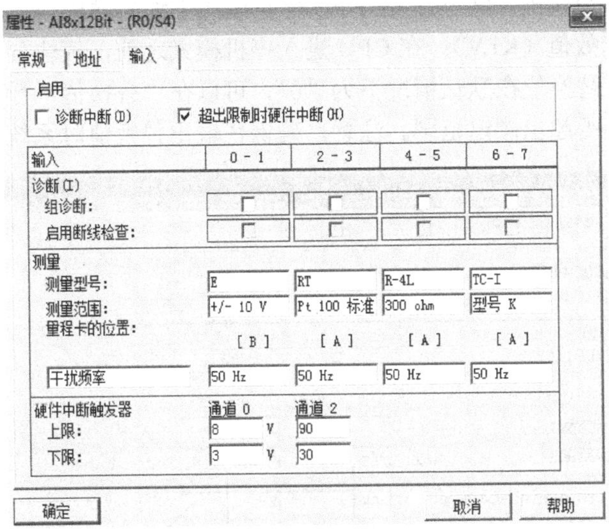

图 6-1-10　设置硬件中断

5. 组态模拟量输出模块

在硬件组态窗口，双击模拟量输出模块，打开其属性设置窗口，如图 6-1-11 所示。

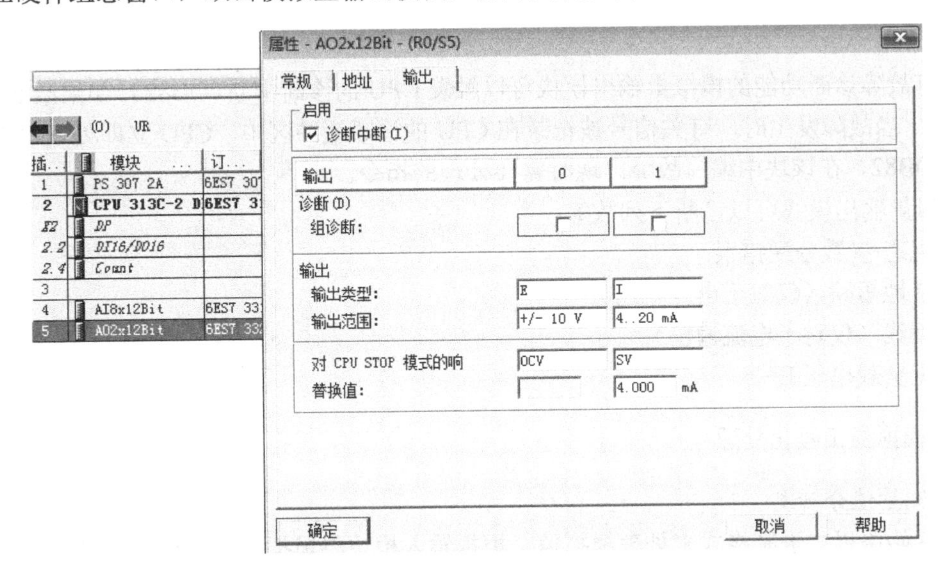

图 6-1-11　模拟量输出模块属性设置窗口

1）设置参数

模拟量输出模块的参数设置如图 6-1-12 所示。

（1）输出类型。单击该选项可以显示和选择模块输出通道的类型（电压、电流等）。对不使用的通道或通道组选择“取消激活”，并在模块上使这些通道开路。

（2）输出范围。单击该选项可以显示和选择模块输出通道的数值范围。

（3）对 CPU STOP 模式的响应。单击该选项可以显示和选择在 CPU 停机模式下输出通道如何反应。

- 没有电压或电流输出（0CV）：在 CPU 停机模式下切断输出（V/I=0V/mA）。
- 保留最后的有效值（KLV）：在 CPU 进入停机模式之前，模块要保留最后的值输出。
- 替换一个值：替换值在默认情况下为“0”，可以在“替换值”行中为各输出设置替换值，替换值不得超出额定范围。注意，确保在输出替换值时系统始终处于安全状态。

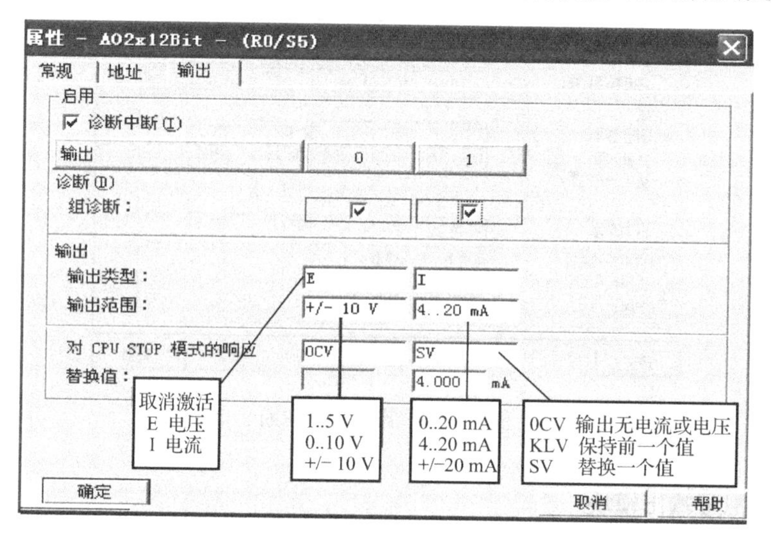

图 6-1-12　模拟量输出模块的参数设置

2）诊断中断

具有故障诊断功能的模拟量输出模块可以触发 CPU 的诊断中断（OB82）。如果激活了“诊断中断”，当故障发生时，有关信号被记录在 CPU 的诊断缓冲区中，CPU 立即处理诊断中断组织块 OB82，在该块中编写故障出现时需要处理的指令。

模拟量输出模块可以诊断下列故障：

- 组态/参数分配错误；
- 接地短路（仅对于电压输出）；
- 断线（仅对于电流输出）；
- 无负载电压 L+。

6. 模拟量工程化处理

1）测量值分辨率

CPU 始终以二进制格式来处理模拟值。模拟输入模块将模拟信号转换为数字格式，模拟输出模块将数字输出值转换为模拟信号。

图 6-1-13 所示是 16 位分辨率的模拟值表示。数字化模拟值适用于相同额定范围的输入和输出值，输出的模拟值为二进制补码形式的定点数。模拟值的符号始终设在 bit15，其中“0”表示“+”，“1”表示“-”。

位	15	14	13	12	11	10	9	8	7	6	5	4	3	2	1	0
位值	2^{15}	2^{14}	2^{13}	2^{12}	2^{11}	2^{10}	2^9	2^8	2^7	2^6	2^5	2^4	2^3	2^2	2^1	2^0

图 6-1-13　16 位分辨率的模拟值表示

对于分辨率<16 位的模拟模块，模拟值以左对齐方式存储。未使用的最低有效位用零填充，模拟值的分辨率可因模拟量模块和模块参数而异。当分辨率<15 位时，所有由“x”标识的位被设置为“0”，如表 6-1-1 所示。

表 6-1-1　模拟值支持的分辨率（<16 位）

分辨率位（+符号）	单　位		模　拟　值	
	十进制	十六进制	高位字节	低位字节
8	128	80H	符号 0000000	1xxxxxxx
9	64	40H	符号 0000000	01xxxxxx
10	32	20H	符号 0000000	001xxxxx
11	16	10H	符号 0000000	0001xxxx
12	8	8H	符号 0000000	00001xxx
13	4	4H	符号 0000000	000001xx
14	2	2H	符号 0000000	0000001x
15	1	1H	符号 0000000	00000001

注意：该分辨率不适用于温度值。转换后的温度值是模拟量模块中的转换结果。

模拟量输入范围的二进制表示以双极性（有正负）为例，如表 6-1-2 所示。对于单极性（只有正）可具体参考西门子官网上的《S7-300 自动化系统模块数据设备手册》模拟量模块的原理。

表 6-1-2　双极性输入范围

单位	测量值（用%表示）	数据字																范围
		2^{15}	2^{14}	2^{13}	2^{12}	2^{11}	2^{10}	2^9	2^8	2^7	2^6	2^5	2^4	2^3	2^2	2^1	2^0	
32767	>118,515	0	1	1	1	1	1	1	1	1	1	1	1	1	1	1	1	上溢
32511	117,589	0	1	1	1	1	1	1	0	1	1	1	1	1	1	1	1	过冲范围
27649	>100,004	0	1	1	0	1	1	0	0	0	0	0	0	0	0	0	1	
27648	100,000	0	1	1	0	1	1	0	0	0	0	0	0	0	0	0	0	额定范围
1	0,003617	0	0	0	0	0	0	0	0	0	0	0	0	0	0	0	1	
0	0,000	0	0	0	0	0	0	0	0	0	0	0	0	0	0	0	0	
−1	−0,003617	1	1	1	1	1	1	1	1	1	1	1	1	1	1	1	1	
−27648	−100,000	1	0	0	1	0	1	0	0	0	0	0	0	0	0	0	0	
−27649	≤100,004	1	0	0	1	0	0	1	1	1	1	1	1	1	1	1	1	下冲范围
−32512	−117,593	1	0	0	0	0	0	0	1	0	0	0	0	0	0	0	0	
−32768	≤−117,596	1	0	0	0	0	0	0	0	0	0	0	0	0	0	0	0	下溢

2）模拟量数据的规范化

现场的过程信号（如温度、压力、流量、湿度等）是具有物理单位的工程量值，模/数转换输入通道得到的是−27648～+27648 的数字量，该数字量不具有工程量值的单位，在程序处理时带来不方便。希望将数字量−27648～+27648 转化为实际工程量值，这一过程称为**模拟量的“规范化”**。

例如：液位传感器的电压值、数字量与液位的关系如图 6-1-14 所示。当液位为 0L 时，传感器输出电压为 0V，对应的模拟量输入通道转换值为 0；当液位为 500L 时，传感器输出电压为 10V，对应的模拟量输入通道转换值为 27648。当程序中读入的模拟量输入通道的值为 12345 时，希望知道当前的实际液位值是多少。

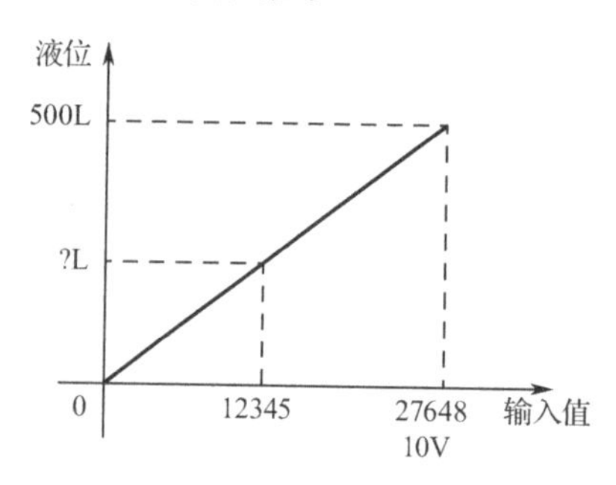

图 6-1-14　液位传感器的电压值、数字量与液位的关系

为解决工程量值“规范化”问题，STEP 7 软件的标准程序库中集成了模拟量输入值“规范化”的子程序 FC105 和模拟量输出值“规范化”的子程序 FC106。“规范化”子程序 STEP 7 程序库的路径为“Standard Library”→“TI - S7 Converting Blocks”→FC105、FC106，如图 6-1-15 所示。

3）模拟量输入值的规范化 FC105

FC105 是带形参的程序块，如图 6-1-16 所示。FC105 形参的定义如下：

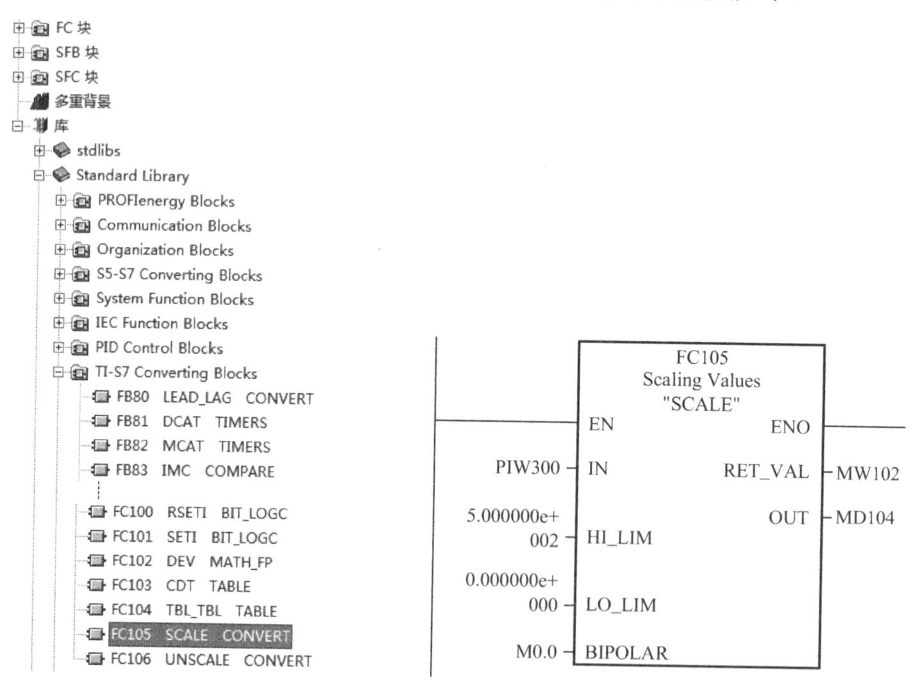

图 6-1-15　FC105 在库中的路径　　　　图 6-1-16　带形参的程序块 FC105

IN：模/数转换得到的数字量输入端，可以直接从模拟量模块输入通道上读取或从一个 INT 格式的数据存储器中读取。

HI_LIM，LO_LIM：对应传感器的测量范围，分别为现场过程信号工程量的上下限值。本例中，工程量液位的上限值为 500L，下限值为 0L。

OUT：“规范化”后的工程量值（实际物理量），以实数格式从 OUT 端输出。

BIPOLAR：根据传感器输入信号的特性，极性输入端选择单极性正数还是双极性正负数均转换。标志位 M0.0 为“0”表示输入信号是单极性的，如图 6-1-17（a）所示。标志位 M0.0 为“1”表示输入信号是双极性的，如图 6-1-17（b）所示。

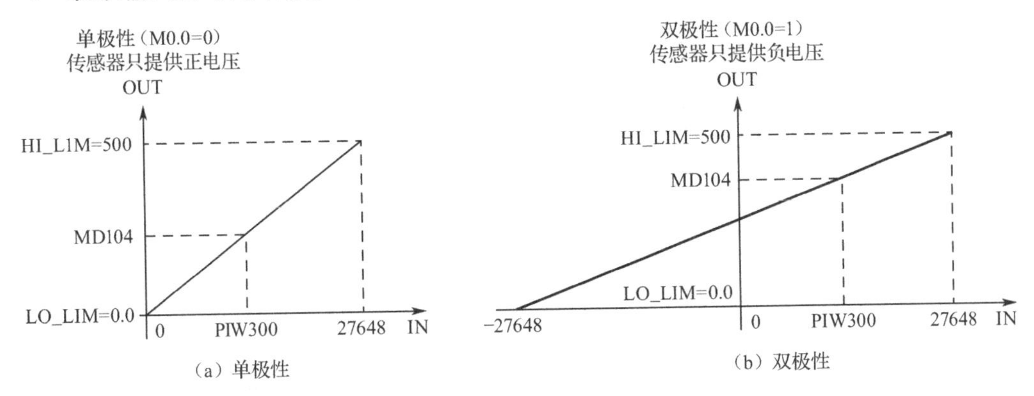

图 6-1-17　输出单、双极性的液位与数字量转换

RET_VAL：调用 FC105 返回的信息，如果程序块执行无误，则 RET_VAL 端输出为 0。

一般情况下，调用 FC105 功能可以在 OB35 等周期性中断中进行编程，这样就能确保模拟量输入信号被定时转换，如图 6-1-18 是 OB35 的属性设置对话框。

属性 - CPU 313C-2 DP - (R0/S2)

常规 | 启动 | 周期/时钟存储器 | 保持存储器 | 中断 | 时间中断 | 循环中断 | 诊断/时钟 | 保护 | 通讯

	优先级	执行	相位偏移量	单位	过程映像分区
OB30:	0	5000	0	ms	---
OB31:	0	2000	0	ms	---
OB32:	0	1000	0	ms	---
OB33:	0	500	0	ms	---
OB34:	0	200	0	ms	---
OB35:	12	100	0	ms	---
OB36:	0	50	0	ms	---
OB37:	0	20	0	ms	---
OB38:	0	10	0	ms	---

确定　　取消　　帮助

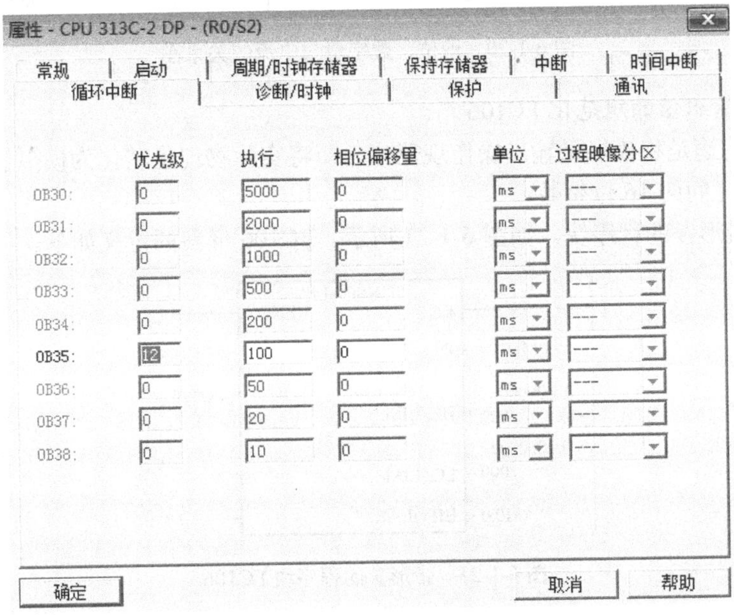

图 6-1-18　OB35 的属性设置对话框

以液位传感器为例，如果输入 20mA 信号表示 500mm 液位，4mA 信号表示 0 液位，则执行 FC105 功能仿真的结果如图 6-1-19 所示。如果 FC105 功能的执行没有错误，ENO 的信号状态将设置为 1，RET_VAL 等于 W#16#0000，OUT 输出为实际液位值，这也能回答了假

如程序中读取到的数值为10000时，那么实际液位到底是多少的问题，即180.845mm。图6-1-20所示为液位、数字量与电流的关系图。

注意：仿真时，启用计数器，将 C0 修改为 PIW256，数据类型选择滑块型。

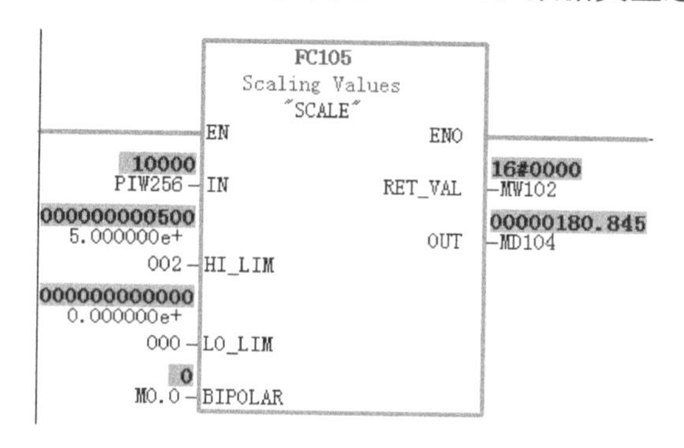

图 6-1-19　执行 FC105 功能仿真结果

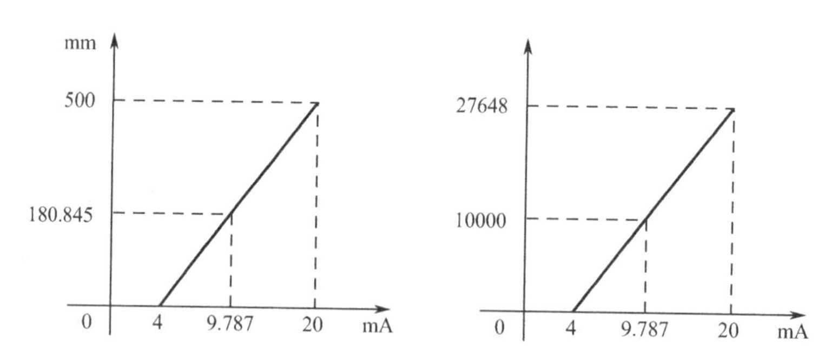

图 6-1-20　液位、数字量与电流的关系图

4）模拟量输出值的规范化 FC106

FC106 的用途是将模拟量输出操作规范化，即将实际物理量转化为模拟量输出模块所需要的 0～27648 之间的 16 位整数。

FC106 是带形参的程序块，如图 6-1-21 所示。FC106 形参的定义如下。

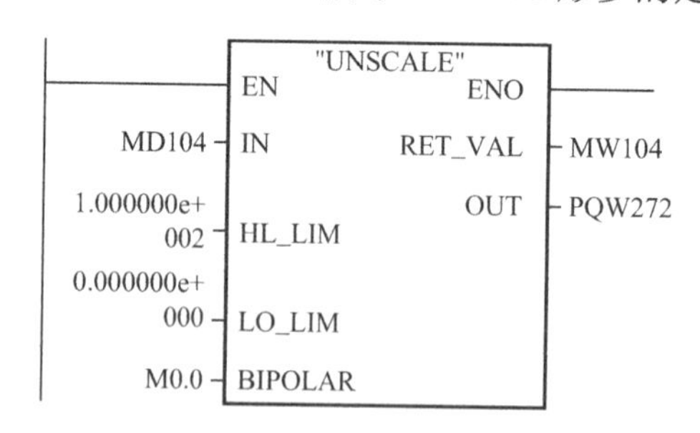

图 6-1-21　带形参的程序块 FC106

IN：需要送到模拟量输出模块的实际物理量值，必须以 REAL 格式传送。

LO_LIM，HI_LIM：以工程单位表示的上限和下限，用于定义程序值的范围。本例中，阀门打开的范围为 0.0～100%。

OUT：OUT 端输出的规范值为 16 位整数，可以直接传送到模拟量输出模块上。

BIPOLAR：用来决定是否负数也被转换。标志位 M0.0 为“0”表示 0～27648 范围的规

范化；标志位 M0.0 为“1”表示-27648～+27648 范围的规范化。

RET_VAL：如果该程序块执行无误，则 RET_VAL 端输出为 0。

任务 6.2　PID 指令及其应用

1. PID 算法

过程控制系统在对模拟量进行采样的基础上，一般还要对采样值进行 PID（比例+积分+微分）运算，并根据运算结果，形成对模拟量的控制作用。这种作用的结构如图 6-2-1 所示。

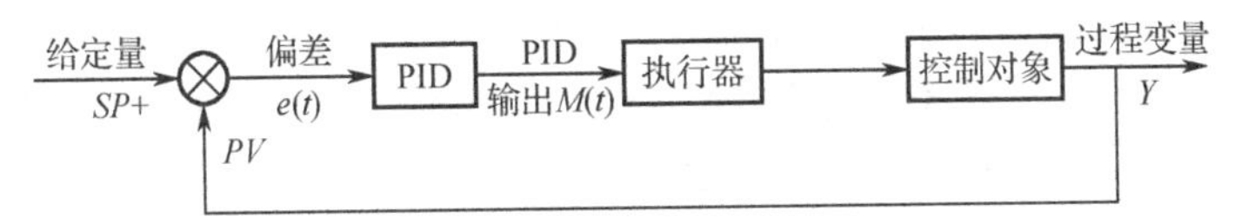

图 6-2-1　PID 控制系统结构图

PID 运算中的积分作用可以消除系统的静态误差，提高精度，加强对系统参数变化的适应能力，而微分作用可以克服惯性滞后，提高抗干扰能力和系统的稳定性，可改善系统动态响应速度。因此，对于速度、位置等快过程及温度、化工合成等慢过程，PID 控制都具有良好的实际效果。

比例、积分、微分调节（即 PID 调节）是闭环模拟量控制中的传统调节规律。它在改善控制系统品质，保证系统偏差 e（给定值 SP 与过程变量 PV 的差）达到预定指标，使系统在实现稳定状态方面具有良好的效果。该系统的结构简单，容易实现自动控制，在各个领域得到了广泛的应用。PID 调节控制的原理基于下面的方程式，它描述了输出 $M(t)$作为比例项、积分项和微分项的函数关系。

$$M(t)=K_{c}e+\frac{K_{c}}{T_{i}}\int_{0}^{t}e\mathrm{d}t+M_{\mathrm{initial}}+K_{c}T_{d}\frac{\mathrm{d}e}{\mathrm{d}t}$$

即：输出=比例项+积分项+初始值+微分项。

式中　$M(t)$——PID 回路的输出，是时间的函数；

K_c——PID 回路的增益，也叫比例常数；

e——回路的误差（给定值与过程变量之差）；

M_{initial}——PID 回路输出的初始值；

T_i——积分时间常数；

T_d——微分时间常数。

在实际应用中，典型的 PID 算法包括三项：比例项、积分项和微分项。即：输出=比例项+积分项+微分项。计算机在周期性地采样并离散化后进行 PID 运算，算法如下：

$$M_n=K_c\times(SP_n-PV_n)+K_c\times(T_s/T_i)\times(SP_n-PV_n)+M_x+K_c\times(T_d/T_s)\times(PV_{n-1}-PV_n)$$

其中各参数的含义已在上面描述。

比例项 $K_c\times(SP_n-PV_n)$：能及时地产生与偏差（SP_n-PV_n）成正比的调节作用，比例系数 K_c 越大，比例调节作用越强，系统的稳态精度越高，但 K_c 过大会使系统的输出量振荡加剧，稳定性降低。

积分项 $K_c\times(T_s/T_i)\times(SP_n-1-PV_n)+M_x$：与偏差有关，只要偏差不为 0，PID 控制的输出就会

因积分作用而不断变化，直到偏差消失，系统处于稳定状态，所以积分的作用是消除稳态误差，提高控制精度，但积分的动作缓慢，给系统的动态稳定带来不良影响，很少单独使用。从式中可以看出，积分时间常数增大，积分作用减弱，消除稳态误差的速度减慢。

微分项 $K_c\times(T_d/T_i)\times(PV_{n-1}-PV_n)$：根据误差变化的速度（即误差的微分）进行调节具有超前和预测的特点。微分时间常数 T_d 增大时，超调量减少，动态性能得到改善，如 T_d 过大，系统输出量在接近稳态时可能上升缓慢。

2. S7-300 PLC 的 PID 闭环控制

1）STEP 7 PID 控制包

S7-300/400 PLC 为用户提供了功能强大、使用方便的模拟量闭环控制功能，来实现 PID 控制。系统功能块 SFB41～SFB43 用于 CPU 31x 的闭环控制，SFB41“CONT_C”用于连续 PID 控制，SFB42“CONT_S”（步进控制器）用开关量输出信号控制积分型执行机构，电动调节阀用伺服电动机的正转和反转来控制阀门的打开和关闭，基于 PI 控制算法。SFB43“PULSEGEN”（脉冲发生器）与连续控制器“CONT_C”一起使用，构建脉冲宽度调节 PID 控制器。

另外，安装了标准 PID 控制（Standard PID Control）软件包后，文件夹“Libraries/Standard Libraries”中的 FB41～FB43 用于 PID 控制，FB58 和 FB59 用于 PID 温度控制，FB41～FB43 与 SFB41～SFB43 兼容。

FB41～FB43 适合于所有的 CPU（S7-300，S7-400）；SFB41～SFB43 适合于 CPU 313C/314C 和 C7 系列的 PLC。区别在于一些早期的 PLC 并不包含 SFB41，所以西门子推出了 FB41，新型的 PLC 都固化了 SFB41，如果是新型 PLC，那么应调用 SFB41，原因在于调用固化程序可获得更高的效率以及低存储空间的占用，否则要占用宝贵的 MMC 卡空间，FB41 和 SFB41 功能完全一样。SFB41 是系统集成功能，只有 S7-300C 及 314IFM 这几种 CPU 中集成了该功能，FB41 则是通用功能块，可在任何 CPU 中运行。本节主要介绍 FB41 连续控制功能块。

2）FB41 连续功能块

FB41 连续功能块即 CONT_C，可用于 S7 可编程序控制器上，控制带有连续输入和输出变量的工艺过程。在参数分配期间，用户可以激活或取消激活 PID 控制器的子功能，以使控制器适合实际的工艺过程。

FB41 模块可以按照图 6-2-2（a）所示路径进行调用。如图 6-2-2（b）所示是 FB41 CONT_C 的指令框图，下面介绍 FB41 的内部结构和输入、输出变量的意义。

3）FB41 CONT_C 的 PID 指令结构框图

如图 6-2-3 所示是 PID 指令结构框图。

4）FB41 的参数

（1）常用输入参数。

- COM_RST：BOOL，重新启动 PID，当该位为 TRUE 时，PID 执行重启动功能，复位 PID 内部参数到默认值；通常在系统重启动时执行一个扫描周期，或在 PID 进入饱和状态需要退出时用这个位。
- MAN_ON：BOOL，手动值 ON，当该位为 TRUE 时，PID 功能块直接将 MAN 的值输出到 LMN，这个位是 PID 的手动/自动切换位。

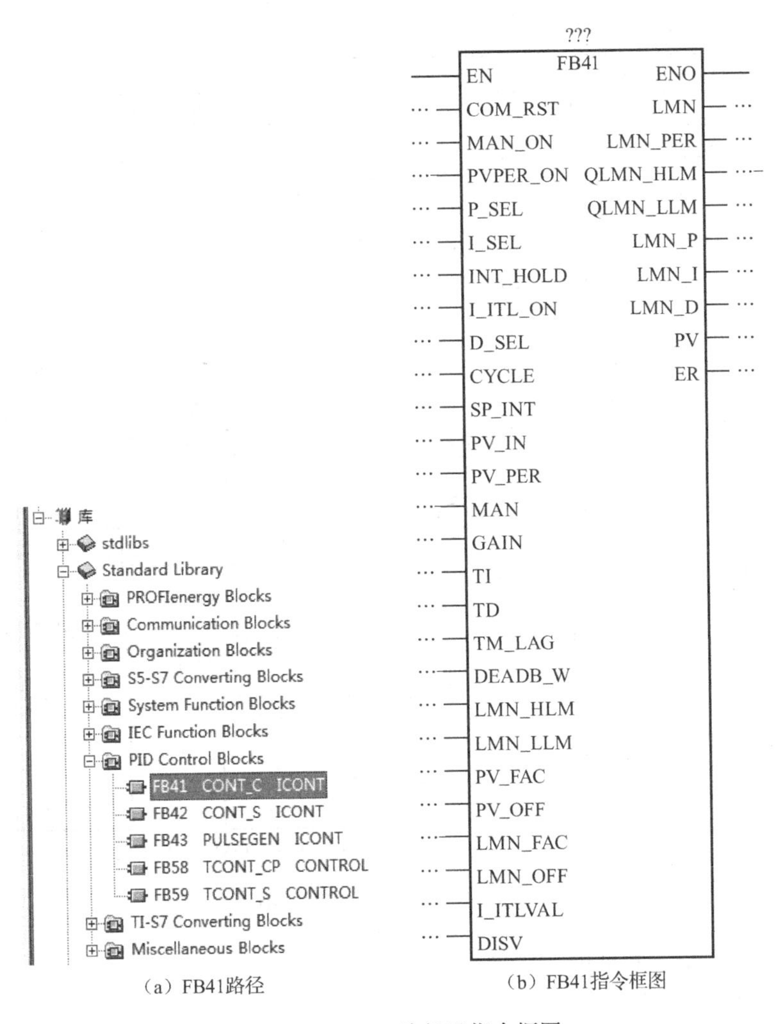

（a）FB41路径　　　（b）FB41指令框图

图 6-2-2　FB41 路径及指令框图

- PVPER_ON：BOOL，过程变量外围值 ON，过程变量即反馈量，此 PID 可直接使用过程变量 PIW（不推荐），也可使用 PIW 规格化（FC105 转换）后的值（常用），因此，这个位为 FALSE。
- P_SEL：BOOL，比例选择位，该位为 ON 时，选择 P（比例）控制有效；一般选择有效。
- I_SEL：BOOL，积分选择位，该位为 ON 时，选择 I（积分）控制有效；一般选择有效。
- INT_HOLD：BOOL，积分保持，一般不去设置它。
- I_ITL_ON：BOOL，积分初值有效，I_ITLVAL（积分初值）变量和这个位对应，当此位为 ON 时，则使用 I_ITLVAL 积分初值，一般当发现 PID 功能的积分值增长比较慢或系统反应不够时可以考虑使用积分初值。
- D_SEL：BOOL，微分选择位，该位为 ON 时，选择 D（微分）控制有效；一般的控制系统不用。
- CYCLE：TIME，PID 采样周期，一般设为 200ms。

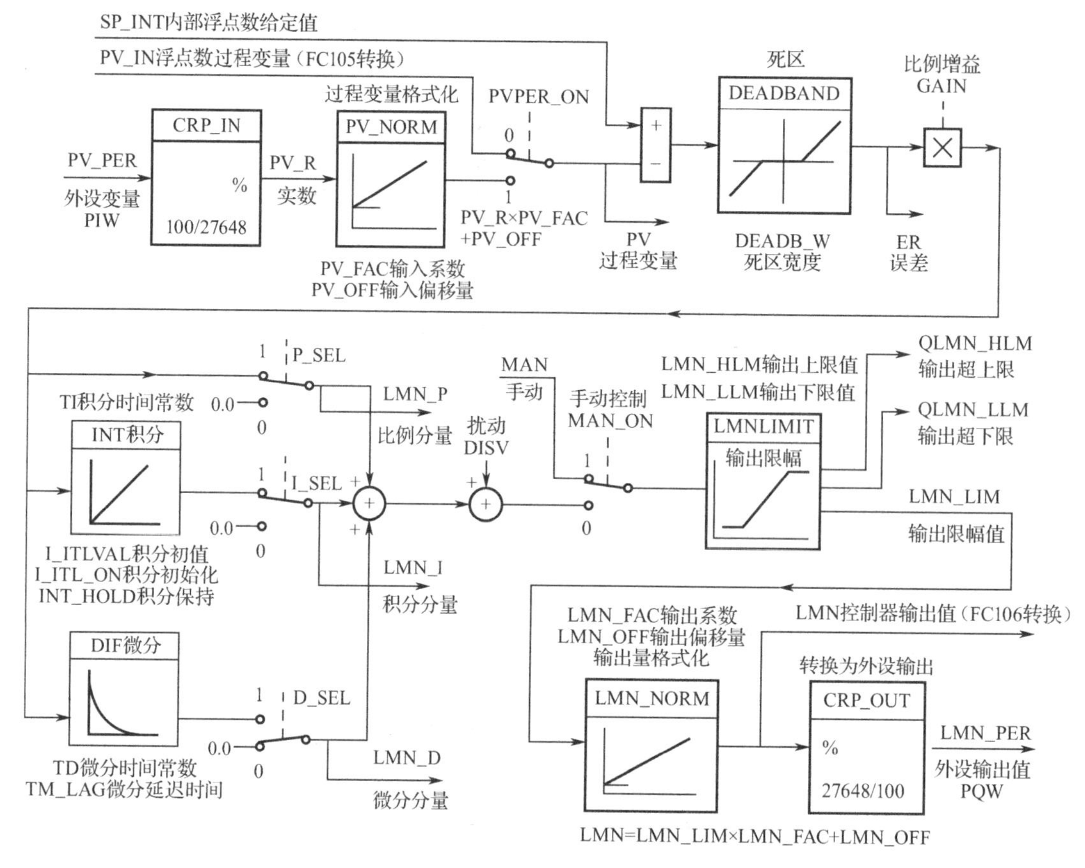

图 6-2-3　PID 指令结构框图

- SP_INT：REAL，PID 的给定值。
- PV_IN：REAL，PID 的反馈值（也称为过程变量）。
- PV_PER：WORD，未经规格化的反馈值，由 PVPER_ON 选择有效（不推荐）。
- MAN：REAL，手动值，由 MAN_ON 选择有效。
- GAIN：REAL，比例增益。
- TI：TIME，积分时间。
- TD：TIMF，微分时间。
- DEADB_W：REAL，死区宽度；如果输出在平衡点附近微小幅度振荡，可以考虑用死区来降低灵敏度。
- LMN_HLM：REAL，PID 上极限，一般是 100%。
- LMN_LLM：REAL，PID 下极限，一般为 0，如果需要双极性调节，则需设置为-100%（±10V 输出就是典型的双极性输出，此时需要设置-100%）。
- PV_FAC：REAL，过程变量比例因子。
- PV_OFF：REAL，过程变量偏置值（OFFSET）。
- LMN_FAC：REAL，PID 输出值比例因子。
- LMN_OFF：REAL，PID 输出值偏置值（OFFSET）。
- I_ITLVAL：REAL，PID 的积分初值，由 I_ITL_ON 选择有效。

● DISV：REAL，允许的扰动量，前馈控制加入，一般不设置。

（2）常用输出参数。

● LMN：REAL，PID 输出。

● LMN_P：REAL，PID 输出中 P 的分量（可用于在调试过程中观察效果）。

● LMN_I：REAL，PID 输出中 I 的分量（可用于在调试过程中观察效果）。

● LMN_D：REAL，PID 输出中 D 的分量（可用于在调试过程中观察效果）。

5）设定值与过程变量的处理

（1）设定值的输入。设定值的输入如图 6-2-3 所示，浮点数格式的设定值用变量 SP_INT（内部设定值）输入。

（2）过程变量的输入。可以用以下两种方式输入过程变量（即反馈值）：

● 用 PV_IN（过程输入变量）输入浮点格式的过程变量（经过 FC105 处理），此时开关量 PVPER_ON（外围设备过程变量）应为 0 状态；

● PVPER_ON（外围设备过程变量）输入外围设备（I/O）格式的过程变量，即用模拟量输入模块产生的数字值（PIW×××）作为 PID 控制的过程变量，此时开关量 PVPER_ON 应为 1 状态。

（3）外部设备过程变量转换为浮点数。外部设备（即模拟量输入模块）正常范围的最大输出值（100%）为 27648，功能 CRP_IN 将外围设备输入值转换为−100%～100%之间的浮点数格式的数值，CRP_IN 的输出（以%为单位）用下式计算：

$$PV\_R=PV\_PER\times 100/27648$$

（4）外部设备过程变量的标准化。PV_NORM 功能用下面的公式将 CRP_IN 的输出 PV_R 格式化：

$$PV\_NORM 的输出=PV\_R\times PV\_FAC+PV\_OFF$$

式中，PV_FAC 为过程变量的系数，默认值为 1.0；PV_OFF 为过程变量的偏移量，默认值为 0.0。它们用来调节过程输入的范围。

如果设定值有物理意义，则实际值（即反馈值）也可以转换为物理值。

6）控制器输出值的处理

控制器输出值处理包括手动/自动模式的选择、输出限幅、输出量的格式化处理以及输出量转换为外设设备（I/O）格式。

（1）手动模式。

参数 MAN_ON（手动值 ON）为 1 时是手动模式，为 0 时是自动模式。在手动模式中，控制变量（即控制器的输出值）被手动选择的值 MAN（手动值）代替。

在手动模式时如果令微分项为 0，将积分部分（INT）设置为 LMN-LMN_P-DISV。可以保证手动到自动的无扰切换，即切换时控制器的输出值不会突变，DISV 为扰动输入变量。

（2）输出限幅。

LMNLIMIT（输出量限幅）功能用于将控制器输出值限幅。LMNLIMIT 功能的输入量超出控制器输出值的上极限 LMN_HLM 时，信号位 QLMN_HLM（输出超出上限）变为 1 状态；小于下极限位 LMN_LLM 时，信号位 QLMN_LLM（输出超出下限）变为 1 状态。

（3）输出量的格式化处理。

LMN_NORM（输出量格式化）功能用下述公式来将功能 LMNLIMIT 的输出量 QLMN_LIM 格式化：

$$LMN=LMN\_LIM\times LMN\_FAC+LMN\_OFF$$

式中，LMN 为格式化后浮点数格式的控制输出值；LMN_FAC 为输出量的系数，默认值为 1.0；LMN_OFF 为输出量的偏移量，默认值为 0.0。它们用来调节控制器输出量的范围。

（4）输出量转换为外围设备（I/O）格式。

控制器输出值如果要送给模拟量输出模块中的 D/A 转换器，需要用功能“CRP_OUT”转换为外部设备（I/O）格式的变量 LMN_PER。转换公式为：

$$LMN\_PER=LMN\times 27648/100$$

任务实施

子任务 1　污水处理厂循环池液位的 PID 控制

1. 控制要求

如图 6-2-4 所示，现在要对某公司污水处理工段的循环池进行液位控制，用液位传感器来检测池中的液位，用电动调节阀来调节液体的流量，其中循环池高度范围是 0～8m，传感器信号输出为 4～20mA，调节阀能接收 0～10V 信号来进行阀门开度调节（即对应 0～100%开度）。由于池中液体的排放具有不确定性，因此，液位传感器检测的信号始终处于变化中。现在要求能保证无论是怎样的扰动，循环池的液位始终能保持一个恒定位置，设计相应的 PLC 控制回路并编程。

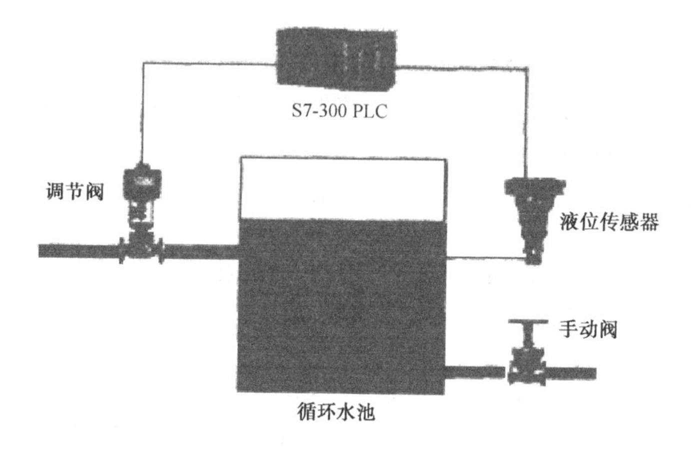

图 6-2-4　循环池的液位控制示意图

2. 电路连接

液位传感器、调节阀与模拟量输入/输出模块的连接如图 6-2-5 所示。

3. 硬件组态

硬件组态如图 6-2-6 所示。

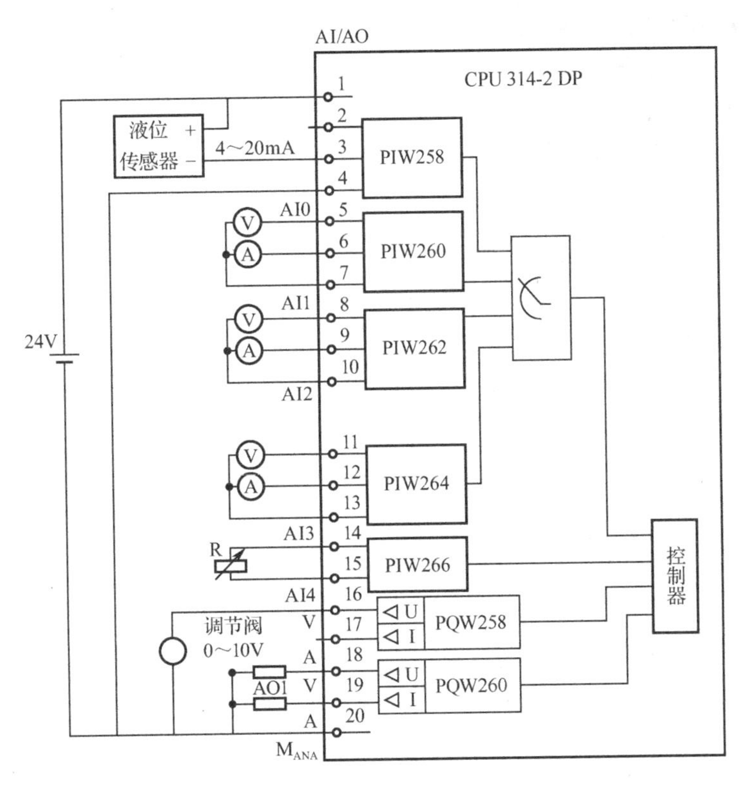

图 6-2-5　液位传感器、调节阀与模拟量输入/输出模块的连接图

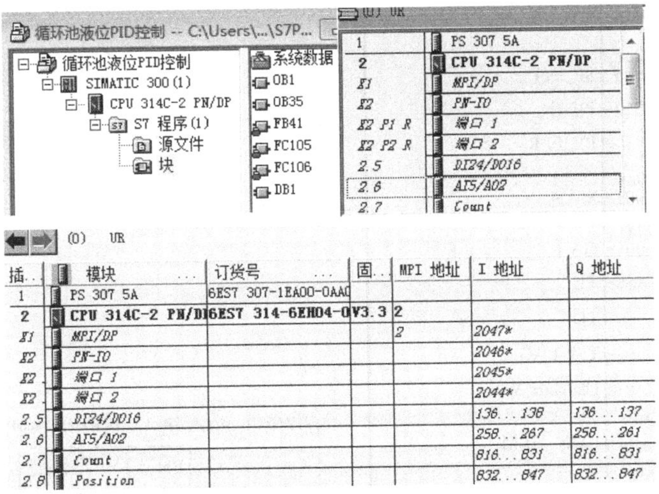

循环池液位PID控制 -- C:\Users\...\S7P...

循环池液位PID控制
SIMATIC 300(1)
CPU 314C-2 PN/DP
S7 程序(1)
源文件
块

系统数据
OB1
OB35
FB41
FC105
FC106
DB1

(0) UR

插...	模块	订货号	固...	MPI 地址	I 地址	Q 地址
1	PS 307 5A	6ES7 307-1EA00-0AA0				
2	CPU 314C-2 PN/DP	6ES7 314-6EH04-0	V3.3	2		
X1	MPI/DP			2	2047*	
X2	PN-IO				2046*	
X2	端口 1				2045*	
X2	端口 2				2044*	
2.5	DI24/DO16				136...138	136...137
2.6	AI5/AO2				258...267	258...261
2.7	Count				816...831	816...831
2.8	Position				832...847	832...847

图 6-2-6　硬件组态图

4. PLC 程序

1）PLC 的软元件分配

PIW258：液位模拟量输入（4～20mA）。

PQW258：模拟量输出（0～10V）。

MD10：实际液位值。

M0.3：PID 手动/自动切换值。

SP-INT=6.0：液位设定值。

MD100：PID 输出值。

2）在 OB35 中编写 PLC 程序

PLC 程序如图 6-2-7 所示。

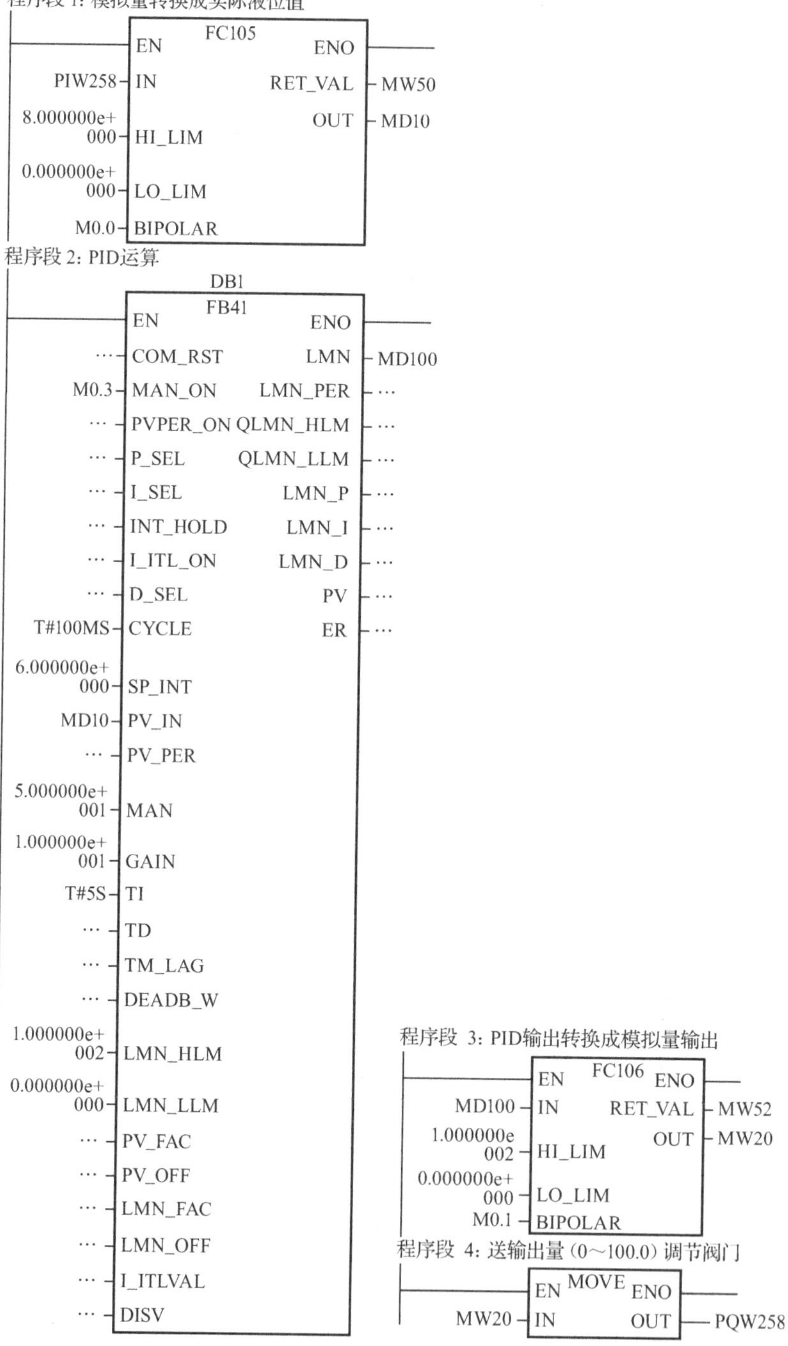

图 6-2-7　OB35 程序

程序仿真如图 6-2-8 所示。

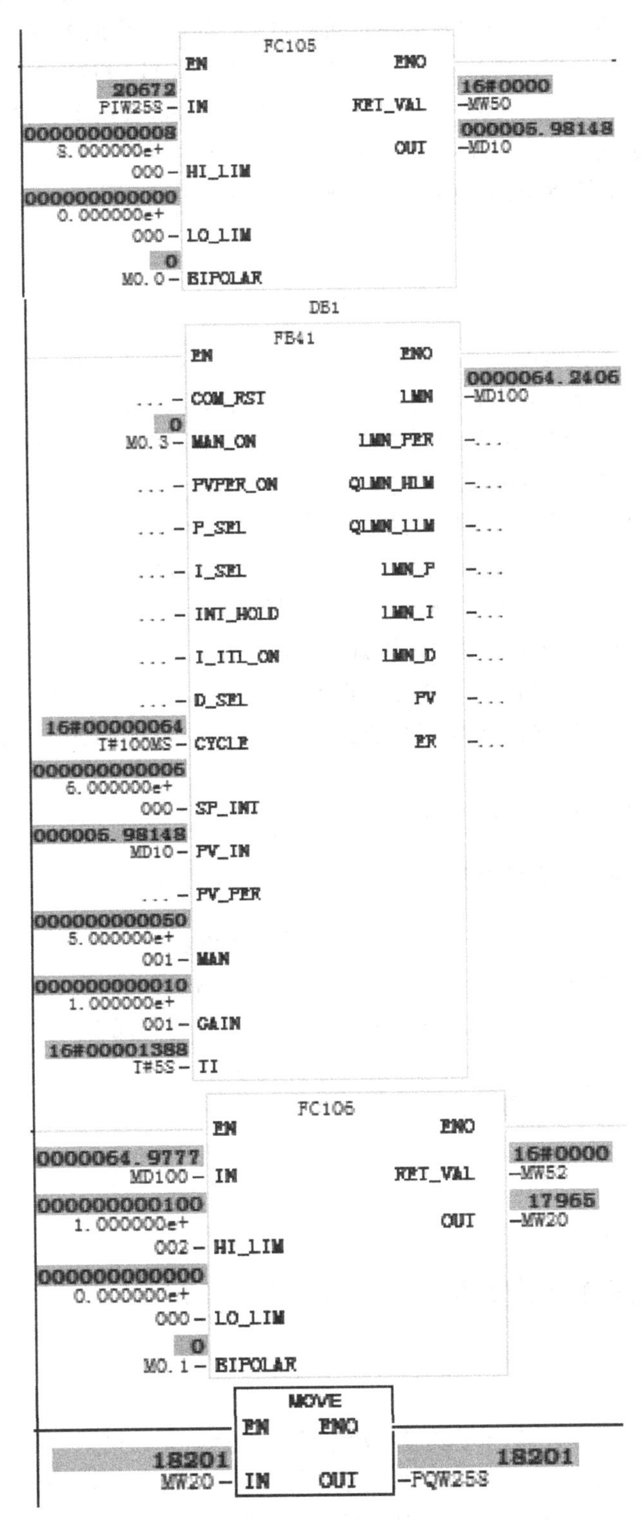

图 6-2-8　OB35 程序仿真

为了保证程序执行频率一致，块应当在循环中断 OB（如 OB35）中调用。由于 OB1 不能保证不变的循环时间，所以不能为采样时间 CYCLE 提供明确的参数。一旦“CYCLE”参数不能和扫描时间保持一致，那么基于时间的控制参数（如 TI、TD）会看起来很快或者很慢。

在 OB35 中的扫描时间与 PID 中的采样时间要保持一致，FB41 需要背景块 DB。

默认状态下为手动模式（MAN_ON=TRUE），当 M0.3=1 时，自动回路被中断，在 MAN 参数下输出控制值，如该例中的 50%。为了确保手/自动的无扰切换，在手动模式下至少保证两次块调用的输出时间。

5. PID 编程经验技巧

由于 PID 控制在很大程度上取决于工艺类型，而 PID 框图的参数又多，这里所提到的 PID 编程经验技巧，即大部分参数不要填，默认即可。以下是常用参数，用变量连接。

（1）MAN_ON：用一个 BOOL 变量，如 M0.3，为 1 则手动，为 0 则自动。

（2）CYCLE，如 T#100MS，这个值与 OB35 默认的一致。

（3）SP_INT：操作站发下来的设定值，范围为 0～100.0，实型。

（4）PV_IN：实际测量值，比如液位、压力等，要从 PIW×××转换为 0～100.0 的范围。

（5）MAN：手动状态下的阀门输出，实型，范围为 0～100.0。

（6）GAIN：比例，系统默认为 2，调试时根据实际情况修改。

（7）TI：系统默认是 T#30S，调试时根据实际情况修改。

（8）DEAD_W：死区，是 SP 与 PV 的偏差死区，范围为 0～100.0，系统默认为 0，调试时根据实际情况修改。

（9）LMN：范围为 0～100.0。

6. 用 PLCSIM 模拟的经验技巧

对于没有控制器的编程者来说，用 PLCSIM 模拟的经验技巧如下。

（1）手动。MAN_ON=TRUE，看输出是否等于 MAN。

（2）自动。MAN_ON=FALSE，调整 PV 或者 SP，使得有偏差大于死区，看输出变化，这里的模拟只能说明 PID 工作，不能测试实际调节效果。

（3）如果需要反作用，有如下三种方法：

① PV 和 SP 颠倒输入；

② P 值用负的；

③ 输出用 100 去减。

子任务 2　化工厂聚合釜温度和流量的 PID 串级控制

1. 控制要求

如图 6-2-9 所示为化工厂聚合釜温度和流量的控制示意图，采用 PID 串级控制。

串级控制系统：主、副两个控制器串接工作。主控制器的输出作为副调节器的给定值，副控制器的输出去操纵调节阀，以实现对主变量的定值控制。

（1）主对象是聚合釜，副对象是冷却水；主变量是聚合釜内温度，副变量是冷却水流量；主控制器是温度控制器 TC，副控制器是流量控制器 FC。

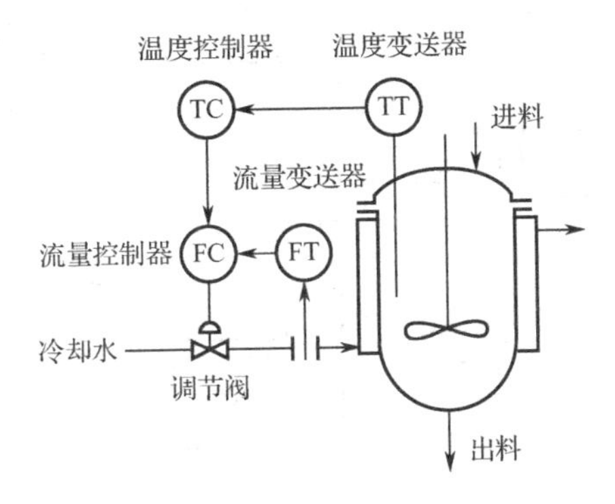

图 6-2-9　化工厂聚合釜温度和流量的串级控制示意图

（2）主要干扰是冷却水流量。整个串级控制系统的工作过程如下：设冷却水流量增加，则使 FC 的输出增加，调节阀减小使冷却水流量减小，因而减少消除冷却水流量波动对聚合釜内温度的影响，提高了控制质量（FC 为反作用）。

如聚合釜内温度由于某些次要干扰（如进料流量、温度的波动）的影响而波动，系统也能加以克服。设釜内温度升高偏离设定值，则温度控制器 TC 输出增大，因而使流量控制器 FC 的给定值增大，FC 输出减少，使调节阀开大，冷却水流量增加，使釜内温度降低，起到负反馈的作用（TC、FC 为反作用）。图 6-2-10 是温度和流量 PID 串级控制系统框图。

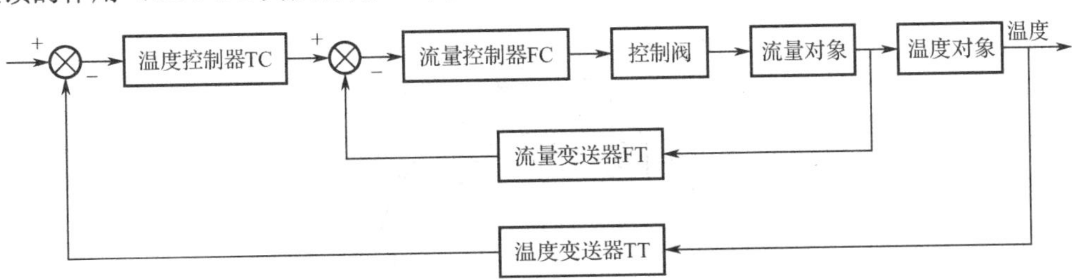

图 6-2-10　温度和流量 PID 串级控制系统框图

2. 电路连接

模拟量输入有流量传感和温度传感两个变量，模拟量输出主要控制调节阀的开度，其模拟量输入、输出接线如图 6-2-11 所示。图 6-2-12 是热电阻温度变送器的接线示意图。

3. 硬件组态

硬件组态如图 6-2-13 所示。

4. PLC 程序

1）PLC 的软元件分配

PIW258：流量模拟量输入（4～20mA）。

PIW260：温度模拟量输入（4～20mA）。

PQW258：模拟量输出（0～10V）。

MD100：实际流量值（反馈）。

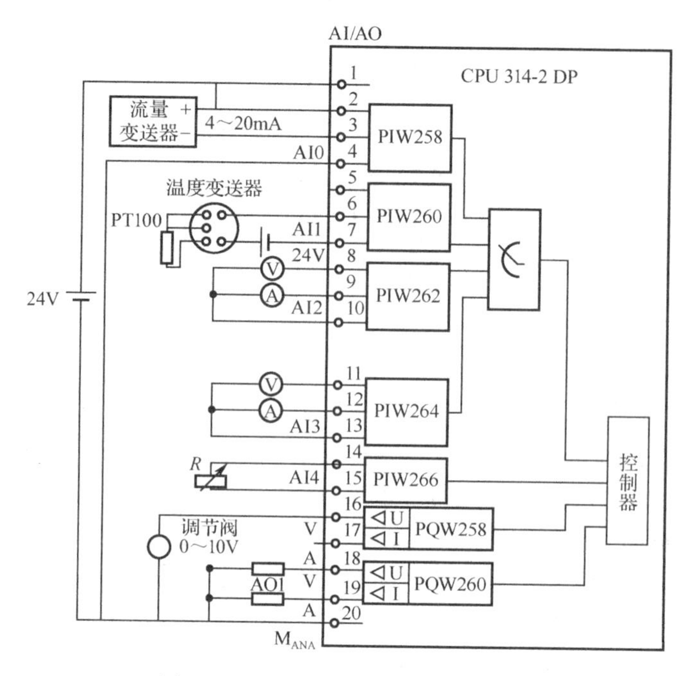

图 6-2-11　模拟量输入、输出接线图

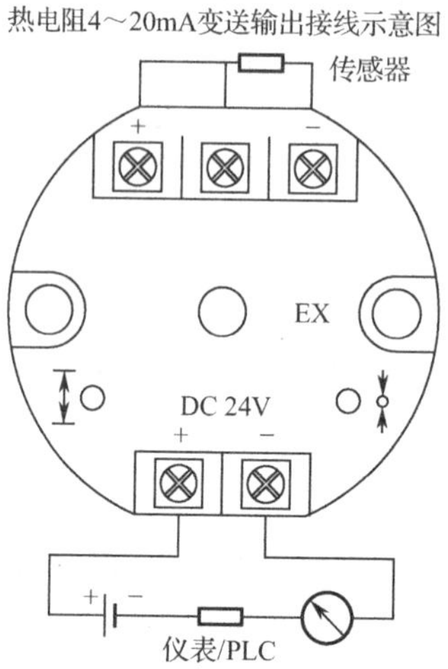

热电阻4～20mA变送输出接线示意图

图 6-2-12　热电阻温度变送器的接线示意图

MD200：实际温度值（反馈）。

MD300：主 PID 输出。

MD500：副 PID 输出。

MD50：温度设定值。

MD30：主 PID 比例系数。

MD34：主 PID 积分系数。

MD40：副 PID 比例系数。

MD44：副 PID 积分系数。

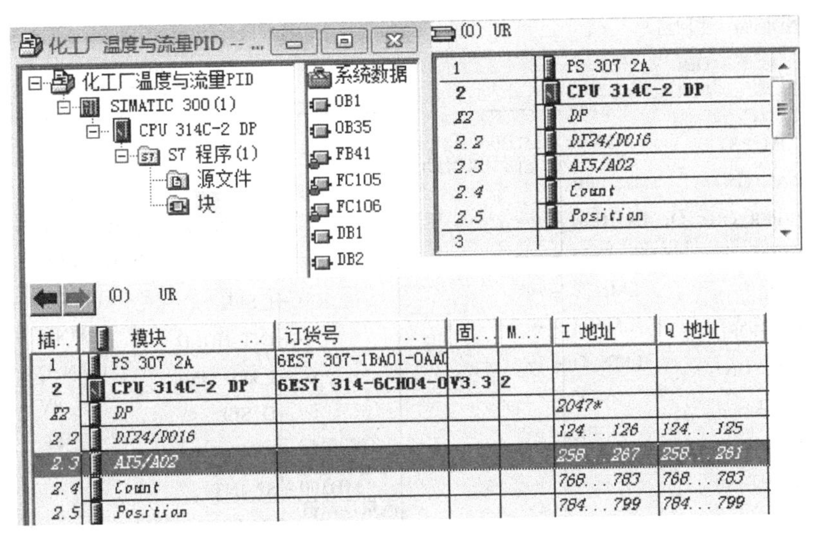

图 6-2-13　硬件组态图

MW400：最后模拟量输出。

M1.1：主 PID 手动/自动切换值。

M1.2：副 PID 手动/自动切换值。

2）在 OB35 中编写 PLC 程序

PLC 程序如图 6-2-14 所示。

OB35："Cyclic Interrupt"

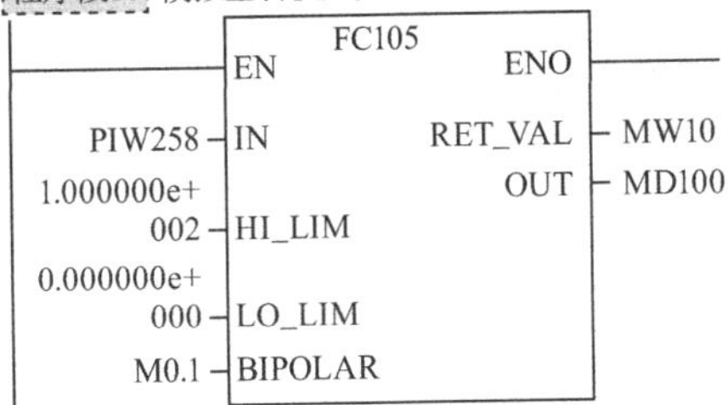

程序段2：模拟量转换成实际温度

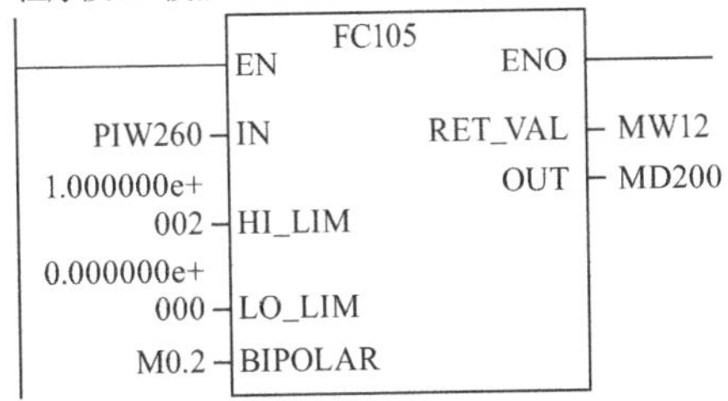

图 6-2-14　OB35 程序

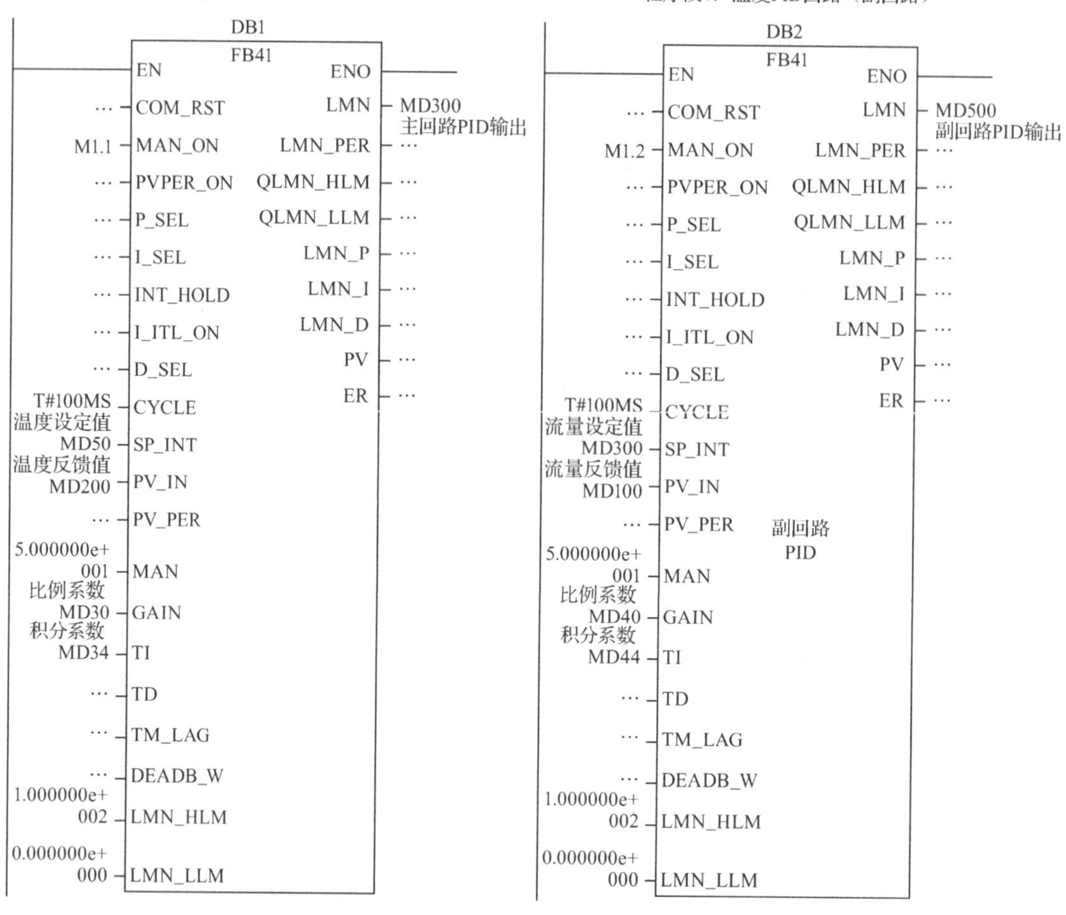

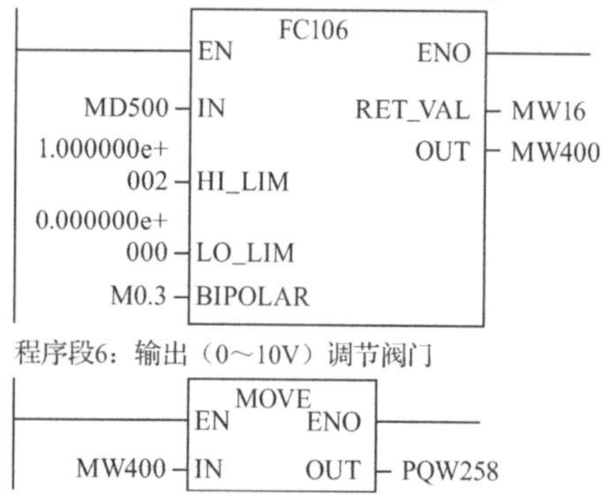

图 6-2-14　OB35 程序（续）

子任务 3　基于 PWM 的温度 PID 调节

1. PWM 温度调节原理

有些加热设备，没有用到模拟量来调节温度，而是用控制加热通断的方式来实现。固定

一个周期时间 T，如图 6-2-15 所示，去调节接通加热的时间 t，则可以达到控制温度的目的。如当 t=0 时，则不加热；当 t=T 时，则为满负荷持续加热。以上就是 PWM 温度调节的原理。

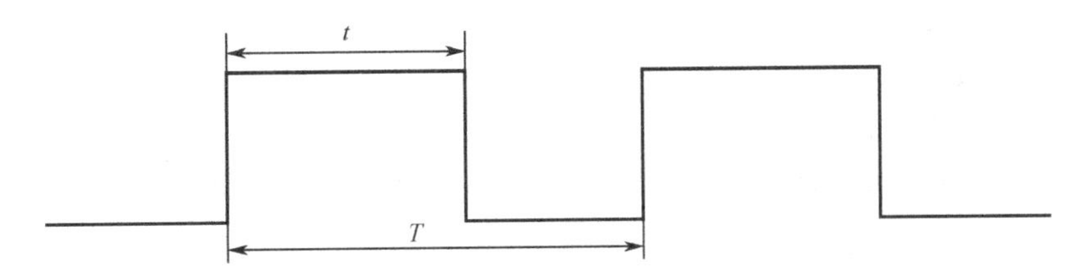

图 6-2-15　PWM 温度调节（T—周期，t—脉宽）

2. 温度控制要求

一个加热片，工作电压为 DC 24V，持续加热温度最高可达 120℃。现用一热电偶检测并把信号送温度变送器转换成 4～20mA 的信号，再送至 PLC。温度变送器的检测量程为 0～150℃。现要控制加热片的温度在 0～120℃范围内可调。根据题意，分析如下：

（1）温度调节用 PWM 方式，并用 PID 进行调节。

（2）PID 调节在 PLC 中可采用 FB41，再把 FB41 输出的数据送到 FB43（脉冲宽度）调制脉冲宽度，如图 6-2-16 所示。

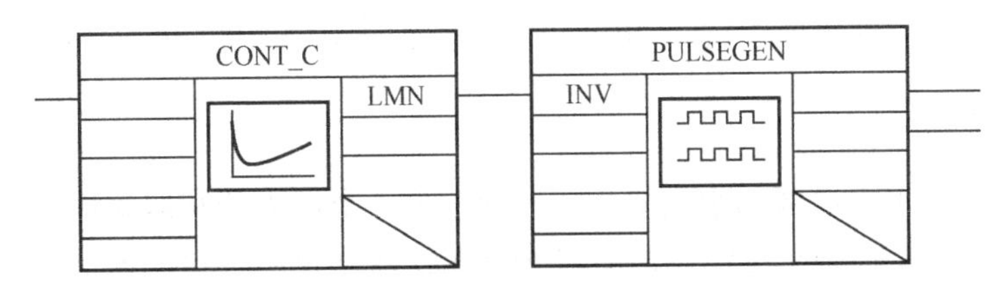

图 6-2-16　PID 调节在 PLC 中的应用

3. 硬件选型

（1）PLC 模块：硬件组态如图 6-2-17 所示。

（2）温度检测元件：PT100。

（3）固态继电器。如果驱动的加热元件功率较大，则需选用固态继电器来进行较高频率的通断控制。

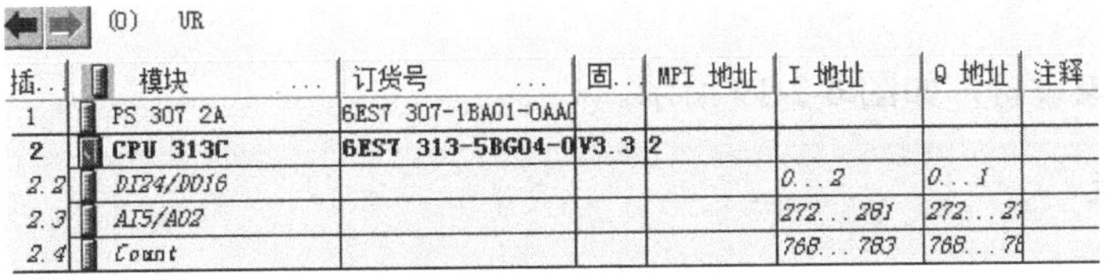

(0)　UR

插...	模块	订货号	固...	MPI 地址	I 地址	Q 地址	注释
1	PS 307 2A	6ES7 307-1BA01-0AA0					
2	CPU 313C	6ES7 313-5BG04-0	V3.3	2			
2.2	DI24/DO16				0...2	0...1	
2.3	AI5/AO2				272...281	272...27	
2.4	Count				768...783	768...78	

图 6-2-17　PLC 硬件组态

4. PLC 程序

1）PLC 的软元件分配

PIW272：温度模拟量输入（4～20mA）。

Q0.0：固态继电器。

MD100：实际温度值（反馈）。

MD104：PID 输出。

MD50：温度设定值。

2）在 OB1 中编写 PLC 程序

OB1 程序如图 6-2-18 所示，其中 FC105、FB41、FB43 是库中调用的块。

技能训练

技能训练　恒液位控制系统的 PID 调节

1. 控制要求

有一水箱可向外部用户供水，用户用水量不稳定，有时大有时少。水箱进水可由水泵泵入，现需对水箱中水位进行恒液位控制，并可在 0～150mm（最大值数据可根据水箱高度确定）范围内进行调节。如设定水箱水位值为 100mm 时，则不管水箱的出水量如何，调节进水量，都要求水箱水位能保持在 100mm 位置，如出水量少，则要控制进水量也少，如出水量大，则要控制进水量也大。要求能实现手动/自动切换。水箱示意图如图 6-2-19 所示。

2. 控制思路

因为液位高度与水箱底部的水压成正比，故可用一个压力传感器来检测水箱底部压力，从而确定液位高度。要控制水位恒定，需用 PID 算法对水位进行自动调节。把压力传感器检测到的水位信号 4～20mA 送入至 S7-300 PLC 中，在 PLC 中对设定值与检测值的偏差进行 PID 运算，运算结果输出去调节水泵电机的转速，从而调节进水量。

水泵电动机的转速可由变频器来进行调速。

3. 硬件选型

（1）PLC 及其模块选型。PLC 可选用 S7-300（CPU 314 IFM），314 IFM 自身带有 4 路模拟量输入和 2 路模拟量输出。

（2）变频器选型。为了能调节水泵电动机转速从而调节进水量，特选择西门子 G110 变频器。

（3）水箱对象设备，如图 6-2-19 所示。

4. 电路连接

1）主电路接线

主电路接线如图 6-2-20 所示。PLC 和 G110 变频器需用交流 220V 电源。

2）PLC 输入/输出信号接线

PLC 输入/输出信号接线如图 6-2-21 所示，主要包括 PLC 与传感器和 PLC 与执行器的接线。

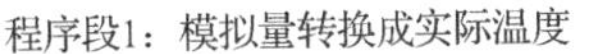

OB1："Main Program Sweep(Cycle)"

程序段1：模拟量转换成实际温度

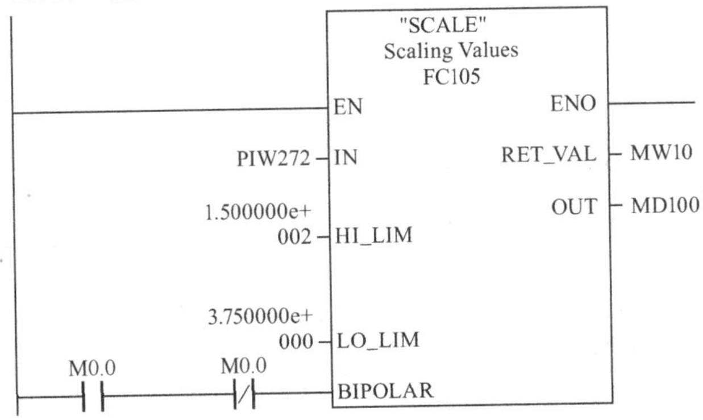

程序段 2：PID运算

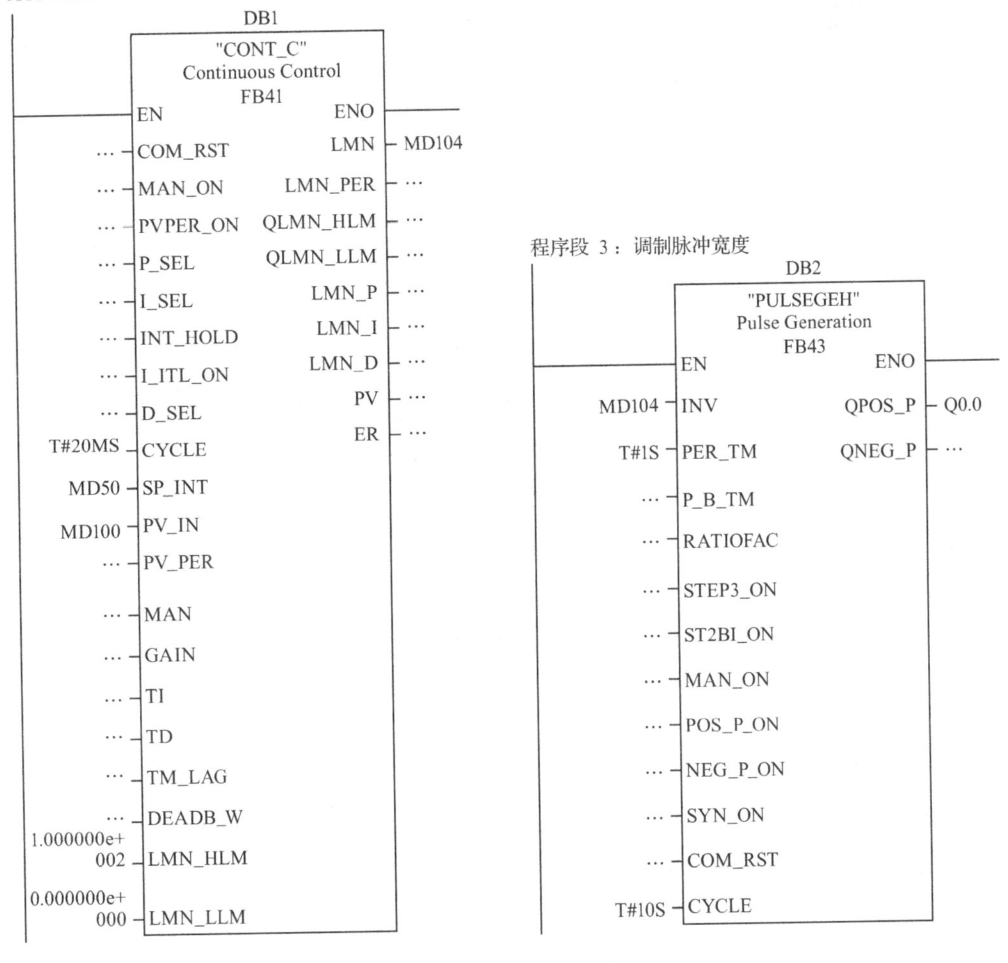

图 6-2-18　OB1 程序

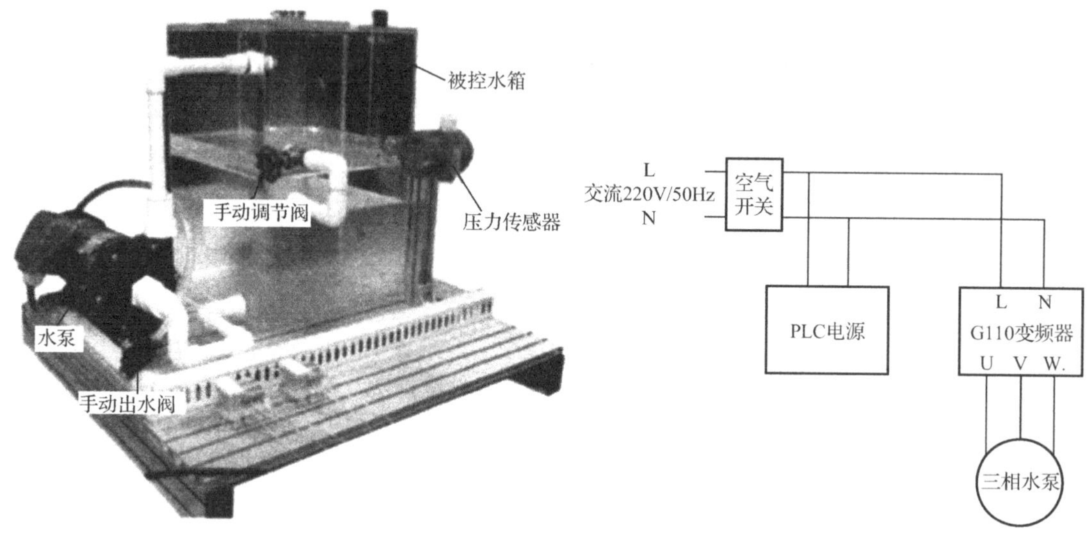

图 6-2-19　水箱示意图

图 6-2-20　主电路接线

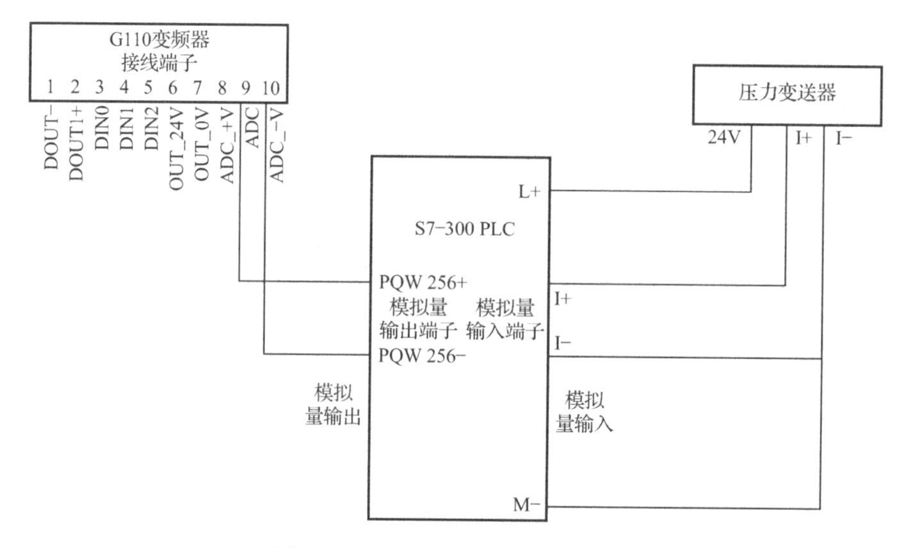

图 6-2-21　PLC 输入/输出信号接线

5. 训练要求

（1）软元件分配。

（2）根据控制要求，设计梯形图。

（3）硬件接线。

（4）运行、调试程序。

（5）汇总整理文档。

6. 技能训练考核标准

序号	主要内容	考核要求	评分标准	配分	扣分	得分
1	方案设计	根据控制要求，分配软元件，设计程序框架、接线图	1. 分配软元件遗漏或错误，每处扣 1 分； 2. 程序框架表达不正确或画法不规范，每处扣 2 分； 3. 接线图表达不正确或画法不规范，每处扣 2 分； 4. 接线有错误，每处扣 2 分	20		
2	功能块 FB41/FC105/FC106 参数定义与程序设计	根据控制要求，设计 FB、FC 块的参数与梯形图程序	1. 参数定义不正确扣 10 分； 2. 程序设计表达不正确扣 10 分	20		
3	程序设计与调试	设计程序要正确，按动作要求模拟调试，达到设计要求	1. 调试步骤不正确扣 5 分； 2. FC105 不正确扣 15 分； 3. FB41 不正确扣 15 分； 4. FC106 不正确扣 15 分	50		
4	安全与文明生产	遵守国家相关安全文明生产规程，遵守学院纪律	1. 不遵守教学场所规章制度，扣 2 分； 2. 出现重大事故或人为损坏设备，扣 10 分	10		
备注			合计	100		
小组成员签名						
教师签名						
日期						

巩 固 练 习

灌装罐模拟量液位值的处理。编写模拟量液位值的处理程序，要求：

（1）液位高度传感器测量值范围为 0～1000mm，当液位低于 150mm 时，打开进料阀门；Q0.0=1，当液位高于 850mm 时，关闭进料阀门，Q0.0=0。

（2）在 OB35 中编写灌装罐的液位值采集程序，间隔 500ms 采集一次。

参 考 文 献

[1] 祝福，陈贵银.西门子 S7-200 系列 PLC 应用技术（第 2 版）. 北京：电子工业出版社，2015.

[2] 陈贵银. 自动控制原理与系统. 北京：电子工业出版社，2013.

[3] 陶权. S7-300/400 PLC 基础及工业网络控制技术. 北京：机械工业出版社，2015.

[4] 郑长山. PLC 应用技术图解项目化教程. 北京：电子工业出版社，2014.

[5] 郑凤翼，张继研. 图解西门子 S7-300/400 系列 PLC 入门. 北京：电子工业出版社，2009.

[6] 阳胜峰. 快速学会 S7-300/400 PLC. 北京：中国电力出版社，2014.

[7] 廖常初. 跟我动手学 S7-300/400 PLC（第 2 版）. 北京：机械工业出版社，2016.

[8] 郁琰. PLC 应用技术与项目实践. 北京：电子工业出版社，2016.

[9] 秦益霖. 西门子 S7-300 PLC 应用技术. 北京：电子工业出版社，2009.

[10] 阳胜峰，吴志敏. 西门子 PLC 与变频器、触摸屏综合应用教程. 北京：中国电力出版社，2014.

[11] 廖常初. S7-300/400 PLC 应用教程（第 3 版）. 北京：机械工业出版社，2016.

[12] 刘美俊. 西门子 S7-300/400 PLC 应用案例解析. 北京：电子工业出版社，2009.

[13] 廖常初. S7-1200 PLC 应用教程. 北京：机械工业出版社，2017.

[14] 王前厚. 西门子 WINCC 从入门到精通. 北京：化学工业出版社，2017.

[15] 催坚. SIMATIC S7-1500 与 TIA 博途软件使用指南. 北京：机械工业出版社，2016.

反侵权盗版声明

举报电话：（010）88254396；（010）88258888
传　　真：（010）88254397
E-mail：　dbqq@phei.com.cn
通信地址：北京市海淀区万寿路 173 信箱
　　　　　电子工业出版社总编办公室
邮　　编：100036